Comprehensive Utilization of Tea Resources

茶资源综合利用

主　编　梁月荣

副主编　郑新强　陆建良　康受姈　辛永焕

编　委（按姓氏笔画排列）

王刘祥　王迅磊　邓　丽　叶俭慧

刘　畅　吴世玲　李娜娜　辛永焕

邵文韵　陆建良　陈　萍　范方媛

郑新强　赵芳丽　徐　燕　康受姈

梁月荣

ZHEJIANG UNIVERSITY PRESS
浙江大学出版社

序　言

茶树原产于中国西南的云贵高原。中国是世界上首先发现茶和最早利用茶资源的国家。经典古籍《神农本草经》中就有"神农尝百草，日遇七十二毒，得茶而解之"的记载。中国也是全球茶树资源最为丰富的国家。据 2011 年统计，中国茶园面积 220.7 万公顷，占世界茶园总面积的 52%，茶叶生产量 155.2 万吨，占世界茶叶总产量的 35%，两者皆遥居全球首位。

众所周知，茶树是多年生木本叶用植物，人们每年从茶树上采集芽叶，加工为各类成品茶，供广大消费者饮用。这是数千年来人类传统利用茶资源的基本方式。然而，进入 21 世纪以来，随着科技的进步，现代分离纯化技术的不断创新以及医学与茶学学科的发展，茶的神奇功效与作用机制不断获得科学阐明，茶的综合高效利用和饮茶、品茶、吃茶、用茶、赏茶并举的新时期正在到来。

茶资源内涵甚广，大体可分为两大类：一为原生性茶资源，二为次生性茶资源。所谓原生性茶资源，即茶树在人工栽培或自然生长条件下，每年形成的营养器官（芽、叶、茎、根）和生殖器官（花、果、种子）。所谓次生性茶资源，即从原生性茶资源或成品茶（包括正品、副品、废品）中提炼出的各种功能性成分，如茶多酚、氨基酸、咖啡因、茶多糖、茶皂素、茶色素等。我国两大类茶资源均极为丰富，但资源利用率不高，浪费现象十分严重，例如：①我国大部分茶区只采春茶，少采或不采夏秋茶，使 50% 左右的茶叶留养在树上，因此全国茶叶资源浪费可达 100 万吨以上；②全国 200 多万公顷茶园，估计每年鲜花产量达 400 多万吨，这部分资源，几乎是零利用；③有专家估算，2010 年全国茶园可采茶籽 64 万～106 万吨，可惜其资源利用率极低，估计在 5% 以下；④不同树龄的茶树，每年均须进行修剪，数量巨大的修剪枝叶，基本上都没有利用；⑤我国茶饮料年产量已达 1500 万吨以上，其废弃物——茶渣也是一笔数量可观的茶资源。

茶资源利用的途径与方法是多种多样的。传统的采茶、制茶、饮茶，无疑仍然是茶资源利用的基本途径。然而，如何利用现代科技手段，充分实现茶资源的全方位应用，创造更高的经济效益和社会效益，是摆在茶叶科技工作者面前的重要课题与历史使命。

以浙江大学茶叶研究所梁月荣教授领衔的科研教学团队，长期从事茶资源生物技术和资源利用方向研究，积累了较为丰富的茶资源综合利用的研究成果与实践经验。近年,该团队在收集、整理国内外茶资源利用相关文献的基础上,结合编著者的研究成就,编著了《茶资源综合利用》一书。该书重点介绍了茶主要功能性成分茶多酚、氨基酸、茶皂素、茶多糖、咖啡因和茶色素等的生理功效及其制备技术,同时还阐述了茶资源在饮料研发、超微茶粉加工和含茶食品生产中的应用技术;此外,还包括了茶渣等废弃物的综合利用与治理的相关技术。

该书内容丰硕,资料新颖,重点突出,可作为茶学本科和研究生的教学参考书;也可供有关茶叶科技工作者参考。我期盼,该书的出版有助于茶资源综合利用的研究与教学;同时,在推动我国茶资源综合、高效、全方位利用和茶产业转型升级中发挥重要的作用。

是为序。

刘祖生

2013 年国庆节前夕于浙江大学华家池校区

目　　录

绪　论

第一节　茶资源综合利用的意义

所谓茶资源综合利用,是指根据茶叶内所含成分特点及其功效,通过现代工艺技术从茶产品中提取或纯化有效成分,并用于即饮饮料、药物、功能食品、日用品等开发,以实现茶的最大经济、社会和生态效益。简而言之,茶资源综合利用是除了常规饮用以外的所有类型的茶资源利用方式,其意义在于以下几个方面。

一、全面开发茶资源价值

茶树是由根、茎、叶、花、果等多种器官组成的多年生常绿木本植物。不同器官在形态特征、组织结构和化学成分等方面都存在着明显差异,其功能和用途不同,开发利用的方式和途径也会有所区别。

茶树根的主要化学成分有糖类,如水苏糖、棉子糖、蔗糖、葡萄糖、果糖等,同时还含黄烷醇等多酚化合物;其形态多为圆柱形,但弯曲无固定规则,大小差异明显;具有强心利尿、活血调经、清热解毒等功效;常被用于预防和治疗心脏病、水肿、肝炎、痛经、疮疡肿毒、口疮、汤火灼伤、带状疱疹和牛皮癣等疾病;在用法上可进行煎汤内服或者水煎熏洗外用。

茶茎源于茶籽的胚芽,在茶树中起下接根、上连叶的作用;通过其木质部将根部吸收的水分和矿物质往上运输至叶片和花、果等器官,通过其韧皮部将叶片光合作用的产物往下运输;茎在形态上与根相似,主要成分是木质素和纤维素。根据其大小和形态不同分别被用于不同用途,茶叶加工过程中分筛出来的细小茶茎,经过净化和灭菌处理后可以作为枕芯的填充材料,用于开发保健茶枕;也有人将其煎汤内服用于预防糖尿病;粗老的茶梗,可以用于制备儿茶素类物质的吸附剂。

茶花是茶树的有性繁殖器官之一,其生物学功能是实现雄性精细胞与雌性卵细胞结合以产生种子;在形态上由花萼、花瓣构成的花冠和雄蕊、雌蕊等组成;茶花含有蛋白质、茶多糖、氨基酸、维生素、微量元素和超氧化物歧化酶等多种有益成分和活性物质,具有解毒、抑菌、降脂、降糖、抗癌、滋补、养颜等功效;通过粉碎后,可用作食品、饮料、日用化妆品、妇女儿童卫生用品等的添加剂,还可借助分离纯化技术,提取天然生物活性物质,分别用于医药、化工等行业。

茶果也是茶树的有性繁殖器官之一,由果壳和种子两部分组成;果壳虽然含有茶叶多酚类等化学成分,但含量较低,一般用于制备活性炭和糠醛;茶树种子中脂肪酸(茶籽油)、茶籽皂素、茶籽蛋白、茶籽多糖、黄酮苷等功能成分含量丰富,可通过提取纯化,分别用于食品、化工、医药、水产养殖业等行业。

茶叶是茶树的主要收获和利用对象,也是茶多酚、咖啡因和氨基酸等重要品质成分的主要贮藏器官;茶叶除了可直接作为饮料使用外,绿茶还可以作为提取茶多酚、咖啡因和氨基酸等功能成分的原料,而红茶、乌龙茶、黑茶等发酵茶类在加工过程中形成了茶红素类、茶黄素类和茶褐素类等天然色素化合物,可作为茶叶色素类制备的原料。

二、提高茶叶产业效益

茶资源高效、综合开发利用,是提高茶产业整体经济效益的一条重要途径。2011 年,中国茶叶总产量 155.2 万吨,农业总产值 530 亿元,其中产量占 40% 左右的名优茶产值约占总产值的 70% 以上。而当年的茶饮料产量约为 1000 万吨,产值 400 亿元,茶饮料生产所用茶叶原料约为 10 万吨,用量不足茶叶总产量的 7%,实现的产值相当于茶叶农业总产值的 75%,说明深加工的增值效益非常明显。事实上,一些经济比较发达的产茶国家,茶资源综合利用程度都比较高。

三、促进茶叶产业化经营发展

农业产业化经营是以国内外市场为导向,以提高经济效益为中心,以科技进步为支撑,围绕支柱产业和主导产品,优化组合各种生产要素,对农业和农村经济实行区域化布局、专业化生产、一体化经营、社会化服务、企业化管理,形成以市场牵龙头、龙头带基地、基地连农户,集种养加、产供销、内外贸、农科教为一体的经济管理体制和运行机制。规模化、标准化是产业化经营的特征,而传统茶叶生产是典型的小农生产方式,其特征是规模小、机械化和标准化程度低,与产业化经营的要求相排斥。但在茶叶深加工和综合利用过程中,通过技术的投入、科学的管理整合,把分散生产的茶叶作为深加工产品的原料,通过标准化工艺进行规模化生产,使之成为标准化的工业化产品,可为产业化经营奠定基础。实现产品的规模化和标准化生产,可为大型工商企业进入茶业行业创造条件。通过深加工和资源综合利用,也可延长茶产业链,增加就业机会和利润增长点。

四、促进茶叶功能开发,满足社会发展需求

茶的主要功能成分包括儿茶素类、茶氨酸、咖啡因、茶黄素类和茶红素类等茶色素、茶多糖、茶皂素等,不同功能物质在茶树器官中的含量水平及其产生功效的有效浓度不同,直接以茶树器官为功能物质使用时,往往不能达到各种功能成分的有效浓度。因此,必须利用适合各种功能成分特殊性状的工艺技术对其进行分离纯化,获得高纯度的功能成分,按照特定的配方和加工技术制成不同剂型的产品,才能充分发挥这些功能成分的作用,并满足不同人群的需求。

五、扩大消费群体,拓展茶产品市场

消费者对茶及其产品的需求是多样化的,并存在差异化。通过茶资源综合利用和深加工产品开发,可以丰富茶产品种类,满足不同消费群体的多样化需求。如具有独特感官品质的名优茶产品,可以满足茶叶爱好者的日常饮茶需求,他们可以在优美的环境中,用精美的茶具冲泡色、香、味、形俱佳的名优茶,在品茶过程中获得精神和物质的享受;瓶装的茶饮料可以满足年轻一代户外活动者快节奏生活的需求,在不具备茶具和热水等泡茶条件的情况

下仍可以品尝到色香味俱佳的茶饮,不但及时补充人体所需的水分,还能获取茶叶的功能物质;利用茶叶提取物、超细茶粉等加工成茶叶功能食品,可以使没有饮茶习惯的人群在消费日常食品的同时,也能摄取茶叶的功能成分,分享茶的保健效果。

茶叶深加工除了生产和制备食品或药品原料用的功能成分外,还可以分离得到工业原料,如茶皂素和木质纤维素等常用于工业生产;茶叶提取后的废渣可以作为动物饲料或者有机肥料生产的原料。通过合理的深加工,不仅使茶资源得到充分利用,扩大茶产品的市场,提高茶叶产业的经济效益,而且可缓解自然资源不足的问题。

第二节　茶叶功效及其功能成分研究历史

茶树原产中国,茶的发现和利用与茶的功效密切相关。"神农尝百草,日遇七十二毒,得茶而解之"是有关茶功效的最早文字记载,也说明茶的解毒功效早在约 5000 年前的神农时代就已经被我国劳动人民所发现。随着茶的其他功效不断发现,茶的需求也日益增加。在自然的野生茶资源不能充分满足人类需求的情况下,催生了茶的人工栽培。有关茶的人工栽培历史,有人推断始于原始社会末期,但没有确切的文字记载依据(朱自振,1996)。但成书于东晋时期的《华阳国志》中提到,早在公元前约 1000 年的周武王时期,我国南方的巴蜀地区就已是"园有芳茗"了。可见我国人工栽培茶树至少已有约 3000 年的历史。人工栽培茶树的成功,使茶资源得以丰富,茶的传播和利用也得以扩展,茶的新功能也在不断的传播和利用过程中被发现和挖掘。长期以来,很多国家都证明了茶的良好生理功效。日本荣西禅师(1141—1215)在《吃茶养生记》中载:"茶也,末代养生之仙药,人伦延灵之妙术。山谷生之,其地神灵也。人伦采之,其人长命也。天竺、唐土同贵重之,我朝日本,昔嗜爱之。从昔以来自国他国俱尚之。今更可捐乎。况末世养生之良药也,不可不斟酌矣……"《吃茶养生记》成书于 12 世纪末 13 世纪初,说明当时的日本已经关注到茶的生理功效。1902 年,欧洲学者路易·莱墨里在《食品论》中描述:"茶为补身之饮料,因其产生良好之效果多而不良之影响少。每日饮十至十二杯亦不致有任何伤害。于神经纷扰时饮茶一杯,可恢复元气。无论何时,任何年龄及环境,无不适合。"1903 年,美国学者马歇尔在《药》杂志发表论文称:"茶有恢复元气之效果。"这些资料都说明,茶的功效不但为中国人知道,而且世界也了解。

有关茶的生理功能的研究历史,按照研究的重点和取得的成果划分,可以分为三个阶段。

一、发现与初步探索阶段

茶的生理功能的发现与初步探索阶段是指神农时期至唐初这一历史阶段。该时期的主要特征表现在以下三方面:

1. 发现了茶的药用价值,并积累了一些以茶治病的感性经验

该时期的经典文献记载内容包括《神农本草经》的"神农尝百草,日遇七十二毒,得茶而解之";唐朝苏敬等著的《新修本草》记载的"茗,苦茶,味甘、苦,微寒,无毒,主瘘疮,利小便,去淡渴,令人少睡……";等等。在这一时期,人们虽然没有确切了解茶功效的生理机制,但却积累了许多关于以茶治病或借茶保健的经验,并以文字记载的形式流传。

2. 从吃茶治病发展到以治病、防病及保健为目的的日常饮茶

在唐代,随着陆羽《茶经》的问世,有关茶的知识,包括茶的生物学特性、加工技术、饮茶技艺以及茶的生理功能等,已经由原先零散的经验上升为系统的科学技术;茶的知识不断传播、扩散与普及,越来越多的人了解了茶的生理功能,饮茶的生活方式也从上流社会向平民百姓普及,使之成为"不可一日无茶"的"国饮"。

3. 茶的消费方式从鲜食发展到干茶冲泡

"神农尝百草,日遇七十二毒,得茶而解之",说明茶的早期功能发现是通过生食新鲜茶叶的方式获得的。之后为了提高药用效果,改进口味,从生吃鲜叶发展到生煮羹饮。但生煮羹饮方式不能满足远距离传播和商品化,于是又逐步发展为将茶树鲜叶加工成干茶,然后进行泡饮,这是因为加工成干茶后,有利于贮藏、传播和商品化。

二、利用中医手段研究茶功效阶段

唐代至 20 世纪中期,茶生理功能的解释主要为中医理论,而且茶的功能开发利用方式也是以中医技术为主。这个时期的特征是:①研究手段主要是中医的方法和临床经验;②为了提高效果,配方从单方发展到复方;③使用方式包括多种中药技术,如煮饮、外敷、熏灸、药枕等。

这个阶段的主要贡献有:①发现了许多茶的新功效,该阶段新发现的有 20 余种;②积累了大量的药茶配方,同时发明了许多应用方法;③加速了茶向世界其他国家的传播。

三、利用现代科学技术开发茶功能阶段

传统上,有关茶的功效及其应用,主要是凭经验:人们知道茶具有某种生理功效,但并不了解其中是哪些主要成分、通过何种途径产生了这些功效。而自 20 世纪中叶以来,在茶的功能开发和利用过程中借助现代科学技术手段,使人们对茶的生理功能、主要功能物质及其作用机制有了较为深入的了解,其中主要贡献有:

1. 从茶叶中鉴定并分离了大量功能成分

通过各种分析仪器和鉴定手段,至今已经明确的茶叶成分有 600 余种,其中含量较高的有多酚类(儿茶素类)、氨基酸(包括茶叶的特殊氨基酸:茶氨酸)、咖啡因、茶多糖、茶黄素类、茶红素类、茶皂素、γ-氨基丁酸等。这些高纯度功能物质的获得,促进了这些化合物功能的准确鉴定。

2. 验证了已发现的功能,发现了一些新的功能

利用色谱和核磁共振等现代科技手段从茶叶中分离鉴定了咖啡因等生物碱,并准确测定了其含量范围;以咖啡因等生物碱纯品以及茶叶进行动物试验,证明了茶叶"利小便……令人少睡"以及"恢复元气"等生理功能与其中所含的咖啡因等生物碱有关。同时,该阶段还发现了许多早期未知的新功能,如茶叶儿茶素类具有抗肿瘤、降血脂、降血压等功能。

3. 揭示了一些重要机制

茶叶的许多生理功能早已被发现,如茶叶具有延年益寿和抗辐射等功能,但鉴于早期的研究技术和理论的限制,对其机制却很少涉及;自从将现代科学技术引进并应用到该领域以后,发现了茶叶儿茶素类物质和茶叶多糖等具有抗氧化和清除自由基的作用,通过抗氧化和清除自由基理论较好地解释了茶叶的延年益寿、抗辐射以及抗肿瘤等生物活性功能。研究

还证明,茶叶的增强记忆功能与其中的茶氨酸对大脑及神经调节作用有关;茶叶缓解精神紧张的生理功能,也与茶氨酸能起非肽类抗原的作用密切相关。

4. 开发了系列茶叶功能食品和药物

随着茶叶生理活性物质分离鉴定技术的成熟,从茶叶中分离获得了高纯度的儿茶素类、茶多糖、茶黄素类等功能物质;以这些高纯度的功能物质为原料开发了众多的功能食品甚至治疗药物。这些产品的出现及推广应用,是这个阶段的重要特征和成果之一。

第三节　茶叶功能成分研究发展趋势

现代科学技术应用到茶叶功能成分开发研究中的成果虽然很多,但仍然存在许多有待于进一步解决的问题。首先,高纯度功能成分的分离纯化技术仍存在制备成本高的问题,部分制备技术仍存在化学残留等质量安全问题以及废弃物排放对环境的影响等环境污染问题,因此研发更加高效的茶叶功能成分分离制备技术,控制化学残留和成本,是今后功能成分制备技术研究的发展方向。其次,在茶叶功能食品的推广应用过程中也发现,某些产品的功能和效果仍然存在不稳定等问题,其原因是人们对一些茶叶生理功能物质的吸收机制了解较少,某些功能物质的吸收利用率在不同人群、不同生理状况条件下存在差异,以致产品的功能和效果不稳定。再次,终端产品(药品和功能食品)开发力度不够,现有的许多技术集中在茶叶功能成分的分离制备方面,但这些技术分离的茶叶功能物质仅是功能食品或者药品的原料,其功能和效益的发挥,必须通过终端产品来体现;但由于功能食品和药品开发审批程序复杂、费用大,因此终端产品的开发仍然比较落后。同时,茶叶及其生理活性成分还有一些未知功能仍有待于进一步拓展。

一、绿色高效分离纯化技术开发

一些传统的茶叶功能成分分离纯化制备技术存在明显的化学残留、成本高、纯度低等问题,采用这些技术制备的产品应用领域往往比较有限。正是由于这些原因,也催生了制备技术改进和绿色高效分离纯化技术的开发,如茶多酚或者茶叶儿茶素类抗氧化剂制备技术的发展,就是很好的例子。

经典的茶多酚或者茶叶儿茶素类分离制备技术是金属离子沉淀法,即将茶叶的水提取液在碱性条件下与含有某些金属离子的溶液混合,使其中的儿茶素类产生沉淀,然后通过离心等技术收集沉淀,再用酸或碱溶液转溶,用乙酸乙酯等溶剂萃取分离儿茶素类,最后经浓缩和干燥后获得产品。该技术虽然工艺简单、成本较低,但也存在明显的不足,如碱处理导致儿茶素类被氧化,降低了产品的纯度和正品率;咖啡因含量较高以及乙酸乙酯残留等问题仍然比较突出。使用溶剂萃取法,如以氯仿、二氯甲烷、丙酮、乙醚、己烷等有机溶剂从茶叶或者茶叶的水提取液中除去咖啡因,再用乙酸乙酯等溶剂分离儿茶素类,使儿茶素类的氧化得到了控制;但有机溶剂残留问题仍然存在,产品的质量安全性较低,而且萃取过程中使用大量的有机溶剂,浓缩、干燥过程能耗大,导致生产成本高。为了控制有机溶剂残留,研究人员开发了合成树脂柱层析分离法,该方法是借助合成树脂对茶叶儿茶素类的"吸附—解吸"特性,利用合成树脂作为分离柱的填充物,对茶叶提取液中的儿茶素类吸附并与咖啡因等杂质分离,获得高纯度儿茶素类(Ye et al.,2011)。由于该技术的制备过程仅以酒精为溶剂,不使用氯仿和乙酸乙酯等其他有机溶剂,因此溶剂残留得到了很好的控制。但仍然存在一些问题,如树脂再生比较困难、树脂吸附量需进一步提高,产量和效率偏低,成本相对也比较高;此外,有些树脂在洗脱时被酒精溶解进入产品,因此还存在树脂化学残留的风险(Ye et al.,2011)。为了解决树脂的化学残留问题,近年来国内外有人利用天然木质材料制备木素纤维素作为茶叶儿茶素类物质的吸附剂,且收到了良好的效果;由于木素纤维素来自天然木材,避免了酒精溶液洗脱时把合成树脂带进产品的风险(Ye et al.,2009)。

超临界流体萃取技术出现以后,在茶叶功能成分制备中也得到了应用(Sun et al.,2010)。超临界流体(Supercritical fluid, SCF)是指其温度和压力均处于临界点以上的液体。纯净物质随着温度和压力的不同会呈现出液体、气体、固体等状态变化,当达到特定的温度和压力时,会出现液体与气体界面消失的现象,该点被称为临界点。在临界点附近,流体的密度、黏度、溶解度、热容量、介电常数等所有流体的物性会发生急剧变化。例如,当水的温度和压强升高到临界点($t = 374.3\,℃$,$p = 22.05\,MPa$)以上时,就处于一种既不同于气态,也不同于液态和固态的新的流体态——超临界态,该状态的水称为超临界水。由于超临界流体的液态与气态分界消失,即使进一步提高压力也不会产生液化,而是非凝聚性气体。超临界流体的物性兼具液体与气体性质:①它基本上仍是一种气态,但又不同于一般气体,是一种稠密的气态;其密度比一般气体要大两个数量级,与液体相近;②它的黏度比液体小,其扩散速度比液体快(约两个数量级),所以有较好的流动性和传递性能;③它的介电常数随压力改变而急剧变化(如介电常数增大有利于溶解一些极性大的物质)。

在茶叶加工过程中应用比较多的超临界流体为超临界二氧化碳($SCF\text{-}CO_2$),因为$SCF\text{-}CO_2$具有临界温度(304.1 K,31.26℃)和临界压力(7.38 MPa,72.9 atm)较低,在适宜的条件下可实现萃取、分离、浓缩和干燥同时完成;CO_2本身是惰性溶剂,无毒、无臭、无公害,也不会与儿茶素类物质发生反应而导致其氧化,产品质量较好。但$SCF\text{-}CO_2$萃取技术也存在缺点:设备一次性投入大,运行成本较高,而且参数控制准确度要求高,如提取温度、压力、时间、流速等因素的微小变化常会引起提取率和产品化学组成的较大变化,最终导致产品的质量和产量不稳定。

二、终端消费产品——药物和功能食品开发

茶叶的生理活性物质种类多,包括茶多酚、茶氨酸、茶多糖类、茶黄素类、茶红素类、茶皂素类以及γ-氨基丁酸等。茶资源综合利用,就是充分利用这些生理活性成分作为功能食品、药品或者工业原料,生产适合人类社会发展需求的产品,提高人民生活质量,同时提高茶产业的经济效益。终端消费产品是茶资源综合利用的重要价值体现,其中功能食品和药品是常见的形式。

功能食品在不同国家有不同的定义,但有其共同点,即"它除满足正常的营养功能之外,还必须提供一种'额外'的生理调节功能或健康效果"。这些生理调节功能或健康效果都来自膳食植物的诸多微量生理活性成分。有关膳食植物微量生理活性成分的发现,与"法国悖论"和"地中海地区膳食的健康效果"研究发现有密切关系。前者是指法国人群与其他欧美国家相比,尽管摄食更多的饱和脂肪,而且锻炼更少,然而他们因心血管疾病引起的死亡率却相对更低,这就是著名的"法国悖论"现象。而后者指的是流行病学调查发现:地中海区域

人群的心血管疾病及癌症的发病率显著低于其他地区,可能与该地区人群的膳食结构有关;该地区的膳食不仅包含很多果蔬、鱼,而且还包含相当比例的橄榄油,这种植物油所含的不饱和脂肪酸和酚类化合物等一些微量化合物比其他油料更丰富。现在一般认为植物中的次生代谢物与生理调节有关。

三、吸收机制和化学改性研究

某些功能食品在推广应用过程中往往出现效果不稳定的现象,其原因是人体对其中的功能成分的吸收利用率不稳定。在茶叶功能成分开发利用过程中也存在类似问题,所以深入开展茶叶功能成分吸收利用机制的研究对于相关功能成分终端产品的开发具有重要作用。分子改性是指在不影响原有功能成分生理活性的前提下,通过分子结构的部分改变以增进人体对功能成分的吸收利用,从而提高功能食品效果的稳定性。脂溶性茶多酚的开发就是分子改性技术的应用成果,即在极性较强的儿茶素类分子上接一个亲脂基团(如油酸),从而提高儿茶素类与油脂的亲和性,增加其在细胞膜上的通透性。

四、新功能的研究与开发

茶叶生物活性物质的生理功能还存在许多未知领域,有待于进一步发现和开发利用。近年来有报道显示,茶叶儿茶素类化合物具有显著的抗 UV-B 作用(Lee *et al.*，2008；Wu *et al.*，2009；Xu *et al.*，2010)。在大气同温层臭氧空洞日益严重和到达地球表面的 UV-B 辐射量不断上升的环境下,开发利用茶叶抗 UV-B 功能,对于保护地球上受到 UV-B 威胁的微生物、植物、动物和人类都有十分重要的意义。新生理功能的发现,对茶资源利用新途径的开辟具有重大意义,是今后该领域研究的方向之一。

参考文献

Lee XZ，Liang YR，Chen H，Lu JL，Liang HL，Huang FP and Mamati EG. 2008. Alleviation of UV-B stress in *Arabidopsis* using tea catechins[J]. African Journal of Biotechnology，7：4111-4115.

Sun QL，shu H，Ye JH，Lu JL，Zheng XQ and Liang YR. 2010. Decaffeination of green tea by supercritical carbon dioxide[J]. Journal of Medicinal Plants Research，4：1161-1168.

Wu LY，Zheng XQ，Lu JL and Liang YR. 2009. Protective effect of green tea polyphenols against ultraviolet B-induced damage to HaCaT cells[J]. Human Cell，22：18-24.

Xu JY，Wu LY，Zheng XQ，Lu JL，Wu MY and Liang YR. 2010. Green tea polyphenols attenuating ultraviolet B-induced damage to human retinal pigment epithelial cells *in vitro*[J]. Investigative Ophthalmology and Visual Science，51：6665-6670.

Ye JH，Jin J，Liang HL，Lu JL，Du YY，Zheng XQ and Liang YR. 2009. Using tea stalk lignocellulose as an adsorbent for separating decaffeinated tea catechins[J]. Bioresource

Technology，100：622-628.

Ye JH，Li NN，Liang HL，Dong JJ，Lu JL，Zheng XQ and Liang YR. 2011. Determination of cyclic oligomers residues in tea catechins isolated by polyamide-6 column[J]. Journal of Medicinal Plants Research，5：2848-2856.

Ye JH，Wang LX，Chen H，Dong JJ，Lu JL，Zheng XQ，Wu MY and Liang YR. 2011. Preparation of tea catechins using polyamide［J］. Journal of Bioscience and Bioengineering，111：232-236.

朱自振. 1996. 茶史初探[M]. 北京：中国农业出版社，153-165.

第一章

茶叶茶多酚类及其生理功能

茶多酚(Tea polyphenols)是茶叶中的一组多酚类化合物,是茶叶中的重要功能物质和品质成分。茶多酚在常温下为浅黄色粉末或白色结晶,具涩味,极性强,易溶于含水乙醇和温水中;性质比较稳定,在 pH 4～8 和 250℃条件下能保持 1.5 h;能与 Fe^{3+} 络合,在碱性条件下易氧化褐变。茶多酚可与重金属盐溶液(如 1％三氯化铝或碱式醋酸铅的水溶液)作用生成灰黄色沉淀,与酒石酸亚铁生成蓝紫色络合物。茶多酚于 1997 年被列为中成药原料,1989 年被列入 GB2760-89 食品添加剂使用标准。茶叶的多酚类含量变异范围为 20％～38％,组成成分主要有类黄酮化合物(占茶多酚总量的 70％～95％)、缩酸及缩酚酸类物质(5％)等。类黄酮化合物的基本碳架为 C_6—C_3—C_6,都具有 2-苯基苯并吡喃的基本结构(图 1.1),是茶叶中具有抗氧化作用的主要成分,主要有黄烷醇类、花黄素类和花色素类,含量分别为 12％～24％、2％～5％和 2％～3％茶叶干物重。常见的儿茶素类就是黄烷醇类化合物。

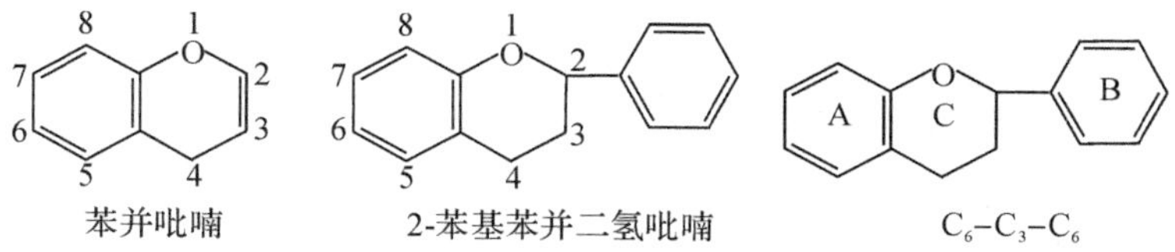

苯并吡喃　　　　2-苯基苯并二氢吡喃　　　　C_6–C_3–C_6

图 1.1　类黄酮化合物的基本结构

茶多酚是天然的植物抗氧化剂,其生理功能包括清除活性氧自由基、促进和调节抗氧化酶的活性和预防脂质过氧化,且具有抗肿瘤、保护心脑血管、降血糖、延缓衰老等。

第一节　茶叶儿茶素类化合物含量及其影响因素

一、茶叶儿茶素类化合物的含量

茶叶儿茶素类化合物是茶多酚的主体成分,是绿茶汤苦涩味的主体,决定茶汤浓度和茶叶感官品质,而其氧化产物又与红茶品质密切相关。儿茶素类属于黄烷醇类(Flavanols),有酯型儿茶素类和非酯型儿茶素类。非酯型儿茶素类为简单儿茶素类,主要是儿茶素(Catechin,C)、表儿茶素(Epicatechin,EC)、没食子儿茶素(Gallocatechin,GC)、表没食子儿茶素(Epigallocatechin,EGC);而酯型儿茶素类是儿茶素类的没食子酸酯化合物,如儿茶素没食子酸酯(Catechin gallate,Cg)、表儿茶素没食子酸酯(Epicatechin gallate,ECg)、没食子儿茶素没食子酸酯(Gallocatechin gallate,GCg)和表没食子儿茶素没食子酸酯(Epigallocatechin gallate,EGCg)(图 1.2)。

儿茶素类化合物为白色或类白色结晶性粉末,味苦或涩,味觉阈值介于 190 $\mu mol/L$(EGCg)～930 $\mu mol/L$(EC)(表 1.1);酯型儿茶素类阈值浓度低于对应的非酯型儿茶素类,如 EGCg 的阈值浓度为 190 $\mu mol/L$,比对应的非酯型 EGC 阈值低 2.5 倍(Scharbert et al.,2004)。

儿茶素类化合物熔点大多高于 200℃,亲水性强,易溶于热水、甲醇、含水乙醇、含水乙醚、乙酸乙酯、含水丙酮及冰醋酸,难溶于苯、氯仿、石油醚等;其在 225 nm 和 280 nm 处有最大吸收峰,低于 280 nm 的短波紫外光下呈黑色,在可见光下为无色。儿茶素类化合物可与金属离子络合发生沉淀反应,如 Pb^{2+}、Cu^{2+}、Hg^{2+}、Ca^{2+} 等。

儿茶素类化合物存在旋光异构体和顺反异构体,茶叶中分离鉴定的多为顺式即 L 型,约占儿茶素类总量的 70%,但化学结构中均具有 A 环、B 环和 C 环,酯型的儿茶素类化合物还有 D 环(图 1.2)。2,3 位 C 原子的 H 与 C 环在同一侧的为顺式儿茶素类,名称前加"表",英文简称前加"E";反之则为反式儿茶素类。2,3 位 C 原子的不对称性又使儿茶素类物质具有了 4 个旋光异构体。当等量左旋或右旋儿茶素共存时,旋光现象消失,称为外消旋体。当儿茶素类具有与 L 型甘油醛相同的不对称碳原子时,即为 L 型儿茶素类;当具有与 D 型甘油醛相同的不对称碳原子时,则为 D 型儿茶素类。天然的茶树鲜叶一般只含 L 型儿茶素类,其中又多为左旋、顺式儿茶素类,如表儿茶素,即 L-(－)-EC,也可简写为(－)-EC、L-EC、EC。D 型儿茶素类多为右旋、反式儿茶素类,即 D-(＋)-C,也可简写成(＋)-C、D-C、C,主要是在茶叶加工过程中受到热力等的作用由 L 型儿茶素类异构化产生的。

儿茶素类结构中的间位羟基与香荚兰素在强酸条件下能反应生成红色物质,而与酚类显色剂如氨性硝酸银、磷钼酸等反应生成黑色或蓝色物质;在茶叶加工过程中受到热力作用可发生异构化,转变成相对的旋光异构体或顺反异构体,如绿茶加工中,EC 可以转变成为 C。

儿茶素类结构中含有多个酚性羟基,尤其是 B 环上的邻位、连位羟基容易氧化聚合,易被茶鲜叶中的多酚氧化酶或者氧化剂(如 $KMnO_4$ 等)氧化,在高温、光、碱性条件下可被氧化聚合缩合,形成有色产物。

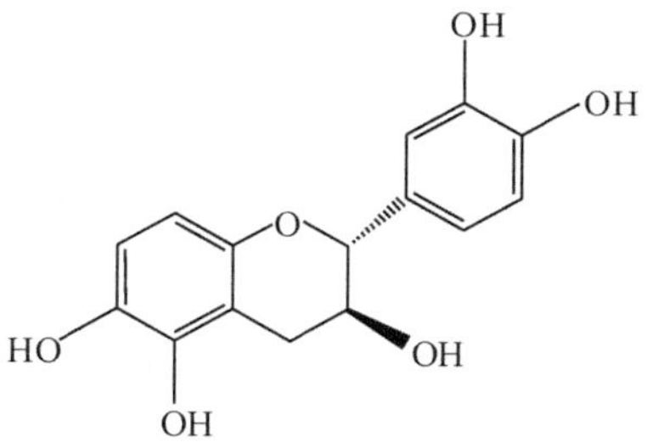

(+)-catechin (C)

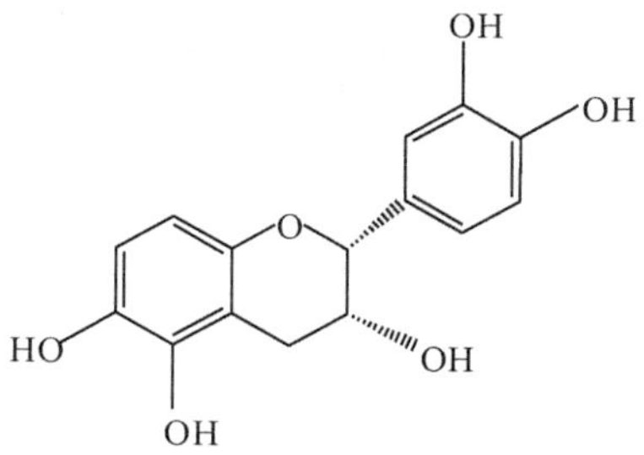

(−)-epicatechin (EC)

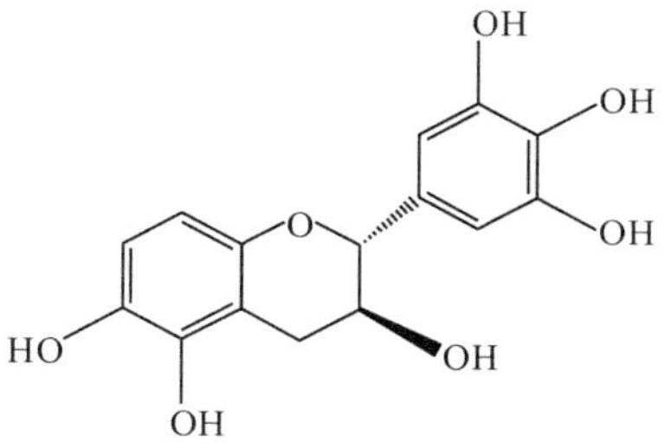

(+)-gallocatechin (GC)

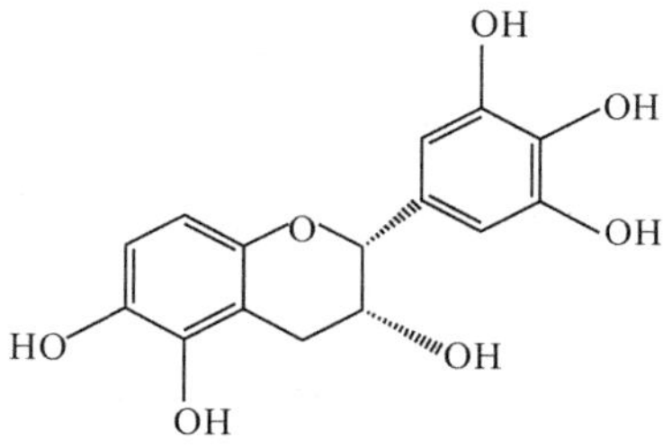

(−)-epigallocatechin (EGC)

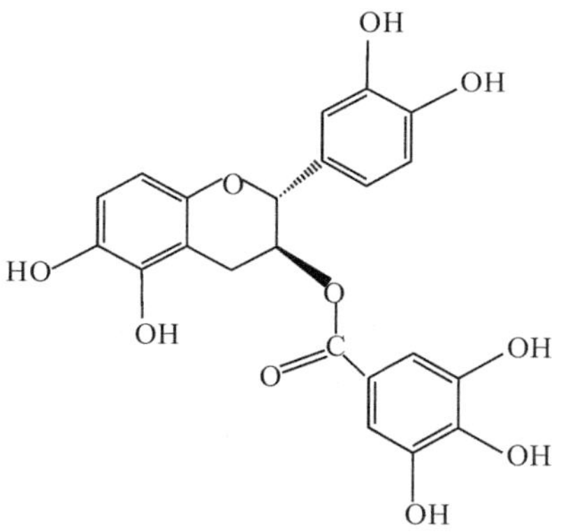

(+)-catechin gallate (CG)

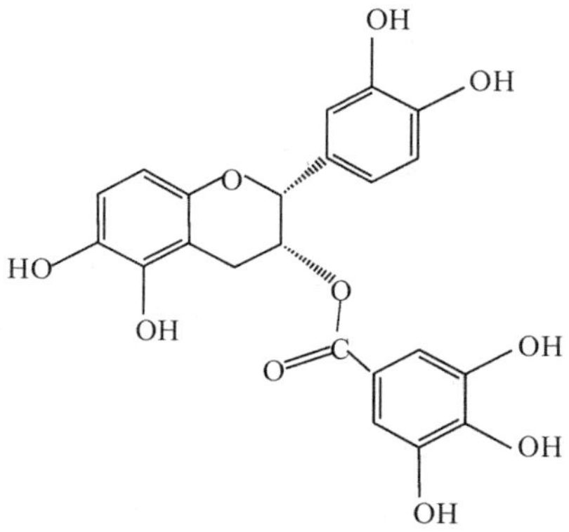

(−)-epicatechin gallate (ECG)

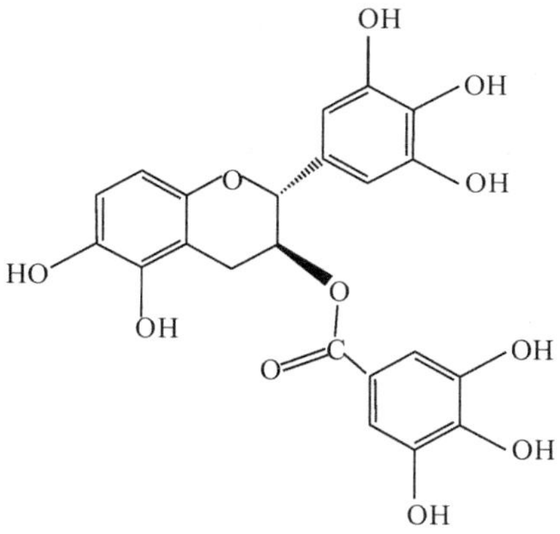

(+)-gallocatechin gallate (GCG)

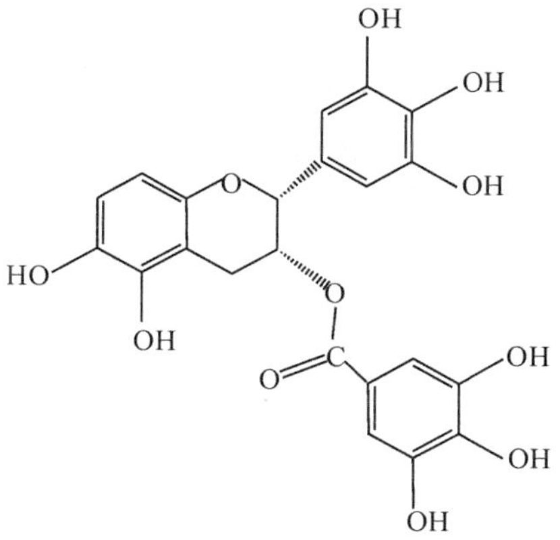

(−)-epigallocatechin gallate (EGCG)

图 1.2　儿茶素类化合物分子结构

表 1.1   儿茶素类的感官阈值(μmol/L,水)(Scharbert *et al.*,2004)

组分	英文名称	化学式	相对分子质量	熔点	阈值(味性质)
C	Catechin	$C_{15}H_{14}O_6$	290.3	212	410(苦并有甜的气味)
EC	Epicatechin	$C_{15}H_{14}O_6$	290.3	235	930(苦并有甜的气味)
EGC	Epigallocatechin	$C_{15}H_{14}O_7$	306.3	218	520(苦并有甜的气味)
EGCg	Epigallocatechin gallate	$C_{22}H_{18}O_{11}$	458.4	213	190(苦涩)
ECg	Epicatechin gallate	$C_{22}H_{18}O_{10}$	442.4	235	260(苦涩)
Cg	Catechin gallate	$C_{22}H_{18}O_{10}$	442.4		250(涩)
GC	Gallocatechin	$C_{15}H_{14}O_7$	306.3		540(涩)
GCg	Gallocatechin gallate	$C_{22}H_{18}O_{11}$	458.4		390(涩)

儿茶素类化合物的含量一般为茶叶干重的 12%～32%,约占茶多酚总量的 70%～80%,一般以 L-EGCg 含量最高,占儿茶素类总量的 40%～60%;其次为 L-EGC 和 L-ECg,分别占 15%～20% 和 10%～15%;再次为 L-EC,占 5%～10%;C、Cg、GC、GCg 含量较少。

二、影响茶叶儿茶素类化合物含量的因素

儿茶素类化合物的含量因茶树品种、器官、新梢发育期、地理位置、环境气候条件、施肥水平和采摘期及其茶类加工方法等不同而存在差异。选择优良茶树品种以及采用适合的栽培措施是控制儿茶素类化合物含量的重要措施。

1. 不同茶树品种儿茶素类化合物含量

因遗传背景不同,不同茶树品种的儿茶素类化合物含量与组成差异明显。一般而言,大叶种茶树品种的茶多酚、儿茶素类化合物含量高于中小叶种。儿茶素类组成上则表现为大叶种中 ECg、EC 和 C 含量比例较高,而小叶种中则是 EGCg 和 EGC 含量比例高。

Sharma 等(2011)比较了生长在印度坎格拉(Kangra)地区的阿萨姆变种和中国变种的新梢的化学成分发现,各品种之间的儿茶素类总量及儿茶素类组成均有差异(表 1.2)。阿萨姆变种的儿茶素类总量的变异范围为 15.70%～24.90%,中国变种的变异范围为 10.2%～20.70%。大叶种的阿萨姆变种儿茶素类总量及主要儿茶素类组分的含量高于小叶种的中国变种,儿茶素类总量平均分别为 20% 和 15% 茶叶干物重。从儿茶素类组分来看,在所有检测的品种中,EGCg 含量均最高,其次为 EGC。

表 1.2   印度 IHBT 茶叶实验农场不同品种中儿茶素类含量(Sharma *et al.*,2011)

品种系列	儿茶素类含量(%)					
	EGC	EC	EGCg	ECg	C	儿茶素类总量
IHBT 11A*	2.90	0.07	12.90	0.60	0.27	16.70
IHBT 12A	3.74	0.89	10.03	0.91	0.41	16.30
IHBT 13A	5.60	1.45	13.50	0.90	0.25	22.00
IHBT 14A	4.40	0.84	12.41	0.71	0.27	18.63
IHBT 16A	3.44	0.36	12.19	0.67	0.28	16.96
IHBT 17A	7.00	1.35	15.20	0.92	0.39	24.90
IHBT 18A	2.45	0.41	11.45	0.89	0.53	16.34
IHBT 20A	6.59	0.96	11.80	0.63	0.28	20.30

续表

品种系列	儿茶素类含量（%）					
	EGC	EC	EGCg	ECg	C	儿茶素类总量
IHBT 24A	4.30	0.47	15.19	0.70	0.2	21.038
IHBT 30A	3.06	1.14	12.40	0.71	0.49	18.53
IHBT 32A	6.52	3.50	12.30	0.42	0.31	23.30
IHBT 33A	1.63	0.04	12.40	0.90	0.33	15.70
IHBT 41A	2.44	0.85	14.40	1.12	0.53	20.60
IHBT 52A	5.38	0.84	16.94	0.95	0.44	24.80
IHBT 1C**	3.70	0.41	11.86	0.56	0.25	16.80
IHBT 2C	4.68	0.04	12.90	0.64	0.27	18.70
IHBT 9C	2.30	0.20	7.91	0.50	0.25	10.20
IHBT 37C	4.45	0.90	10.71	0.79	0.31	17.44
IHBT 39C	0.59	ND***	6.95	0.76	0.44	9.43
IHBT 40C	5.10	0.53	14.01	0.68	0.26	20.70
IHBT 44C	2.60	1.00	10.10	0.67	0.27	14.80
IHBT 45C	5.60	0.25	11.80	0.70	0.26	19.00
IHBT 46C	1.58	0.03	11.31	0.66	0.25	13.90
IHBT 47C	1.73	0.01	10.74	0.60	0.27	13.50
IHBT 49C	4.60	0.53	10.71	0.70	0.25	17.00
IHBT 50C	0.64	ND	9.01	0.59	0.25	10.80
IHBT 55C	4.10	0.82	12.92	0.70	0.27	19.20
IHBT 70C	4.60	0.36	10.12	0.54	0.25	16.00
IHBT 73C	0.60	ND	10.72	0.50	0.25	12.50

*A:阿萨姆变种；**C:中国变种；***ND:未检测到。

张成等（2012）比较了西南五省地区主栽的 8 个茶树品种茶树儿茶素类的组成，结果表明不同茶树品种儿茶素类总量和各成分的含量不同，其中贵州晴隆趴露茶的儿茶素类总量最高，占干物重的 28.055%，重庆巴渝特早最低，仅为 10.146%。8 个茶树品种茶芽叶中儿茶素类的组成相似，均含有主要的 6 种儿茶素，含量最高的均为 EGCg，其次为 EGC（除重庆巴渝特早外），DL-C 和 GCg 含量相对较低（表 1.3）。

表 1.3 西南五省地区 8 种主栽经济型茶树儿茶素类化合物的含量（张成等，2012）

品种	儿茶素类含量（mg/g）						
	EGC	DL-C	EC	ECg	EGCg	GCg	儿茶素类总量
四川古蔺牛皮茶	44.85	2.74	9.03	11.00	84.29	4.53	146.44
四川早白尖 5 号	46.14	4.30	8.85	15.62	98.30	8.23	181.44
重庆巴渝特早	0.32	0.41	18.04	14.36	65.93	2.40	101.46
贵州晴隆趴露茶	52.12	8.30	11.44	46.37	152.16	10.16	280.55
贵州黔湄 601	26.69	7.40	14.20	30.61	103.61	5.35	187.86
云南云抗 10 号	15.97	6.65	9.98	30.80	83.42	6.50	153.32
云南 73-11	36.70	3.36	7.06	6.11	47.38	1.26	101.87
广西凌云白毫	15.95	23.20	26.36	14.36	31.77	3.82	115.46

在澳大利亚及中国台湾省和福建省等地的不同茶树品种中也发现同样的结果。

不同茶树品种叶片颜色不同,儿茶素类含量也存在差异。深紫色芽叶中儿茶素类含量最高,为 167.43 mg/g,浅紫色芽叶和深绿色芽叶中依次为 146.76 mg/g 和 133.43 mg/g(表 1.4)(萧力争等,2008)。有人对紫色叶片的新品种'紫鹃'及其他 14 种大叶种春梢一芽一叶的儿茶素类含量分析发现,'紫鹃'中 C、ECg、EGCg 及儿茶素类总量较其他大叶种低,而 EGC 的含量较高。而对夏、秋季的'紫鹃'蒸青样分析发现,儿茶素类总量和 EGCg 含量低于对照'云抗 10 号',EGC 的含量比对照高 70%~80%,ECg、EC 含量与对照相当,而 C 的含量在夏季明显低于对照,在秋季却明显高于对照(表 1.5)(杨兴荣等,2009)。赵先明等(2009)发现川茶群体种的紫色芽叶中儿茶素类含量为 132.97 mg/g,是绿色芽叶中的1.32 倍。

表 1.4　不同色泽芽叶中儿茶素类化合物的含量(萧力争等,2008)

品种	芽叶色泽	儿茶素类含量(mg/g)						
		EGC	C	EGCg	EC	GCg	ECg	儿茶素类总量
尖波黄正常芽	绿色	22.21	10.07	54.70	7.23	23.83	15.32	133.43
尖波黄紫色芽	紫色	21.04	8.85	62.94	6.72	25.57	16.84	141.96
自选 9809	浅紫色	22.05	13.83	61.94	8.43	20.32	20.54	146.76
红芽佛手	深紫色	22.32	10.69	71.80	9.36	28.08	26.14	167.43
自选 9803	特紫色	29.89	6.81	48.70	5.73	19.98	7.80	118.92

表 1.5　'紫鹃'芽叶中儿茶素类化合物的含量(杨兴荣等,2009)

品种	儿茶素类含量(mg/g)					
	C	EC	EGC	ECg	EGCg	儿茶素类总量
紫鹃(春)	3.56	16.14	28.33	29.92	46.53	124.49
紫鹃(夏)	0.83	21.52	59.99	42.13	76.21	200.68
云抗 10 号(夏)	1.59	18.73	32.59	39.04	108.37	200.32
紫鹃(秋)	1.13	21.99	54.13	45.15	80.63	203.03
云抗 10 号(秋)	0.34	16.52	31.71	42.52	127.55	218.64

近年来,由于芽叶中氨基酸含量高,新梢白化茶树品种越来越受人们关注。研究发现,新梢白化茶树品种'小雪芽'、'黄金芽'、'白叶 1 号'芽叶中儿茶素类化合物的总量低于绿色芽叶的品种(如'浙农 113')。新梢白化茶树品种与正常绿色叶片茶树品种一样,儿茶素类化合物组成以 EGCg 最高,EGC 和 ECg 其次,其中 EGC 的含量为 23.27~25.10 mg/g,比正常的绿色芽叶品种高 30% 以上,而 ECg 的含量低于正常的绿色芽叶品种 50%,变化范围为 12.41~28.15 mg/g;白化芽叶中 EC 的含量最低,为 18%~32%(表 1.6)(Du et al.,2006)。

表 1.6　新梢白化茶树品种新梢中儿茶素类化合物的含量(Du et al.,2006)

品种	芽叶色泽	儿茶素类含量(mg/g)							
		GC	EGC	C	EC	EGCg	GCg	ECg	Cg	儿茶素类总量
小雪芽	白色	2.26	25.10	1.13	2.53	77.01	2.81	20.39	0.59	131.83
白叶 1 号	白色	1.44	22.58	1.73	2.50	78.13	3.49	12.41	0.50	122.78
浙农 113	绿色	1.64	17.43	1.70	13.62	76.07	2.97	53.83	0.41	167.67
黄金芽	黄色	0.55	23.27	1.96	4.42	62.60	1.85	28.15	0.11	122.92

低咖啡因的苦茶(*Camellia kucha*)和无咖啡因的可可茶(*Camellia ptilophylla*)芽叶中儿茶素类化合物的组成与普通茶树品种'龙井种'也明显不同(表 1.7)。苦茶和龙井茶的 EGCg 含量最高,但是苦茶中的主要成分是 EGCg、ECg、EGC 和 GCg,而龙井茶中为 EGCg、EGC、GC 和 ECg;可可茶芽叶中 GCg 含量最高,C、GC、EGCg 其次(Li *et al.*,2012)。

表 1.7　低咖啡因茶芽叶中的儿茶素类化合物含量(%)(Li *et al.*,2012)

化合物	可可茶	苦茶	龙井茶
GC	1.67±0.08	0.53±0.03	1.64±0.07
EGC	0.64±0.02	1.80±0.01	4.37±0.11
C	3.26±0.03	0.23±0.01	0.36±0.01
EC	0.03±0.01	0.35±0.02	0.90±0.02
EGCg	1.07±0.05	7.87±0.15	6.13±0.22
GCg	8.11±0.21	0.94±0.03	1.13±0.07
ECg	0.40±0.03	2.33±0.07	1.25±0.05
Cg	0.35±0.03	0.11±0.01	0.02±0.01
儿茶素类总量	15.53	14.16	15.8

适制性不同的茶树品种儿茶素类含量也不同,适制红茶的品种儿茶素类总量高于适制绿茶的品种。

2. 不同器官儿茶素类化合物含量

儿茶素类化合物在茶树体内含量因不同器官而存在差异,在生长旺盛的茶树新梢含量最高,嫩茎其次,伴随组织的成熟,含量逐渐降低;老叶、茎、根内含量较少,尤其是茶根中含量较少,种类也少(表 1.8,图 1.3)。花中也检测到儿茶素类化合物,组成与叶中相似,但含量低(Liu *et al.*,2009)。

表 1.8　儿茶素类化合物在茶树体内的分布(mg/g)(Liu *et al.*,2009)

器官/愈伤组织	GC	EGC	C	EC	EGCg	ECg	儿茶素类总量
叶	1.09	2.04	3.87	0.99	55.19	7.08	70.26
嫩茎	0.54	2.56	0.68	8.65	23.54	5.76	41.73
茎木质部	0.04	0.22	0.08	2.09	0.36	0.60	3.39
根	—	—	—	0.59	—	—	0.59
愈伤组织	0.03	0.10	0.09	0.19	1.39	0.59	2.39

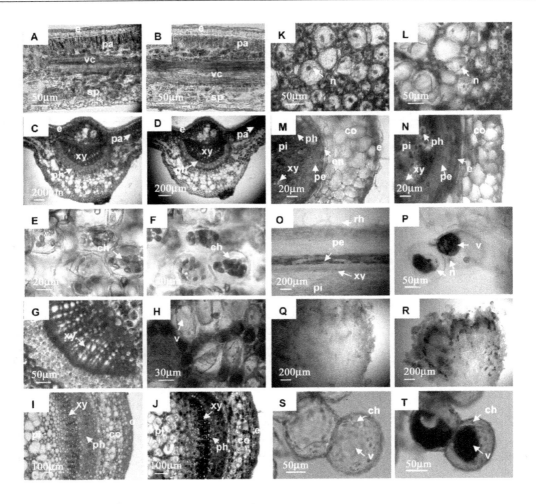

红色区域,1%(W/V)香草醛-盐酸染色后儿茶素类化合物积累的区域。A 和 B,C 和 D,E 和 F,叶片横断面染色前后;G,染色后主脉横断面;H,染色后的嫩茎髓部薄壁细胞;I 和 J,嫩茎横断面染色前后;K,0.01 mol/mL 碘溶液染色后的幼茎髓部薄壁细胞;L,双染色后的嫩茎髓部薄壁细胞;M 和 N,幼根横断面染色前后;O,染色后的茶愈伤组织诱导根的横断面;P,双染色后的暗处生长的愈伤组织;Q 和 R,暗处生长的愈伤组织染色前后;S 和 T,染色后的光培养绿色愈伤组织。e,表皮;pa,栅栏组织;vc,维管束;sp,海绵组织;co,皮层;xy,木质部;ph,韧皮部;pe,中柱鞘;en,内皮层;ch,叶绿体;rh,根毛;pi,髓;v,液泡;n,细胞核。

图 1.3   茶树不同器官和愈伤组织中儿茶素类化合物的组织化学定位(Liu *et al.*,2009)

3. 不同新梢发育期儿茶素类化合物含量

多数儿茶素类化合物含量随着茶树新梢的发育程度降低。Sharma 等(2011)分析了茶树一芽四叶新梢上不同叶片的儿茶素类化合物含量发现,儿茶素类总量及主要儿茶素类组分的含量随叶片成熟而降低(表 1.9)。但茶梢顶芽发育成第一片叶子时,儿茶素类总量及 EGC 稍有增加;儿茶素类总量及 EGC 和 ECg 从顶芽到第三叶降低趋势均比较慢,而第四叶中 EGC 和 ECg 含量急剧下降,EC 则第二叶降低较快,之后趋缓。EGCg 和 C 与其他组分相比,下降得慢而平稳。儿茶素类总量随茎的成熟也呈下降趋势,第一二节间、第三节和第四节分别为 16.5%、12.0% 和 9.2%。

表 1.9 不同发育程度的叶片中儿茶素类化合物的含量(mg/g)(Sharma et al.,2011)

	EGC	EGCg	ECg	C	EC	儿茶素类总量
顶芽	55±0.07	64±0.13	16±0.11	5.0±0.11	9.0±0.06	149±0.11
第一叶	57±0.12	64±0.11	16±0.06	5.0±0.20	9.0±0.11	151±0.07
第二叶	54±0.11	59±0.21	17±0.12	4.5±0.11	6.0±0.12	140±0.12
第三叶	50±0.10	56±0.16	15±0.11	4.4±0.10	5.7±0.11	133±0.11
第四叶	30±0.11	50±0.14	9.0±0.15	4.0±0.14	4.8±0.12	100±0.08

4. 不同生产季节儿茶素类化合物含量

季节不同,茶树生长的气候环境如气温、光照、降雨量等有差异,使茶树体内的儿茶素类化合物等内在生化成分可能发生明显变化。陈小强等(2009)比较了不同月份采制的蒸青玉绿茶,结果表明儿茶素类总量在 6 月份最高,为 201.1 mg/g,其次为 4、5 月份,7 月最低,为170.03 mg/g,即夏梢>春梢>秋梢。8 种儿茶素类单体中,EGCg 含量变化趋势与儿茶素类总量变化情况相似,7 月份最低,仅为最高的 6 月份的 76%。春茶(4、5 月)儿茶素类总量及 EGCg 的含量稍高于秋茶(8、9 月)(图 1.4)。

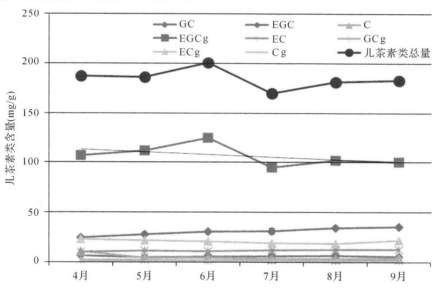

图 1.4 不同月份采制的玉绿茶儿茶素类含量

Lin 等(1996)分析了我国台湾 10 个茶树品种一芽二叶春梢和夏梢中儿茶素类化合物,发现除 1 个品种外,夏梢中儿茶素类总量及主要组分的含量均高于春梢(表 1.10)。

表 1.10 不同茶树品种春梢和夏梢中儿茶素类化合物含量(Lin et al.,1996)

品种	儿茶素类含量(%干物重)					
	EGCg	EGC	ECg	EC	C	儿茶素类总量
夏梢(1994 年 8 月)						
Gau-Lu	2.89	1.10	1.22	0.39	0.23	5.83
Chin-Shin-Dah-Pan	2.22	0.96	0.63	0.21	0.11	4.13
Tiee-Guan-In	2.08	0.80	1.14	0.23	0.08	4.33

续表

Wun-Yi	2.83	1.29	1.31	0.44	0.14	6.01
Gan-Tzy	1.97	0.97	0.76	0.19	0.06	3.95
Suragasho	2.72	1.40	1.37	0.45	0.22	6.16
Shiang-Eel	3.54	0.95	1.91	0.35	0.15	6.90
TTE No. 8	3.17	0.97	0.87	0.21	0.11	5.33
TTE No. 12	1.60	1.01	0.76	0.19	0.06	3.62
TTE No. 13	2.99	1.54	0.98	0.60	0.14	6.25
mean±SE	2.60±0.19	1.10±0.07	1.10±0.12	0.33±0.04	0.13±0.02	5.25±0.36
春梢(1995 年 4 月)						
Gau-Lu	1.78	0.72	0.89	0.21	0.12	3.72
Chin-Shin-Dah-Pan	0.95	0.65	0.31	0.15	0.06	2.12
Tiee-Guan-In	1.46	0.46	0.64	0.19	0.06	2.81
Wun-Yi	6.12	1.48	1.37	0.48	0.11	2.68
Gan-Tzy	2.09	0.77	0.65	0.24	0.10	3.85
Suragasho	1.64	0.67	1.00	0.36	0.11	3.78
Shiang-Eel	2.60	0.72	1.46	0.23	0.14	5.15
TTE No. 8	1.85	0.71	0.55	0.11	0.06	3.28
TTE No. 12	1.97	0.53	0.67	0.20	0.07	3.44
TTE No. 13	1.56	0.90	0.63	0.24	0.05	3.38
mean±SE	1.86±0.16	0.76±0.09	0.82±0.12	0.24±0.03	0.09±0.01	3.77±0.36

　　酯型儿茶素类和非酯型儿茶素类含量比例也随着季节而变化。大部分品种表现为春梢酯型儿茶素类含量最高,夏梢次之,秋梢最低。赵霖等(2005)研究了江西省婺源县大樟山茶场不同月份鲜叶所制绿茶中儿茶素类化合物的含量,结果表明茶树 4 月份采摘的绿茶中儿茶素类化合物总量及酯型儿茶素类化合物含量最高(表 1.11),其次为 5 月>3 月>8 月。

表 1.11　不同月份采集的绿茶样品的儿茶素类化合物含量(mg/g)(赵霖等,2005)

	3 月	4 月	5 月	8 月
GC	0.95±0.17	1.09±0.27	0.57±0.06	2.99±0.83
C	1.59±0.32	1.51±0.46	0.95±0.10	0.89±0.33
EGC	7.07±1.30	18.21±3.74	18.57±2.45	25.24±4.65
EC	3.92±0.70	5.62±1.60	4.04±0.65	5.37±1.28
EGCg	188.81±30.39	268.72±49.10	201.82±29.88	86.48±25.40
GCg	0.52±0.30	0.31±0.23	0.31±0.09	0.07±0.11
ECg	23.79±3.44	25.99±5.17	14.09±1.97	7.64±2.54

5. 生态环境对儿茶素类化合物含量的影响

　　同一茶树品种的儿茶素类含量也会随着茶树的生态环境而变化。随着环境日均温度升高,EGC、EC、ECg 和 EGCg 的含量增加,而 C 含量下降;长期降水可引起儿茶素类总量和 EGC、EC、ECg、EGCg 含量下降。一般而言,纬度较低的南方茶区,光照强、气温高、降水量充足等条件有利于茶树儿茶素类化合物等次生代谢产物的积累。

　　海拔高度不同,环境条件产生变化,也会引起儿茶素类含量的变化(Chen et al.,2010)(表 1.12),比较海拔 300 m 和 500 m 两个高度,后者的儿茶素类总量、EGCg 和酯型儿茶素类总量高于前者；但是其他儿茶素类的变化趋势有所不同，GC、EGC 和简单儿茶素类总量在低海拔明显高于高海拔，而 C 在高海拔的春茶中比低海拔的低，在秋茶中却呈相反趋势。有研究显示，茶叶儿茶素类含量与海拔高度并非呈正相关关系，儿茶素类化合物含量在海拔高度为 750 m 左右时达到最高值，之后不再随着海拔高度的上升而上升。

表 1.12　茶树品种'黄枝香'儿茶素类化合物含量(mg/g)(Chen et al., 2010)

	春茶		秋茶	
	海拔：500 m	海拔：350 m	海拔：500 m	海拔：350 m
GC	8.2±0.5	10.1±0.9	8.0±0.1	8.0±0.7
EGC	16.8±2.0	20.3±2.3	17.6±1.9	16.0±0.1
C	5.9±0.1	7.9±1.2	7.0±0.1	5.6±0.9
EC	4.2±0.6	5.4±1.2	5.5±0.6	4.7±0.6
EGCg	102.8±0.7	76.6±5.6	103.4±3.1	90.6±5.5
ECg	20.8±3.1	20.9±3.1	25.2±1.3	25.6±1.0
儿茶素类总量	158.3±2.1	142.0±11.4	167.2±2.5	151.5±5.5
简单儿茶素类	36.1±3.2	44.0±5.0	38.6±3.1	34.4±1.0
酯型儿茶素类	124.4±1.3	97.4±5.5	129.6±0.7	116.9±6.9
茶多酚	176.2±3.7	132.4±4.9	200.2±9.9	217.1±7.8

6. 栽培措施对儿茶素类化合物含量差异的影响

合理施用有机肥或氮、磷肥能增加茶叶产量，改变茶叶儿茶素类化合物的含量。夏建国等(2005)利用盆栽试验研究了不同氮肥种类和用量对茶叶品质的影响，结果表明，各种氮肥的使用均能极显著提高儿茶素类总量，且不同种类的氮肥对儿茶素类的影响有所不同，其中施用尿素对提高儿茶素类总量的效果最明显，当尿素施用量为 4g/盆时，儿茶素类总量可以达到 127.71 mg/g(表 1.13)；但超过一定量后，儿茶素类含量反而下降。

表 1.13　不同氮肥种类化合物对茶多酚、儿茶素类化合物含量的影响(夏建国等，2005)

肥料种类	对照	尿素	硫酸铵	硝酸铵	碳酸氢铵	硝酸钙
儿茶素类(mg/g)	108.35	127.71	117.67	112.03	120.57	121.07
茶多酚(%)	20.79	21.70	21.95	21.80	21.74	22.53

干旱条件抑制茶叶儿茶素类化合物的合成和累积，持续干旱 8 d 后，EGC、ECg、EC 的含量分别下降 23%、21% 和 15%(表 1.14)(Sharma et al., 2011)。恢复供水后儿茶素类化合物的含量也逐步恢复。土壤含水量在 14%～38% 时，随含水量增加，儿茶素类化合物含量逐渐增加。

表 1.14　干旱胁迫对阿萨姆种茶树儿茶素类化合物含量的影响(Sharma et al., 2011)

处理	儿茶素类含量(mg/g)				
	儿茶素类总量	EGC	EGCg	ECg	EC
对照*	14.85±0.35	4.45±0.28	7.43±0.13	2.11±0.09	0.55±0.03
对照-1**	15.09±0.11	4.57±0.11	7.64±0.15	2.19±0.15	0.55±0.03
对照-2	14.88±0.24	4.38±0.23	7.56±0.23	2.13±0.21	0.52±0.11
对照-3	14.58±0.18	4.16±0.38	7.39±0.21	2.09±0.14	0.51±0.08

续表

处理	儿茶素类含量(mg/g)				
	儿茶素类总量	EGC	EGCg	ECg	EC
对照-4	14.23±0.12	4.01±0.11	7.27±0.38	2.038±0.11	0.51±0.05
对照-5	13.85±0.12	3.88±0.17	7.09±0.45	1.94±0.17	0.51±0.08
对照-6	13.72±0.27	3.78±0.15	6.95±0.11	1.91±0.11	0.48±0.10
对照-8	13.36±0.22	3.67±0.21	6.79±0.22	1.77±0.12	0.46±0.08
对照-9	13.28±0.15	3.59±0.18	6.58±0.21	1.65±0.16	0.45±0.05
对照-10	12.95±0.17	3.55±0.25	6.45±0.14	1.54±0.18	0.44±0.08
干旱-第1天***	15.45±0.31	4.61±0.34	7.70±0.25	2.21±0.18	0.58±0.07
干旱-第2天	14.91±0.15	4.35±0.42	7.46±0.25	2.21±0.12	0.58±0.07
干旱-第3天	14.26±0.24	4.16±0.11	7.26±0.84	2.01±0.15	0.53±0.03
干旱-第4天	13.22±0.35	3.77±0.14	6.89±0.57	1.82±0.28	0.51±0.01
干旱-第5天	12.50±0.39	3.61±0.21	6.63±0.54	1.64±0.34	0.41±0.01
干旱-第6天	11.87±0.42	3.41±0.19	6.36±0.52	1.52±0.65	0.40±0.02
干旱-第8天	11.28±0.19	3.27±0.29	6.14±0.45	1.46±0.85	0.37±0.05
第9天-供水	11.42±0.14	3.31±0.12	6.31±0.42	1.49±0.11	0.38±0.05
第10天-供水	11.68±0.21	3.38±0.11	6.44±0.25	1.53±0.19	0.40±0.05

＊"对照"指干旱处理之前；＊＊"对照-1"指非干旱处理第1天，＊＊＊"干旱-第1天"指干旱处理第1天，其余类推。干旱处理持续8天，第9天恢复供水。

植物生长调节剂对茶叶儿茶素类生物合成和累积也有影响。"茶树催发素"是由植物生长调节剂和茶树生长所需的大量元素调配而成的符合茶树生长的调节剂，叶面喷施后，儿茶素类含量有不同程度的下降，尤其是EGC和EGCg，平均降低26.9%和19.5%(图1.5)(梁月荣和陆建良，1997)。儿茶素类含量尤其是各组分比例的改变可以影响茶叶的品质。喷施"茶树催发素"后，儿茶素类品质指数平均提高14.5%，尤其是品种'劲峰'的一芽三叶期更高达38.2%。

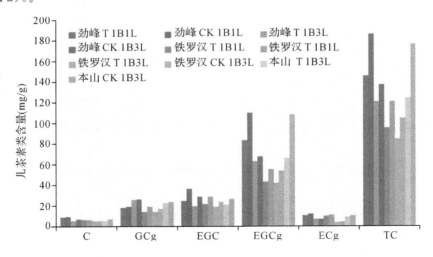

T，处理；CK，对照；1B1L，一芽一叶；1B3L，一芽三叶；TC，儿茶素类总量

图1.5 "茶树催发素"对茶叶儿茶素类化合物含量影响

　　光照条件可以影响茶叶儿茶素类化合物的合成和积累,适当遮荫可以改变儿茶素类化合物的含量及其组成。张文锦等(2006)在夏季采用遮荫度处理(30%、45%和60%),乌龙茶品种夏、暑茶鲜叶的儿茶素类总量尤其是 EGC 的含量随遮荫度增大而降低,而 EGCg 则呈现相反的变化趋势;变化程度因品种而有差异,'铁观音'、'本山'和'黄棪'3 个品种在遮荫后的夏茶鲜叶的儿茶素类总含量分别下降 2.14%~3.87%、6.60%~13.63% 和 4.16%~6.00%;EGC 分别下降 25.54%~29.47%、11.17%~13.42% 和 17.14%~22.27% (表 1.15)。遮荫的'黄棪'暑茶鲜叶中儿茶素类总量和 EGC 含量分别下降了 3.09%~10.61% 和 12.76%~24.23%。对日本绿茶品种'Yabukita'的研究也呈现类似趋势(Ku et al.,2010)。

表 1.15　不同遮荫度对夏茶鲜叶儿茶素类含量及组成的影响(张文锦等,2006)

| 品种 | 遮荫度 | 儿茶素类含量(mg/g) | | | | | | 儿茶素品质指数 |
		EC	EGC	DL-C	ECg	EGCg	儿茶素类总量	
本山	对照	10.53	6.71	3.38	23.64	55.74	160.7	1183
	30%	5.98	5.81	2.03	16.83	69.35	150.1	1483
	45%	10.90	5.96	2.67	16.25	64.23	138.8	1350
黄棪	对照	4.40	4.55	1.83	20.33	68.89	206.7	1961
	30%	3.13	3.57	1.28	18.25	73.77	198.1	2578
	45%	3.48	3.77	1.43	17.10	74.22	194.3	2422
铁观音	对照	7.36	5.09	1.90	21.68	63.97	243.2	1683
	30%	5.13	3.79	1.46	18.61	71.01	238.0	2365
	45%	5.00	3.59	1.46	19.58	70.36	233.8	1799

　　儿茶素类化合物的积累除了受光照强度影响外,还受光质的影响。短时或低剂量的 UV-B 辐照可以促进茶叶中主要儿茶素类化合物的含量提高,其中 EGCg 含量增加更快,但过量的 UV-B 辐射会抑制儿茶素类的积累(Zheng et al.,2008)。嫁接也可以改变儿茶素类化合物的含量和组成。

7. 不同茶类儿茶素类化合物含量差异

　　不同茶类由于所用的鲜叶原料和加工方法不同,产品的儿茶素类化合物含量差异明显。一般而言,发酵过程中茶叶儿茶素类会发生氧化、聚合以及转化等,因而同等嫩度的茶叶原料随着发酵程度的加深,儿茶素类含量呈下降趋势。杨伟丽等(2001)以相同的鲜叶原料加工成 5 类茶叶的毛茶,结果发现除了 ECg 和 GCg 外,儿茶素总量及其他组分的含量均以绿茶最高,其次为黄茶、黑茶、乌龙茶,红茶最低(表 1.16)。Wang 等(2011)比较了不同茶类成品茶的儿茶素类含量,发现儿茶素类总含量的变化趋势是:绿茶>乌龙茶>白茶>红茶>普洱茶(表 1.17)。

表 1.16　茶叶儿茶素类化合物组成(mg/g)* (杨伟丽等,2001)

儿茶素类组分	绿茶	黄茶	黑茶	乌龙茶	红茶
ECg	9.40	9.41	7.17	4.74	1.81
GCg	11.05	6.81	6.02	3.81	0.50
EGCg	52.20	43.89	37.62	24.70	4.67
C	7.23	4.92	4.91	3.03	0.97
EC	7.59	6.65	6.04	4.51	1.75

续表

儿茶素类组分	绿茶	黄茶	黑茶	乌龙茶	红茶
EGC	24.67	22.44	17.62	11.37	1.02
儿茶素类总量	112.14	94.12	79.38	52.16	10.72

* 5类茶叶均为初制的毛茶。

表 1.17　不同类型茶叶中儿茶素类化合物含量(mg/g)(Wang et al.,2011)

儿茶素类组分	白茶(n=8)	绿茶(n=27)	乌龙茶(n=27)	红茶(n=15)	普洱茶(n=10)
EGC	1.87±0.62	13.44±10.58	16.78±5.09	0.31±0.31	1.18±0.36
C	1.87±0.40	6.51±4.47	4.34±1.75	1.00±1.34	1.94±0.72
EC	1.22±0.34	5.78±4.18	4.12±1.18	1.21±1.29	1.40±0.72
EGCg	27.09±6.14	50.29±13.88	38.36±16.82	3.46±1.86	0.13±0.15
GCg	13.25±3.73	12.67±15.14	15.30±6.62	0.60±0.26	0.18±0.08
ECg	11.33±3.21	17.16±6.73	8.02±3.16	3.59±2.73	0.20±0.22
儿茶素类总量	56.62±12.53	105.85±35.69	86.91±23.54	10.18±6.68	5.01±1.79

8. 茶叶加工过程中儿茶素类化合物含量变化

在茶叶加工过程中,儿茶素类化合物在热和多酚氧化酶等酶的作用下,会发生氧化、聚合或者转化,因而引起儿茶素类化合物含量的变化。

鲜叶摊放是绿茶加工过程中的第一道工艺处理,一般鲜叶失水 22%～39%,EGCg、EGC、EC 和 GCg 的含量逐渐下降,相反 C 和 Cg 却逐渐上升(表 1.18);适宜的摊放时间可以提高名优绿茶品质(尹军峰等,2009)。

表 1.18　摊放过程中茶鲜叶中儿茶素类化合物的变化(mg/g)(尹军峰等,2009)

儿茶素类组分	摊放叶含水率(%)					
	78.12	73.89	71.62	69.71	65.80	61.63
EGC	8.17±0.23	7.44±0.05	6.74±0.06	7.47±0.03	7.51±0.08	7.16±0.14
C	25.24±0.18	27.37±0.27	27.89±0.26	37.20±0.19	39.72±1.20	41.49±0.18
ECg	40.17±0.06	42.32±1.87	42.77±0.40	44.12±0.32	45.28±0.35	44.45±0.14
EGCg	107.14±0.07	104.19±0.07	100.11±0.71	100.41±0.08	100.59±0.33	97.20±0.88
Cg	1.15±0.02	1.32±0.06	1.09±0.02	1.18±0.01	1.21±0.00	1.27±0.01
EC	12.91±0.45	10.68±0.41	10.12±0.17	11.03±0.28	11.44±0.12	10.70±0.00
GCg	1.50±0.04	1.24±0.00	1.04±0.05	0.87±0.02	0.83±0.06	0.73±0.05
儿茶素类总量	196.27±0.88	194.55±2.60	189.75±1.61	202.29±0.86	206.57±2.14	202.98±1.34
酯型儿茶素类总量	149.95±0.04	149.07±1.93	145.00±1.18	146.59±0.36	147.90±0.74	143.64±1.02

发酵是红茶加工的必经工艺。Kim 等(2011)研究发现,茶叶原料随着发酵程度加深儿茶素类总量逐渐下降(图 1.6),其中简单儿茶素类比酯型儿茶素类下降程度更多。

烘焙是乌龙茶加工中的特有工序。Chen 等(2013)研究发现,铁观音经焙火后,EGCg、EGC、ECg、EC 分别比鲜叶降低 50%、71%、43% 和 76%,而 GCg 却增加了 40%。

干燥是各种茶叶加工中的最后步骤。由沱茶干燥研究发现,儿茶素类的变化与干燥温度有关。沱茶经 40℃ 和 60℃ 干燥后,儿茶素类总量、EGCg、EGC、ECg 和 GCg 的含量均低于高温(80℃、90℃)干燥的沱茶。这说明沱茶在较低温度下干燥,水分散失较慢,从而有利于苦涩味较重的酯型儿茶素类降解。

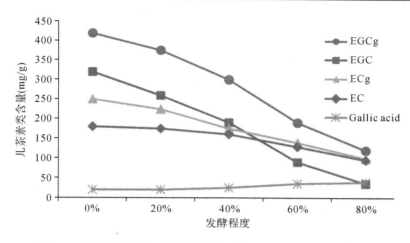

图 1.6 茶叶发酵过程中儿茶素类化合物含量变化(Kim *et al*.,2011)

三、茶叶儿茶素类化合物的生理功能

随着人们对茶叶健康作用的重视,科学家对儿茶素类化合物的药理学和生理功能研究也不断深入,儿茶素类化合物新的生理功能也不断发现。

(一)抗氧化

儿茶素类化合物分子结构中具有多个酚羟基,具有很强的自由基清除活性和抗氧化活性。日本梶本五郎最早报道了茶叶的抗氧化活性,之后的大量研究都证明了其相关活性;而且,迄今还认为抗氧化作用是茶叶保健和预防慢性疾病最重要的机制之一。

儿茶素类可以保护免疫器官及细胞免受氧化损伤。Álvarez 等(2002)研究发现,EGCg 能抑制呼吸爆发引起的小鼠腹膜巨噬细胞的氧化损伤;50～100 μmol/L EGCg 能抑制巯基乙酸钠引起的巨噬细胞产生一氧化氮(NO);1～100 μmol/L EGCg 能抑制蛋白酶 C 激活剂引发的腹膜巨噬细胞氧自由基的释放。在低浓度(1～5 μmol/L)下,EGCg 充当助氧化剂,使无酶 NADH/PMS 系统中超氧阴离子诱导的四氮唑(NBT)还原;当 EGCg 浓度超过 10 μmol/L,则起抗氧化剂的作用,能清除超氧阴离子自由基。许多研究证明,EGCg 可以通过调节机体活性氧水平,提高机体免疫力。

在一定的浓度范围内,儿茶素类化合物可以减少 UV 辐射和铅诱导的 H_2O_2 在细胞内的释放及丙二醛(MDA)沉积,增加抗氧化酶的活性。EGCg 可以下调 UV-B 诱导的 MMP1 mRNA 表达,抑制依赖于 H_2O_2 释放的 MAPK 蛋白磷酸化,减少胶原蛋白的降解。ECg 可以抑制 UVA 诱导角化细胞中形成 H_2O_2,减弱 H_2O_2 和次黄嘌呤-黄嘌呤氧化酶-诱导的细胞损伤(Tobi *et al*.,2002),其效果与 EGCg 相似。Cg 和 EC 也可以降低心肌细胞中黄嘌呤/黄嘌呤氧化酶诱导的乳酸脱氢酶(LDH)的释放量和 MDA 的含量水平,提高超氧化物歧化酶(SOD)活性。而儿茶素类缓解铅中毒的能力以 ECg 效果最强,其次为 EGCg、EC 和 EGC。

儿茶素类化合物可以提高红细胞抗坏血酸自由基还原酶的活性,而且各儿茶素类成分的效果为:EGCg≥ECg＞EGC＞EC(Pandey and Rizvi,2012)。说明儿茶素类化合物可以清除外来因素诱导的自由基,起到抗氧化作用。应用化学发光方法研究发现,同等浓度的儿

茶素类清除 O_2^- 和 OH・的能力顺序为：EGCg＞ECg＞EGC＞EC，而且该 4 种儿茶素类组合使用，效果更佳，最佳组合是 EGCg：ECg：EGC：EC＝3：3：1：1。在 4 种儿茶素类的组合中，当 EGCg 比例较高时，其组合物的自由基清除率高于各单体的自由基清除率（罗一帆等，2005）。不同儿茶素类单体的抗氧化能力强弱与检测方法及反应体系有关，涂云飞等（2012）的研究结果认为，ECg 清除 OH・的能力最强，其次为 EC，EGCg 最弱。

儿茶素类化合物可以激活细胞外信号调节激酶-核因子相关因子 2（ERK-NRF2），诱导其下游抗氧化酶表达，如血红素氧合酶-1（HO-1）、醌氧化还原酶 1（NQO-1）等，从而保护细胞免受氧化损伤。

儿茶素类的抗氧化活性还可以用于鸡肉、猪肉等的保鲜，提高肉的氧化稳定性，延长保鲜期。

(二)抗癌肿

1. 实验和流行病学依据

流行病学研究发现，饮茶或服用儿茶素类化合物可以降低由致癌因子引发的皮肤癌、鼻咽癌、肺癌、肝癌、胃癌、食道癌、十二指肠癌、结肠癌、乳腺癌、前列腺癌、子宫颈癌等多种癌症的患病几率。在癌症晚期的化疗中，儿茶素类化合物可以逆转某些化疗药物的耐药性，提高癌症治疗药物的效果。

Katiyar 等（1999）研究发现，让接受紫外线照射的老鼠饮用绿茶或者把 EGCg 涂抹在老鼠皮肤上，可防止老鼠皮肤变红、起水泡以及产生与早期皮肤癌有关的细胞病变。人体实验表明，把 EGCg 涂抹到接受日光照射的皮肤上，能预防皮肤发炎和白细胞的升高。Lu 等（2002）每周两次用 UV-B 辐射 SKH-1 无毛鼠，然后每周五次（每天一次）用 6.5 μmol/L EGCg 处理，发现 EGCg 处理后，良性及恶性肿瘤发生率分别降低 55％和 66％，良性肿瘤凋亡率提高 72％～87％，癌细胞凋亡率提高 56％～92％，对正常细胞的凋亡率没有影响。

儿茶素类化合物不仅对 UV 诱导的皮肤癌有预防作用，而且大量研究结果表明它们也能抑制多种促癌剂和始发剂诱发的皮肤癌等肿瘤的产生、生长及扩增，并诱导癌细胞凋亡，而且对已形成肿瘤的生长、侵袭和转移亦有抑制作用。EGCg 可以抑制 N-甲基-N′-硝基-N′-亚硝基胍（N-Methyl-N′-nitro-N-nitrosoguanidine，MNNG）诱导的大鼠胃癌的发生。饮用 0.01％ EGCg 可以通过上调 IGF-1R 等基因的表达水平抑制偶氮甲烷（AOM）诱导的异常隐窝灶（ACF）的形成，抑制黏附分子 LOX-1 的表达，从而抑制肝癌细胞跨内皮迁移。

晚期肝癌手术后要辅以化疗，但多药耐药性往往降低化疗效果或失败。儿茶素类化合物辅助治癌的一个重要原因是它们可以逆转癌症细胞的多药耐药性，提高机体的有效药物浓度和利用度。研究表明，60 mg/L ECg 和 14 mg/L EGCg 对正常的非癌症细胞没有明显细胞毒性，但可以增强抗癌药物阿霉素在肝癌细胞内的浓度，并使阿霉素的 IC_{50} 由 36 mg/L 分别降至 2.3 mg/L 和 1.9 mg/L，增敏倍数分别为 15.8 倍和 19.2 倍，从而逆转人肝癌细胞多药耐药性。与 EGCg 逆转耐药性可能相关的基因有表达上调的 ABCB10（MDR/TAP）、TOP2A、TOP2B、CCNG1 和表达下调的 ABCB1、MVP、ARHD、HDAC5、GSS、GSTP1、HSPA1B、HSPB7、CDKN1A、RAB11B、RAB9P40（唐海桦等，2008），说明 EGCg 的作用是多基因、多环节、多途径地参与逆转 ADM 诱导的肝癌多药耐药性。

白血病（Leukemia）是一种血液系统恶性肿瘤，目前临床治疗手段主要是化疗，但大多数化疗药物均有很强的毒副作用。体外实验表明，EGCg 可以显著抑制人急性早幼粒细胞白血病(APL)细胞株 HL-60 的生长,并诱导其凋亡,最佳使用浓度为 250 μg/mL(任莉莉和曹进,2003)。

此外,EGCg、GC、EGC 及甲基化 EGCg 等儿茶素类单体对乳腺癌细胞 MCF-7、克隆癌细胞 HT-29 胃癌 SGC7901、肺癌细胞 A-427 和黑色素瘤细胞 UACC-375 等多种癌细胞生长均有显著的抑制作用,而且以 EGCg 的作用效果最优。

在不同儿茶素类单体抗癌活性的研究方面,多数报告认为 EGCg 和 ECg 具有最强的活性。但近年来的许多研究认为,几种不同的儿茶素类单体表现出协同作用,混合作用效果优于儿茶素类单体。如 EC 可以明显提高 EGCg 对人体肺癌细胞的抑制效果,还可以提高 EGCg 对癌细胞的凋亡作用。而 EGCg 与其他儿茶素类单体(EC、EGC、ECg)混合后,对 Hela 细胞的生长及癌细胞表面氧化酶(ECTO-NOX)活性的抑制作用增强。因此,这些研究者们认为未来在应用 EGCg 单体化合物作为预防癌症的活性物时,还不如使用绿茶提取物,这样既可增强活性,又可降低成本。这种儿茶素类单体协同作用的原因可能是:不同儿茶素类单体结构不同,其氧化还原电位有差异,若干种儿茶素类单体混合后会形成氧化还原链,构成梯度修复循环,促进抗氧化作用。

儿茶素类化合物也与其他抗癌药或天然成分具有协同抗癌效果,从而提高药物选择性和药效。Suganuma 等(2001)用 EGCg 和一种非类固醇类的抗炎、止痛解热药舒林酸(Sulindac)同时饲喂大鼠,肿瘤数量由每只 72.3±28.3 降到 32.0±18.7,降低了 44.3%;单独使用 EGCg 或 Sulindac,肿瘤数量分别降到 56.7±3.5 和 49.0±12.7。EGCg 也可明显增强抗炎、镇痛药物塞来昔布(Celecoxib)对人恶性胰腺癌细胞发生的抑制作用,也有报道称,经常喝热的红茶可以使皮肤患鳞状细胞癌的几率减少 40%,如果在红茶中添加柑橘类水果的皮,患癌率则可降低 70%。

然而,儿茶素类对部分药物却具有拮抗作用。硼替佐米(Bortezomib,BZM)是一种临床治疗多骨髓瘤的蛋白酶抑制剂,但儿茶素类化合物尤其是 EGCg 对硼酸基蛋白酶抑制剂 BZM 诱导瘤细胞凋亡的作用产生拮抗,而对非硼酸基蛋白酶抑制剂则没有拮抗作用(Golden *et al.*,2009)。可见,在肿瘤治疗过程中是否禁忌喝茶和使用茶产品,需要根据药物的性质决定。

有关茶叶消费与癌症发生的关系的流行病学调查也有不一致的结果。对 728 名 65～84 岁的男性进行 10 年的跟踪调查后发现,虽然他们每天摄入 72 mg 儿茶素类,仍有 42 人得肺癌,96 人得上皮癌,因此调查者们认为儿茶素类摄入与肺癌、鳞状上皮癌和上皮癌发生没有相关性。

2. 儿茶素类化合物抗癌作用机制

相关学者的研究表明,儿茶素类化合物的防癌抗癌机制是多方面的,包括提高机体的免疫力、调节信号转导途径或抗基因突变,在癌症形成的三个不同阶段都可以发挥作用。

癌症的发生大致可分为三个阶段,第一是启动阶段(Initiation):正常细胞的遗传物质 DNA 受到损伤,癌症的遗传因子被"唤醒";第二是促进阶段(Promotion):细胞分裂加快,进入癌变过程;第三是演进阶段(Progression):肿瘤恶化甚至转移。膳食的作用主要在第二和第三阶段。如果膳食中各种食物成分搭配恰当,则能阻止和延缓癌症发生的进程,反之则会促进癌症的形成。儿茶素类化合物可以通过阻断癌症发生的某一个或几个阶段而发挥防癌作用。

　　儿茶素类化合物在癌症发生促进期可以通过影响激酶转导通路,调节激酶 MAPK 磷酸化,抑制转录因子 NF-κB 和激活蛋白-1(AP-1)活化,抑制细胞外因子和癌症相关基因表达,抑制癌细胞的 DNA 合成,起到抗肿瘤之功效。UV-B 辐射前用 EGCg(10～40 μmol/L)预处理人正常表皮角化细胞(NHEK)可以抑制 UV-B 诱导的 H_2O_2 的产生和 ERK1/2、JNK 和 p38 蛋白的磷酸化,并激活 NF-κB 信号转导途径。在头颈上皮癌细胞(HNSCC)和乳腺癌细胞(MDA-MB-231)中,两株细胞中 TGF-α 及表皮细胞生长因子受体(EGFR)信号转导系统活跃,VEGF 大量生成。EGCg 能抑制 EGFR、Stat3 和 Akt 的活性,使 VEGF 的含量和活性降低;同时发现 EGCg 通过抑制 NF-κB 的活性,减少 VEGF 的产生量。在前列腺癌患者中,儿茶素类化合物可以明显降低血清肝细胞生长因子、血管内皮生长因子和胰岛素样生长因子。

　　儿茶素类化合物在癌症发生演进期可以抑制癌细胞的生长周期,并诱导癌细胞凋亡,抑制端粒酶的活性。肿瘤是一类细胞周期调控异常性疾病。儿茶素类化合物可抑制肿瘤细胞 DNA 合成与复制,使细胞周期停滞于某一时期而抑制肿瘤细胞生长或诱导凋亡。

　　儿茶素类化合物能调节细胞及机体内多种酶、酶受体等的活性,从多途径发生作用。在癌症的每个阶段鸟氨酸脱羧酶(ODC)、环氧化酶、脂氧合酶和蛋白激酶 C 等酶对癌细胞增殖起重要作用。在癌症始发阶段,细胞色素 P-450(P450)是一类关键酶。EGCg、ECg、EGC 和 EC 等多种儿茶素类对鼠肝脏中 P-450 酶系的活性有强抑制作用。一些具有解毒机制的有益酶类,如谷胱甘肽过氧化物酶、过氧化氢酶、NADPH 醌氧化还原酶、谷胱甘肽-S-转移酶等对 P-450 酶系统催化的致癌代谢物具有解毒作用。

　　日本科学家提出了茶叶抗癌的另一个重要机制是对染色体端粒酶的抑制作用。研究发现,很多癌症中均表现有端粒酶的活性(大多数体细胞中均没有这种酶的活性)。端粒酶是一种逆转录酶,由 RNA 及蛋白质组成,可以延长染色体上的端粒,从而增强细胞的增殖能力。正常体细胞端粒酶活力很低;癌细胞端粒酶活力增强,能使染色体末端的端粒长度增长,与癌过程有关。而 EGCg 对端粒酶有抑制活性。

　　儿茶素类化合物可以通过调节巨噬细胞活性及增强各个免疫器官的功能和发育来提高机体免疫力。罗利群等(1995)研究了儿茶素类在小鼠体内对淋巴瘤 L5178Y 免疫反应的影响,结果表明,绿茶儿茶素类(GTC)能促进对 L5178Y 产生免疫反应的小鼠脾细胞的特异性增殖,这一作用在 GTC 2 mg/d 灌胃的小鼠尤为显著,小鼠脾细胞的特异性增殖比不灌胃的对照高 6～10 倍,并加强特异性 CTL 的诱导,增加 IL-2 分泌和 IL-2 mRNA 表达,增强 NK 细胞活性。他们认为 GTC 的作用可能与降低巨噬细胞的抑制活性有关。研究还发现,聚酯型儿茶素类[50 mg/(kg・d)、100 mg/(kg・d)、200 mg/(kg・d),7 d]可明显增强正常小鼠的耳片肿胀度、腹腔巨噬细胞吞噬功能及血清溶血素生成,明显提高环磷酰胺所致免疫低下小鼠的 DTH 反应、碳粒廓清 K 和 α 值及 HC_{50} 值。说明聚酯型儿茶素类对正常及免疫功能低下小鼠的细胞免疫和体液免疫均具有增强作用。

(三)抗菌消炎、抗病毒

　　儿茶素类化合物有较强的收敛性,对病毒、细菌等有明显广谱抑菌作用,并能有效减轻炎症反应。在众多的抗菌研究中,国内外学者发现儿茶素类化合物对普通变形杆菌、金色葡萄球菌、表皮葡萄球菌、流感病毒等多种致病菌和病毒具有不同程度的抑制和杀伤效果。

　　金黄色葡萄球菌(Methicillin resisitant *Staphylococcus aureus*,MRSA)在医院感染中

的比例日益增加，并存在多药耐药性，尤其是对目前的主要治疗药物糖肽类抗生素也已产生耐药性。儿茶素类化合物可以提高苯唑西林对 MRSA 的抗菌增敏效果，同等浓度的 C、ECg、EGC 配伍使用时效果最佳（肖康康等，2012）。而该配伍儿茶素类的总浓度为16 μg/mL 时与苯唑西林、氨苄西林、头孢唑林、泰能等 β-内酰胺类抗生素联合处理，可通过增强药物在 MRSA WHO-2 菌体内的聚集使抗菌增效作用分别增强 80%、76%、88%、92%。这种抗菌增效作用可能是刺激细菌细胞壁增厚实现的。

牙本质龋病是在以细菌为主的多种因素作用下，牙体硬组织发生慢性破坏的一种疾病。人口腔里的唾液可以在龋病发生过程中使牙本质的胶原纤维暴露，进一步加剧龋病的恶化。儿茶素类化合物可明显抑制对龋齿形成起主要作用的变形链球菌的毒力因子，有效抑制牙髓细胞发炎（Hirao et al., 2010），并能与胶原蛋白交联、抑制金属蛋白酶（MMPs）的表达，从而提高牙本质抗酸蚀的能力，减缓牙本质龋病的发生。

绿茶粗提物和 EGCg 均能明显抑制耻垢分枝杆菌的生长，且呈浓度依赖性，可能是通过破坏维持细胞形态和细胞壁结构的主要成分肽聚糖达到抑制作用的。

儿茶素类化合物可以增强对流行性感冒病毒的免疫响应。流感病毒引起的流行性感冒是一种急性呼吸道传染病，对人类健康和生命具有严重危害。EGCg 可以预防感染甲型流感病毒，并可以直接杀伤和抑制甲型流感病毒；口服 EGCg 可以降低感染流感病毒小鼠的病死率，减轻肺组织病变程度，延长小鼠存活时间。儿茶素类化合物抗病毒的作用可以通过抑制病毒逆转录酶等的活性来实现。陶佩珍等（1992）发现儿茶素类化合物对人体免疫缺陷病毒 1 型逆转录酶（HIV-1 RT）、鸭乙型肝炎病毒复制复合体逆转录酶（DHBV RCs RT）、单纯疱疹病毒 1 型 DNA 聚合酶（HSV-1 DNAP）及牛胸腺 DNA 聚合酶 α（CT DNAPα）的活性均有明显的抑制作用；EGCg、ECg、EGC 的 IC_{50} 浓度分别为0.0066 μmol/L、0.084 μmol/L 和7.2 μmol/L。

儿茶素类化合物抗菌、抗病毒的机制主要是破坏细菌、病毒细胞膜的脂质层，使细菌结构发生改变，抑制有害细菌、病毒合成途径中的 DNA 促旋酶等关键酶和基因的表达，使细菌、病毒无法增殖，并抑制致病菌和病毒分泌毒素，减少对机体的侵染。

（四）保护心脑血管

有研究显示，儿茶素类化合物具有抑制动脉粥样硬化、减小高血压和冠心病的发病率、降血压、降血糖的作用，对心血管疾病、糖尿病等均有很好的治疗或预防作用。EGCg＋ECg、EC＋EGC 组合都可以沉淀胆固醇并与胆固醇酶反应，抑制胆固醇的溶解和吸收。

低密度脂蛋白（LDL）是动脉粥样硬化（AS）斑块中沉积的主要脂质，是导致心血管疾病的主要因素之一。血清总胆固醇（TC）大致反映 LDL-胆固醇（LDL-C）水平，降低胆固醇有助于降低心脑血管疾病风险。EGCg、C 或 EC 均能明显降低血清 TC、甘油三酯（TG）、LDL-C 和升高高密度脂蛋白-胆固醇（HDL-C），且静脉注射效果更好，而对血糖和胰岛素水平影响不大。

左心室肥大、心肌肥厚是心脏对血液动力超负载的代偿，在初期可以发挥一定作用，但长期持续会导致高血压扩张型心肌病、心力衰竭以致猝死。茶叶儿茶素类化合物 EGCg 可以明显抑制心肌细胞增大，改善缺血再灌注损伤后的心肌功能，从而抑制心肌肥厚的发展（Liang et al., 2011）。

细胞内钙离子浓度超载是导致机体缺血再灌注损伤的重要原因之一，茶叶儿茶素类化合物能抑制 Ca^{2+} 进入细胞，显著减轻大鼠脑细胞海马组织的损伤程度。在体外培养的大鼠乳鼠心肌细胞缺氧再给氧的研究中也发现 GCg 和 EGCg 可以通过抑制心肌细胞 Ca^{2+} 超载及心肌细胞蛋白激酶 C 和 G 蛋白，增加 SOD 和 ATP 酶活性，提高心肌细胞的存活率，保护细胞缺氧再给氧损伤(叶锦霞等，2008)。

除了保护心脏和大脑细胞之外，儿茶素类化合物还刺激造血系统的更新，增强人体毛细血管的韧性，改善微血管壁的渗透性能，增强血管的抵抗能力。刘屏等(2004)发现儿茶素类对小鼠红系造血祖细胞(BFU-E、CFU-E)、粒单系造血祖细胞(CFU-GM)和巨核系造血祖细胞(CFU-Meg)的增殖具有显著促进作用，浓度为 100 mg/L 时促进效果最佳；并与造血生长因子协同促进造血。这种促进造血干/祖细胞增殖和分化作用的机制是通过诱导小鼠脾细胞内 GM-CSF 和 IL-6 的表达，促使正常及骨髓抑制小鼠骨髓细胞进入细胞增殖周期。同时，酯型儿茶素类尤其是 EGCg 能抑制血小板的凝集，而简单儿茶素类却没有抗凝作用。说明儿茶素类对血液病患者的治疗具有积极作用。

(五)保护神经

研究表明，儿茶素类化合物可以保护神经毒性物质及缺血、缺氧等多种因素诱导的神经损伤。

流行病学研究发现，饮茶能降低神经退行性疾病如老年性痴呆症的患病几率。体外实验证明，EGCg 可以通过烟碱型胆碱受体(Nicotinic aeetylcholine receptorn, nAChR)介导保护神经细胞，并通过抑制 c-Ab1/FE65 核迁移和 GSK3β 的激活从而降低 β-淀粉粒诱导的神经毒性。

神经退变性疾病可以加剧脑组织的损伤，是急需解决的难题。在体外，终浓度为 $50\sim200\ \mu mol/L$ 的 EGCg 能通过减少细胞 LDH 的释放量，抑制 bax 基因表达，上调 bcl-2 表达，减轻 H_2O_2 诱导的人神经母细胞瘤细胞 SH-SY5Y 和视网膜神经节细胞的结构形态改变，提高细胞的存活率(陈旭等，2011)，说明 EGCg 可以抑制自由基对神经元过氧化损害。

儿茶素类对氨基糖苷类抗生素对耳蜗神经元毒性有保护作用。氨基糖苷类抗生素(Aminoglycoside antibiotics，AmAn)具有耳神经毒性，每天灌胃 800 mg/kg 茶叶儿茶素类可以预防卡那霉素诱导的大鼠耳蜗传出神经纤维及末梢数量减少和神经元及毛细胞的损伤(刘国辉等，2002)。

NO 在脑缺血/再灌注损伤和缺氧诱导的神经病变中起着重要的作用。在诱导大鼠急性缺氧前 30 min，分别注射 25 mg/kg 和 50 mg/kg 的 EGCg，结果显示，EGCg 可以明显抑制急性缺氧诱导的结状神经节的神经节细胞 NADPH-d/nNOS(Nicotinamide adenine dinucleotide phosphate diaphorase/neuronal nitric oxide synthase)表达上调(Wei et al.，2004)，从而起到保护急性缺氧神经元的作用。刘珊丽等(2010)也发现，$50\sim200$ mg/kg 的 EGCg 可以降低大鼠脑缺血/再灌注诱导的大鼠神经功能缺损，降低脑组织中的 NO 浓度，抑制髓过氧化物酶(MPO)和 NOS 的表达活性，改善脑组织突触、有髓神经髓鞘及海马区细胞的损伤。

因此，儿茶素类化合物具有神经元保护作用，有望作为抗青光眼、抗氨基糖苷类抗生素、防治记忆减退等的神经保护性药物的原料。

(六)保护肝脏

儿茶素类化合物通过清除自由基和提高抗氧化酶活力,具有减轻肝脏病理症状、保护化学性肝损伤的作用。有研究表明,饲喂不同浓度(100 mg/kg 和 200 mg/kg)儿茶素类化合物 2 个月,四氯化碳诱导的慢性肝损伤大鼠的血清丙氨酸转氨酶活力、脂质过氧化物产物MDA 和肝组织羟脯氨酸的含量均明显降低(李建祥等,2003);在对酒精性肝病的研究中也发现 EGCg 具有同样的作用。

细胞外基质(Extracellular matrix, ECM)是细胞分泌到细胞外间质中的大分子物质,构成复杂的网架结构,支持并连接组织结构、调节组织的发生和细胞的生理活动。肝纤维化是一系列复杂的变化,其中 ECM 的过度增多和异常沉积是主要原因。研究显示,EGCg 可以有效抑制体外培养的大鼠肝星状细胞株 HSC-T6 的增殖,明显改善肝纤维化大鼠肝组织结构和肝纤维化,降低纤维化 ECM 的主要成分 COL I 的表达(廖明等,2010)。EGCg 还可以减少肝脏脂肪的含量,改善肝脏能量状态,从而保护局部缺血/再灌注对肝脏的伤害。

(七)保护肾脏

内皮素(Endothelin, ET)、一氧化氮(NO)和炎症因子 TGFβ1(转化生长因子,Transforming growth factor, TGF)在肾脏病的发生与发展中具有十分重要的作用,对肾小球的直接作用也日益受到人们重视。茶叶儿茶素类化合物可以上调肾局部及血浆中的 NO含量,降低肾皮质和血浆中的 ET 浓度,抑制肾小球、肾小管、肾间质及血管中固有细胞增殖,抑制肾脏局部及血清中活性 TGF-β1、P21、PCNA、CyclinD1 蛋白的表达,提高 SOD 和GSH-PX 的活性,从而降低肾病大鼠 24h 尿蛋白的排泄,有效地清除 OH・ 和 MDA,减轻肾脏损伤,改善肾功能,延缓肾脏病理慢性进展;若儿茶素类与有关激素合理配合使用,效果更好。

(八)降血脂

高血脂或者肥胖是热量摄入超过消耗引起的一种症状,可与冠心病、糖尿病等代谢紊乱疾病形成代谢综合征,已成为严重影响人类健康的杀手。儿茶素类(主要含 EGCg 80%,EGC 15%,其他为 ECg 和 EC 等)处理后,营养性肥胖大鼠血清 TG、TC、游离脂肪酸(FFA)、LDL-C、空腹血糖(FBG)和空腹胰岛素(FINS)均有所下降,而正常饮食大鼠血清各生化指标没有明显影响(谷芳芳等,2010),说明儿茶素类可缓解由高脂诱导的大鼠营养性肥胖及抑制代谢综合征的发生发展。儿茶素类与咖啡因组合可以起到类似的结果,而且不同的比例组合效果有所不同。0.3%~0.6%儿茶素类+0.03%咖啡因可显著降低血清中FFA 的浓度,而 0.3%~0.6%儿茶素类+0.06%咖啡因却明显降低血清 TC、TG 与瘦素的浓度。无论哪种组合都可以降低肝脏中 TC 或 TG 的浓度(杨丽聪等,2010),说明儿茶素类化合物与咖啡因组合可以减少体内脂肪沉积,从而控制体重。

(九)抗辐射

辐射损伤是自然界中由辐射对机体造成的损伤,包括急性、迟发性或慢性损伤;辐射的种类有多种,如电离辐射损伤和 UV 辐射损伤等。有人用 200 mg/(kg・d)儿茶素类混合物连续灌胃 10 d 后的小鼠,经 6MVX 直线加速器照射,30 d 后儿茶素类处理组死亡率明显低于对照组,而且外周血细胞的恢复更快,说明儿茶素类对受照射小鼠有明显的辐射防护作用。

用儿茶素类化合物预培养人永生化表皮细胞(HaCaT)(Wu et al.,2009)和视网膜色素上皮细胞(RPE)(Xu et al.,2010)后经 UV-B 辐射,发现一定浓度的儿茶素类化合物可以提高细胞的存活率,但高浓度(高于 140 mg/L)的绿茶多酚具有一定细胞毒性。儿茶素类可以缓解 UV-B 诱导的细胞破坏性的形态改变,包括细胞膜微绒毛脱落、细胞核解体、线粒体及内嵴的改变。儿茶素类化合物可能通过增加 Survivin 基因的表达及减缓线粒体功能的衰减来保护细胞免受 UV-B 辐射损伤。

儿茶素类化合物对 γ 射线辐射同样有防护作用,可以增加辐射后小鼠内源性脾集落的形成,降低空肠隐窝细胞的凋亡率。不同儿茶素类单体对增强空肠隐窝的生存活性的顺序为:ECg＞EGC＞EGCg＞EC;对内源性脾集落形成的活性顺序为:EC＞EGC＞ECg＞EGCg;而在抑制空肠隐窝细胞的凋亡率活性顺序为:EGCg＞EGC＞EC＞ECg(Lee et al.,2008)。

(十)抗衰老

人体随着年龄增大,新陈代谢减缓,人会出现白发脱发、骨密度降低、色素沉着等一系列衰老的生理变化。

研究表明,自由基攻击脂类物质后产生一系列反应,并产生难溶的蛋白质类老年色素荧光物质,最终导致老年性疾病。儿茶素类化合物可以通过清除毒性羰基化合物以及与蛋白质结合而有效抑制这些老年性荧光物质的生物活性,其中以 EGCg 和 ECg 效果为好。

半乳糖苷酶可作为体内外衰老研究的生物学标志物。EGCg 可以降低生理状态下的人成纤维细胞(HSF)中的 β-半乳糖苷酶,减缓 HSF 的自然老化;其作用与提高 SOD 的活性、降低 MDA 的生成有关。

随着人类寿命增长和人口老龄化进程加速,骨密度降低等引发的骨脆性增加和骨折的骨质疏松症患者增加,使得改善骨健康越来越受到重视。流行病学研究发现,与不喝茶的老年妇女相比,喝茶的老年妇女腰椎骨、髋部骨骼均具有较高的骨密度,而喝茶的绝经后妇女比不喝者的骨密度高。体外实验表明,EGCg 诱导骨髓基质干细胞后,细胞中基质干细胞向成骨分化过程中的重要因子 RUNX2 基因、ALK 基因(碱性磷酸酶)、BMP-2(骨形态发生蛋白-2)基因表达水平显著提高,说明 EGCg 能显著促进骨髓基质干细胞向成骨方向分化。同时 EGCg 可以增加人成骨细胞的矿化骨结节的形成;并诱导破骨细胞凋亡,阻止骨再吸收,从而提高骨密度(Nakagawa et al.,2002)。

头发的生长阶段分为生长期、退行期和休止期。据报道,儿茶素类通过有选择性地抑制 5α-还原酶活性,可能有助于预防或治疗雄激素性脱发。Kwon 等(2007)把 10% 的 EGCg 涂在志愿者的枕部头皮连续 4 d,然后取 1~1.5 cm 的头皮在实体显微镜下检查发现,EGCg 可以明显延长人发毛囊,而且 5 mmol/L 的 EGCg 使头发生长增强 181.27%。0.1~62.5 mg/L 的 EGCg 对体外培养的人毛囊生长和毛乳头细胞增殖有促进作用。用 8% 的 EGCg 乙醇制剂连续涂抹 C57BL6 小鼠皮肤的脱毛区 21 d,发现小鼠脱毛区的毛囊数目平均为 19.17 个/高倍视野,比对照明显增加,效果与阳性药物对照相当。EGCg 可延长小鼠的毛发生长期,并推迟进入毛发退行期,促进毛囊生长。

此外,儿茶素类化合物还可以促进发育。一定浓度 EGCg 可以提高小鼠卵母细胞的成熟率、受精率和胚胎发育率,并明显促进细胞胚体外发育到桑葚胚和囊胚发育阶段的比率,尤以 10 μg/mL 和 20 μg/mL 浓度效果最显著(张卫玉等,2010)。

第二节　茶叶花色素类化合物含量和生理功能

茶叶中花色素类化合物是水溶性色素，属于类黄酮化合物，是茶芽叶和花等器官呈现色泽的化学成分。花色素类是色原烯（Chromene）的衍生物，包括花青素类（Anthocyanidin）和花白素类（Leucoanthocyanidin），其基本结构是羟基-4-黄烷醇，由 A、B 环构成，B 环上的羟基或甲氧基取代吡喃环上的氢可形成不同的花色素类化合物（图 1.7），而结构中的高度分子共轭体系更使其具有多种互变异构体。

花色素类化合物分子结构中 C3、C5、C7 位尤其是 C3 位的羟基常与一个或多个葡萄糖、半乳糖、阿拉伯糖或鼠李糖等缩合形成花色苷（Anthocyanin），花色苷中的糖苷基和羟基又能通过酯键结合一个或几个分子的香豆酸、咖啡酸等脂肪酸和芳香酸等形成酰化花色苷。茶叶中的主要花色素类物质包括飞燕草色素（花翠素，Delphinidin）、天竺葵色素（Pelargonidin）、芙蓉花色素（花青素，矢车菊色素，Cyanidin）、芍药色素（Peonidin）等，在茶树体内的存在形式主要是糖苷。

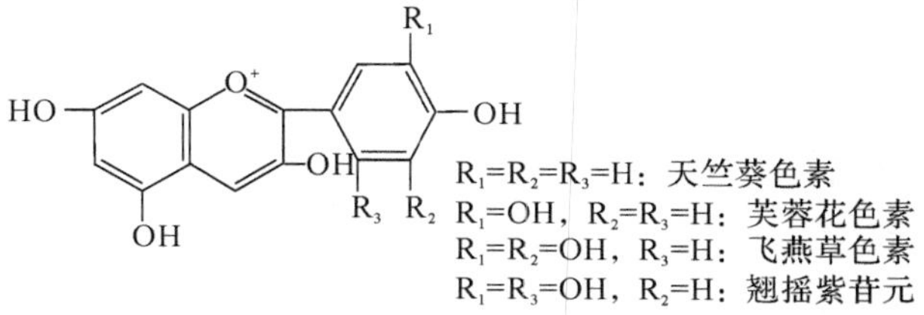

R₁=R₂=R₃=H：天竺葵色素
R₁=OH，R₂=R₃=H：芙蓉花色素
R₁=R₂=OH，R₃=H：飞燕草色素
R₁=R₃=OH，R₂=H：翘摇紫苷元

图 1.7　花色素类化合物的分子结构

花青素类化合物性质稳定，易溶于水、甲醇、乙醇、稀碱与稀酸等极性溶剂，大多数不溶于乙醚、苯、氯仿等。花青素因所带羟基数、结合的糖种类和数目以及结合物质不同而具有多种互变异构体，随着细胞内环境的 pH 值改变而互变异构，从而呈现不同的颜色。在中性（pH 为 7）时呈紫色，当 pH<7 即酸性条件下呈红色，而当 pH>7 即碱性条件下又呈蓝色。花青素及其苷类在 475～560 nm 具有吸收峰，可在不同条件下发生颜色反应（表1.19）。花青素类化合物味苦，其苦涩味阈值为 0.40 mg/mL。

表 1.19　花青素类化合物的颜色反应

反应条件	花青素及其苷类
可见光下	粉红、橙红或红紫色
氨处理后紫外光下	暗红或紫色或棕色
氨处理后可见光下	蓝色
紫外光下	浅蓝色
碳酸钠	蓝色
浓硫酸	黄橙色
镁＋盐酸	红色褪为粉红色
钠汞齐＋盐酸	黄橙色

花白素(Leucoanthocyanidin)又称为"4-羟基黄烷醇",无色,因其经盐酸处理后能形成红色的花色素苷元,又称隐色花青素,基本结构为黄烷-3,4-二醇。花白素在 C2、C3 和 C4 位上的不对称碳原子使花白素具有多种旋光异构体(图 1.8),茶叶中主要有芙蓉花白素和飞燕草花白素。分子结构中 C3、C4 位上的非酚性羟基使花白素化学性质活泼,

R=H: 芙蓉花白素
R=OH: 飞燕草花白素

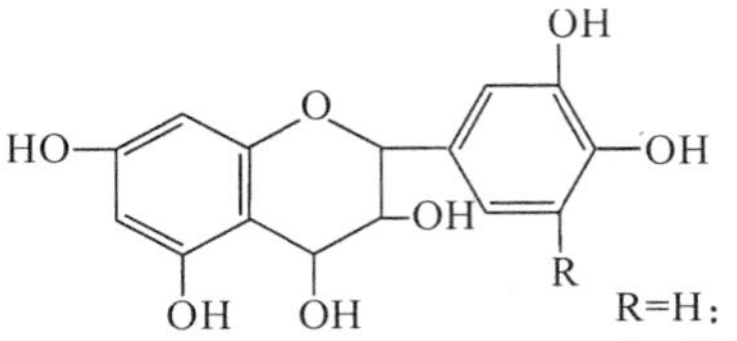

图 1.8 花白素类化合物的分子结构

易发生氧化聚合作用。花白素在加热条件下可发生差向立体异构反应,如红茶发酵过程中,花白素可被完全氧化生成有色氧化产物。花白素类化合物具有收敛性或金属味。

花青素与花白素在适当条件下可相互转变。

一、茶叶花色素类化合物含量及其影响因素

花色素类化合物存在于细胞的液泡中,可由叶绿素转化而来或经由苯基丙酸路径和类黄酮合成途径生成,含量与茶树芽叶的色泽密切相关,因茶树品种、新梢发育程度、采摘季节及生长环境不同而有差异。花青素类含量在一般茶叶中约为干物重的 0.01%,而在紫芽茶品种中可高达 0.5%~3.0%。花白素类在茶树新梢中含量约占茶叶干物重的 2%~3%。

1. 不同茶树品种花色素类化合物含量

不同茶树品种遗传背景不同,花色素类化合物含量与组成存在差异。紫色芽叶品种'紫鹃'含有 14 种花色素苷(龚加顺等,2012),其中主要有:天竺葵色素-3-葡萄糖苷或天竺葵色素-3-半乳糖苷、天竺葵色素-3-(6-香豆酰基)-葡萄糖苷、飞燕草色素-3-葡萄糖苷、飞燕草色素-3-芸香糖苷、飞燕草色素-3-O-(6-香豆酰基)-葡萄糖苷等。四川群体品种的花色素的种类主要包括天竺葵色素、牵牛花色素、芍药花色素和花青素,其紫色芽叶花青素含量是绿色芽叶的 57 倍,高达 1.14%(赵先明等,2009)。日本新品种'Sunrouge'中分离出 6 种花色苷类物质,主要为花青素苷类和飞燕草色素苷类,花色素类化合物含量为 0.211%,是'Yabukita'的 8.4 倍(Saito et al.,2011)。肯尼亚紫芽品种 TRFK 系列中含有锦葵色素、飞燕草色素、花青素、天竺葵色素、芍药色素、花青素-3-半乳糖苷和花青素-3-葡萄糖苷;而绿芽品种'TRFK 6/8'中仅检测到花青素(Kerio et al.,2012)。

不同的茶树品种,紫色芽叶出现的程度不同,有些紫芽品种的茶树芽叶全年都呈红紫色。茶树芽叶呈现紫色的主要原因在于芽叶中花青素的积累。紫芽品种茶树芽叶中的花青素含量与芽叶紫色深浅关系密切,花青素含量随芽叶紫色程度加深而增加(萧力争等,2008);深紫色品系'9803'花青素相对含量为 36.28%,比中紫芽品种'红芽佛手'高 66.67%,是浅紫芽品系'9809'花青素含量的 466.92%(表 1.20)。紫红色品种'丹凤'、'红叶 1 号'、'红叶 2 号'和'红叶 14 号'一芽二叶花青素含量为 1.59%~2.70%,比常规绿茶品种'云大淡绿'高 15~26 倍。而对于常规茶树品种'尖波黄'紫色芽叶中花青素含量也远高于正常芽叶,是其正常黄绿色芽叶中的 2.46 倍(萧力争等,2008)。

由此可见,花色素含量与茶树芽叶的颜色深浅呈正比,紫色芽叶的品种比绿色、黄绿色、白色芽叶的品种含量高,紫色越深,花色素含量越高。

表 1.20 不同紫芽品种茶树芽叶中的花青素相对含量(萧力争等,2008)

茶树品种	茶多酚总量 (%)	黄酮类总量 (%)	花青素相对含量* (%)
尖波黄正常芽(黄绿色)	31.19	7.46	4.20
尖波黄紫色芽(浅紫色)	33.61	6.06	10.34
自选 9809(浅紫色)	31.45	7.39	7.77
红芽佛手(中紫色)	32.89	10.25	21.73
自选 9803(深紫色)	27.40	9.40	36.28

* 每克样品在 10 mL 的 0.1 mol/L 盐酸溶液中的浸提液的吸光度 $A=0.1$ 个花青素单位,以此比较花青素的相对含量。花青素相对含量$=10AB$。式中:10 为将吸光度换算成花青素单位时的系数;A 为测得的吸光度;B 为稀释倍数。

2. 不同器官和发育期花色素类化合物含量

花白素主要分布在大的轴向组织中(表 1.21),尤以成熟茎的髓部含量最高,其次为未成熟的茶果、茶花,叶子中含量最低(Forrest and Bendall,1969)。各器官中花色素类化合物的组成也不同,从红花茶'Benibana'的叶中分离出 12 种花色素类化合物,其中飞燕草色素-3-O-β-D-吡喃半乳糖苷含量最高,其次为花青素-3-O-β-D-吡喃半乳糖苷、飞燕草色素-3-O-β-D-[6-O-(E)-p-香豆酰基]吡喃半乳糖苷;而花中各部分中的含量为:花青素-3-O-β-D-吡喃半乳糖苷＞飞燕草色素-3-O-β-D-吡喃半乳糖苷＞飞燕草色素-3-O-β-D-[6-O-(E)-p-香豆酰基]吡喃半乳糖苷(Terahara et al.,2001)。

表 1.21 花白素类化合物在茶树体内的分布(**Forrest and Bendall,1969**)

器官	顶芽	老叶	花	幼果	茎 一年生	茎 二年生髓部
花白素类总量 E550/g*	6.0	4.7	14.0	19.3	6.9	35.0

* 根据 550 nm 消光值折算。E550,550 nm 处的吸光度。

花色素类化合物含量高低与鲜叶原料的老嫩程度有关,茶树新梢的发育程度不同,花色素类化合物的含量随着叶片生长发育呈递增趋势;但随着组织的衰老,花色素类的含量逐渐减少(表 1.22、表 1.23)(Forrest and Bendall,1969;Maeda-Yamamoto et al.,2012)。

表 1.22 不同发育期茶树新梢花色素类含量(**Maeda-Yamamoto et al.,2012**)

叶位	DCGa	CCGa	D3Ga	C3Ga	D3G	C3G	DCZGa	CCZGa	总量
顶芽	0.464	0.172	0.080	0.025	0.036	0.014	0.057	0.018	0.867
第一叶	0.865	0.331	0.257	0.100	0.147	0.060	0.136	0.059	1.955
第二叶	0.787	0.257	0.369	0.133	0.160	0.055	0.126	0.047	1.935
第三叶	0.457	0.158	0.352	0.147	0.102	0.036	0.068	0.017	1.336
茎	0.700	0.082	0.481	0.086	0.164	0.012	0.089	0	1.612

注:DCGa, delphinidin-3-O-β-D-(6-(E)-p-coumaroyl) galactopyranoside;飞燕草色素-3-O-β-D-(6-(E)-p-香豆酰基)半乳糖苷

CCGa, cyanidin-3-O-β-D-(6-(E)-p-coumaroyl) galactopyranoside;花青素-3-O-β-D-(6-(E)-p-香豆酰基)半乳糖苷

D3Ga, delphinidin-3-O-β-D-galactopyranoside;飞燕草色素-3-O-β-D-半乳糖苷

C3Ga, cyanidin-3-O-β-D-galactopyranoside;花青素-3-O-β-D-半乳糖苷

D3G, delphinidin-3-O-β-D-glucopyranoside;飞燕草色素-3-O-β-D-吡喃葡萄糖苷

C3G, cyanidin-3-O-β-D-glucopyranoside;花青素-3-O-β-D-葡萄糖苷

DCZGa, delphinidin-3-O-β-D-(6-(Z)-p-coumaroyl) galactopyranoside;飞燕草色素-3-O-β-D-(6-(Z)-p-香豆酰基)半乳糖苷

CCZGa, cyanidin-3-O-β-D-(6-(Z)-p-counmaroyl) galactopyranoside;花青素-3-O-β-D-(6-(Z)-p-香豆酰基)半乳糖苷

表 1.23   花色素类在茶树体内的分布(Forrest and Bendall,1969)

器官	发育期	鲜重(g)*	花白素类化合物总量 E550/g**
顶芽		0.10	10.0
叶	第一叶	0.23	7.5
	第二叶	0.48	6.8
	第三叶	1.14	6.9
	第四叶	1.27	7.0
	第五叶	0.96	9.4
	第九叶(老叶)		4.7
花芽	第一阶段	28.1	41.0
	第二阶段	67.8	35.2
	第三阶段	97.1	48.6
	第四阶段	133.8	51.5
	第五阶段	189.0	33.9
	第六阶段	355.0	33.0

* 各器官每个发育期的鲜重;** 根据 550 nm 消光值折算,叶为 E550/g 鲜重,花芽为 E550/g 干重。

3. 不同采摘时间花色素类化合物含量

光照和温度可以影响茶叶花色素类化合物的生物合成与累积。一般来说,光照越强、气温越高,花青素的合成越多。在春、夏、秋各生长季中,多数茶树品种花色素类含量以夏茶最高,秋茶次之,春茶最低(表 1.24)(吴华玲等,2012)。同一生态条件下 31 个茶树品种(系)一芽二叶新梢花色素类化合物的含量也显示:春梢的含量范围为 0.15%~0.99%,平均为 0.5%±0.25%;夏梢的含量范围是 0.37%~2.09%,平均为 0.94%±0.7%;秋梢中的含量范围是 0.35%~2.05%,平均为 0.84%±0.43%。整体表现为:夏季高,秋季次之,春季低。

表 1.24   不同紫芽品系花色素类含量(吴华玲等,2012)

品系	春季		夏季		秋茶	
	色泽	含量(%)	色泽	含量(%)	色泽	含量(%)
HY-4	微红紫	0.48±0.02	深红紫	1.44±0.04	深红紫	1.28±0.04
HY-5	中红紫	0.74±0.08	深红紫	1.36±0.10	深红紫	1.49±0.02
HY-6	微红紫	0.31±0.08	中红紫	0.71±0.06	中红紫	0.69±0.05
HY-8	微红紫	0.42±0.03	深红紫	1.11±0.07	深红紫	1.17±0.07
HY-10	中红紫	0.63±0.02	深红紫	1.03±0.05	深红紫	0.89±0.05
HY-11	微红紫	0.53±0.02	深红紫	1.32±0.06	深红紫	1.01±0.05
HY-12	中红紫	0.69±0.03	深红紫	1.33±0.08	中红紫	0.92±0.04
HY-13	中红紫	0.65±0.01	深红紫	1.17±0.08	深红紫	1.15±0.01
HY-14	微红紫	0.26±0.02	深红紫	1.01±0.01	中红紫	0.76±0.01
HY-15	微红紫	0.32±0.02	中红紫	0.78±0.05	微红紫	0.67±0.01
HY-16	中红紫	0.78±0.06	深红紫	1.20±0.09	深红紫	1.10±0.03
云大淡绿(对照)	黄绿	0.18±0.02	黄绿	0.15±0.01	黄绿	0.14±0.02

4. 不同栽培措施对茶叶花色素类化合物含量的影响

同一茶树种在不同土壤、气温、光照等生态环境中,花色素类化合物含量与组成以及芽叶色泽也会产生差异,如安化有性群体茶树红紫色芽叶中花色素类化合物总含量在长沙芙蓉区为 2.738 mg/g,在长沙县为 3.999 mg/g;而绿色芽叶中花色素类化合物总含量在长沙芙蓉区为 0.475 mg/g,在长沙县为 0.982 mg/g。

光照是诱导花青素类形成和改变叶色的重要因素,而且不同波长差异很大。有人对 8 年生茶树于 6 月 10 日覆盖双层的红、黄、蓝、黑、透明塑料薄膜,于 7 月 15 日检测其花青素发现,不同色膜覆盖改变了光质,对茶树的内含成分影响显著(张泽岑和王能彬,2002)。透光率为 87% 的黄色薄膜下茶树的花青素含量最高(1688.57 mg/g),透光率 96% 的透明薄膜其次(1621.02 mg/g);然后依次为对照(1547.66 mg/g)、透光率 40% 的蓝色薄膜(1528.33 mg/g)、透光率 61% 的红色薄膜(1446.28 mg/g)和透光率 12% 的黑色薄膜(1257.98 mg/g)。而 Wang 等(2012)对当地茶树采取 80% 遮荫处理 3 周后,茶梢中花色素类化合物总含量与自然光照下的茶树中相当,且与叶片发育程度无关。

5. 不同茶类及加工工艺对花色素类化合物含量的影响

不同茶类的加工方法不同,酶活力和温度对茶叶花色素类化合物的影响也不同,从而使不同茶类产品花色素类含量存在差异,但总的趋势是:花色素类含量随加工过程而呈下降趋势。绿茶中花色素类化合物总量变异范围为 269.2～1193.4 $\mu g/mL$(Kerio et al.,2012);而用同一品种原料经发酵加工成的红茶花色素类总含量却显著降低,变异范围为 124.5～590.6 $\mu g/mL$。红茶与绿茶中均以锦葵色素含量最高,变异范围 70.13～495.47 mg/L(表 1.25、表 1.26)。

表 1.25　红茶中花色素类化合物的浓度($\mu g/mL$)(Kerio et al.,2012)

品种	花青素-3-半乳糖苷	花青素-3-葡萄糖苷	飞燕草色素	花青素	天竺葵色素	芍药色素	锦葵色素	花色素类总量
绿芽品种								
TRFK 6/8	—	—	—	50.0	—	—	—	124.5
紫芽品种								
TRFK 306/1	52.60	23.77	73.13	41.93	60.60	44.93	153.27	450.2
TRFK 306/2	59.27	26.63	85.50	40.53	49.87	44.63	152.23	458.7
TRFK 306/3	85.23	36.37	113.00	41.47	69.10	51.63	193.80	590.6
TRFK 306/4	27.27	13.40	23.30	38.27	29.80	40.43	68.30	240.8
TRFK 73/1	8.70	4.50	45.73	39.47	26.10	40.93	42.57	208.0
TRFK73/2	8.47	4.30	36.33	39.57	24.37	38.70	42.17	193.9
TRFK73/3	4.80	5.97	42.47	37.73	20.50	39.43	36.77	187.7
TRFK 73/4	7.77	4.30	27.33	37.73	25.03	38.70	43.27	183.1
TRFK 73/5	14.57	6.07	51.97	38.00	26.83	40.57	42.40	220.4
TRFK 73/7	12.77	4.80	34.53	39.37	32.83	39.60	36.57	200.5
Mean	28.04	13.01	53.33	40.49	36.50	41.96	81.23	278.0
CV%	3.75	3.26	16.62	2.42	5.15	4.30	3.29	3.1
LSD ($P \leqslant 0.05$)	1.80	0.73	15.21	1.67	3.22	3.10	4.58	14.8

表 1.26　绿茶中花色素类化合物的浓度(μg/mL)(Kerio *et al.*,2012)

品种	花青素-3-半乳糖苷	花青素-3-葡萄糖苷	飞燕草色素	花青素	天竺葵色素	芍药色素	锦葵色素	花色素类总量
绿芽品种								
TRFK 6/8	—	—	—	51.2			—	198.0
紫芽品种								
TRFK 306/1	138.10	56.03	56.03	54.53	89.37	50.77	483.60	928.4
TRFK 306/2	156.10	60.57	92.10	59.27	178.57	51.37	442.70	1040.7
TRFK 306/3	184.07	73.90	111.73	56.83	220.50	50.87	495.47	1193.4
TRFK 306/4	143.50	58.57	62.47	52.03	142.57	46.70	308.57	814.4
TRFK 73/1	37.87	8.77	76.47	42.27	135.70	44.33	127.23	472.6
TRFK73/2	32.70	7.57	61.60	46.23	96.00	43.47	102.07	389.7
TRFK73/3	13.43	14.93	49.03	38.87	43.43	39.67	70.13	269.2
TRFK 73/4	26.90	8.83	49.63	45.30	125.10	44.13	127.90	428.4
TRFK 73/5	28.47	9.57	42.43	39.67	75.77	41.73	101.97	339.3
TRFK 73/7	27.13	6.07	26.03	43.10	106.73	40.07	70.50	321.4
Mean	78.83	30.48	62.76	48.01	121.37	45.50	233.01	581.4
CV%	1.56	1.64	10.26	3.00	3.03	2.32	2.45	1.5
LSD	2.12	0.86	11.05	2.45	6.31	1.81	9.81	15.0

二、花色素的生理功能

花色素类化合物对动物和人类具有独特的生理效应,包括抗氧化活性、抗菌消炎、抗癌、降低心血管疾病发生的几率等。

1. 抗氧化

花色素类化合物是羟基供体,具有清除活性氧自由基、络合蛋白质和金属离子防止过氧化等功能。有研究表明,花色素类的抗氧化能力比维生素 E 和维生素 C 高 10 倍以上,而且对人体的生物有效性可达 100%(Vinson *et al.*,1995)。

在利用叔丁基氢过氧化物(t-BHP)处理人胚肾细胞 HEK 293 前分别用 10 μmol/L、25 μmol/L、50 μmol/L 和 100 μmol/L 花色素预处理 30 min,可以使细胞的乳酸盐脱氢酶的释放率分别降到9.35%($P<0.001$)、3.7%($P<0.001$)、2.0%($P<0.000$)和 0.23%($P<0.0001$);而对t-BHP诱导过的细胞乳酸脱氢酶(LDH)分别从 20.63%降低到 16.79%($P>0.05$)、13.92%($P<0.01$)、7.23%($P<0.001$)和 2.41%($P<0.0001$)(图 1.9)。同时,花色素类化合物可以提高细胞中谷胱甘肽(GSH)的水平(Kerio *et al.*,2011)。

有研究比较了不同花色素类化合物对体外 DPPH 自由基清除能力和抑制 H_2O_2 形成能力(Kähkönen and Heinonen,2003),发现在亚油酸甲酯乳化反应体系中,各花色素类化合物在低浓度(50 μmol/L)时抑制氧化的能力顺序为:飞燕草色素>锦葵色素>花青素>芍药色素>天竺葵色素>矮牵牛色素(表 1.27),而浓度为 250 μmol/L 时,除了天竺葵色素抑制 H_2O_2 生成的能力较弱外,其他各花色素苷元均具有很强的抑制效果。花色素-3-苷类在 250 μmol/L 体系中抗氧化的能力高低顺序为:锦葵色素苷>矮牵牛色素苷>花青素苷>飞燕草色素苷>天竺葵色素苷>芍药色素苷。花色素的糖基不同时抗氧化能力也有差异,如锦葵色素-3-半乳糖苷的抗氧化能力显著低于锦葵色素-3-葡萄糖苷。

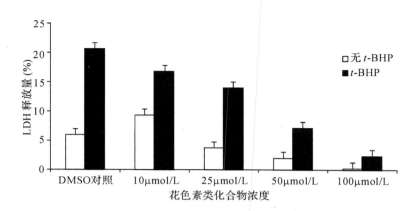

图 1.9　茶叶花色素类化合物对乳酸脱氢酶(LDH)释放量的影响

表 1.27　花色素类化合物的抗氧化活性(Kähkönen and Heinonen, 2003)

花色素类化合物	DPPH 清除率(%)	乳化体系氧化抑制率(%)		LDL 氧化抑制率(%)			油体系氧化抑制率(%)
	17μmol/L	50μmol/L	250μmol/L	2.5μmol/L	10μmol/L	25μmol/L	50μmol/L
抗坏血酸	29±0	3±7	−4±1	—	96±2	−10±4	−1±2
维生素 E	35±1	78±1	96±0	—	94±0	95±0	98±0
天竺葵色素	31±0	45±0	49±1	8±1	31±4	92±0	−3±0
花青素	33±0	56±5	84±0	−3±1	94±0	98±0	−18±1
飞燕草色素	42±1	67±5	83±1	−3±0	94±0	98±0	14±2
芍药色素	33±0	49±1	84±0	6±0	59±1	95±1	21±15
矮牵牛色素	10±1	38±2	74±3	−2±1	−7±1	−3±4	−22±7
锦葵色素	24±1	63±1	88±0	24±2	84±1	97±0	−21±3
天竺葵色素-3-葡萄糖苷	20±0	44±3	68±0	−17±1	−23±2	−2±1	33±2
花青素-3-葡萄糖苷	32±1	52±2	83±0	−9±1	92±0	92±0	20±1
飞燕草色素-3-葡萄糖苷	42±1	51±4	70±1	−5±1	90±1	93±0	18±15
芍药色素-3-葡萄糖苷	26±1	43±1	47±3	−5±9	7±1	97±0	
矮牵牛色素-3-葡萄糖苷	23±1	60±4	87±2	−20±1	59±5	83±0	33±10
锦葵色素-3-葡萄糖苷	26±1	82±0	90±1	−17±1	−13±1	14±1	−13±1
花青素-3-半乳糖苷	25±0	47±1	85±0	—	86±1	89±0	—
芍药色素-3-半乳糖苷	20±1	−6±4	88±1	—	−8±2	97±0	—
锦葵色素-3-半乳糖苷	22±0	25±3	77±2	—	91±2	98±0	—
花青素-3-阿拉伯糖苷	26±0	50±5	76±0	—	98±0	99±0	—

续表

花色素类化合物	DPPH 清除率(%)	乳化体系氧化抑制率(%)		LDL 氧化抑制率(%)			油体系氧化抑制率(%)
	$17\mu mol/L$	$50\mu mol/L$	$250\mu mol/L$	$2.5\mu mol/L$	$10\mu mol/L$	$25\mu mol/L$	$50\mu mol/L$
芍药色素-3-阿拉伯糖苷	6 ± 0	20 ± 6	72 ± 3	—	-19 ± 1	94 ± 0	—
花青素-3-芸香糖苷	25 ± 0	21 ± 6	78 ± 4	—	11 ± 3	77 ± 0	—
飞燕草色素-3-芸香糖苷	32 ± 2	-57 ± 13	47 ± 6	—	98 ± 0	98 ± 0	—
花青素-3,5-二葡萄糖苷	21 ± 0	40 ± 2	77 ± 1	—	11 ± 1	53 ± 2	—
锦葵色素-3,5-二葡萄糖苷	14 ± 0	49 ± 0	73 ± 0	—	10 ± 1	25 ± 2	—
花青素-3-(木糖-葡萄糖)-5-半乳糖苷	22 ± 0	37 ± 7	94 ± 3	—	-4 ± 1	98 ± 0	—
花青素-3-(香豆酰基-木糖-葡萄糖)-5-半乳糖苷	26 ± 0	38 ± 4	74 ± 1	—	98 ± 0	97 ± 1	—

2. 防癌肿

经体外实验表明,花色素具有防癌肿作用。白细胞弹性蛋白酶和基质金属蛋白酶家族(MMPs)在癌症入侵、转移、癌细胞新血管生成及炎症中起着重要作用,天竺葵色素和飞燕草色素可以显著抑制白细胞弹性蛋白酶的活力,半抑制率 IC_{50} 分别为 3 $\mu mol/L$ 和 12 $\mu mol/L$(Sartor et al.,2002);而生育酚则没有这种抑制活性。同时飞燕草色素具有很强的抑制基质金属蛋白酶活性的能力,对 MMP-2 和 MMP-9 活性的半抑制率 IC_{50} 分别为 3 $\mu mol/L$ 和 13 $\mu mol/L$;天竺葵色素对 MMP-2 的活性有一定抑制,其 IC_{50} 为 200 $\mu mol/L$,但对 MMP-9 的活性没有抑制作用。

3. 抗菌消炎

炎症反应是机体对病毒感染、刺激性气体、急性损伤所作出的应急反应。研究表明,茶提取物可以部分改善葡聚糖硫酸钠(DSS)诱导的小鼠结肠炎症状,包括水样腹泻、便血、体重减轻、脾脏肥大、结肠缩短以及肝功能降低、存活率下降、IL-1β 和解毒酶表达水平下降等(Akiyama et al.,2012),其作用主要与茶提取物中丰富的花青素有关。用含有花色素苷类的紫芽茶叶提取物每天灌胃小鼠一次,连续 3 d。结果显示,二甲苯诱导的耳廓肿胀急性炎症得到明显抑制,茶叶提取物浓度为 200 mg/kg 时的抑制率为 54.7%,与阳性对照相当(陈琼和杨燕军,2011)。用角叉菜胶诱导的大鼠足趾肿胀后,灌胃紫芽茶提取物,2 h 后 180 mg/kg 和 360 mg/kg 剂量的紫芽茶提取物对小鼠耳廓肿胀的抑制率分别为 37% 和 56%,而阳性对照阿司匹林(200 mg/kg)的抑制率为 73%。茶紫芽提取物还可以明显抑制纸片诱导的大鼠肉芽肿慢性炎症,抑制肉芽组织增生、局部炎性渗出以及肉芽肿重量,但其作用弱于地塞米松。

4. 预防帕金森综合征

茶花色素类化合物还可以预防帕金森综合征。日本茶树品种'Sunrouge'、'Yabukita'和'Benifuuki'水提物均可以有效抑制人神经节细胞 SK-N-SH 中乙酰胆碱酯酶的活性

（Maeda-Yamamoto *et al*.，2012），其中'Sunrouge'的作用明显高于'Yabukita'和'Benifuuki'，其 IC_{50} 为 200 μg/mL。'Sunrouge'提取物的儿茶素类含量低于'Yabukita'、'Benifuuki'，但花色素类化合物含量高，因此推断，'Sunrouge'水提物对乙酰胆碱酯酶活性的抑制作用源于花色素类化合物。

第三节　茶叶花黄素类化合物含量和生理功能

花黄素类（Anthoxanthins）（亦称黄酮类，Flavones）是茶叶水溶性黄色素的主体物质，对绿茶汤色有重要贡献。花黄素类化合物包括黄酮和黄酮醇两类化合物，是相对分子质量较小的多酚化合物，其基本结构是2-苯基色原酮（图1.10），具有 A、B 两个苯环和一个 C 杂环。B 环 C3 位易羟基化形成黄酮醇，C 环上的 O 原子具有共用的电子而呈弱碱性，可与强酸发生反应。

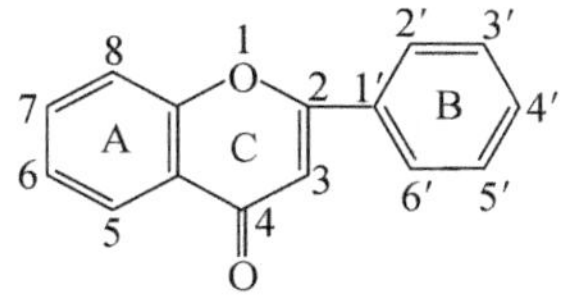

图 1.10　花黄素类化合物的基本结构

花黄素类化合物分子结构中的羟基易糖苷化，常与一个或多个葡萄糖、半乳糖、阿拉伯糖或鼠李糖等缩合形成单糖、双糖、三糖或多糖黄酮苷（Flavone glycoside），其非糖苷部分称为黄酮苷元。由于结合的糖类以及结合位置不同，黄酮苷类化合物有许多种，目前茶叶中已鉴定得到 30 多种不同的结构，多为亮黄色结晶，常见的有槲皮素（Quercetin）、杨梅素（Myricetin）、山柰酚（Kaempferol）、异鼠李素（Isorhamnetin）等。

由于分子中存在多个酚性羟基，因此花黄素类化合物显酸性，可溶于碱性溶液、吡啶、甲酰胺等。黄酮及黄酮醇难溶于水，较易溶于甲醇、乙醇、冰醋酸、乙酸乙酯等有机溶剂，而黄酮苷类比其苷元易溶于水，其水溶液为绿黄色，难溶和不溶于苯、氯仿等有机溶剂。

花黄素类化合物味苦涩，其识别阈值很低，多介于 0.00115~19.801 μmol/L（表 1.28），比儿茶素类和茶黄素等的阈值低得多。黄酮苷除苷元外，配糖体及单糖在糖链中的位置和排列顺序等对识别阈值也有影响。如槲皮素-3-O-β-D-吡喃半乳糖苷、槲皮素-3-O-β-D-吡喃葡萄糖苷、山柰酚-3-O-β-D-吡喃葡萄糖苷、山柰酚-3-O-β-D-吡喃半乳糖苷、杨梅素-3-O-β-D-吡喃葡萄糖苷、杨梅素-3-O-β-D-吡喃半乳糖苷、槲皮素-3-O-[α-L-吡喃鼠李糖-(1→6)-β-D-吡喃葡萄糖苷]、山柰酚-3-O-[α-L-吡喃鼠李糖-(1→6)-β-D-吡喃葡萄糖苷]、槲皮素-3-O-[β-D-吡喃葡萄糖-(1→3)-O-α-L-吡喃鼠李糖-(1→6)-3-O-β-D-吡喃半乳糖苷]9 个具有柔和涩味的黄酮醇苷与 C、EGCg 和咖啡因共同构成印度大吉岭红茶滋味的关键化合物，其识别阈值见表1.28（Scharbert and Hofmann，2005）。

黄酮苷在热作用下可发生水解反应，如在茶叶加工过程中，黄酮苷在热和酶的共同作用下水解，脱去苷类配基形成黄酮醇或黄酮，可降低苷类化合物的苦味。

在甲醇溶液中，花黄素类化合物大多在 240~270 nm 和 335~380 nm 之间有吸收峰（表 1.29），在紫外光下有明显的亮黄色或黄绿色荧光，可与浓硫酸、三氯化铝发生显色反应。

表 1. 28　黄酮苷的味觉阈值(Scharbert and Hofmann, 2005)

化合物	味觉阈值（μmol/L）	浓度（μmol/L）	味觉阈值/浓度
表没食子儿茶素没食子酸酯	190.0	328.0	1.7
茶黄素	16.0	11.0	0.7
槲皮素-3-O-[α-L-吡喃鼠李糖-(1→6)-β-D-吡喃葡萄糖苷]	0.00115	11.1	9652.0
山奈酚-3-O-[α-L-吡喃鼠李糖-(1→6)-β-D-吡喃葡萄糖苷]	0.25	6.5	26.0
槲皮素-3-O-β-D-吡喃半乳糖苷	0.43	5.4	12.6
槲皮素-3-O-β-D-吡喃葡萄糖苷	0.65	6.0	9.2
山奈酚-3-O-β-D-吡喃葡萄糖苷	0.67	4.9	7.3
杨梅素-3-O-β-D-吡喃葡萄糖苷	2.10	9.3	4.4
槲皮素-3-O-[β-D-吡喃葡萄糖-(1→3)-O-α-L-吡喃鼠李糖-(1→6)-3-O-β-D-吡喃半乳糖苷]	1.36	3.3	2.4
杨梅素-3-O-β-D-吡喃半乳糖苷	2.70	6.5	2.4
山奈酚-3-O-β-D-吡喃半乳糖苷	6.70	3.0	0.4
山奈酚-3-O-[α-D-吡喃葡萄糖-(1→3)-O-α-L-吡喃鼠李糖-(1→6)-O-β-D-吡喃葡萄糖苷]	19.80	8.6	0.4
槲皮素-3-O-[β-D-吡喃葡萄糖-(1→3)-O-α-L-吡喃鼠李糖-(1→6)-O-α-D-吡喃葡萄糖苷]	18.40	7.1	0.4
芹菜素-8-C-[α-L-吡喃鼠李糖-(1→2)-α-D-吡喃葡萄糖苷]	2.80	0.9	0.3
杨梅素-3-O-[α-L-吡喃鼠李糖-(1→2)-α-D-吡喃葡萄糖苷]	10.50	2.2	0.2
山奈酚-3-O-[葡萄糖-(1→3)-O-α-L-吡喃鼠李糖-(1→6)-O-α-D-吡喃半乳糖苷]	5.80	0.8	0.2

表 1. 29　部分花黄素类化合物的紫外吸收光谱(甲醇溶液)*

化合物	波长(nm)	化合物	波长(nm)
槲皮素	255,269(sh),370	山奈酚-3-单糖苷	264,250
槲皮素-3-单糖苷	257,269(sh),362	山奈酚-3-鼠李单糖苷	266,350
槲皮素-3-鼠李糖苷	256,265(sh),350	异牡荆苷	271,336
槲皮素-3-鼠李单糖苷	239,266(sh),359	牡荆苷	270,302(sh),336
山奈酚	266,367		

*引自陈宗道等,1999. 茶叶化学工程学. 重庆:西南师范大学出版社;sh 表示肩峰。

一、花黄素类化合物含量及其影响因素

成品茶的花黄素类化合物主要是黄酮醇(Flavonol)及其苷类,颜色由无色至浅黄,约占茶叶干重的 2%～5%,部分紫芽品种中可达 10% 以上。目前已发现 30 多种不同的黄酮醇苷类,主要分布在茶树新梢、叶片、茶花及茶籽中:'薮北种'叶片中鉴定出 3 种花黄素类化合物,且不同季节之间存在差异,春季主要是山奈酚苷和槲皮素苷,而秋季主要是芦丁和槲皮素苷,黄酮醇苷的配糖体包括葡萄糖和鼠李糖;澳大利亚茶树新梢中鉴定出槲皮素-3-鼠李糖苷、槲皮素-3-葡萄糖苷、槲皮素、山奈酚-3-鼠李糖-葡萄糖苷、山奈酚 5 种黄酮醇苷;台湾乌龙茶中鉴定出 22 种黄酮苷类化合物,包括 6 个新的酰化黄酮醇苷,其中芹菜素苷、杨梅素

苷、山奈酚苷和槲皮素苷在所有样品中均检测到；广西野生的白水茶(*Camellia sinensis* L.)分离得到芹菜素、芹菜素-5-O-α-L-吡喃鼠李糖-(1→4)-6″-O-乙酰基-β-D-吡喃葡萄糖苷(山茶苷 A)，芹菜素-5-O-α-L-吡喃鼠李糖-(1→4)-D-吡喃葡萄糖苷(山茶苷 B)；利用 HPLC 和二维液相色谱法从绿茶和红茶中分离并鉴定出 35 种黄酮醇苷，包括单糖苷、双糖苷、三糖苷和四糖苷，其中山奈酚苷类 16 种，槲皮素苷类 11 种，杨梅素苷 6 种，芹菜素苷 2 种；茶树花和茶籽中分别鉴定出 9 种和 2 种黄酮醇苷，其中主要为山奈酚苷，也含部分二氢黄酮类化合物，其含量为 11.174 mg/g。

1. 不同茶树品种花黄素类化合物含量

茶树花黄素类化合物含量与叶片颜色有关。紫芽品种和绿芽品种的叶色不同，其花黄素类化合物含量也不同，深紫品种'红芽佛手'中的花黄素类含量最高为 10.25%(表 1.30)，特紫品系'9803'次之，浅紫品系'9809'和常规品种'尖波黄'芽叶含量最低。

表 1.30　紫芽品种茶树春梢芽叶花黄素类化合物含量 *(萧力争等，2009)

品种	芽叶色泽	花黄素类化合物
尖波黄正常芽	绿色	7.46%
9809	浅紫色	7.39%
尖波黄紫色芽	中紫色	6.06%
红芽佛手	深紫色	10.25%
9803	特紫色	9.40%

* 表中数据为 2007 年 4 月 10 日、4 月 19 日、5 月 8 日 3 次测定结果的平均值。

罗丽和郭雅玲(2004)分析了不同品种制成的乌龙茶中花黄素类化合物总量发现，'佛手'的花黄素类化合物总量最高，平均为 11.98 mg/g；随后依次是'黄棪'、'奇种'、'梅占'、'肉桂'、'武夷水仙'、'闽北水仙'、'色种'、'闽南水仙'；含量最低的为'铁观音'，平均为 7.48 mg/g(表 1.31)。

表 1.31　不同品种乌龙茶花黄素类化合物含量(罗丽和郭雅玲，2004)

品种花色	平均值(mg/g)	变化幅度(mg/g)
佛手	11.98	10.68～12.81
黄棪	10.82	9.66～12.34
奇种	10.64	9.42～11.99
梅占	10.10	8.86～12.44
肉桂	9.87	9.03～10.79
武夷水仙	9.36	7.63～10.76
闽北水仙	9.34	7.68～11.25
色种	9.03	7.90～10.32
闽南水仙	8.99	8.04～9.70
铁观音	7.48	5.51～9.06

2. 不同新梢发育期花黄素类化合物含量

花黄素类化合物含量高低与鲜叶原料的发育程度有关。在茶树幼梢发育初期，花黄素类化合物总量呈增加趋势，但到一定成熟度后反而降低。Forrest 和 Bendall(1969)研究发现，在发育至第五叶之前，杨梅素苷和槲皮素苷都呈现上升趋势，而山奈酚苷自第一叶以后就开始下降(图 1.11)。

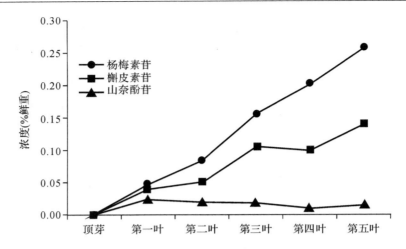

图 1.11　花黄素类化合物在新梢发育中的变化(Forrest and Bendall,1969)

　　紫色叶茶树品种'紫鹃'新梢中杨梅素类和槲皮素类含量在一芽三叶含量最高,而山奈酚类则是在一芽二叶以后出现下降(表 1.32)(李家华等,2012)。

表 1.32　'紫鹃'不同部位黄酮醇及其苷类的含量(李家华等,2012)

新梢发育期	花黄素类化合物含量(mg/g)			
	杨梅素类	槲皮素类	山奈酚类	总量
一芽一叶	1.69±0.01*	2.73±0.00	1.29±0.00	14.35
一芽二叶	2.08±0.01	4.02±0.03	1.28±0.02	18.52
一芽三叶	2.29±0.01	4.39±0.02	1.12±0.01	19.50
成熟叶	1.05±0.01	3.36±0.00	1.03±0.00	13.62

* 平均值±标准偏差($n=3$)。

　　虽然茶树花也含有花黄素类化合物,但其含量远低于茶叶;不同发育阶段的茶树花的花黄素类化合物总量也不同,含量范围为 7～8 mg/g 之间,完全开放期稍高于蕾期和初开期。而且在花的不同部位花黄素类化合物含量也不同,以花瓣中最多,为 1.01%干物重;其次为花蕊 0.65%;花托和花梗中最低,仅为 0.23%(杨普香等,2009)。不同品种的茶树花中花黄素类化合物含量也存在差异。

3. 不同器官花黄素类化合物含量

　　不同的植物组织中具有自己的微环境和特殊功能,其花黄素类化合物含量与组成也有差异。表 1.33 显示,茶树顶芽、成熟叶、老叶、花芽和成熟茎韧皮部的花黄素类化合物组成存在明显差异,其中以老叶中的种类最多(Forrest and Bendall,1969)。

表 1.33　花黄素类在茶树不同器官中的分布(Forrest and Bendall,1969)

器　官	花黄素类化合物
顶芽	杨梅素-3-葡萄糖苷
成熟叶(第九叶)	杨梅素-3-葡萄糖苷,槲皮素-3-葡萄糖苷
老叶	杨梅素-3-葡萄糖苷,杨梅素-3-鼠李糖苷,槲皮素-3-鼠李糖苷,山奈酚-3-鼠李糖苷
花芽	杨梅素-3-葡萄糖苷,杨梅素-3-鼠李糖苷,槲皮素-3-鼠李糖苷
成熟茎韧皮部	杨梅素-3-葡萄糖苷

4. 不同时间采摘的新梢花黄素类化合物含量

花黄素类化合物的生物合成与累积受光照影响,尤受紫外光的影响。不同季节的白昼长、日照、温度等均有差异,使茶树体内的花黄素类化合物发生变化。Yao 等(2005)发现,澳大利亚不同月份所采一芽二叶茶树新梢的花黄素类化合物含量以 1 月底含量最高,9 月底和 2 月底含量最低(图 1.12)。

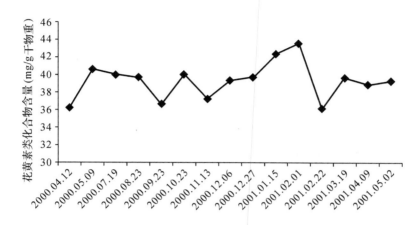

图 1.12　不同月份茶梢中花黄素类化合物含量的变化

韩国济州岛茶叶中的槲皮素-3-O-p-香豆酰基-葡萄糖-鼠李糖-半乳糖苷和山奈酚-3-O-p-香豆酰基-葡萄糖-鼠李糖-半乳糖苷,以 7 月份含量较高,4 月份含量较低;变异幅度最大的是槲皮素苷,芹菜素-葡萄糖-阿拉伯糖苷变化不大。

可可茶嫩梢中的花黄素类化合物同样呈季节性变化,其含量高低顺序为:夏季>春季>秋季。'可可茶 1 号'春梢为 3.74 mg/g,夏梢为 4.54 mg/g,秋梢为 3.46 mg/g。广东岭头单枞茶的花黄素类化合物以 3 月和 5 月最高,7 月其次,11 月最低;各月份花黄素类化合物的含量变化范围为 1.07%~1.94%(图 1.13)。按采茶季节来看,花黄素类化合物的含量变化顺序为:春梢>夏梢>秋梢(冯静,2007)。

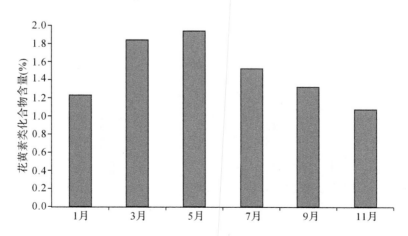

图 1.13　不同月份岭头单枞茶花黄素类化合物总量

　　不仅茶鲜叶中花黄素类化合物含量和组成随季节变化,也随地区和品种变化,成品茶中还随季节不同而存在差异。罗丽和郭雅玲(2004)发现,来自福建省不同地区的乌龙茶中的花黄素类化合物总含量一般以秋茶中最高,其次为春茶,夏茶中最低。但不同的品种中花黄素类化合物的含量变化趋势却各有特点,在被检测的 10 个品种中,有 7 个以秋茶中含量高(图 1.14),其中含量高低呈秋、春、夏依次降低的品种有'色种'、'闽南水仙'和'武夷水仙';呈春、夏、秋依次升高的品种有'铁观音'、'佛手'、'肉桂'和'奇种';花黄素类含量依夏、秋、春依次升高的品种有'黄棪'、'闽北水仙'和'梅占'。

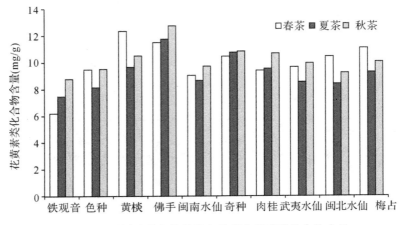

图 1.14　不同季节和品种的乌龙茶花黄素类化合物含量

　　有分析绿茶中杨梅素、槲皮素和山奈酚含量与日照时间的相关系数分别为 0.6156、0.7470 和 0.5294。当日照时间超过 1500 h/年时,黄酮醇苷的含量与日照时间呈较明显的正相关;而日照时间低于 1500 h/年时,则茶树品种的影响更明显。

5. 不同产地茶叶花黄素类化合物含量

　　不同产地因气温、光照、土壤等自然因素的差异,引起茶树的形态学和生化成分包括花黄素类化合物的含量和组成的改变。'金萱'是台湾的茶树品种,被引种大陆后,其花黄素类化合物的含量变化明显,在福建各地的变异范围为 6.14～10.6 mg/g,其中以龙岩最低,三明大田 A 最高(图 1.15)。福建省不同茶区茶叶花黄素类化合物平均含量高低顺序为:永春

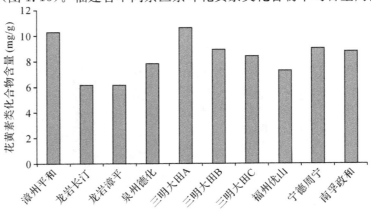

图 1.15　不同地区的茶树品种'金萱'茶叶花黄素类化合物含量

(10.61 mg/g)＞武夷山(9.96 mg/g)＞建瓯(9.72 mg/g)＞安溪(8.62 mg/g)(罗丽和郭雅玲,2004)。

6. 不同栽培措施茶叶花黄素类化合物含量

不同的栽培措施可以改变茶树生长环境中的光照、温度、水分、肥分等,从而影响茶树中的新陈代谢,改变茶叶花黄素类化合物的合成和积累。遮荫可以降低茶树生长微环境的光照强度和小气候温度,导致茶叶中的花黄素类化合物的含量和组成发生相应改变。

有研究表明,80%遮荫处理3周后,茶树新梢中花黄素类化合物总量比自然光照的茶树的平均值降低43.26%(Wang *et al.*,2012),而且这种降低规律与叶位无关。被检测的多种黄酮苷类的含量也呈现同样的变化趋势,虽然降低的幅度有所不同(表1.34)。

表1.34　遮荫对茶树新梢中花黄素类化合物含量影响(mg/g 干物重)(Wang *et al.*, 2012)

化合物	自然光照			遮荫		
	一芽一叶	第二叶	第三叶	一芽一叶	第二叶	第三叶
杨梅素-3-*O*-半乳糖苷或-葡萄糖苷	3.18±0.46	6.12±0.41	4.65±0.42	1.58±0.20	1.83±0.18	1.82±0.29
槲皮素-3-*O*-葡萄糖-芸香糖苷或-半乳糖-芸香糖苷	2.19±0.62	4.78±0.62	5.53±0.67	1.55±0.47	1.76±0.59	1.76±0.63
槲皮素-3-*O*-二鼠李糖-葡萄糖苷或山奈酚-3-*O*-半乳糖-芸香糖苷	4.37±0.84	8.41±0.88	5.98±0.76	3.91±0.63	4.92±0.84	4.94±0.64
山奈酚-3-*O*-半乳糖苷或-葡萄糖苷	0.89±0.08	2.19±0.22	1.31±0.18	1.19±0.16	1.24±0.17	1.23±0.03
6,8-C-二葡萄糖-芹菜素或山奈酚-3-*O*-鼠李糖-半乳糖苷	1.18±0.17	2.10±0.22	1.82±0.36	0.86±0.15	0.90±0.17	0.84±0.17
槲皮素-3-*O*-鼠李糖苷或山奈酚	0.73±0.08	0.90±0.20	0.81±0.18	0.64±0.13	0.67±0.17	0.66±0.17
花黄素类化合物总量	12.55±2.22	24.49±2.56	19.89±2.57	9.73±1.74	11.32±2.12	11.26±1.92

遮荫处理对黄酮苷含量的影响也因不同地区而存在差异。韩国济州岛的研究发现,遮荫10 d后,茶叶中芹菜素-葡萄糖-阿拉伯糖苷、槲皮素-3-*O*p-香豆酰基-葡萄糖-鼠李糖-半乳糖苷和山奈酚-3-*O*p-香豆酰基-葡萄糖-鼠李糖-半乳糖苷3种黄酮苷含量呈现上升趋势,槲皮素-3-*O*-半乳糖-芸香糖苷和山奈酚-3-*O*-葡萄糖-芸香糖苷含量分别为未遮荫对照的37倍和4倍,而山奈酚-葡萄糖苷、杨梅素-葡萄糖苷、槲皮素-葡萄糖-芸香糖苷的水平却明显降低。

花黄素类化合物可经由类苯丙烷途径合成,也可经由儿茶素类途径转化。儿茶素类化合物和苯丙氨酸等的含量均受到氮肥、磷肥等的影响,不同的肥料和施肥水平可以影响到花黄素类化合物的含量和组成。廖金才等(2006)发现,对'金萱'喷施不同浓度的营养剂均可以使其花黄素类化合物总量明显提高(图1.16)。

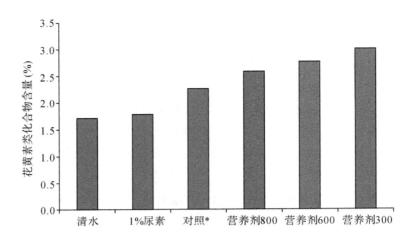

图 1.16　茶叶专用营养剂对茶叶花黄素类化合物含量的影响

* 对照,其他品牌的茶叶营养剂稀释 300 倍;营养剂 800,廖金才等(2006)研制茶叶专用营养剂稀释 800 倍,其他依次类推。

7. 不同茶类花黄素类化合物含量

在茶叶加工过程中,花黄素类化合物受热等条件的影响可发生水解反应,如果黄酮苷在热和酶的共同作用下水解,脱去苷类配基即可形成黄酮醇或黄酮,降低苷类化合物的苦味。不同茶类加工工艺不同,对花黄素类化合物含量与组成的影响也不同。

不同加工工艺对花黄素类化合物含量的影响是不同的,因而,不同茶类的花黄素类化合物含量也存在明显差异(表 1.35)(Del Rio *et al*.,2004)。萎凋可以提高花黄素类化合物的含量,而杀青和干燥则降低花黄素类化合物的含量。随着红茶发酵进程的加深,多数花黄素类化合物含量也呈现下降趋势(表 1.36)(Kim *et al*.,2011)。杨伟丽等(2001)利用同一批原料加工成不同茶类,然后分析花黄素类化合物的含量,各茶类的含量高低顺序为:白茶(2.05 mg/g)>红茶(1.55 mg/g)>乌龙茶(1.32 mg/g)>绿茶(1.19 mg/g)>黄茶(1.15 mg/g)。

表 1.35　红茶和绿茶中花黄素类化合物含量比较(mg/L)(Del Rio *et al*.,2004)

化合物	绿茶	红茶	红茶/绿茶
槲皮素-鼠李糖-半乳糖苷	15±0.6	12±0.2	80%
槲皮素-3-芸香糖苷	131±1.9	98±1.4	75%
槲皮素-3-半乳糖苷	119±0.9	75±1.1	63%
槲皮素-鼠李糖-己糖-鼠李糖	30±0.4	25±0.1	83%
槲皮素-3-葡萄糖苷	185±1.6	119±0.1	64%
山柰酚-鼠李糖-己糖-鼠李糖	32±0.2	30±0.3	94%
山柰酚-半乳糖苷	42±0.6	29±0.1	69%
山柰酚-芸香糖苷	69±1.4	60±0.4	87%
山柰酚-3-葡萄糖苷	102±0.4	69±0.9	68%
山柰酚-阿拉伯糖苷	4.4±0.3	ND*	0
未知槲皮素苷	4.0±0.1	4.3±0.5	108%
未知槲皮素苷	33±0.1	24±0.9	73%
未知山柰酚苷	9.5±0.2	ND	0
未知山柰酚苷	1.9±0.0	1.4±0.0	74%

* 未检测到。

表 1.36　不同发酵程度茶叶中的花黄素类化合物含量(mg/g)(Kim *et al*.,2011)

化合物	0%发酵	20%发酵	40%发酵	60%发酵	80%发酵
芹菜素苷-1	8.25±0.27a*	8.87±0.22a	7.75±0.65b	6.97±0.18c	6.76±0.23c
芹菜素苷-2	5.71±0.32a	6.14±0.20a	4.77±0.28b	4.53±0.31b	4.53±0.23b
杨梅素-3-糖苷	43.50±1.21a	37.72±1.34b	33.56±4.45b	20.82±2.96c	13.73±1.47d
槲皮素-3-芸香糖苷	103.01±0.89a	89.07±1.77b	73.74±8.34c	64.71±2.16d	56.75±0.73e
槲皮素-3-葡萄糖-鼠李糖-半乳糖苷	41.55±0.39a	34.41±0.37b	32.48±2.73b	27.65±0.92c	26.49±0.76c
山奈酚苷-1	42.20±0.44a	30.11±0.39b	30.57±3.73b	32.01±1.22b	33.14±0.43b
山奈酚苷-2	26.65±0.67a	24.01±0.09bc	21.82±2.44c	22.24±0.95bc	24.22±0.20bc
山奈酚-3-芸香糖苷-1	8.81±0.80a	5.59±0.44c	6.36±0.86bc	6.62±0.78bc	7.23±0.28b
山奈酚-3-芸香糖苷-2	6.80±0.40a	6.03±0.48b	5.43±0.48b	5.50±0.26b	5.90±0.40b

* 行间字母相同意味着不同发酵程度之间含量无统计意义。

二、花黄素类化合物的生理功能

花黄素类化合物具有增加血液的抗氧化活性、降血压、保护肝脏、抑制癌细胞增生、清除自由基等功效,是一类极具开发前景的天然活性成分。

1. 抗氧化

茶花黄素类化合物分子结构中具有多个酚羟基,可以与活性自由基结合,具有清除羟自由基的能力,在一定浓度范围内呈剂量依赖关系。

林智等(2006)从普洱茶中分离得到 6 种黄酮醇及其苷类,其中杨梅素、山奈酚、槲皮素的抗氧化性弱于儿茶素类化合物,清除 DPPH 自由基的活性大小为槲皮素＞山奈酚＞杨梅素,其 SC_{50} 分别为 14.50 $\mu g/mL$、16.30 $\mu g/mL$、21.60 $\mu g/mL$。它们的配糖体抗氧化性较差,山奈酚-3-O-D-葡萄糖苷、山奈酚-3-O-芦丁糖苷、槲皮素-3-O-D-葡萄糖苷的 SC_{50} 分别为 49.12 $\mu g/mL$、30.51 $\mu g/mL$、32.80 $\mu g/mL$。用不同方法提取的茶树花黄酮提取物对 ·OH 的清除效果也有差异。

Park 等(2006)也发现花黄素类糖苷的抗氧化性弱于相应的苷元。他们从茶籽中鉴定出山奈酚-3-O-[2-O-β-D-半乳糖-6-O-α-L-鼠李糖]-β-D-吡喃葡萄糖苷和山奈酚-3-O-[2-O-β-D-吡喃木糖-6-O-α-L-鼠李糖]-β-D-吡喃葡萄糖苷两种山奈酚糖苷,然后利用酶法合成山奈酚。山奈酚清除 DPPH 自由基的能力和抑制黄嘌呤/黄嘌呤氧化酶的能力均比两种山奈酚苷强。酰化的槲皮素苷和酰化山奈酚苷抗氧化性也显著下降,它们清除DPPH的 EC_{50} 分别为 30.5 $\mu mol/L$ 和 487.2 $\mu mol/L$,而对照 BHT 为 56.8 $\mu mol/L$,槲皮素为 7.2 $\mu mol/L$。

不同的花黄素类化合物的抗氧化能力不同,是因为抗氧化能力随着分子结构 B 环上的羟基数目增加而增强,但也有例外,如分子结构 B 环中只有 1 个羟基的山奈酚的氧自由基吸收能力最强,约为杨梅素和槲皮素的 1.5 倍,槲皮素和槲皮素苷以及异鼠李素的氧自由基吸收能力相当。对 10 种高纯度的天然花黄素类化合物以及儿茶素清除 DPPH 的能力顺序依次为:槲皮素＞泽漆新苷＞儿茶素＞金丝桃苷＞芸香苷＞山奈酚＞桑色素＞异槲皮苷＞黄芩苷＞石吊兰素＞金雀异黄素(陈季武等,2005)。可见花黄素类化合物对 DPPH 的清除能力并非都与酚羟基数量多少有直接关系,还与酚羟基位置密切相关。A 环和/或 B 环上的邻位羟基清除 DPPH 的能力更强,A 环 6 位羟基和 B 环 4 位羟基清除自由基能力比其他位置的羟基更强,C 环的 C2、C3 双键可增强抗氧化能力,而糖苷化后提供电子或氢的能力减弱,抗氧化性降低。

2. 抗癌

花黄素类化合物具有防癌抗癌作用。Deschner 等(1991)用不同浓度的槲皮素和芦丁喂食 CF1 小鼠,发现两者均可以明显减少偶氮氧甲醇诱导的小鼠结肠上皮细胞增生,并抑制 S 期细胞向结肠隐窝中部和上部转移。喂食 2% 的槲皮素和 4% 的芦丁可以显著降低结肠癌的发生率和肿瘤细胞的生长,降低率分别为 19% 和 15%。

从乌龙茶中分离出的黄酮衍生物 chafuroside 具有抗炎作用,可以明显抑制 Apc 缺乏小鼠肠道息肉形成和发展(Niho et al.,2006),浓度为 $2.5×10^{-6}$、$5×10^{-6}$、$10×10^{-6}$ 的 chafuroside 的抑制率分别为 83%、73% 和 56%。日常服用 $10×10^{-6} \sim 20×10^{-6}$ 的 chafuroside 可以显著抑制氧化偶氮甲烷诱导的结肠异常隐窝灶的发展。花黄素类化合物的抗癌作用可能是通过抑制 5α-还原酶的活性而实现的。

花黄素类化合物还可以增强儿茶素类化合物的抗癌能力。槲皮素可以抑制 EGCg 的甲基化,从而使肺癌细胞(A549)吸收 EGCg 的效率提高 4 倍;而肾癌细胞(786-O)中 EGCg 的吸收效率提高 2 倍(Wang et al.,2012)。

3. 保护心脑血管

心脏病患者越来越多与体内活性自由基过多以及低密度脂蛋白氧化密切相关。以正常血浆中分离出的低密度脂蛋白和超低密度脂蛋白为材料,研究茶叶花黄素类化合物的抗氧化性发现,槲皮素、杨梅素和芦丁等均具有非常强的抗氧化性,它们对低密度脂蛋白和超低密度脂蛋白氧化的半抑制率 IC_{50} 分别为 0.224 $\mu mol/L$、0.477 $\mu mol/L$ 和 0.512 $\mu mol/L$(表 1.37),而为人熟知的抗氧化剂维生素 C 和维生素 E 的 IC_{50} 分别为 1.45 $\mu mol/L$ 和 2.40 $\mu mol/L$,是花黄素类化合物的 280 倍以上。而二氢槲皮素及芦丁(槲皮素糖苷)的 IC_{50} 稍高于槲皮素。山奈酚的 IC_{50} 为 1.82 $\mu mol/L$,抗氧化性稍弱于其他花黄素类化合物,这可能与其分子结构中酚羟基的数目和位置有关(Vinson et al.,1995)。同时,普洱茶分离的花黄素类化合物还可以抑制人肝癌细胞 Hep G2 中胆固醇的生物合成,虽然其抑制效果低于对照阳性药物洛伐他汀(IC_{50} 为 0.47 $\mu mol/L$);杨梅素、槲皮素的半抑制率 IC_{50} 分别为 122.61 $\mu mol/L$ 和 130.43 $\mu mol/L$(Lu and Hwang,2008)。

表 1.37 几种化合物的抗氧化性比较(Vinson et al.,1995)

化合物	·OH 位置	$IC_{50}(\mu mol/L)$
丁基羟基茴香醚	单羟基	0.181
二丁基羟基甲苯	单羟基	0.270
维生素 C	邻二羟基	1.450
维生素 E	单羟基	2.400
β-胡萝卜素	无	4.300
槲皮素	$3,5,7,3',4'$	0.224
二氢槲皮素	$3,5,7,3',4'$	0.344
杨梅素	$3,5,7,3',4',5'$	0.477
芦丁	$5,7,3',4'$	0.512
桑色素	$3,5,7,2',4'$	0.734
山奈酚	$3,5,7,4'$	1.820

4. 提高免疫力

花黄素类化合物可以提高机体的免疫力。用^3H-TdR示踪试验显示,100 mg/kg槲皮素处理的大鼠脾淋巴细胞^3H-TdR为2076±152 cpm,远高于对照组(1133±103 cpm),强的松龙组为574±107 cpm,而槲皮素＋强的松龙组为1069±139 cpm,说明强的松龙可以显著抑制免疫,而槲皮素可明显增强ConA诱导的大鼠脾淋巴细胞增殖,并拮抗强的松龙所致的免疫抑制,促进小鼠溶血素的形成。连续服用50～100 mg/kg槲皮素5 d能显著增强SRBC诱导的小鼠足跖厚度等迟发型超敏反应,同时抑制S_{180}瘤细胞DNA的合成(丁献义等,1996)。说明槲皮素可以增强机体细胞和体液免疫力,对抗免疫抑制剂诱导的脾淋巴细胞增殖抑制。

5. 护肝

茶叶黄酮醇苷可以有效保护半乳糖诱导的肝脏损伤。从绿茶中分离的黄酮醇苷复合物(含2种槲皮素苷和3种三糖山奈酚苷)能显著抑制由半乳糖诱导的大鼠血浆丙氨酸氨基转移酶和天门冬氨酸转氨酶活性,抑制率大于30%(Wada et al.,2000)。花黄素类化合物还可以保护肝脏免受酒精伤害。有人从茶叶中分离出4种槲皮素酰化糖苷,可以抑制酵母乙醇脱氢酶(ADH)(IC$_{50}$=19.8～31.9 μmol/L),效果优于常规解酒药物戒酒硫(IC$_{50}$=247.9 μmol/L)(Manir et al.,2012)。

6. 预防糖尿病

腹腔注射链脲霉素后,大鼠明显呈现糖尿病症状,包括空腹血糖升高,脂质过氧化物积累,血浆胰岛素降低,胰腺、肝脏和肾脏中超氧化物歧化酶等氧化酶和维生素C等氧化剂下降。对大鼠喂食槲皮苷(30 mg/kg)30 d,可以明显改善链脲霉素诱导的胰腺、肝脏和肾脏的形态损伤,改善糖尿病症状(Babujanarthanam et al.,2011)。

此外,植物花黄素类化合物还具有消炎抗菌抗病毒、抗痉挛、治疗老年痴呆等多种生物活性功能。

花黄素类化合物是茶叶中的重要化学成分之一,其含量和组成对茶叶品质尤其是汤色形成起着关键作用,并具有多种生理活性。开发并利用茶叶花黄素类化合物,对茶叶资源的充分利用有积极意义。

参考文献

Akiyama S, Nesumi A, Maeda-Yamamoto M, Uehara M and Murakami A. 2012. Effects of anthocyanin-rich tea "Sunrouge" on dextran sodium sulfate-induced colitis in mice [J]. Biofactors, 38(3): 226-233.

Álvarez E, Leiro J and Orallo F. 2002. Effect of (－)-epigallocatechin-3-gallate on respiratory burst of rat macrophages[J]. International Immunopharmacology, 2(6): 849-855.

Babujanarthanam R, Kavitha P, Rao USM and Pandian MR. 2011. Quercitrin a bioflavonoid improves the antioxidant status in streptozotocin: induced diabetic rat tissues[J]. Molecular and Cellular Biochemistry, 358(1-2): 121-129.

Chen YJ, Kuo PC, Yang ML, Li FY and Tzen JTC. 2013. Effects of baking and aging on the changes of phenolic and volatile compounds in the preparation of old Tieguanyin oolong teas [J]. Food Research International, available on line, http://www. sciencedirect. com/science/article/pii/S0963996912002499.

Chen YL, Jiang YM, Duan J, Shi J, Xue S and Kakuda Y. 2010. Variation in catechin contents in relation to quality of "Huang Zhi Xiang" Oolong tea (*Camellia sinensis*) at various growing altitudes and seasons[J]. Food Chemistry, 119: 648-652.

Del Rio D, Stewart AJ, Mullen W, Burns J, Lean MEJ, Brighenti F and Crozier A. 2004. HPLC-MSn analysis of phenolic compounds and purine alkaloids in green and black tea [J]. Journal of Agricultural and Food Chemistry, 52(10): 2807-2815.

Deschner EE, Ruperto J, Wong G and Newmark HL. 1991. Quercetin and rutin as inhibitors of azoxymethanol-induced colonic neoplasia[J]. Carcinogenesis, 12 (7): 1193-1196.

Du YY, Liang YR, Wang H, Wang KR, Lu JL, Zhang GH, Lin WP, Li M and Fang QY. 2006. A study on the chemical composition of albino tea cultivars[J]. Journal of Horticultural Science & Biotechnology, 81(5): 809-812.

Forrest GI and Bendall DS. 1969. The distribution of polyphenols in the tea plant (*Camellia sinensis* L.)[J]. Biochemical Journal, 113(5): 741-755.

Golden EB, Lam PY, Kardosh A, Gaffney KJ, Cadenas E, Louie SG, Petasis NA, Chen TC and Schönthal AH. 2009. Green tea polyphenols block the anticancer effects of bortezomib and other boronic acid-based proteasome inhibitors[J]. Blood, 113(23): 5927-5937.

Hirao K, Yumoto H, Nakanishi T, Mukai K, Takahashi K, Takegawa D and Matsuo T. 2010. Tea catechins reduce inflammatory reactions via mitogen-activated protein kinase pathways in toll-like receptor 2 ligand-stimulated dental pulp cells[J]. Life Sciences, 86 (17-18): 654-660.

Katiyar SK, Matsui MS, Elmets CA and Mukhtar H. 1999. Polyphenolic antioxidant (—)-epigallocatechin-3-gallate from green tea reduces UVB-induced inflammatory responses and infiltration of leukocytes in human skin [J]. Photochemistry and Photobiology, 69(2): 148-153.

Kerio LC, Bend JR, Wachira FN, Wanyoko, JK and Rotich MK. 2011. Attenuation of t-Butylhydroperoxide induced oxidative stress in HEK 293 WT cells by tea catechins and anthocyanins[J]. Journal of Toxicology and Environmental Health Sciences, 3 (14): 367-375.

Kerio LC, Wachira FN, Wanyoko JK and Rotich MK. 2012. Characterization of anthocyanins in Kenyan teas: Extraction and identification[J]. Food Chemistry, 131 (1): 31-38.

Kim Y, Goodner KL, Park JD, Choi J and Talcott ST. 2011. Changes in antioxidant phytochemicals and volatile composition of *camellia sinensis* by oxidation during tea fermentation[J]. Food Chemistry, 129(4): 1331-1342.

Kwon OS, Han JH, Yoo HG, Chung JH, Cho KH, Eun HC and Kim KH. 2007. Human hair growth enhancement *in vitro* by green tea epigallocatechin-3-gallate (EGCG)[J]. Phytomedicine, 14(7-8): 551-555.

Lee HJ, Kim JS, Moon C, Kim JC, Lee YS, Jang JS, Jo SK and Kim SH. 2008. Modification of gamma-radiation response in mice by green tea polyphenols[J]. Phytotherapy Research, 22(10): 1380-1383.

Li KK, Shi XG, Yang XR, Wang YY, Ye CX and Yang ZY. 2012. Antioxidative activities and the chemical constituents of two Chinese teas, *Camellia kucha* and C. ptilophylla[J]. International Journal of Food Science and Technology, 47 (5): 1063-1071.

Liang YR, Ma SC, Luo XY, Xu JY, Wu MY, Luo YW, Zheng XQ and Lu JL. 2011. Effects of green tea on blood pressure and hypertension-induced cardiovascular damage in spontaneously hypertensive rat[J]. Food Science and Biotechnology, 20(1): 93-98.

Lin YL, Juan IM, Chen YL, Liang YC and Lin JK. 1996. Composition of polyphenols in fresh tea leaves and associations of their oxygen-radical-absorbing capacity with antiproliferative actions in fibroblast cells[J]. Journal of Agricultural and Food Chemistry, 44(6): 1387-1394.

Liu YJ, Gao LP, Xia T and Zhao L. 2009. Investigation of the site-specific accumulation of catechins in the tea plant (*camellia sinensis* L. O. Kuntze) via Vanillin-HCl staining [J]. Journal of Agricultural Food Chemistry, 57(21): 10371-10376.

Lu CH and Hwang LS. 2008. Polyphenol contents of Pu-Erh teas and their abilities to inhibit cholesterol biosynthesis in Hep G2 cell line[J]. Food Chemistry, 111 (1): 67-71.

Lu YP, Lou YR, Xie JG, Peng QY, Liao J, Yang CS, Huang MT and Conney AH. 2002. Topical applications of caffeine or (−)-epigallocatechin gallate (EGCG) inhibit carcinogenesis and selectively increase apoptosis in UVB-induced skin tumors in mice [J]. Proceedings of the National Academy of Sciences of the United States of America (PNAS), 99 (19): 12455-12460.

Maeda-Yamamoto M, Saito T, Nesumi A, Tokuda Y, Ema K, Honma D, Ogino A, Monobe M, Murakami A, Murakami A and Tachibana H. 2012. Chemical analysis and acetylcholinesterase inhibitory effect of anthocyanin-rich red leaf tea (CV. Sunrouge) [J]. Journal of the Science of Food and Agriculture, 92(11): 2379-2386.

Manir MM, Kim JK, Lee BG and Moon SS. 2012. Tea catechins and flavonoids from the leaves of *camellia sinensis* inhibit yeast alcohol dehydrogenase[J]. Bioorganic & Medicinal Chemistry, 20(7): 2376-2381.

Nakagawa H, Wachi M, Woo JT, Kato M, Kasai S, Takahashi F, Lee IS and Nagai K. 2002. Fenton reaction is primarily involved in a mechanism of (−)-epigallocatechin-3-gallate to induce osteoclastic cell death[J]. Biochemical and Biophysical Research

Communications, 292(1): 94-101.

Niho N, Mutoh M, Sakano K, Takahashi M, Hirano S, Nukaya H, Sugimura T and Wakabayashi K. 2006. Inhibition of intestinal carcinogenesis by a new flavone derivative, chafuroside, in oolong tea[J]. Cancer Science, 97(4): 248-251.

Pandey KB and Rizvi SI. 2012. Upregulation of erythrocyte ascorbate free radical reductase by tea catechins: Correlation with their antioxidant properties[J]. Food Research International, 46(1): 46-49.

Saito T, Honma D, Tagashira M, Kanda T, Nesumi A and Maeda-Yamamoto M. 2011. Anthocyanins from new red leaf tea "Sunrouge"[J]. Journal of Agricultural and Food Chemistry, 59(9): 4779-4782.

Sartor L, Pezzato E, Dell'Aica I, Caniato R, Biggin S and Garbisa S. 2002. Inhibition of matrix-proteases by polyphenols: chemical insights for anti-inflammatory and anti-invasion drug design[J]. Biochemical Pharmacology, 64(2): 229-237.

Scharbert S and Hofmann T. 2005. Molecular definition of black tea taste by means of quantitative studies, taste reconstitution, and omission experiments[J]. Journal of Agricultural and Food Chemistry, 53(13): 5377-5384.

Scharbert S, Jezussek M and Hofmann T. 2004. Evaluation of the taste contribution of theaflavins in black tea infusions using the taste activity concept[J]. European Food Research Technology, 218(5): 442-447.

Sharma V, Joshi R and Gulati A. 2011. Seasonal clonal variations and effects of stresses on quality chemicals and prephenate dehydratase enzyme activity in tea (*camellia sinensis*)[J]. European Food Research and Technology, 232(2): 307-317.

Shimizu M, Shirakami Y, Sakai H, Adachi S, Hata K, Hirose Y, Tsurumi H, Tanaka T and Moriwaki H. 2008. (−)-Epigallocatechin gallate suppresses azoxymethane-induced colonic premalignant lesions in male C57BL/KsJ-db/db mice[J]. Cancer Prevention Research, 1(4): 298-304.

Suganuma M, Ohkura Y, Okabe S and Fujiki H. 2001. Combination cancer chemoprevention with green tea extract and sulindac shown in intestinal tumor formation in Min mice[J]. Journal of Cancer Research Clinical Oncology, 127(1): 69-72.

Vali B, Rao LG and El-Sohemy A. 2007. Epigallocatechin-3-gallate increases the formation of mineralized bone nodules by human osteoblast-like cells[J]. Journal of Nutritional Biochemistry, 18(5): 341-347.

Vinson JA, Dabbagh YA, Serry MM and Jang JH. 1995. Plant flavonoids, especially tea flavonols, are powerful antioxidants using an *in vitro* oxidation model for heart disease [J]. Journal of Agricultural and Food Chemistry, 43(11): 2800-2802.

Wada S, He PM, Hashimoto I, Watanabe N and Sugiyama K. 2000. Glycosidic flavonoids as rat-liver injury preventing compounds from green tea[J]. Bioscience Biotechnology Biochemistry, 64(10): 2262-2265.

Wang KB, Liu F, Liu ZH, Huang JA, Xu ZX, Li YH, Chen JH, Gong YS and Yang XH. 2011. Comparison of catechins and volatile compounds among different types of tea using high performance liquid chromatograph and gas chromatograph mass spectrometer[J]. International Journal of Food Science and Technology, 46(7): 1406-1412.

Wang PW, Heber D and Henning SM. 2012. Quercetin increased bioavailability and decreased methylation of green tea polyphenols *in vitro* and *in vivo*[J]. Food & Function, 3(6): 635-642.

Wang YS, Gao LP, Shan Y, Liu YJ, Tian YW and Xia T. 2012. Influence of shade on flavonoid biosynthesis in tea (*camellia sinensis* L. O. Kuntze)[J]. Scientia Horticulturae, 141: 7-16.

Wei IH, Wu YC, Wen CY and Shieh JY. 2004. Green tea polyphenol (一)-epigallocatechin gallate attenuates the neuronal NADPH-d/nNOS expression in the nodose ganglion of acute hypoxic rats[J]. Brain Research, 999(1): 73-80.

Wu LY, Zheng XQ, Lu JL and Liang Y. 2009. Protective effect of green tea polyphenols against ultraviolet B-induced damage to HaCaT cells[J]. Human Cell, 22(1): 18-24.

Xu JY, Wu LYu, Zheng XQ, Lu JL, Wu MY and Liang YR. 2010. Green tea polyphenols attenuating ultraviolet B-induced damage to human retinal pigment epithelial cells *in vitro*[J]. Investigative Ophthalmology & Visual Science, 51(12): 6665-6670.

Yao LH, Caffin N, D'Arcy B, Jiang YM, Shi J, Singanusong R, Liu X, Datta N, Kakuda Y, Xu Y. 2005. Seasonal variations of phenolic compounds in Australia-grown tea (*camellia sinensis*)[J]. Journal of Agricultural and Food Chemistry, 53(16): 6477-6483.

Zheng XQ, Jin J, Chen H, Du YY, Ye JH, Lu JL, Lin C, Dong JJ, Sun QL, Wu LY and Liang YR. 2008. Effect of ultraviolet B irradiation on accumulation of catechins in tea (*camellia sinensis* L. O. Kuntze)[J]. African Journal of Biotechnology, 7(18): 3283-3287.

陈小强,叶阳,苏丽慧,唐东东,成浩,尹军峰.2009.不同月份采制的玉绿茶中主要功能成分分析[J].浙江农业学报,21(2):159-163.

陈旭,胡园,李青山,郭代红,王东晓,刘屏.2011.表没食子儿茶素没食子酸酯对 H_2O_2 诱导的 SH-SY5Y 神经细胞损伤的保护作用[J].中国药理学通报,27(3):320-324.

冯静.2007.岭头单丛茶微量元素和黄酮含量与季节关系的主成分分析研究[J].微量元素与健康研究,24(6):33-35.

龚加顺,隋华嵩,彭春秀,范建功,李亚莉.2012."紫鹃"晒青绿茶色素的 HPLC-ESI-MS 分离鉴定及其稳定性研究[J].茶叶科学,32(2):179-188.

谷芳芳,孙跃,许刚.2010.儿茶素对营养性肥胖大鼠代谢综合征的防治作用[J].实用医药杂志,27(9):830-832.

李家华,赵明,张广辉,丁瑕,胡艳平,沈雪梅,邵宛芳.2012.茶树新品种"紫鹃"茶中杨梅素、槲皮素和山柰酚的 HPLC 分析[J]. 云南农业大学学报,27(2):235-240.

李建祥,陈跃进,章瑜,周立人.2003.儿茶素类化合物对四氯化碳致大鼠慢性肝损伤的保护作用[J].工业卫生与职业病,29(1):20-22.

梁月荣,陆建良.1997.茶树催发素对茶树新梢化学成分和品质的影响[J].浙江林学院学报,14(2):155-158.

廖金才,赵超艺,唐劲驰,唐颢,罗一帆.2006.茶叶专用营养剂对金萱茶微量元素和黄酮的影响[J].广东微量元素科学,13(9):26-29.

林智,吕海鹏,崔文锐,折改梅,张颖君,杨崇仁.2006.普洱茶的抗氧化酚类化学成分的研究[J].茶叶科学,26(2):112-116.

刘国辉,谢鼎华,伍伟景,朱纲华.2002.儿茶素对 SD 大鼠卡那霉素耳神经毒性保护作用的形态学研究[J].湖南医科大学学报,27(6):503-506.

刘屏,王东晓,陈若芸,陈孟莉,殷建芬,陈桂芸.2004.儿茶素对骨髓细胞周期及造血生长因子基因表达的作用[J].药学学报,39(6):424-428.

刘珊丽,刘宗文,卢沛琦,张艳,张建东,贾丹辉,姚昱,曹志斌.2010.儿茶素对大鼠脑缺血/再灌注损伤的保护作用及机制[J].中国药理学通报,26(2):255-257.

罗丽和郭雅玲.2004.福建乌龙茶黄酮类化合物含量分析[J].中国茶叶加工,(3):32-34.

罗利群,张友会,饶澎.1995.绿茶儿茶素体内增强小鼠的肿瘤免疫反应[J].中国免疫学杂志,9:295-297.

罗一帆,郭振飞,许旋,陈剑经.2005.儿茶素及其组合物清除自由基能力的研究[J].林产化学与工业,25(4):26-30.

任莉莉和曹进.2003.表没食子儿茶素没食子酸酯体外诱导 HL-60 细胞凋亡[J].实用预防医学,10(3):330-333.

涂云飞,杨秀芳,孔俊豪,张士康,朱跃进,王盈峰.2012.儿茶素及茶黄素单体间清除羟自由基能力研究[J].天然产物研究与开发,24:653-659.

吴华玲,何玉媚,李家贤,陈栋,黄华林,乔小燕,刘军.2012.11 个红紫芽茶树新品系的芽叶特性和生化成分研究[J].植物遗传资源学报,13(1):42-47.

夏建国,李静,巩发永,吴德勇.2005.不同氮肥种类和用量对川西蒙山茶品质的影响[J].水土保持学,19(3):130-133.

萧力争,苏晓倩,李勤,刘仲华,肖文军,罗海辉,陈金华.2008.紫芽品种茶树芽叶多酚类物质组成特征[J].湖南农业大学学报(自然科学版),34(1):77-79.

萧力争,苏晓倩,李勤,刘仲华,张大明,罗海辉.2009.紫芽品种茶树春梢芽叶生化成分分析[J].福建农林大学学报(自然科学版),38(1):30-33.

杨丽聪,郑国栋,王纯荣,黎冬明.2010.咖啡碱与儿茶素组合对小鼠体重和脂类代谢的影响[J].茶叶科学,30(5):374-378.

杨普香,刘小仙,李文金.2009.茶树花主要生化成分分析[J].中国茶叶,7:24-25.

杨伟丽,肖文军,邓克尼.2001.加工工艺对不同茶类主要生化成分的影响[J].湖南农业大学学报(自然科学版),27(5):384-386.

杨兴荣,包云秀,黄玫.2009.云南稀有茶树品种"紫娟"的植物学特性和品质特征[J].茶叶,35(1):17-18.

叶锦霞,王岚,梁日欣,杨滨.2008.儿茶素单体对心肌细胞缺氧再给氧损伤的保护作用及机制研究[J].中国中药杂志,33(7):801-805.

尹军峰,许勇泉,袁海波,余书平,韦坤坤,陈建新,汪芳,吴荣梅.2009.名优绿茶鲜叶摊放过程中主要生化成分的动态变化[J].茶叶科学,29(2):102-110.

张成,林燕清,文洪,黄玲,杨坚.2012.西南地区主栽经济型茶树儿茶素的组成及其区别[J].西南师范大学学报(自然科学版),37(3):120-123.

张卫玉,吕俊杰,林翠英,谢美容,王章敬,王建新,王世鄂.2010.EGCg对昆明小鼠早胚体外发育的影响[J].解剖科学进展,16(2):101-104.

张文锦,梁月荣,张应根,陈常颂,张方舟.2006.遮荫对夏暑乌龙茶主要内含化学成分及品质的影响[J].福建农业学报,21(4):360-365.

张泽岑,王能彬.2002.光质对茶树花青素含量的影响.四川农业大学学报,20(4):337-338,382.

赵霖,Treutter D,罗永明.2005.不同月份采摘的绿茶中茶多酚含量及其营养学意义[J].军医进修学院学报,26(5):377-379.

赵先明,王孝仕,杜晓.2009.茶树紫色芽叶的呈味特征及降低苦涩味的研究[J].茶叶科学,29(5):372-378.

第二章

茶叶氨基酸类及其生理功能

第一节　茶叶氨基酸含量及其影响因素

　　氨基酸是一类具有氨基和羧基的有机化合物的通称，是组成蛋白质的基本单位，为生命之元。适量的氨基酸供应是保证人体健康的前提，而任何一种蛋白质氨基酸供应缺乏都会影响人体免疫系统和正常生理功能的发挥，使人处于亚健康状态。氨基酸是茶叶中的主要品质化学成分之一，也是构成茶叶滋味和香气的主要成分。由于茶叶氨基酸的组成成分、含量高低以及相关降解、转化产物对茶叶品质有重要的影响，同时它们具有显著的生理功能，因此已成为茶叶品质鉴定的重要指标，也是茶树育种选择的重要目标。

一、茶叶氨基酸种类和结构

　　目前，茶叶中发现并已确定的游离氨基酸有 26 种，其中有 20 种蛋白质氨基酸，6 种非蛋白质氨基酸(表 2.1)。

表 2.1　茶叶的游离氨基酸

中文名称	英文名称	分子式	结构式
甘氨酸	Glycine	$C_2H_5NO_2$	$H_2N-\underset{\underset{H}{\mid}}{C}H-\overset{\overset{O}{\|}}{C}-OH$
丙氨酸	Alanine	$C_3H_7NO_2$	$H_2N-\underset{\underset{CH_3}{\mid}}{C}H-\overset{\overset{O}{\|}}{C}-OH$

续表

中文名称	英文名称	分子式	结构式
缬氨酸	Valine	$C_5H_{11}NO_2$	$H_2N-CH-\overset{\displaystyle O}{\overset{\|}{C}}-OH$ 侧链 $CH-CH_3$, CH_3
亮氨酸	Leucine	$C_6H_{13}NO_2$	$H_2N-CH-\overset{\displaystyle O}{\overset{\|}{C}}-OH$ 侧链 $CH_2-CH-CH_3$, CH_3
异亮氨酸	Isoleucine	$C_6H_{13}NO_2$	$H_2N-CH-\overset{\displaystyle O}{\overset{\|}{C}}-OH$ 侧链 $CH-CH_3-CH_2-CH_3$
丝氨酸	Serine	$C_3H_7NO_3$	$H_2N-CH-\overset{\displaystyle O}{\overset{\|}{C}}-OH$ 侧链 CH_2-CH_3
苏氨酸	Threonine	$C_4H_9NO_3$	$H_2N-CH-\overset{\displaystyle O}{\overset{\|}{C}}-OH$ 侧链 $CH-OH-CH_3$
天冬氨酸	Aspartic acid	$C_4H_7NO_4$	$H_2N-CH-\overset{\displaystyle O}{\overset{\|}{C}}-OH$ 侧链 $CH_2-C=O-OH$

续表

中文名称	英文名称	分子式	结构式
谷氨酸	Glutamic acid	$C_5H_9NO_4$	$H_2N-\overset{\displaystyle}{C}H-\overset{\displaystyle O}{\overset{\|}{C}}-OH$ 侧链: $CH_2-CH_2-C(=O)-OH$
天冬氨酰胺	Asparagine	$C_4H_8N_2O_3$	$H_2N-\overset{\displaystyle}{C}H-\overset{\displaystyle O}{\overset{\|}{C}}-OH$ 侧链: $CH_2-C(=O)-NH_2$
谷氨酰胺	Glutarnine	$C_5H_{10}N_2O_3$	$H_2N-\overset{\displaystyle}{C}H-\overset{\displaystyle O}{\overset{\|}{C}}-OH$ 侧链: $CH_2-CH_2-C(=O)-NH_2$
赖氨酸	Lysine	$C_6H_{14}N_2O_2$	$H_2N-\overset{\displaystyle}{C}H-\overset{\displaystyle O}{\overset{\|}{C}}-OH$ 侧链: $CH_2-CH_2-CH_2-CH_2-NH_2$

续表

中文名称	英文名称	分子式	结构式
精氨酸	Arginine	$C_6H_{14}N_4O_2$	
组氨酸	Histidine	$C_6H_9N_3O_2$	
半胱氨酸	Cysteine	$C_3H_7NO_2S$	
甲硫氨酸	Methionine	$C_5H_{11}O_2NS$	

续表

中文名称	英文名称	分子式	结构式
脯氨酸	Proline	$C_5H_9NO_2$	
苯丙氨酸	Phenylalanine	$C_9H_{11}NO_2$	
酪氨酸	Tyrosine	$C_9H_{11}NO_3$	
色氨酸	Tryptophan	$C_{11}H_{12}N_2O_2$	

续表

中文名称	英文名称	分子式	结构式
茶氨酸	Theanine	$C_7H_{14}N_2O_3$	(见结构式)
γ-氨基丁酸	γ-Aminobutyric acid	$C_4H_9NO_2$	(见结构式)
豆叶氨酸	Pipecolic acid	$C_6H_{11}NO_2$	(见结构式)
谷氨酰甲胺	Glutamyl methylamine	$C_6H_{12}NO_3$	(见结构式)

续表

中文名称	英文名称	分子式	结构式
天冬酰乙胺	Asparagus acyl ethylamine	$C_6H_{12}N_2O_3$	$H_2N-CH-C(=O)-OH$ 侧链 $-CH_2-C(=O)-NH-CH_2-CH_3$
β-丙氨酸	Beta alanine	$C_3H_7NO_2$	$CH_2-C(=O)-OH$ 侧链 $-CH_2-NH_2$

这些氨基酸在自然界中都以 L 构型存在。除了 20 种常见蛋白质氨基酸以外,茶叶还有一些特殊的非蛋白质氨基酸类化合物,如茶氨酸、γ-氨基丁酸、豆叶氨酸、谷氨酰甲胺、天冬酰乙胺、β-丙氨酸 6 种氨基酸。

在常见 20 种蛋白质氨基酸中,包括人体必需氨基酸、芳香族氨基酸、羟基氨基酸、含硫氨基酸等。人体必需氨基酸有赖氨酸、色氨酸、苯丙氨酸、蛋氨酸、苏氨酸、异亮氨酸、亮氨酸、缬氨酸;芳香族氨基酸如酪氨酸、色氨酸和苯丙氨酸等;羟基氨基酸如苏氨酸、丝氨基等;含硫氨基酸如半胱氨酸、胱氨酸、蛋氨酸等。人体必需氨基酸是指人体不能合成或合成速度远不适应机体的需要,必须由饮食中摄取的氨基酸。可见,茶叶的氨基酸能补充人体健康所需的部分氨基酸。芳香族氨基酸、羟基氨基酸、含硫氨基酸等在茶叶加工过程中可以转变为挥发性香气物质、茶叶冲泡时呈现甘甜鲜爽口感,对改善茶叶品质有积极作用。

在非蛋白质氨基酸中,最主要的是茶氨酸,大量存在于茶树体内,是茶树中游离氨基酸的主要部分。茶树体内含有微量的 γ-氨基丁酸(又称 GABA,含量约 0.3 mg/g)(谢峥嵘,2004),是一种生理活性成分,具有降血压、调节心律失常、抗惊厥、镇痛、增强记忆力、调节激素的分泌等作用。一些生产措施可以提高茶叶 γ-氨基丁酸含量,以生产高 γ-氨基丁酸茶(GABA 茶)。这些技术包括茶树叶面喷施 0.5% 谷氨酸,以及在加工过程中将茶鲜叶在无氧条件下处理 3~8 h(张定等,2006)。

二、茶叶氨基酸含量

茶叶氨基酸的一般含量在 2%~5%,茶氨酸、谷氨酸、精氨酸、天冬氨酸等是主要的氨基酸组分。茶树品种、鲜叶老嫩度是影响氨基酸总量及组分含量的重要因素。新梢白化茶树品种如'白叶1号'（原名'安吉白茶'）和'黄金芽'等的氨基酸含量高于普通茶树品种；采摘嫩度高的原料氨基酸含量高于粗老茶叶。通过选择栽培优良茶树品种以及提高采摘嫩度是提高茶叶氨基酸含量的重要措施。

测定29个不同茶树品种游离氨基酸总量及氨基酸组分表明，不同茶树品种的游离氨基酸含量变异范围在2.00%～6.50%之间，最低为2.39%，低温诱导型白化茶树品种'白叶1号'高达8.67%（岳婕等，2010）。每个品种的氨基酸组分也存在差异性，但都以茶氨酸含量最高（1%～5%），'白叶1号'的茶氨酸含量为4.80%，是29个茶树品种中含量最高的。

成品茶叶通常根据鲜叶的嫩度不同划分为不同等级，嫩度高的高档绿茶的氨基酸含量一般高于嫩度低的低档绿茶。不同级别'永川秀芽茶'（珍品、极品、特级）的氨基酸含量（袁林颖等，2011）也证明了这一规律（表2.2）。在检测出的23种氨基酸中，14种氨基酸的含量随茶叶等级降低而减少，包括7种人体必需氨基酸、4种非必需氨基酸以及3种其他氨基酸。γ-氨基丁酸的含量随'永川秀芽茶'级别的降低而增加。

表 2.2　不同等级'永川秀芽茶'氨基酸含量(μg/g)（袁林颖等，2011）

名称	珍品	极品	特级
磷酸丝氨酸	27.522	30.873	29.689
磷乙醇胺	36.942	32.432	27.669
天冬氨酸	339.743	327.781	299.456
丝氨酸	60.868	68.257	52.213
苏氨酸	127.403	126.988	107.971
天冬酰胺	379.407	161.527	151.453
谷氨酸	481.784	553.837	480.946
茶氨酸	1150.385	1288.226	1146.616
丙氨酸	49.547	50.223	45.794
缬氨酸	48.680	28.403	25.850
胱氨酸	11.102	10.734	20.464
异亮氨酸	32.081	20.674	20.199
亮氨酸	57.191	37.009	33.841
酪氨酸	24.060	22.143	20.998
苯丙氨酸	67.735	42.642	42.153
β-丙氨酸	8.979	7.291	14.362
γ-氨基丁酸	18.338	20.548	20.939
组氨酸	46.457	30.689	23.857
肌肽	58.756	46.568	44.852
鸟氨酸	10.876	6.999	7.478
赖氨酸	78.036	49.171	44.637
精氨酸	223.474	182.887	168.334
脯氨酸	80.303	43.534	41.148
合计	3419.669	3189.440	2870.920

三、影响茶叶氨基酸含量的因素

1. 茶树品种

不同茶树品种的氨基酸含量存在显著差异，比较新梢白化茶树品种'千年雪'和'白叶1

号'与普通茶树品种'福鼎大白茶'的氨基酸含量(杜颖颖,2009)显示,共检测出 17 种茶叶氨基酸,茶氨酸含量最高,其次为谷氨酸、天门冬氨酸、精氨酸、半胱氨酸、赖氨酸;两个新梢白化茶树品种的氨基酸总含量明显高于'福鼎大白茶'(表 2.3)。

表 2.3　HPLC 法检测茶叶样品氨基酸组成(mg/100g)(杜颖颖,2009)

样品 氨基酸	千年雪	白叶 1 号	福鼎大白茶
组氨酸	19.99	30.37	22.70
天门酰胺	153.55	70.19	206.85
天门冬氨酸	546.91	607.05	354.92
谷氨酸	849.62	1165.13	314.48
精氨酸	359.13	216.96	95.28
甘氨酸	0.52	0.15	3.97
苏氨酸	10.60	12.78	0.00
茶氨酸	2396.38	3033.39	1729.28
脯氨酸	0.00	0.00	23.79
丙氨酸	119.52	61.02	23.69
甲硫氨酸	194.55	95.45	275.83
半胱氨酸	129.99	82.54	60.07
色氨酸	16.57	16.50	79.43
苯丙氨酸	43.95	36.49	93.73
亮氨酸	44.57	5.63	66.85
赖氨酸	116.21	114.60	134.89
酪氨酸	29.78	18.60	39.71
总含量	5031.84	5566.84	3525.46

'白叶 1 号'是特殊的茶树品种,其特异性表现在春季新梢嫩叶叶色的阶段性白化现象,属低温诱导型白化茶树。李素芳等(1996)从春季一芽一叶期起,约每间隔 10 d 取一次样,直至芽叶完全复绿为止,研究'白叶 1 号'安吉白茶阶段性返白过程中氨基酸的含量变化(表 2.4)。

表 2.4　'白叶 1 号'返白过程中的氨基酸组分变化(mg/100g)(李素芳等,1996)

氨基酸	4 月 15 日 初白期	4 月 25 日 白化期	5 月 5 日 复绿期	5 月 15 日 复绿期	5 月 25 日 复绿期
茶氨酸	3510	4083	3400	3541	1472
天冬氨酸	135	380	433	169	117
谷氨酸	163	263	140	231	87
甘氨酸	6	11	7	8	8
丙氨酸	30	59	39	36	21
组氨酸	146	341	184	167	173
精氨酸	152	274	31	59	29
丝氨酸	74	107	23	46	66
缬氨酸	65	69	13	14	64
酪氨酸	23	31	19	19	25
苯丙氨酸	79	118	31	35	147
赖氨酸	52	91	0	0	47

续表

氨基酸组分	4月15日 初白期	4月25日 白化期	5月5日 复绿期	5月15日 复绿期	5月25日 复绿期
苏氨酸	378	366	22	107	146
异亮氨酸	31	31	0	8	30
亮氨酸	33	34	12	10	65

分析得知,'白叶1号'在整个白化过程中,色素总量的变化与氨基酸总量的变化呈现相反趋势,氨基酸含量随白化程度的加深和色素总量的降低而快速升高,但在复绿过程中又随色素含量的升高而逐渐降低。最白期氨基酸总量达到最大值,1994年为5.9%,1995年为4.9%,比一般茶树品种的氨基酸总量高出2~3倍,相同年份的最白期含量比最低含量高2~5倍,说明在'白叶1号'的返白突变中其氨基酸代谢平衡确有较大变化。15种游离氨基酸组分和含量的动态分析结果说明,在返白和复绿过程中它们的变化很明显,而且与一般茶树新梢氨基酸的变化规律不同,分别有:白化期含量明显上升,复绿期及复绿后明显下降,如茶氨酸、天冬氨酸、谷氨酸、甘氨酸、丙氨酸、组氨酸和精氨酸;白化期明显上升,复绿期明显下降,完全复绿后又明显回升,如赖氨酸、酪氨酸、苯丙氨酸、丝氨酸和缬氨酸;白化期变化不明显,但复绿期明显下降,完全复绿后又有回升,如异亮氨酸、亮氨酸和苏氨酸。'白叶1号'在返白和复绿过程中氨基酸含量的变化与总氮量之间无明显的对应关系,表明该品种并不是由于氮代谢增强或氨基酸合成水平增强所导致,很有可能是蛋白酶活性的变化导致氨基酸源库平衡失调而引起的。

'郁金香''金光'和'黄金芽'也是新梢白化茶树品种,其白化原因与'白叶1号'不同,属光照诱导型新梢白化茶树(王开荣等,2006)。在强光照射下,新梢呈现白化现象;进入冬季或采取遮光处理,叶色由黄白色返为绿色。浙江大学茶叶所(杜颖颖,2009)对'郁金香''金光''平阳特早'(对照品种)进行遮光处理,测定氨基酸含量,结果见表2.5。

表2.5　白茶品种经遮荫处理的氨基酸含量(mg/100g)(杜颖颖,2009)

茶树品种	郁金香		金光		平阳特早	
处理	未遮荫	遮荫	未遮荫	遮荫	未遮荫	遮荫
天门冬氨酸	117.55	135.26	171.43	154.06	62.19	86.85
谷氨酸	165.07	139.16	205.91	199.15	75.57	71.81
天门酰胺	6.03	4.70	1.67	1.82	1.50	1.69
丝氨酸+谷氨酰胺	23.02	15.28	1.18	0.85	1.00	1.29
组氨酸	4.74	3.20	13.00	8.24	12.48	8.67
甘氨酸+精氨酸	0.00	0.00	0.00	0.00	21.16	26.20
苏氨酸	4.54	4.20	4.83	4.00	3.79	3.78
脯氨酸/茶氨酸	366.49	237.36	111.72	52.73	51.71	39.84
丙氨酸	2.37	1.80	8.47	0.00	0.00	9.16
赖氨酸	12.45	13.19	15.76	15.88	7.49	10.46
缬氨酸	1.88	1.70	0.00	0.24	0.00	0.70
甲硫氨酸	10.08	10.89	6.90	3.52	7.69	8.57
半胱氨酸	4.05	4.20	8.67	0.00	3.79	4.08
色氨酸	4.84	4.70	4.33	0.73	4.49	4.78
苯丙氨酸	9.19	7.99	16.35	8.61	8.59	10.96
亮氨酸	3.66	6.49	11.92	7.88	7.09	7.77

续表

茶树品种	郁金香		金光		平阳特早	
处理	未遮荫	遮荫	未遮荫	遮荫	未遮荫	遮荫
酪氨酸	7.31	8.39	8.47	1.70	7.59	5.18
总和	743.26	598.60	590.54	459.52	276.33	301.79

分析结果可以看出,对照品种'平阳特早'经过遮荫处理后,其氨基酸含量略有上升,但变化不明显。光照诱导型茶树品种'郁金香'和'金光'经遮荫处理后,两者的氨基酸含量都明显下降,'郁金香'从未遮荫的 743.26 mg/100 g 降到 598.60 mg/100 g;同样,'金光'从590.54 mg/100 g降到459.52 mg/100 g,与一般茶树品种遮荫后氨基酸含量明显增加的规律不相同。而且,白化茶树的氨基酸含量显著高于普通品种'平阳特早',未经遮荫处理时,'郁金香'鲜叶氨基酸含量比'平阳特早'高169%,'金光'鲜叶氨基酸含量比'平阳特早'高114%;经过遮荫处理后,'郁金香'鲜叶氨基酸含量比'平阳特早'高98%,'金光'鲜叶氨基酸含量比'平阳特早'高52%。由此说明,在强光照射下,有利于该类型茶树品种氨基酸含量的积累。

2. 光照和遮荫

在自然光照下,光照强度、光照量和光谱成分都能影响茶树体内氨基酸浓度的变化。一般地,光强度和日照量大,有利于碳素代谢,而且会一定程度抑制含氮化合物的代谢;由于不同的色素吸收光谱不同,光质也将影响茶树的物质代谢,如红橙光有利于二氧化碳的同化与糖类的合成,而蓝紫光能促进蛋白质的合成。

选取相近海拔高度的阳坡、阴坡、半阳半阴坡和林下四种不同光照条件,以贵定云雾贡茶实生苗为研究对象(王莹等,2011),分析各种光照条件下氨基酸含量的年变化规律。分析结果表明,在四种光照条件下,氨基酸含量均在4、5月份最高,3、6月份含量最低。不同光照条件下氨基酸含量大小为:阳坡>半阴半阳>林下>阴坡。

在过滤去除特定光波的各个处理区中,取一芽三叶新梢测定其化学成分,氨基酸总量和各组成含量有明显变化。分析表 2.6 可知,氨基酸总量和各组成含量在黄色覆盖区最高(宛晓春,2003)。

表 2.6　不同光质对一芽三叶中氨基酸含量的影响(mg/100 g)(宛晓春,2003)

覆盖色	白色	黄色	紫色	蓝色
所供光源	自然光	除去紫外光	除去黄绿光	除去橙红光
精氨酸	4.25	20.06	——	17.24
天门冬氨酸	60.31	89.61	60.04	76.20
丝氨酸	27.04	43.92	23.03	35.32
茶氨酸	313.20	460.21	223.36	341.80
谷氨酸	97.10	146.31	98.65	123.90
其他氨基酸	44.04	73.68	39.98	55.26
总量	545.94	833.79	445.06	649.72

对成龄白毫早茶园设置了不同的覆盖处理(白色纱网覆盖、单层黑色遮阳网覆盖、双层黑色遮阳网覆盖、不覆盖),并定期采摘鲜叶进行固样成分分析(李文金等,2003)。分析表 2.7 可知,单层白色纱网覆盖不利于茶树体内氨基酸的合成,氨基酸含量随着黑色遮阳网遮荫率增加而提高。

表 2.7　各处理新梢鲜叶氨基酸的含量(%)(李文金等,2003)

处理	春季	夏季	秋季
对照——不覆盖	1.56	0.85	1.09
单层白色纱网覆盖	1.48	0.81	0.98
单层黑色遮阳网覆盖	1.71	2.89	2.29
双层黑色遮阳网覆盖	2.04	3.32	4.30

用30%、45%和60% 3种不同遮荫率处理夏暑乌龙茶('黄棪'、'铁观音'和'本山'),以探究茶园覆盖遮荫对茶叶品质的影响(张文锦等,2006)。分析表 2.8 数据得出:经遮荫处理后,鲜叶内含游离氨基酸总量均明显增加,与处理对照相比,遮荫度为30% 和45%的 2个处理的游离氨基酸总量增加了 13.52%~37.56%;氨基酸相对组分含量测试的结果表明,遮荫后'黄棪'、'本山'和'铁观音'3 个品种的鲜叶茶氨酸、苏氨酸和天门冬氨酸的总量均明显增加,与对照处理相比,遮荫度为30% 和45%的 2个处理分别增加了 7.57%~19.12%,且随着遮荫度的增大呈增加趋势,遮荫后鲜叶苯丙氨酸、丙氨酸的含量也增加,而谷氨酸和组氨酸的含量减少。由于鲜叶和加工后成茶中氨基酸总量明显增加和各组分发生相对变化,明显降低酚/氨比值,优化儿茶素组分和香气组分,显著提高夏暑乌龙茶的品质。因此,越来越多的人采用遮荫技术来改善夏季茶叶多酚含量高、苦涩味重等问题,以充分利用茶树资源。

表 2.8　不同遮荫条件下的鲜叶氨基酸组成的比较(占总量%)(张文锦等,2006)

品种	遮荫度(%)	总含量(%)	茶氨酸+苏氨酸+天冬氨酸	丝氨酸	谷氨酸	甘氨酸	丙氨酸	缬氨酸	甲硫氨酸	异亮氨酸	亮氨酸	酪氨酸	苯丙氨酸	赖氨酸	组氨酸	精氨酸	脯氨酸
本山	对照	2.25	65.66	4.42	22.92	0.93	1.65	0.32	1.37	1.05	0.59	0.00	0.44	0.00	0.48	0.00	0.17
本山	30%	2.79	71.94	4.33	17.24	0.60	1.66	0.60	0.00	0.66	0.44	0.13	0.84	0.00	0.15	0.72	0.70
本山	45%	2.68	72.53	4.44	17.40	0.55	1.60	0.15	1.18	0.59	0.59	0.00	0.63	0.00	0.19	0.00	0.16
黄棪	对照	1.97	63.74	5.03	21.89	0.69	1.76	0.33	2.43	1.32	1.18	0.00	0.48	0.00	0.29	0.32	0.54
黄棪	30%	2.37	68.68	4.25	18.25	0.91	1.99	0.31	2.10	1.28	0.78	0.00	1.46	0.00	0.00	0.69	0.00
黄棪	45%	2.71	75.94	3.38	13.88	0.58	1.40	0.36	1.47	0.55	0.40	0.00	0.99	0.00	0.00	0.69	0.38
铁观音	对照	2.44	65.53	1.69	29.51	0.39	0.65	0.27	0.48	0.43	0.25	0.00	0.23	0.00	0.00	0.00	0.39
铁观音	30%	2.80	72.99	4.42	15.69	0.80	1.31	0.00	1.73	0.86	0.54	0.00	1.26	0.00	0.00	0.00	0.40
铁观音	45%	2.77	74.47	4.62	15.06	0.72	1.13	0.74	1.70	0.42	0.44	0.00	0.00	0.00	0.00	0.00	0.33

在自然光照下,一方面,由于光照强、气温高,茶树光合作用旺盛,茶氨酸的分解代谢加速;另一方面,旺盛的营养生长和生殖生长,造成茶树体内氮素营养竞争性分配,分解的碳架用于多酚类(特别是酯型儿茶素)和其他相关物质的代谢合成。因此,茶树体内氨基酸含量降低,有机碳化合物增加。通过遮荫,茶鲜叶全氮量及氨基酸含量增加,酚/氨比值降低,持嫩性增强。

利用不同功率的白炽灯(200 W、100 W、40 W)照射不同等级的茶鲜叶,分析照射 12 h 后茶鲜叶的氨基酸含量及其组分变化。结果表明,不同等级茶鲜叶的氨基酸总量基本随光强增大而上升,特别是中高档茶,但功率达到 200 W 时,高档茶氨基酸总量下降明显。茶氨酸占总氨基酸的比例,随着光强增强而减少,低档茶变化不大,中高档茶变化显著。不同的氨基酸,对光的敏感性不同,谷氨酰胺和茶氨酸见光易分解。在弱光或适当光强下,蛋白质

(或多肽)在水解酶的作用下生成游离氨基酸,谷氨酰胺分解为谷氨酸,而谷氨酸是合成茶氨酸的前提,大量积累的谷氨酸,在酶促作用下加速合成茶氨酸;光照达到一定强度,达到分解浓度的茶氨酸受光易分解(沈生荣和杨贤强,1990;杨贤强和沈生荣,1991)。

3. 温度

茶树生命现象中最本质的物质代谢,如体内的细胞渗透压、化学反应速度、化学平衡、酶的活性,都受温度变化的影响。同一茶树品种,其生长温度随着栽培地区、海拔高度、季节变化而产生差异,故茶树新梢内在的生化成分、数量和比例也发生变化(王利溥,1995)。茶树是喜温的常绿作物,对温度有一定的要求,温度过高或过低都不利于其生长,对茶树体内氨基酸的影响总趋势是高温加速氨基酸的分解,使得积累减少。

茶树体内的氨基酸受温度的影响同样表现在季节性差异上。中国农业科学院茶叶研究所分析了 2007 年 4—9 月份采制的玉绿茶中主要品质功能成分含量变化情况(表 2.9)。

表 2.9 不同月份采制玉绿茶的游离氨基酸和茶氨酸含量分析(mg/g)(陈小强等,2009)

项目	4 月	5 月	6 月	7 月	8 月	9 月
游离氨基酸	41.47±0.64	36.98±0.10	28.34±0.88	33.70±0.28	34.50±0.28	30.36±0.16
茶氨酸	21.08±0.73	16.94±0.55	12.37±0.34	19.75±0.60	18.00±0.29	17.71±0.47

6 个月份采制的玉绿茶中,游离氨基酸含量以 4 月份采制的玉绿茶最高,超过 4%;6 月份最低,不足 3%;5、7、8 和 9 月份游离氨基酸含量为 3%~4%,总体趋势为 4 月>5 月>8 月>7 月>9 月>6 月。茶氨酸含量以 4 月份采制的玉绿茶含量最高,超过 2%;6 月份最低,不足 1.3%;5、7、8 和 9 月份茶氨酸含量为 1.7%~2.0%。结果分析表明,茶叶的氨基酸含量春季最高,夏季和秋季次之(陈小强等,2009)。

茶树芽梢从萌发至采摘期间,气温较高时,由于氨基酸分解速度加快,积累量减少,同时过高的温度影响根系对养分的吸收,使根部向地上部输送的氨基酸数量减少,从而使茶叶氨基酸含量减少;而气温较低时,则有利于蛋白质、氨基酸等含氮化合物合成。因此,随着采制时期的延迟,气温逐渐升高,茶叶游离氨基酸含量逐渐降低。

4. 水分和肥力

(1) 水分

没有水就没有生命,可见,水分对茶树的正常生长和物质代谢起到了不可替代的作用。水是茶树细胞原生质的组成成分,是茶树物质代谢过程中的重要原料,是茶树对物质吸收和运输的溶剂,水分能保持茶树的固有姿态,保持茶树体内正常的温度。因此,水分的代谢失调,含氮化合物的代谢必将受到影响,故各氨基酸组分代谢也发生变化。

研究茶树干旱胁迫下的生理响应(潘根生等,1999),干旱胁迫处理分设停灌 9 d、停灌6 d、停灌 3 d 和每天灌水 500 mL(日平均土壤含水量为 19.11%)四项。结果表明,茶树在干旱胁迫过程中,叶片脯氨酸含量大幅度上升。在正常情况下,蛋白质合成是脯氨酸的主要去路,干旱胁迫严重地抑制了蛋白质的合成,而导致脯氨酸的大量累积。脯氨酸是一种起渗透调节作用的物质,其累积速率与茶树耐旱性有一定关联。

根据杨跃华等(1987)的研究,茶树受到水分胁迫时,蛋白质和氨基酸的合成积累会受到严重影响,新梢中的甘氨酸、缬氨酸、谷氨酸、苯丙氨酸和组氨酸含量降低,茶氨酸和精氨酸含量增加,但总体内含成分氨基酸含量减少,最终使得茶叶产量减少,品质不佳。

　　因此,在茶园日常管理中,需合理的灌溉土壤、控制空气湿度,以保障茶树获得充足的水分。

　　(2)氮、磷、钾、镁肥

　　氮、磷、钾、镁是茶树正常生长的主要大量元素,目前普遍被称之为茶树生长的"四要素",是茶园平衡施肥的基本保证。

　　茶树体内含有大量的含氮化合物,如蛋白质、氨基酸、生物碱等,氮元素的获得是不可缺少的,施氮肥是增加茶叶产量的重要措施。目前,关于氮肥形态对茶叶品质的影响已有不少研究。杨贤强等(1992)的研究表明,不同氮素化肥对茶叶产量的效益依次为碳铵＞硫铵≈尿素＞氨水＞氯铵。日本学者研究认为茶树施用NH_4^+氮肥后,有利于提高产量,增加叶绿素含量,同时可提高氨基酸、咖啡因等含氮化合物的含量,特别是茶氨酸、精氨酸和丝氨酸的含量。但是,茶树施用NO_3^-氮肥后,产量、叶绿素和含氮化合物的含量比施用NH_4^+氮肥的有明显降低。

　　利用盆栽试验研究尿素、硫酸铵、硝酸铵、碳酸氢铵和硝酸钙5种氮肥和用量对茶叶品质的影响,从氮肥的肥料种类、肥料用量以及肥料种类与用量的交互作用方面研究了氮肥对茶叶主要品质指标的影响(夏建国等,2005)(表2.10,表2.11,图2.1)。结果表明,尿素施用量为8 g/盆时,能够显著提高春季茶叶氨基酸的含量,达到2470.54 mg/100 g,显著高于施用其他种类氮肥的处理;单独施用一种氮肥作为茶叶氮素来源,尿素最为合适,可明显增加茶叶氨基酸和儿茶素的含量。

表2.10　不同氮肥种类对茶多酚、儿茶素、氨基酸和咖啡因含量的影响(夏建国等,2005)

肥料种类	茶多酚(%)	儿茶素(mg/g)	氨基酸(mg/100g)	咖啡因(%)
尿素	21.70	127.71	1986.13	4.33
硫酸铵	21.95	117.67	1745.78	4.34
硝酸铵	21.80	112.03	1770.01	4.39
碳酸氢铵	21.74	120.57	1777.78	4.25
硝酸钙	22.53	121.07	1813.04	4.42

表2.11　不同处理下茶叶氨基酸的含量(mg/100g)(夏建国等,2005)

肥料用量 ＼ 肥料种类	尿素	硫酸铵	硝酸铵	碳酸氢铵	硝酸钙
N—0 g/盆	1865.47	1865.47	1865.47	1865.47	1865.47
N—4 g/盆	1790.54	1591.10	1495.30	1791.27	1682.73
N—8 g/盆	2470.43	1780.14	1875.97	1934.21	1823.67
N—12 g/盆	1818.06	1746.41	1843.31	1520.17	1880.28

　　磷是茶树物质代谢和能量代谢不可缺少的元素,施用磷肥能提高光合作用强度,茶树磷肥摄取不足,会降低茶树对氮肥的充分利用,势必影响茶叶品质。Chou 和许宁(1991)就磷单独(固定每公顷 135 kg 硫胺氮肥和 45 kg K_2O 低钾肥)对茶树新梢中游离氨基酸和酰胺含量的影响进行研究。分析结果可知,新梢中茶氨酸、天冬氨酸、谷氨酸、丝氨酸和谷氨酰胺含量随磷肥水平从每公顷 0 千克、45 kg 到 180 kg 处理递增而递减(表2.12)。由此可见,施磷肥后茶树光合作用提高,有利于含碳化合物的积累,但却不利于含氮化合物的合成。

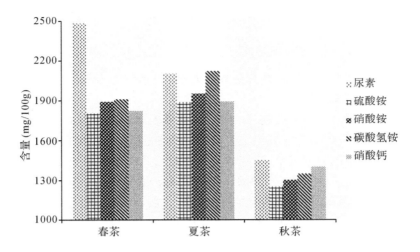

图 2.1　不同生长阶段氨基酸含量的动态变化(夏建国等,2005)

表 2.12　磷肥对茶树新梢游离氨基酸含量的影响(mg/100g)(Chou 和许宁,1991)

氨基酸组分	P$_2$O$_5$(千克/公顷)		
	0	45	180
天冬氨酸	130.3	116.8	110.2
谷氨酸	246.5	237.0	204.5
丝氨酸	31.4	29.4	27.3
丙氨酸	25.4	27.9	26.1
亮氨酸/异亮氨酸	13.1	13.5	14.8
苯丙氨酸	13.2	12.7	14.4
缬氨酸	22.7	21.8	21.5
谷氨酰胺	48.5	42.6	38.5
茶氨酸	1288.4	1137.9	978.5
总量	1819.5	1639.6	1435.8

　　植物体内,钾不是有机物的成分,只以离子形式存在植物体内,因此钾在茶树中移动性强,主要集中于代谢旺盛的部位。钾元素在茶树体内的生理功能是多方面的,包括调节茶树水分代谢,构成细胞渗透势;酶的激活剂,如茶氨酸的合成需要钾的激活;参与体内物质运输,如蛋白质、氨基酸的运转;促进蛋白质、茶多酚和多糖的合成,提高茶树抗逆性。

　　镁元素以离子形式被茶树吸收,其功能主要有两大方面:首先,镁是叶绿素的组分,参与光合作用;其次,镁是许多酶的激活剂或组分。因此,镁对茶树氨基酸成分等的形成都有直接影响。如活化谷酰胺合成酶、茶氨酸合成酶、谷氨酸脱氢酶,影响氨基酸的合成和氮素的同化。

　　我国茶树通常栽培在红黄壤地带,土壤由于人为的酸化,钾、镁淋溶减少,茶园长期施肥的严重不平衡,有机肥料投入低,氮肥用量的大幅度增加,而钾和镁等养分投入相对不足,造成茶园土壤有效钾、镁含量较低,显著影响茶树生长、茶叶产量和品质的提高。对茶园钾、镁肥使用效果及施用技术等方面进行研究(吴洵和阮建云,1995;阮建云和吴洵,2003),结果见表 2.13 至表 2.16。

表 2.13　钾(K₂SO₄)对茶树氨基酸含量的影响(吴洵和阮建云,1995)

施钾量(mg/kg 土壤)	0	100	200	400	800
茶叶含钾量(K%)	0.967	1.343	1.407	1.607	1.735
茶叶氨基酸含量(%)*	0.860	0.943	0.936	1.078	1.161

* 全株茶苗叶子的平均含量

表 2.14　镁(MgSO₄)对茶树氨基酸含量的影响(吴洵和阮建云,1995)

处理	空白对照	2mg/kg 土壤	4mg/kg 土壤	5mg/kg 土壤	8mg/kg 土壤
茶树生物产量	68.6	79.4	91.2	96.6	84.4
氨基酸含量(%)	0.969	0.979	1.173	1.340	0.898

表 2.15　硫酸钾和氧化镁对茶叶氨基酸组分的影响(mg/g)(吴洵和阮建云,1995)

氨基酸组分		天冬氨酸	苏氨酸	丝氨酸	谷氨酸	甘氨酸	丙氨酸	赖氨酸	茶氨酸
处理	对照	0.945	0.170	0.269	0.250	0.223	0.176	0.028	1.290
	MgO	1.250	0.275	0.376	0.397	0.286	0.243	0.017	1.380
	MgSO₄	2.520	0.432	0.562	0.319	0.516	0.501	0.109	14.00

表 2.16　钾、镁对茶树生长、游离氨基酸含量和硝酸还原酶活性的影响(阮建云和吴洵,2003)

项 目	对照	NP	NPK	NPKM
生物量	14.2a	22.1b	27.4c	33.8d
叶片游离氨基酸(mg/g)	9.48a	9.67a	11.12b	13.24c
根系游离氨基酸(mg/g)	1.50a	3.50b	3.92b	4.20b
硝酸还原酶活性($\mu mol\ NO_2^-\ g^{-1}FW \cdot h^{-1}$)	236.2a	296.9ab	317.1b	391.3c

　　结果表明,在低钾的条件下,茶树中的氨基酸含量随钾素用量的增加而递增;在土壤低镁条件下,茶树氨基酸含量随镁肥用量增加而提高,但茶树对镁的需求量远比钾要少;在硫酸镁与氧化镁的比较试验中,都是施硫酸镁的氨基酸总量高,尤其施硫酸镁的茶氨酸的含量几乎比施氧化镁的高 10 倍,比不施镁肥的高出 11 倍。土壤缺钾、镁时,在施氮肥的基础上配施钾、镁肥,由于元素间的交互作用,可平衡茶树的营养供应,增效作用提高,增强硝酸还原酶活性,茶叶中的氨基酸含量明显提高,进一步显著地提高绿茶的品质,说明含钾、镁肥的平衡施肥是提高我国茶叶生产力的重要措施。

5. 地理条件

　　地理状况对茶树氨基酸含量的影响,主要体现在日照时间、日照强度、大气温度、水分以及土壤物质性状等外界环境对茶树物质代谢的作用结果。

　　(1) 土壤总孔隙度

　　1996—2000 年,田永辉经定点定位后,调查了茶园土壤总孔隙度对茶叶品质的影响。共采集土样 218 个,109 个茶样,对贵州主要产茶区不同母质、地形及植被条件下发育的各种有代表性的土壤,多点取样进行分析测定(田永辉,2000),结果见表 2.17。

表 2.17　茶园土壤物质性状比较和茶叶氨基酸含量(田永辉,2000)

土壤	土层(cm)	容重(g·mL⁻¹)	总孔隙度(%)	毛管持水量(干土重%)	液相(%)	气相(%)	固相(%)	氨基酸总量(%)
砂页岩黄壤	0~20	1.12	56.66	44.64	30.77	23.89	45.34	2.3476
	20~40	1.23	53.36	40.43	35.28	18.25	46.47	
第四纪黏质黄壤	0~20	1.15	56.00	44.21	36.17	19.77	44.06	1.6189
	20~40	1.22	53.69	40.71	40.92	12.70	46.38	
黄棕壤	0~20	1.28	51.71	38.05	36.98	15.56	47.46	1.0199
	20~40	1.31	50.72	35.60	38.06	12.09	49.85	
硅质黄壤	0~20	0.95	62.60	57.35	27.92	34.85	37.23	2.5867
	20~40	1.08	58.31	47.55	36.27	22.04	41.69	
小黄泥	0~20	1.18	55.01	40.21	34.40	20.72	44.88	1.5891
	20~40	1.31	50.72	35.25	41.68	9.05	49.27	
第四纪红色黏土	0~20	1.20	54.35	40.80	38.55	15.80	45.65	1.6112
	20~40	1.15	56.00	43.60	44.69	11.31	44.00	
夹砂白胶泥	0~20	1.12	56.99	45.40	45.58	11.41	43.01	1.8846
	20~40	1.16	55.67	43.00	47.56	8.11	44.33	
常色土	0~20	1.16	55.67	43.30	30.40	25.27	44.33	1.6078
	20~40	1.35	49.40	33.30	38.08	11.32	50.60	

由表2.17分析可知,不同土壤物理性状各不相同,硅质黄壤表土层的物理性状最好,土壤容重为0.95 g·mL⁻¹,最小;总孔隙度62.60%,大于52%,最高;三者比例协调,毛管持水量57.35%,最多。说明该土壤0~20 cm土层疏松柔软,透气透水性能良好,保水保肥性好,同时,在该土壤下的茶叶氨基酸含量最高。

经过5年研究不同物理性状下总孔隙度对茶叶品质生化成分含量的影响,并测定总孔隙度与茶叶生化成分相关系数r,结果见表2.18。

表 2.18　总空隙度与茶叶生化成分相关系数测定(田永辉,2000)

茶叶生化成分	儿茶素总量	茶多酚	氨基酸总量	咖啡因	水浸出物
总孔隙度	0.2924	−0.3260*	0.6862**	0.6233**	−0.1508

注:0.05水平下,**表示极显著,*表示显著。

由表2.18可知,土壤总孔隙度和茶叶生化成分存在关联性,在一定范围内随着总孔隙度增加,茶叶品质也相对提高,氨基酸总量与总孔隙度呈极显著正相关。因此,在茶园管理中可以通过提高土壤总孔隙度来提高茶叶品质,在生产季节的中耕和浅耕以及非生产季节的深耕是必不可少的措施(骆耀平,2008)。

(2) 海拔高度

海拔高度400~1000 m的高山上,是我国主要名茶的产区,较大的昼夜温差赋予了茶叶优良的品质。海拔高度对茶叶品质的影响,主要体现在气温上的影响,一般情况下年平均气温随海拔每上升100 m会下降0.5~0.6℃,昼夜温差也随着海拔升高而增加。

研究采摘高度及采制时期对黄山"松谷"毛峰茶叶氨基酸含量的影响(黄志胜等,2011),结果表明,无论是4月、5月,还是6月的采摘样品,黄山"松谷"毛峰的游离氨基酸含量总体随着海拔的升高而上升,在 750 m 处达到最大。

海拔高度差异引起茶树生长的微区域气候不同,进而影响茶树物质代谢的方向和强度。在高海拔地区,云雾缭绕,漫射光作用强,湿度大,温度温和,昼夜温差大,导致茶树生长缓慢,有利于维持新梢组织中高浓度的可溶性含氮化合物,适宜香气物质、氨基酸、蛋白质的积累,多酚类含量较低。高山云雾出好茶之说也证实了高山海拔对茶叶品质的良好影响。

(3) 地理纬度

生长在不同地理纬度的茶树,因日照强度、时间长短、光谱成分、气温和降水量等气候条件的变化,对物质代谢也有明显的影响。

通常情况下,南方茶区的纬度较低,地表接收的光辐射量较多,年平均气温较高,年生长期也较长,故有利于碳水化合物、多酚类物质的积累,如云南大叶种茶树;生长在纬度较高的北方茶区,年日照强度弱,年平均气温较低,茶多酚的合成和积累少,故有利于含氮化合物的积累,如游离氨基酸。

6. 加工工艺

(1) 鲜叶摊放时间

鲜叶摊放过程中由于蛋白质的水解作用,氨基酸总量及多数氨基酸组分含量均呈增加的趋势。实验选取'浙农 139'和'水古'茶树品种,以一芽二叶为采摘标准,将鲜叶置于室内摊放,每隔 2 h 取样、蒸汽杀青并烘至足干,12 h 后结束取样。测定茶样氨基酸含量,研究鲜叶不同摊放时间对氨基酸的影响。从表 2.19 可以看出,在 12 h 摊放时间内,随着摊放时间的延长,茶叶氨基酸的含量也随之增加。

表 2.19　不同摊放时间下氨基酸的含量(%)(李娜娜等,2012)

摊放时间	浙农 139	水古
0 h	2.512 ± 0.02	2.400 ± 0.01
2 h	2.616 ± 0.02	2.521 ± 0.02
4 h	2.688 ± 0.01	2.566 ± 0.03
6 h	2.721 ± 0.03	2.622 ± 0.05
8 h	2.829 ± 0.02	2.697 ± 0.04
10 h	2.889 ± 0.01	2.808 ± 0.02
12 h	2.911 ± 0.11	2.864 ± 0.04

以'福鼎大白茶'和'蜀永 103'品种鲜叶为原料,摊放至鲜叶含水率为 74.20%、72.40%、70.20%、64.00%(福鼎大白茶)和 75.17%、73.77%、72.47%、70.57%('蜀永 103'),在不同摊放阶段取样后采用相同工艺加工成扁形名茶,分析氨基酸含量(王云等,1995),结果见表 2.20。

实验结果表明,在一定范围内游离氨基酸总量有随摊放叶含水率下降而增加之势,但摊放过度其含量则随之下降。两个品种都表现出其摊放叶含水率在 70%左右时,氨基酸总量及茶氨酸、天冬氨酸、苏氨酸、丙氨酸、谷氨酸、缬氨酸等多数氨基酸组分含率均达到最大值,而当摊放叶含水率降到 64.0%(福鼎种)时,氨基酸总量及部分主要氨基酸(如茶氨酸、天冬氨酸、苏氨酸、谷氨酸、丙氨酸、精氨酸等)含量均开始下降。

表 2.20　鲜叶摊放对扁形名茶氨基酸组成的影响(mg/100g)(王云等,1995)

品种	福鼎大白茶				蜀永 103			
摊放叶含水率(%)	74.20	72.40	70.20	64.00	75.17	73.77	72.47	70.57
天冬氨酸	245.22	226.70	282.48	242.82	145.20	242.25	191.80	282.63
茶氨酸	1538.78	1288.98	1831.14	1619.18	1335.96	1418.46	1370.60	1548.59
苏氨酸	—	4.51	163.70	7.14	—	11.09	17.90	54.36
丝氨酸	85.10	77.40	95.36	95.16	41.09	47.97	37.29	—
谷氨酸	490.44	453.55	564.96	485.64	291.01	335.06	417.76	444.10
甘氨酸	8.97	6.91	9.18	9.18	11.13	8.01	7.80	26.72
丙氨酸	60.49	48.22	67.76	63.53	56.10	49.16	48.46	71.26
缬氨酸	28.61	29.53	41.99	48.22	45.19	7.11	37.74	88.91
异亮氨酸	26.57	15.81	25.76	34.02	30.08	64.99	34.36	53.13
亮氨酸	34.99	25.81	38.92	54.85	34.82	59.96	52.70	58.79
酪氨酸	45.65	39.64	37.71	53.35	21.40	75.46	63.75	79.32
苯丙氨酸	78.26	62.53	103.23	139.00	87.09	99.06	112.43	36.54
赖氨酸	15.83	21.87	20.43	38.79	17.92	19.23	17.51	27.86
组氨酸	25.89	22.96	34.22	34.90	14.66	12.12	14.18	14.23
精氨酸	177.90	122.77	140.09	5.16	157.17	177.42	23.69	136.91
脯氨酸	18.37	20.11	21.84	37.97	41.27	26.59	13.49	41.34
氨基酸总量(%)	5.56	5.78	6.20	5.83	4.50	4.44	4.36	4.56

可见,鲜叶随着摊放时间的延长,鲜叶失水,细胞液浓缩,酶活性增加,加速了蛋白质的水解作用。所以,茶鲜叶经适当摊放,可以有效提高成茶中的氨基酸含量。因此,掌握好鲜叶摊放时间和程度,有利于提高茶叶品质,增进茶叶功效。

(2) 不同杀青工艺

分析蒸汽杀青、锅炒杀青和滚筒杀青三种不同杀青工艺对扁形特种绿茶氨基酸的组分含量的影响(齐桂年等,1997),三种杀青叶分别采用相同理条、整形、干燥进行加工成茶,分析结果见表 2.21。

表 2.21　不同杀青工艺氨基酸组分含量(mg/100g)(齐桂年等,1997)

杀青工艺	蒸汽杀青	滚筒杀青	锅炒杀青
天门冬氨酸	—	191.93	59.52
苏氨酸＋茶氨酸	1083.98	597.90	879.88
丝氨酸	—	159.71	121.90
谷氨酸	179.25	203.18	138.70
甘氨酸	12.98	16.69	24.91
丙氨酸	8.88	25.62	17.77
半胱氨酸	—	—	—
缬氨酸	86.95	8.22	88.66
蛋氨酸	73.16	20.55	18.84
异亮氨酸	68.26	80.34	75.90
亮氨酸	78.62	72.55	84.80
酪氨酸	15.91	19.40	25.88

续表

杀青工艺	蒸汽杀青	滚筒杀青	锅炒杀青
苯丙氨酸	100.26	98.39	112.98
赖氨酸	113.76	94.51	131.32
组氨酸	40.33	32.21	48.47
脯氨酸	66.96	36.67	71.46
精氨酸	142.25	227.83	150.84
氨基酸总量	2071.55	1966.21	2051.83

从表2.22可以看出,氨基酸总量顺序为蒸汽杀青＞锅炒杀青＞滚筒杀青;人体必需氨基酸总量顺序为蒸汽杀青(521.01 mg/100g)＞锅炒杀青(512.50 mg/100g)＞滚筒杀青(435.56 mg/100g);必需氨基酸占总氨基酸含量顺序为蒸汽杀青(25.15％)＞锅炒杀青(24.98％)＞滚筒杀青(22.15％);蒸汽杀青中蛋氨酸含量是其他两种杀青方法的3～4倍;苏氨酸和茶氨酸含量(总体)顺序为蒸汽杀青＞锅炒杀青＞滚筒杀青。因此,在蒸汽杀青的湿热水解作用下,最有利于茶鲜叶内的蛋白质水解为氨基酸,优于其他两种杀青方法。

(3) 不同干燥方式

以相同茶树品种的同一标准鲜叶为原料,采用相同的摊放时间和程度(王云等,1995;王云等,1997),按全炒青工艺(鲜叶、摊放、杀青、炒二青、做形、炒干、成茶)、半烘炒工艺(鲜叶、摊放、杀青、烘二青、做形、炒干、成茶)、烘青工艺(鲜叶、摊放、杀青、烘二青、做形、烘干、成茶)加工成成茶,分析氨基酸总量和组分,结果见表2.22。

表2.22　不同工艺对氨基酸组成的影响(mg/100g)(王云等,1997)

	四川中小叶群体种			福鼎大白茶		
	全炒型	半烘炒型	烘青型	全炒型	半烘炒型	烘青型
天冬氨酸	161.82	110.25	216.49	222.10	180.89	228.50
茶氨酸	1303.4	1358.08	1109.37	1144.60	1213.75	1349.77
苏氨酸	—	—	—	—	—	57.85
丝氨酸	59.73	71.19	54.35	67.62	64.34	72.03
谷氨酸	327.32	303.94	316.90	445.17	429.91	457.00
甘氨酸	8.79	11.58	8.05	11.31	9.90	9.96
丙氨酸	66.44	85.66	59.61	46.56	53.47	43.84
缬氨酸	22.28	39.52	19.63	27.18	27.19	21.00
异亮氨酸	26.55	27.90	19.25	29.56	32.59	26.47
亮氨酸	26.86	35.36	27.10	39.00	41.35	33.92
酪氨酸	16.24	35.72	30.30	46.29	50.70	45.46
苯丙氨酸	75.65	104.10	76.79	79.30	87.89	70.60
赖氨酸	15.80	22.06	15.70	12.22	14.10	12.59
组氨酸	15.51	22.58	15.12	19.11	22.34	24.43
精氨酸	232.34	148.40	155.00	42.31	46.82	4.60
脯氨酸	—	10.98	12.87	14.53	13.92	15.46
氨基酸重量(％)	4.57	4.31	4.65	5.04	5.81	5.77

由表2.22可见,氨基酸组分含量因不同的加工工艺而存在一定的差异,如烘青工艺制成的成茶,天冬氨酸、脯氨酸含量较高,其他大多数氨基酸组分含量相对偏低;半烘炒工艺制

成的成茶,丙氨酸、缬氨酸、亮氨酸、异亮氨酸、酪氨酸、苯丙氨酸、赖氨酸等含量较高;但全炒青工艺制成的成茶,天冬氨酸、丙氨酸、缬氨酸、异亮氨酸等大多数氨基酸组分介于半烘炒和烘青工艺之间。因此,半烘炒工艺有利于成茶的多种氨基酸组分的保留、形成和发展。

(4)不同烘干温度

研究不同干燥温度对烘青绿茶氨基酸含量的影响(方华春和庞式,1996),将茶鲜叶按传统工艺杀青、揉捻,分成 8 份,分别于温度 60℃、70℃、80℃、90℃、100℃、110℃、120℃、130℃条件下处理,一次性烘至足干,测定氨基酸含量,结果见表 2.23。

表 2.23 不同烘干温度处理下氨基酸含量(%)(方华春和庞式,1996)

品种	60℃	70℃	80℃	90℃	100℃	110℃	120℃	130℃
云大群体	1.71	1.92	1.93	2.09	2.03	1.91	1.90	1.86
黄棪	2.19	2.30	2.29	2.51	2.38	2.30	2.21	1.97

分析数据可知,不同干燥温度下,烘青绿茶氨基酸含量存在差异;同一品种不同干燥温度下成茶氨基酸含量差异达到极显著;氨基酸含量依次为 90℃＞100℃＞80℃＞70℃＞110℃＞120℃＞60℃＞130℃,由于低温较长时间水热作用和高温快速灼热作用下引起氨基酸的非酶性氧化,在偏低或超高的干燥温度下,都不利于茶叶氨基酸的含量。

第二节 茶氨酸的生理功能

一、茶氨酸的结构和性质

茶氨酸(Theanine,N-乙基-γ-L-谷氨酰胺)是茶叶、部分山茶科植物和蕈(菌类)中特有的非蛋白质氨基酸,是茶树次生代谢产物(张莹等,2007),其含量占茶树体内游离氨基酸的50%左右,占茶叶干物质重量的 1%~2%,一些名特优茶含量可超过 2%,对茶叶品质和生理功能有直接的影响。

茶氨酸是由一分子谷氨酸与一分子乙胺在茶氨酸合成酶催化作用下,在茶树根部合成,通过枝干转移到叶并在叶中蓄积(图 2.3)。在光照下茶氨酸会分解为谷氨酸和乙胺,茶氨酸的生物合成与分解代谢与茶叶品质的形成和茶树碳、氮代谢的调控和平衡关系密切。L-茶氨酸的结构,由日本酒户弥二郎于 1950 年从玉露茶中经提取分离并确定。

自然界中存在的茶氨酸均为 L 型,纯品为白色或类白色针状结晶粉末,熔点 217~218℃,比旋光度$[\alpha]_D^{20} = +7.0°$,不溶于无水乙醇和乙醚等有机溶剂,极易溶于水,且溶解性随温度升高而增大。在茶汤中的泡出率可达 80%左右,因其具有焦糖的香味及类似味精的鲜爽味,味觉阈值仅为 0.06%,故对绿茶滋味有重要的影响,茶氨酸含量的高低与绿茶的品质密切相关。茶氨酸能缓解茶的苦涩味,增强甜味,同时对红茶良好滋味的形成也具有重要的意义。茶氨酸的性质较稳定,将茶氨酸溶液煮沸 5 min 或将茶氨酸溶于 pH 3.0 的溶液并在 25℃下储放 1 年,其中的茶氨酸含量不会改变(高小红等,2004;吴春兰等,2010)。经安全性实验表明,茶氨酸安全无毒,在摄取量上没有任何限制。茶氨酸可经 6mol/L 的盐酸或25%硫酸水解为 L-谷氨酸和乙胺;茚三酮显色反应呈紫色;可用醋酸汞和碳酸钠沉淀,易与碱或铜生成淡紫色柱状铜盐。

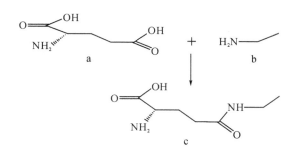

a. L-谷氨酸　　b. 乙胺　　c. L-茶氨酸

图 2.3　茶氨酸及其前体物的分子结构

二、茶氨酸的生理功能

随着人们对茶叶健康作用的重视,众多国家的科学家对茶氨酸的药理学和生理功能研究也不断深入,其诸多生物活性如镇静、安神、抑制咖啡因所致的兴奋性等已被广泛认识,其他的生理功能也不断被发现。

1. 保护神经

用大脑中动脉堵塞模型的小鼠进行实验表明,腹腔内注射茶氨酸(1 mg/kg)1 d 后,脑梗死体积显著缩小,但脑血流、脑温度、血氧分压、二氧化碳分压和血球密度并不受影响(Egashira et al. ,2004)。说明茶氨酸具有抗局灶脑缺血,从而起到保护神经免受伤害的作用,在临床上可能具有预防脑梗死的效果。

以大脑皮层神经细胞试验表明,茶氨酸、3,4-二羟基苯乙二醇[DHPG]和代谢型谷氨酸受体Ⅰ亚型(group Ⅰ mGluR)拮抗剂能抑制短时暴露于谷氨酸引起的大脑皮层神经细胞迟发性神经元死亡(Delayed neuronal death, DND)。因为茶氨酸可以增强磷脂酶 C-β1 (PLC-β1)和磷脂酶 C-γ1 (PLC-γ1)基因表达。而 PLC-β1 和 PLC-γ1 与代谢型谷氨酸受体Ⅰ亚型有关;同时,代谢型谷氨酸受体Ⅰ亚型拮抗剂与茶氨酸有竞争抑制作用,推断茶氨酸可能是通过调节代谢型谷氨酸受体Ⅰ亚型水平起保护神经的作用(Nagasawa et al.,2004)。

环境中部分神经毒素和氧化胁迫具有选择性影响帕金森综合征(PD)多巴胺激导的神经细胞易受伤的部位,从而对神经系统产生伤害。利用 PD 相关的神经毒素"鱼藤酮"和"狄氏剂"(氧桥氯甲桥萘,一种长效杀虫剂)对多巴胺激导的神经细胞系(SH-SY5Y)培养试验表明,500 μmol 的 L-茶氨酸可以减轻"鱼藤酮"和"狄氏剂"诱导的 DNA 断裂以及 SH-SY5Y 细胞凋亡;而且 L-茶氨酸对该两种神经毒素引起的亚铁血红素氧化酶表达上调有部分抑制作用,使"鱼藤酮"和"狄氏剂"诱导的胞间信号调节激酶 1/2(ERK1/2)磷酸化作用下调得到减缓;此外,L-茶氨酸预处理还能减缓脑源性神经营养因子(BDNF)和胶质神经营养因子(GDNF)的下调。所以,L-茶氨酸被认为具有保护神经免受 PD 相关神经毒素的伤害,在临床上可用于预防帕金森综合征(Cho et al.,2008)。

茶氨酸可保护沙鼠海马体缺血神经死亡。Kakuda 等将沙鼠双侧颈总动脉结扎 3 min 使其产生短暂性脑缺血,但在缺血前 30 min 从侧脑室注射茶氨酸(50 mmol、125 mmol、500 mmol),并在 37℃保持 30 min。处理后 7 d,茶氨酸处理组因缺血引起的海马 CA₁ 区神经细胞迟发性死亡得到了明显保护,且其效果与剂量存在依赖关系。说明茶氨酸可以预防脑缺血引起的神经伤害(Kakuda et al.,2000;王玉芬等,2005)。

大鼠母鼠分娩期后随机饲喂茶氨酸试验表明,处理幼鼠体重与对照无区别,但处理幼鼠大脑中部分神经递质,如5-羟色胺(血管收缩素)、多巴胺、甘氨酸和GABA(γ-氨基丁酸)浓度提高,而且大脑皮质和海马体的神经生长因子(NGF)mRNA表达水平上升。说明在神经成熟期间,茶氨酸能增强NGF和神经递质合成,促进中枢神经成熟,有利于脑功能健康发育(Yamada et al.,2007;王开荣等,2009)。

2. 降血压

据横越等动物实验的研究报道,将L-茶氨酸用生理盐水溶解后,空腹给患有高血压自然并发症的大白鼠饮用,测定大白鼠饮用L-茶氨酸前后的血压变化,结果表明,根据L-茶氨酸的投入量,大白鼠血压有降低倾向,随着投入量加大,大白鼠血压明显降低;对于正常血压的大白鼠,则没有发现其有降低血压的作用,L-茶氨酸只对高血压大白鼠降血压有效。

以自发性高血压大鼠试验表明,注射谷氨酸(2000 mg/kg)对血压没有明显影响,但注射谷酰胺甲胺和茶氨酸(谷酰胺乙胺)则有明显的降低血压作用。咖啡因对自发性高血压大鼠不但有增加血压的作用,而且还增强其自测机敏性和神经过敏性;但谷酰胺甲胺和茶氨酸除了降血压以外,对自测机敏性、神经过敏性没有影响。深入研究表明,当大鼠喂饲茶氨酸后,茶氨酸可在脑中积累,同时脑中的5-羟色胺及其代谢产物5-羟基吲哚醋酸(5-HIAA)的含量明显下降。过去实验证明,色氨酸是通过提高脑中5-羟色胺含量水平达到降血压作用,而茶氨酸的降压作用机制与之不同。故认为,茶氨酸的降压机制是通过影响末梢神经或血管系统而起作用,并不是通过影响脑中5-羟色胺的含量来发挥作用(Rogers et al.,2008)。

3. 神经松弛

由于人体头部产生的电流频率的差异,脑波被分类为δ波、θ波、α波、β波,其中,δ波出现在熟睡状态,θ波出现在假寐状态,α波出现在安静松弛状态,β波出现在兴奋状态。关于L-茶氨酸的精神放松作用,已通过脑波中的α波测定确认,即将试验者处于封闭环境室内(室温25℃,照度40lx),服用纯水和感觉不到浓度的L-茶氨酸水溶液(50 mg/100 mL、200 mg/100 mL),1 h后测定其脑波。结果表明,与饮用纯水者相比,饮用L-茶氨酸水溶液者,其脑波的α波出现量增加,证明L-茶氨酸有放松精神的作用(康维民和贾文沦,2000)。

4. 拮抗由咖啡因引起的副作用

动物实验表明,茶氨酸能消除小鼠因摄入毒害量的咖啡因导致的自发运动,由此说明茶氨酸是咖啡因的拮抗物,对咖啡因引起的兴奋有抑制作用(赵竹娟,2003)。根据Tsunoda T.等报道,茶氨酸用量为1740 mg/kg时,可以显著抑制咖啡因引起的神经系统的兴奋。此外,咖啡因缩短由环己巴比妥导致的睡眠时间,而茶氨酸可抵消咖啡因的这种作用。因此,腹腔注射和口服茶氨酸可以拮抗咖啡因对中枢神经系统的刺激。

5. 辅助抗肿瘤

研究表明,0.1%的茶氨酸添加到饲料中,喂食带有肝肿瘤的大鼠14 d,肿瘤体积和重量明显低于空白对照(Zhang et al.,2002)。茶氨酸与抗肿瘤药物阿霉素(DOX)同时使用时,还可以增强阿霉素的抗肿瘤活性(Sugiyama and Sadzuka,1999;Sadzuka et al.,2002),但不增加阿霉素的毒副作用。茶氨酸抗肿瘤的作用机制是:(a)茶氨酸可增强抗癌药物的作用效果,如通过抑制谷氨酸转运蛋白、胞内谷胱甘肽(GSH)合成、GS-DOX偶合水平以及

MRP5/GS-X 泵对 GS-DOX 的胞间运输,从而降低对谷氨酸的吸收(Zhang *et al*.,2002),保持肿瘤细胞 DOX 浓度,达到增强 DOX 抑制肿瘤的效果;茶氨酸与顺氯氨铂(Cisplatin)同时使用,可以使顺氯氨铂抑制小鼠(M5076)肿瘤的作用增强;盐酸伊立替康(CPT-11)单独使用时,没有减小肿瘤的效果,但如果与茶氨酸同时使用,可以使肿瘤显著减小。故茶氨酸具有增强 DOX、顺氯氨铂和盐酸伊立替康等抗癌药物抑制癌肿的效果(Sugiyama and Sadzuka,1999;Sadzuka *et al*.,2002)。(b)茶氨酸可以减轻某些抗癌药物的毒副作用。如茶氨酸可以降低 DOX 引起的脂质过氧化水平并降低谷胱甘肽过氧化酶活性,使细胞的谷氨酸和谷胱甘肽保持较高水平,进而减轻 DOX 的毒性。(c)茶氨酸有助于保持细胞的代谢平衡,茶氨酸处理使血液总胆固醇、低密度脂蛋白、致动脉粥样硬化指数、甘油三酯、脂质过氧化等指标低于空白对照,但高密度脂蛋白显著高于对照。(d)茶氨酸可以增强抗癌药物对癌细胞转移的抑制作用。茶氨酸与 DOX 同时使用,可以抑制小鼠肝癌细胞的转移(杨建华和石一复,2004)。

6. 增强记忆

采用复杂水迷宫法,观察茶氨酸对小鼠学习记忆力的影响。结果表明,一定剂量的茶氨酸可缩短正常小鼠在复杂水迷宫内抵达终点的时间,减少错误次数。采用跳台仪试验时,茶氨酸组分别灌胃给予高、中、低三种剂量,连续给药 15 d;模型组和对照组灌胃等量蒸馏水;在末次给药后 30 min,除对照组腹腔注射等量生理盐水外,其余各组均腹腔注射氢溴酸东莨菪碱 2 mg/kg。腹腔注射 20 min 后置于跳台仪中训练试验。结果表明,与模型组相比,不同茶氨酸剂量组的小鼠第一次跳下跳台的潜伏期明显增长,错误次数明显减少。其中,中、高剂量组与模型组的差异达到统计学意义。说明茶氨酸对氢溴酸东莨菪碱引起的记忆获得性障碍有对抗作用,即茶氨酸具有纠正记忆获得性障碍的效果(林雪玲等,2004)。

以 D-半乳糖致亚急性衰老小鼠为模型,采用 Y 点迷宫法检测各组小鼠学习记忆能力显示,茶氨酸可明显提高衰老小鼠的学习记忆力。脑组织匀浆酶法测定表明,茶氨酸可显著提高超氧化物歧化酶(SOD)和胆碱酯酶(AchE)活性,降低丙二醛(MDA)含量。由此推断茶氨酸提高记忆力的作用机制可能与其清除自由基、促进中枢胆碱等功能有关(刘显明等,2008)。茶氨酸(0.3 mg/kg 和 1 mg/kg)可以抑制反复脑缺血引起的海马体神经细胞死亡,防止脑缺血导致的空间记忆损伤,有助于预防脑血管疾病(Egashira *et al*.,2008)。

7. 抗糖尿病

锌的异常代谢与某些生理代谢紊乱有关,如出现糖尿病并发症。锌在保护糖尿病心肌病患者心脏免受各种氧化应激方面起着关键作用。补充锌是预防心脏氧化损伤的重要措施;锌补充剂可以预防或延缓糖尿病心肌病。虽然茶氨酸单独使用时降糖效果并不明显,但茶氨酸-锌复合物 $Zn(gln-e)_2$ 可以明显降低小鼠 KK-Ay 血糖和糖化血红蛋白(HbAlc,与糖尿病视网膜病变有关)水平(Matsumoto *et al*.,2005)。茶氨酸-锌复合物可以作为锌补充剂在临床上用于预防糖尿病综合征有积极的意义。

8. 抗疲劳

每天给小鼠口服 L-茶氨酸(低剂量 4.2 mg/kg、中剂量 8.3 mg/kg、高剂量 16.6 mg/kg),连续灌胃 30 d 后进行负重游泳实验并以等量蒸馏水为对照。实验结果表明,不同剂量的 L-茶氨酸能明显延长小鼠负重游泳时间,减少肝糖原的消耗量,降低运动时血清尿素氮(BUN)水平和抑制运动后血乳酸的升高(王小雪等,2002)。中、高剂量组的负重游泳时间和肝糖原含量均显著高于对照组（$P<0.05$）；运动后，中剂量组 BUN 增加量显著低于其他各组；休息 60 min 后，各茶氨酸剂量组的 BUN 含量明显低于对照组（$P<0.05$）；运动前、后各剂量组 5-羟色胺（5-HT）含量低于对照组；运动后中、高剂量组多巴胺（DA）含量高于对照组；运动前各剂量组和运动后中剂量组 DA/5-HT 比值高于对照组，差异显著（$P<0.05$）。说明茶氨酸具有延缓运动性疲劳作用，其机制可能与茶氨酸增加脑组织中多巴胺含量、抑制 5-羟色胺的合成和释放等效应有关（李敏等，2005）。

9. 缓解抑郁症

以茶氨酸（12.5 mg/kg、25 mg/kg、50 mg/kg）和厚朴提取物（25 mg/kg）腹腔注射 7d 龄小鸡，30 min 后记录分离小鸡和未分离小鸡自主活动、分离发声和福尔马林诱导疼痛反应的变化。结果显示，茶氨酸 3 个剂量和厚朴提取物能显著减轻分离小鸡的悲鸣（$P<0.05$，$P<0.01$）；茶氨酸 25 mg/kg、50 mg/kg 对分离应激引起的痛觉钝抑（analgesia）有对抗作用，表明茶氨酸与厚朴具有同样效果，可以缓解小鸡分离应激反应。说明茶氨酸对紧张、焦虑和抑郁症有潜在的治疗作用（杨秋生等，2007）。

以茶氨酸（200 mg）、抗焦虑药物阿普唑他（Alprazolam，1 mg）和安慰剂对志愿者进行双盲试验，视觉情绪模拟问卷（The visual analogue mood scale，VAMS）调查结果显示，在基线条件和安静-苦恼亚量表方面，茶氨酸显示出松弛效果，但急性抗焦虑效果不明显；在休息状态下，阿普唑他和安慰剂没有抗焦虑效果（Lu et al.，2004）。

对 75 名非吸烟志愿者在试验前经过 4 星期的清洗期，期间停止原来喝茶、咖啡和含咖啡因饮料的习惯，每天统一饮用 4 杯含咖啡因的饮料；然后分 2 组，一组喝红茶（37 例），一组喝安慰剂（38 例），连续 6 星期后进行测验。测试结果显示，清洗期后，受试者的血压、心率和主观抑郁评级明显升高，饮茶组和安慰剂组没有差异。试验后饮茶组的血小板激活显著低于安慰剂组，基线和抑郁后条件下的结果一致。而饮茶组的皮质醇水平明显低于安慰剂组，而且在恢复期中主观放松程度提高（Steptoe et al.，2007）。血小板聚集功能增强是精神分裂症的指标之一，抑郁症患者血浆的基础皮质醇水平一般较高。由此认为红茶有助于从抑郁中恢复健康。

以心算任务作为急性抑郁因子实验表明，12 人分成 4 组，1 组在实验前服用 L-茶氨酸，1 组在实验中服用，另外 2 组分别作为空白对照和安慰剂对照。结果显示，与安慰组相比，在急性抑郁条件响应中，服用茶氨酸者的心率（Heart rate，HR）和唾液免疫球蛋白 A（s-IgA）明显降低。进一步对心率变异分析表明，HR 和 s-IgA 降低可能是交感神经激活减弱有关（Kimura et al.，2007）。

10. 保护心脑血管

血清胆固醇是导致冠心病（CHD）的危险因素之一，降低胆固醇有助于降低心脑血管疾病风险。在饲料中添加 0.028% 茶氨酸喂养小鼠 16 周后，小鼠腹腔脂肪下降到对照组的 58%，血清中性脂肪及胆固醇含量比对照组分别减少 32% 和 15%，肝脏胆固醇含量比对照减少 28%（马雪泷，2008）。以脑缺血损伤大鼠试验表明，茶氨酸组大鼠神经症状评分和脑组织含水量较脑缺血组显著降低；血清、脑组织 SOD 活力较脑缺血组显著增高；脑组织 MDA 含量较脑缺血组明显降低。说明茶氨酸对大鼠脑缺血损伤的保护作用可能与调节脑缺血损伤引起的自由基代谢失调有关（王庆利等，2008）。以脑缺血损伤家兔模型试验显示，茶氨酸组脑超微结构改变以及血清白细胞介素-8（IL-8）和神经元特异性烯醇化酶（NSE）含量变化均明显轻于脑缺血组(王玉芬等,2007)。流行病学调查认为,饮茶可能对降低脑中风发生的概率有积极作用(Fraser *et al*.,2007)。

11. 减轻酒精对肝脏的伤害

过量饮酒导致肝脏自由基大量产生,谷胱甘肽酶(GSH)活力水平降低,脂质过氧化物浓度提高进而损伤肝脏。以"酒精"(对照组)和"酒精＋茶氨酸"(茶氨酸组)分别腹腔注射小鼠(Male CDF1),1 h后与对照组相比,茶氨酸组血液酒精浓度明显低于对照组,乙醇脱氢酶和乙醛脱氢酶活力显著高于对照组,细胞色素P450(CYP)2E1得到控制(Sadzuka *et al*.,2005),说明茶氨酸可以有效减轻酒精引起的肝损伤。

12. 抗病毒

茶氨酸的抗病毒作用,体现在增强人体对流行性感冒病毒疫苗的免疫响应上。老年人对流行性感冒疫苗的免疫响应减弱,导致流行性感冒病毒感染发病率高。用感染流行性感冒病毒的小鼠实验表明,同时口服L-胱氨酸和L-茶氨酸可以提高特异性抗原免疫球蛋白的产生(Miyagawa *et al*.,2008)。将疗养院的老年受试者分成2组,在免疫接种之前分别口服L-胱氨酸和L-茶氨酸(实验组,32人)或安慰剂(对照组,33人),口服14 d后接种流行性感冒病毒疫苗,接种后4周检测,3种病毒(A/New Caledonia[H1N1],A/New York[H3N2]和B/Shanghai)都能造成血凝集抑制(HI)滴度提高,两组之间没有显著差异;但层状分析(Stratified analysis)显示,血清总蛋白和血红蛋白低的受试者中,实验组的血清转化率显著高于对照组,表明疫苗接种前同时口服L-胱氨酸和L-茶氨酸有助于增强血清总蛋白和血红蛋白低的老年人对流行性感冒病毒疫苗的免疫响应。

由此可见,茶氨酸不但是茶叶的主要品质成分,也是重要的生理功能物质。开发和研究提高茶叶茶氨酸含量的技术,不但有利于提高茶叶的感官品质,而且是增强茶叶的健康功能的重要措施。研究表明,茶园内适度遮荫和引进栽培新梢白化茶树品种(如'白叶1号'、黄金芽品种)都可以有效提高茶叶内茶氨酸含量。今后还应该进一步开发选育茶氨酸含量高的优良茶树品种,改进茶树栽培管理技术,提高现有茶树品种的感官品质水平和保健功能,以促进茶叶的消费和保障人类的健康。

参考文献

Cho HS, Kim S, Lee SY, Park JA, Kim SJ and Chun HS. 2008. Protective effect of the green tea component, L-theanine on environmental toxins-induced neuronal cell death [J]. Neurotoxicology, 29(4):656-662.

Chou MN, 许宁. 1991. 磷对茶树(*camllia sinensis* L.)新梢氨基酸组成的影响[J]. 贵州茶叶, 3:45-46.

Egashira N, Hayakawa K, Mishima K, Kimura H, Iwasaki K and Fujiwara M. 2004. Neuroprotective effect of gamma-glutamylethylamide (theanine) on cerebral infarction in mice[J]. Neuroscience Letters, 363(1): 58-61.

Egashira N, Ishigami N, Pu F, Mishima K, Iwasaki K, Orito K, Oishi R and Fujiwara M. 2008. Theanine prevents memory impairment induced by repeated cerebral ischemia in rats[J]. Phytotherapy Research, 22(1): 65-68.

Fraser ML, Mok GS and Lee AH. 2007. Green tea and stroke prevention: Emerging evidence[J]. Complementary Therapies in Medicine, 15(1): 46-53.

Kakuda T, Yanase H, Utsunomiya, K, Nozawa A, Unno T and Kataoka K. 2000. Protective effect of gamma-glutamylethylamide (theanine) on ischemic delayed neuronal death in gerbils[J]. Neuroscience Letters, 289(3): 189-192.

Kimura K, Ozeki M, Juneja LR and Ohira H. 2007. L-Theanine reduces psychological and physiological stress responses[J]. Biological Psychology, 74(1): 39-45.

Lu K, Gray MA, Oliver C, Liley DT, Harrison BJ, Bartholomeusz CF, Phan KL and Nathan PJ. 2004. The acute effects of L-theanine in comparison with alprazolam on anticipatory anxiety in humans [J]. Human Psychopharmacology-Clinical and Experimental, 19(7): 457-465.

Matsumoto K, Yamamoto S, Yoshikawa Y, Doe M, Kojima Y, Sakurai H, Hashimoto H and Kajiwara NM. 2005. Antidiabetic activity of Zn(II) complexes with a derivative of L-glutamine[J]. Bulletin of the Chemical Society of Japan, 78(6): 1077-1081.

Miyagawa K, Hayashi Y, Kurihara S and Maeda A. 2008. Co-administration of L-cystine and L-theanine enhances efficacy of influenza vaccination in elderly persons: Nutritional status-dependent immunogenicity[J]. Geriatrics & Gerontology International, 8(4): 243-250.

Nagasawa K, Aoki H, Yasuda E, Nagai K, Shimohama S and Fujimoto S. 2004. Possible involvement of group I mGluRs in neuroprotective effect of theanine[J]. Biochemical and Biophysical Research Communications, 320(1): 116-122.

Rogers PJ, Smith JE, Heatherley SV and Pleydell-Pearce CW. 2008. Time for tea: mood, blood pressure and cognitive performance effects of caffeine and theanine administered alone and together[J]. Psychopharmacology, 195(4): 569-577.

Sadzuka Y, Inoue C, Hirooka S, Sugiyama T, Umegaki K and Sonobe T. 2005. Effects of theanine on alcohol metabolism and hepatic toxicity [J]. Biological and Pharmaceutical Bulletin, 28(9): 1702-1706.

Sadzuka Y, Yamashita Y, Kishimoto S, Fukushima S, Takeuchi Y and Sonobe T. 2002. Glutamate transporter mediated increase of antitumor activity by theanine, an amino acid in green tea[J]. Yakugaku Zasshi-Journal of The Pharmaceutical Society of Japan, 122(11): 995-999.

Steptoe A, Gibson EL, Vounonvirta R, Williams ED, Hamer M, Rycroft JA, Erusalimsky JD and Wardle J. 2007. The effects of tea on psychophysiological stress responsivity and post-stress recovery: a randomised double-blind trial [J]. Psychopharmacology, 190(1): 81-89.

Sugiyama T and Sadzuka Y. 1999. Combination of theanine with doxorubicin inhibits hepatic metastasis of M5076 ovarian sarcoma[J]. Clinical Cancer Research, 5 (2): 413-416.

Yamada T，Terashima T，Wada K，Ueda S，Ito M，Okubo T；Juneja LR and Yokogoshi H. 2007. Theanine, r-glutamylethylamide, increases neurotransmission concentrations and neurotrophin mRNA levels in the brain during lactation[J]. Life Sciences，81(16)：1247-1255.

Zhang GY，Miura Y and Yagasaki K. 2002. Effects of dietary powdered green tea and theanine on tumor growth and endogenous hyperlipidemia in hepatoma-bearing rats[J]. Bioscience Biotechnology and Biochemistry，66(4)：711-716.

陈小强,叶阳,苏丽慧,唐东东,成浩,尹军峰. 2009. 不同月份采制的玉绿茶中主要功能成分分析[J]. 浙江农业学报, 21 (2):159-163.

杜颖颖. 2009. 新梢白化茶树品种白化机制研究 [D]. 博士学位论文.浙江大学.

方华春,庞式. 1996.不同干燥温度对烘青绿茶氨基酸含量的影响初探[J]. 广东茶叶, (2):17-18.

高小红,袁华,喻宗沅.2004. 茶氨酸的研究进展[J]. 化学与生物工程, 21 (1):7-9.

黄志胜,汪小飞,刘昕,陈国平,陈涛.采摘高度及采制时期对黄山"松谷"毛峰茶叶游离氨基酸含量影响的研究[J]. 安徽农学通报,2011,17 (14):51-53.

康维民,贾文沦. 2000. L-茶氨酸的功能及在食品加工中的应用[J]. 中国食品添加剂, (1):59-63.

李敏,沈新南,姚国英. 2005. 茶氨酸延缓运动性疲劳及其作用机制研究[J]. 营养学报, 27 (4):326-329.

李素芳,成浩,虞富莲,晏静. 1996.安吉白茶阶段性返白过程中氨基酸的变化[J].茶叶科学, 16(2):153-154.

李文金,杨普香,黎小萍. 2003.茶园遮荫对茶树新梢内含成分的影响[J]. 中国茶叶, 25 (4):19-20.

林雪玲,程朝辉,黄才欢,李炎. 2004.茶氨酸对小鼠学习记忆能力的影响[J]. 食品科学, 25(5):171-173.

刘显明,李月芬,李国平. 2008.茶氨酸对D-半乳糖衰老模型小鼠抗衰老作用的实验研究 [J]. 创伤外科杂志, 10 (3): 257-259.

骆耀平.2008.茶树栽培学(第四版)[M].北京:中国农业出版社.

马雪泷. 2008.茶叶对心血管系统机能影响的研究进展[J]. 中国茶叶, (11):12-14.

潘根生,骆耀平.1999.茶树对水分的生理响应[J]. 茶叶,25(4):197-201.

齐桂年,唐茜,刘勤晋.1997. 不同工艺杀青对氨基酸组分含量的影响[J]. 四川农业大学学报, 15 (4): 524-527.

阮建云,吴洵,2003.钾、镁营养供应对茶叶品质和产量的影响[J].茶叶科学,23(增):21-26.

沈生荣,杨贤强.1990. 光处理对绿茶游离氨基酸的影响[J]. 蚕桑茶叶通讯, (4):3-5.

田永辉.2000. 总孔隙度对茶叶品质影响研究[J]. 贵州茶叶, (2):23-24.

宛晓春.2003. 茶叶生物化学(第三版) [M].北京:中国农业出版社.

王开荣,邵淑宏,叶俭慧,林晨,陆建良,叶倩,梁月荣. 2009. 茶氨酸保健功能研究进展[J]. 茶叶, 35 (3):140-144.

王开荣,张国平,李明,林伟平,方乾勇,杜颖颖,俞茂昌,梁月荣. 2006. 新梢白化系列茶树新品系性状比较研究[J]. 茶叶, 32 (1):22-24.

王利溥. 1995. 试论空气温度与茶叶质量的关系[J]. 云南热作科技, 18 (1):23-25.

王庆利, 张力军, 吴明春, 凌娜佳. 2008. 茶氨酸对脑缺血损伤大鼠自由基代谢的影响[J]. 实用医学杂志, 24 (11):1898-1900.

王小雪, 邱隽, 宋宇, 王朝旭, 孙长颢. 2002. 茶氨酸的抗疲劳作用研究[J]. 中国公共卫生, 18 (3):315-317.

王莹, 罗国坤, 孙超. 2011. 光照对贵定云雾贡茶酶和氨基酸含量年变化规律研究[J]. 吉林农业:学术版, (5):138-139.

王玉芬, 秦志祥, 唐振山, 李春雨, 郭旭霞, 赵中夫. 2007. 茶氨酸对家兔脑缺血后 IL-8 和 NSE 及脑超微结构的影响[J]. 中国医师杂志, 9 (1):4-6.

王玉芬, 赵中夫, 赵正保, 杨渝珍. 2005. 茶氨酸的神经保护作用研究进展[J]. 国外医学:物理医学与康复学分册, 25 (1):40-43.

王云, 李春华. 1995. 扁形名茶氨基酸含量的影响因素[J]. 茶叶科学, 15 (2):121-126.

王云, 李春华, 赵康由, 杨亮材. 1997. 不同加工技术对名茶氨基酸含量的影响[J]. 西南农业学报, 10 (4):87-91.

吴春兰, 王娟, 黄亚辉. 2010. 茶氨酸的研究进展[J]. 茶叶通讯. 37 (3):15-20.

吴洵, 阮建云. 1995. 钾、镁肥提高茶叶氨基酸含量的效果[J]. 茶叶, 21 (4):22-25.

夏建国, 李静, 巩发永, 吴德勇. 2005. 不同氮肥种类和用量对川西蒙山茶品质的影响[J]. 水土保持学报, 19 (3):130-133.

谢峥嵘. 2004. γ-氨基丁酸在茶树及高等植物体内的代谢和生理作用[J]. 福建茶叶, (4):24-26.

杨建华, 石一复. 2004. 茶氨酸抗肿瘤作用及其机制研究进展[J]. 国外医学:肿瘤学分册. 31 (9):686-689.

杨秋生, 徐平湘, 李宇航, 姜山, 张旭, 薛明. 2007. 茶氨酸和厚朴提取物对 7 日龄小鸡分离应激过程的影响[J]. 中国中药杂志, 32 (19):2040-2043.

杨贤强, 沈毓渭, 谢学民, 詹柏松, 1992. 茶树的碳氮代谢与施肥[J]. 中国农业科学, 25(1):37-43.

袁林颖, 李中林, 钟应富, 邓敏, 邬秀宏, 张莹. 2011. 氨基酸总量及组份与云岭永川秀芽茶品质级别的关系研究. 西南农业学报, 24 (2):829-831.

岳健, 李丹, 杨春, 马蕊, 奉展英, 罗军武. 2010. 不同茶树品种氨基酸组份及含量分析[J]. 湖南农业科学, (12):141-143.

张定, 汤茶琴, 陈暄, 徐德良, 肖润林, 黎星辉. 2006. 叶面喷施氨基酸对茶叶中 γ-氨基丁酸含量的影响[J]. 茶叶科学, 26 (4):237-242.

张文锦, 梁月荣, 张应根, 陈常颂, 张方舟. 2006. 遮荫对夏暑乌龙茶主要内含化学成份及品质的影响[J]. 福建农业学报, 21 (4):360-365.

张莹, 杜晓, 王孝仕. 2007. 茶叶中茶氨酸研究进展及利用前景[J]. 食品研究与开发, 28 (11):170-174.

赵竹娟. 2003. 茶氨酸的人工合成与药用研究现状[J]. 中国茶叶加工, (4):32-33.

第三章

茶皂素及其生理功能

有关茶皂素的研究,早在20世纪初Weil和Halberkann就有报道。日本学者青山新次郎于1931年首先从茶种子中分离出了皂素成分,并将其命名为Theasaponin;随后町田佐一于1938年从茶叶中分离获得茶叶皂素结晶;石馆守三等于1952年分离出了茶籽皂素结晶。20世纪60年代开始,国外学者对茶皂素的化学组成和结构、理化性质及分离方法等进行了比较深入的研究;桥爪昭人在茶的根部和茎部也发现了皂素成分,而且证明不同部位皂素的组成结构和性质存在差异。有关茶皂素的用途,早期仅用于替代乳化剂,但随着人们对其表面活性、生理活性及药理活性的进一步了解,应用也日益广泛,其药理学应用尤其令人瞩目(赵世明,1998)。

第一节　茶皂素的性质及其含量

茶皂素(Theasaponin)为五环三萜类皂苷,由苷元、糖体和有机酸三部分组成。苷元部分β-香树素(β-amyrin)衍生物的基本碳架为齐墩果烷(Oleanane),目前已分离鉴定的茶籽皂素有7种苷元,茶叶皂素有4种苷元;糖体部分包括阿拉伯糖、木糖、半乳糖及葡萄糖醛酸等;有机酸包括当归酸、惕各酸、醋酸和肉桂酸等,其与苷元的羟基结合为酯,如图3.1所示。

茶皂素是皂苷,具有皂苷的一般通性,如味苦、辛辣,有表面活性及溶血作用。茶皂素纯品为白色微细柱状晶体,熔点为223～224℃,平均分子式为$C_{57}H_{90}O_{26}$,相对分子质量为1200～2800,吸湿性强,水溶液的pH值为5.7;难溶于冷水、无水甲醇和无水乙醇;不溶于乙醚、丙酮、苯和石油醚等有机溶剂;稍溶于温水、二硫化碳和醋酸乙酯;易溶于含水甲醇、含水乙醇、正丁醇及冰醋酸、醋酐和吡啶。茶皂素水溶液可被盐沉淀析出,如其水溶液可被醋酸铅、盐基性醋酸铅和氢氧化钡所沉淀,析出云状物;而氯化钡和氯化铁对其不能产生沉淀;如果茶皂素乙醇(95%)溶液与浓硫酸等量混合,最初呈淡黄色,并迅速变为紫色(张星海和杨贤强,2003)。

茶籽皂素与茶叶皂素的元素分析值、红外吸收光谱虽然较近似,但两者的化学结构不尽相同,其理化性质也有一定的差异。与茶籽皂素相比,茶叶皂素苦味较弱,但有强烈的辛辣味,对咽喉黏膜有刺激性;两者有机酸部分的当归酸含有α、β共轭双键,从而在紫外215 nm

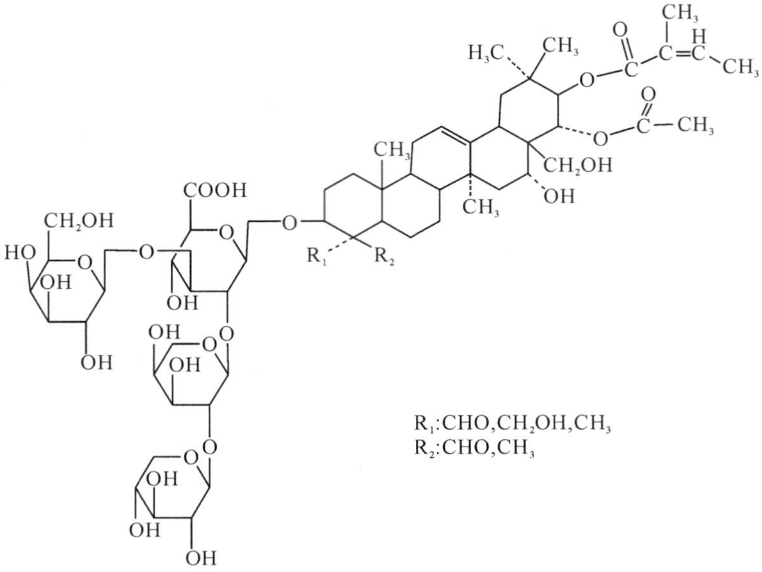

图 3.1　茶皂素结构示意图

R_1:CHO,CH_2OH,CH_3
R_2:CHO,CH_3

处有最大吸收峰;而茶叶皂素还具有苯核的肉桂酸,因此除 215 nm 外,在 280 nm 处还有一个较大的吸收峰,而茶籽皂素则没有此峰(赵世明,1998)。

　　茶树的不同器官都含有茶皂素成分,但含量水平差异很大。就不同器官而言,茶籽皂素含量远远高于茶叶皂素。田洁芬等(1998)分析了 20 个不同茶树品种的茶籽皂素含量,全籽的皂素含量为 8.01%～14.32%,种仁的皂素含量为 13.51%～21.70%。叶乃兴等(2011)对茶树茶果不同部位的分析显示,果皮、种壳和种仁的皂素含量分别为 9.25%、10.09%和 13.35%。

第二节　茶皂素的生理功能

一、茶皂素毒性试验

1. 急性毒性试验

　　胡绍海等(1998a)用乙醇法从油茶饼粕中提取的 85%油茶皂素干粉为材料,进行了经口急性毒性试验、经皮急性毒性试验和蓄积毒性试验。

　　经口急性毒性试验是按照剂量 2048～12207 mg/kg 对 SD 大白鼠经口一次性灌胃,染毒后观察中毒症状及 14 d 的死亡情况。结果显示,染毒约 40 min 后,高剂量组动物可出现鼻唇紫红等,继而俯卧,活动减少;中、低剂量组症状不明显。一般染毒后 24 h 至 48 h 开始出现死亡,但存活动物恢复良好。用目测概率单位法计算,其经口 LD_{50} 为 4466.8 mg/kg,95%可信限为 2951～6824 mg/kg。

　　在经皮急性毒性试验中,选择同龄成年、健康 SD 大白鼠 10 只,雌雄各半;背部剪毛后,用脱毛剂脱毛,观察 1 d 后,按 10000 mg/kg 的剂量分两次在动物背部脱毛区染毒,然后观察中毒反应及 14 d 内的死亡情况。结果发现,经皮染毒的动物情况良好,全部存活且无任何中毒症状出现。由此推断,其经皮 $LD_{50} > 10000$ mg/kg。

在蓄积毒性试验中,选择同龄成年、健康 SD 大鼠 20 只,雌雄各半。根据急性毒性试验资料,大鼠经口 LD_{50} 为 4466.8 mg/kg,用剂量递增染毒法,按每 100 g 体重大鼠灌胃量 0.2 mL 等容灌胃,观察记录动物中毒表现及死亡情况。连续染毒 20d 后,实际染毒总剂量为 5.3 倍 LD_{50},即 23675.1 mg/kg,而受试动物无一死亡;根据蓄积毒性分级标准,该物质仅具有轻度蓄积作用。

2. 亚慢性毒性试验

胡绍海等(1998b)将离乳一周后的健康 SD 大鼠,随机分成四组,即 100 mg/kg、200 mg/kg、400 mg/kg 油茶皂素组和对照组。每组 20 只动物,雌雄各半。按每 100 mg/kg 体重大鼠 0.2 mL 的量等容灌胃,每周 6 d,历时 3 个月。观察记录动物中毒症状及死亡情况;对照组用蒸馏水按同样方法处理。实验期间,动物状况良好,无明显中毒症状,各实验组和对照组的体重均有不同程度增长,其增长速度相差不大;血红蛋白及白细胞计数显示,各实验组及对照组的血红蛋白量基本在正常范围,白细胞计数在 16000～25000 之间波动,但仍属正常范围。生化指标(尿素氮与 GPT)测定结果显示,各实验组与对照组相比,无显著性差异($P > 0.05$)。

亚慢性毒性试验结论:油茶皂素对大鼠生长发育影响不大;对肝、肾功能及心、肝、脾、肺、肾等内脏器官也无明显损害。

3. 致突变试验

胡绍海等(1998c)开展了常规 Ames 试验、小鼠骨髓 PCE 微核试验和精子畸形试验,其研究结果三项试验均为阴性,可初步确认油茶皂素无致突变作用。

Ames 试验中,选用 TA98、TA100、TA97、TA102 四株菌,经鉴定合格,37℃培养 10～12 h,活菌数达 10^9 个/mL 时,设三个茶皂素实验组(5 μg/皿、50 μg/皿、500 μg/皿),四个阳性对照组和一个阴性对照组。各组均分别加入和不加 S_9 混合液(用苯巴比妥腹腔注射诱导 SD 雄性大鼠,取肝匀浆经 9000 g 离心,取 S_9 上清液)的比较,并各做三个平行样本,采用平皿掺入法在 37℃下培养 48 h 后计数回变菌落数,计算突变率(MR＝每皿诱发回变菌落均数/每皿自发回变菌落均数),结果显示,茶皂素各处理浓度下各菌株的突变率均小于 2,表明 Ames 试验为阴性。

骨髓 PCE 微核试验中,选用 10 周龄的昆明种小鼠,按随机区组法分为 5 组,每组 8 只,雌雄各半。其中设 500 mg/kg、750 mg/kg、1000 mg/kg 三个茶皂素组,均每天灌胃一次,连灌 3 d;分别以 30 mg/kg 环磷酰胺为阳性对照和生理盐水为阴性对照组,以 0.1 mL/10 g 体重腹腔注射两次,每次间隔时间为 24 h,于最后一次染毒后 24 h 以颈椎脱臼处死小鼠,取两侧股骨;用小牛血清冲洗骨髓腔内容物,然后按毒理学常规方法制片染色。每只鼠计数 500 个嗜多染红细胞(PCE)及其中出现微核的细胞数,再求出各组微核细胞检出率。结果显示,所有受试组小鼠骨髓微核 PCE 的出现率与阴性对照组相比,无显著性差异($P > 0.05$),而与阳性对照组比较,差异极显著($P < 0.005$),表明茶皂素微核试验为阴性。

精子畸形试验中,选择成年健康昆明种雄性小鼠,按随机区组法分组,每组 8 只。设三个茶皂素组(150 mg/kg、300 mg/kg、600 mg/kg),每天灌胃一次,连灌 5 d;设一个环磷酰胺

（25 mg/kg）阳性对照组和一个生理盐水阴性对照组，采用腹腔注射给药三次，隔日一次。于最后一次染毒后 4 周末，每组随机抽取 5 只鼠以颈椎脱臼处死，取双侧附睾，置于盛有 5 mL 磷酸盐缓冲液的平皿中，按常规方法制片染色，每只鼠检查完整的精子 200 个，记录其中有畸形精子的个数，求出各组精子畸变率。结果显示，所有茶皂素受试组精子畸变率与阴性对照组比较，差异不显著（$P>0.05$）；而与阳性对照组比较，差异极显著（$P<0.005$），表明茶皂素精子畸形试验为阴性。

二、抗氧化

Zhang 等（2012）以从油茶饼粕提取的茶皂素为材料，对鼠嗜铬神经细胞瘤细胞 PC12 进行 0 μmol/L，5 μmol/L，25 μmol/L 和 125 μmol/L 皂素培养 2 h 后，用 5 mmol/L H_2O_2 进行过氧化诱导，结果发现，经 25 μmol/L 和 125 μmol/L 皂素处理的细胞存活率显著高于对照，说明茶皂素具有抗氧化作用，其抗氧化作用可能与增强抗氧化酶系活力有关。Zhou 等（2012）以茶叶皂素为材料添加到饲料中饲喂山羊后发现，添加量为 400～600 mg/kg 时，山羊血清的甘油三酯（TG）、超氧化物歧化酶（SOD）、谷胱甘肽过氧化物酶（GSH-Px）活力上升，而丙二醛（MDA）水平则降低（表 3.1）。

表 3.1　茶叶皂素添加量对山羊血清指标的影响（Zhou et al., 2012）

茶叶皂素用量（mg/kg）	0	400	600	800
TG (mmol/L)	0.28	0.25	0.20	0.22
SOD (U/L)	44.5	50.7	44.4	47.3
GSH-Px (μmol/L)	392	399	408	372
MDA (nmol/L)	4.12	3.59	3.28	3.77

三、抗肿瘤

韩志红等（1998）用茶籽皂素对小鼠灌胃（20 mg/kg）7 d，证明茶籽皂素对小鼠实体瘤 S180 和 EAC 有明显的抑制作用，抑制率达到 23％～63％（表 3.2）。检测还发现，茶皂素作用靶点为血浆纤维蛋白原。临床上肿瘤患者血液呈高凝状态，主要表现为血浆纤维蛋白原的增高。茶皂素治疗后，荷瘤小鼠血液高凝状态有一定改善，治疗组与对照组差异显著（$P<0.05$）。

表 3.2　茶籽皂素对荷瘤小鼠瘤重的影响（韩志红等，1998）

瘤株	组别	动物数	药物剂量	瘤重（g±SD）	抑制率（％）
EAC	对照组	12		1.31±0.35	
	茶皂素	12	10 mg/kg	0.72±0.13	45.15
	安瘤乳	12	20 mg/kg	0.66±0.26	50.00
	对照组	11		1.01±0.33	
	茶皂素	10	10 mg/kg	0.78±0.38	23.00
	安瘤乳	10	20 mg/kg	0.59±0.23	41.58
S180	对照组	10		1.26±0.15	
	茶皂素	10	10 mg/kg	0.58±0.38	53.97
	安瘤乳	10	20 mg/kg	0.16±0.28	63.49

四、抗菌

有人利用不同品种的茶皂素对 6 种酵母菌进行抗菌试验,研究表明,茶皂素对酵母菌有较高的抗性,最小抑制浓度为 0.08~1.20 mg/mL。黄卫文等(2002)和文莉等(2011)的研究表明,茶皂素对黑曲霉、桔青霉、大肠杆菌、金黄色葡萄球菌、枯草芽孢杆菌、酵母菌有较明显的抑制作用,对白色念珠菌有一定的抑制作用,对绿脓杆菌无抑制作用(表 3.3)。茶皂素对大肠杆菌最低抑菌质量浓度为 5 mg/mL,最佳抑菌质量浓度为 20 mg/mL。

表 3.3　不同浓度茶皂素抑菌作用(抑菌圈直径/mm)

浓度(mg/mL)	大肠杆菌[a]	金黄色葡萄球菌[a]	绿脓杆菌[a]	白色念珠菌[a]	枯草芽孢杆菌[a]	酵母菌[a]	黑曲霉[b]	桔青霉[b]
0	0	0	0	0	0	0	0	0
1.25	0	0	0	0	0	0	11.1	10.5
2.5	0	0	0	0	0	0	20.2	13.5
5	11	0	0	0	0	10	26.8	19.7
10	12	11	0	0	10	11	33.9	21.0
20	13	12	0	10	11	12		
40	13	12	0	11	13	13		
80	13	13	0	12	13	13		
160	13	13	0	13	14	13		

a. 引自文莉等(2011);b. 引自黄卫文等(2002)。

五、降血脂

吴文鹤和李玉山(2009)利用茶树根提取的茶皂素对高脂血症模型 Wistar 大鼠灌服(1 g/kg)1 次/d,连续 28 d。结果发现,与对照组比较,模型组动物血清中胆固醇(TC)、甘油三酯(TG)、低密度脂蛋白(LDL-C)升高($P<0.01$),高密度脂蛋白(HDL-C)值明显降低($P<0.01$),心肌酶大量释放($P<0.01$),血液流变异常明显改变($P<0.01$,$P<0.05$);与模型组比较,茶皂素处理组动物血清中 TC、TG、LDL-C 明显降低($P<0.01$),HDL-C 值升高($P<0.05$),心肌酶的释放受到明显抑制($P<0.01$),血液黏度、红细胞和血小板聚集能力明显降低($P<0.05$)(表 3.4 和表 3.5)。说明茶皂素具有调节血脂、改善血流状态、保护心肌细胞膜完整性的作用。

表 3.4　茶皂素对血清 TC、TG、HDL-C、LDL-C 的影响(平均±SD, mmol/L)

组别	TC	TG	HDL-C	LDL-C
对照组	2.27±0.47	0.92±0.14	0.54±0.14	0.68±0.19
模型组	5.88±0.45**	1.73±0.25**	0.40±0.09**	1.71±0.30*
茶皂素	3.83±0.41‡	1.07±0.19‡	0.57±0.21†	0.82±0.13‡

与对照组比较:* $P<0.05$;** $P<0.01$。与模型组比较:†$P<0.05$;‡$P<0.01$。
引自吴文鹤和李玉山(2009)。

表 3.5　茶皂素对高脂血症心肌酶谱的影响(平均±SD，U/L)(吴文鹤和李玉山，2009)

组别	HDL	α-HBDH	CK
对照组	113.40±24.08	63.30±18.35	189.20±48.52
模型组	174.40±29.56**	107.30±19.97**	266.20±15.50**
茶皂素	131.70±28.68†	84.80±19.78‡	216.607±21.67‡

与对照组比较：* $P<0.05$；** $P<0.01$。与模型组比较：†$P<0.05$；‡$P<0.01$。

六、消炎镇痛

童勇和李玉山(2009)采用二甲苯致小鼠耳廓肿胀法研究了茶皂素抗肿效果，将 30 只昆明种小鼠随机分为 3 组，即对照组、治疗组、茶皂素组，每组 10 只。治疗组灌服阿司匹林 0.2 g/kg，茶皂素组灌服茶皂素 1 g/kg，对照组灌服等体积生理盐水，每天给药 1 次，连续 5 d，末次给药 1 h 后，以 50 μL 二甲苯涂于各组小鼠右耳廓两面致炎，左耳廓不致炎作为对照，致炎 30 min 后，剪下双耳，用 6 mm 直径打孔器取下双耳对称处的耳片，称质量，以两耳质量差表示炎性反应的肿胀度，计算抑制率(%)=[1-(给药组双耳质量差/空白对照组双耳质量差)]×100%。结果显示，茶皂素的抑肿胀率达到 57.3%；老鼠炎性组织中前列腺素 E_2(PGE$_2$)含量显著降低(表 3.6)；同时可延长小鼠热板痛反应时间(表 3.7)，说明茶皂素具有明显的抗炎镇痛作用。

表 3.6　茶皂素对二甲苯所致小鼠耳廓肿胀和 PGE$_2$ 的影响(平均±SD)(童勇和李玉山，2009)

组别	例数	剂量 (g/kg)	耳片质量 (mg) 左耳	耳片质量 (mg) 右耳	肿胀度 (mg)	抑制率 (%)	PGE$_2$ OD×10^{-2}
茶皂素	10	1	6.54±0.39	8.04±0.76	0.85±0.32**	57.3	3.31±0.43**
治疗组	10	0.2	6.49±0.44	7.33±0.59	0.70±0.40**	64.8	2.83±0.31**
对照组	10	—	6.51±0.46	8.870±1.64	1.99±0.41		5.19±0.67

与对照组比较：** $P<0.01$。

表 3.7　茶皂素对热板致小鼠痛阈的影响(平均±SD)(童勇和李玉山，2009)

组别	例数	剂量 (g/kg)	给药前 (s)	给药后(s) 30 min	给药后(s) 60 min	给药后(s) 90 min
茶皂素	10	1	11.9±3.7	13.32±3.16*	14.71±2.64**	15.45±1.86**
治疗组	10	0.06	11.5±3.1	13.85±2.24**	15.61±1.38**	17.07±3.19**
对照组	10	—	11.2±2.9	9.74±1.76	10.91±1.74	10.89±1.94

与对照组比较：* $P<0.05$；** $P<0.01$。

七、抗生育功能

陈创锋等(2006)研究了不同浓度油茶皂素对雄性小鼠的体外杀精效果和体内抗生育能力，结果表明，油茶皂素不育剂对雄性小鼠呈现出较优的剂量依赖性体外杀精活性，3 min 时的最低杀精浓度为 0.05 mg/mL，与人用杀精剂壬苯醇醚相当，较扁桃酸(0.1 mg/mL)和柠檬酸(0.25 mg/mL)低。与生理盐水对照组比较，125 mg/(kg·d)油茶皂素不育剂灌胃给药 4 周后，可以明显降低雄性小鼠的活精子数(92.1%)和精子活力(52.6%)，显著降低雌性小鼠的妊娠率(64.0%)和活胎数(67.4%)。说明油茶皂素不育剂具有较强的体外杀精活性和体内抗生育功能，可进一步开发成体外杀精避孕药和环境友好型鼠类抗生育药剂。

第三节　茶皂素的应用

一、发泡剂

尹忠和赵晓东(2002)研究了茶皂素的发泡能力,将 200 mL 试液从高 900 mm、内径为 2.9 mm 的细孔中流下,冲入盛有 50 mL 同样温度和同样浓度的试液中,记下刚流完 200 mL 溶液时的泡沫高度 H_0 和 5 min 后的泡沫高度 H_5 作为起泡剂起泡能力和泡沫稳定性的评价指标,结果如表 3.8 所示。不同起泡剂的起泡能力不同,同一起泡剂的泡沫高度随浓度增大而增加,当浓度增大到一定值后(大部分在 0.2%以后),泡沫高度基本不变。从表 3.8 可知,茶皂素起泡能力较强,与 SDS 相当,但茶皂素的泡沫稳定性更好。研究还发现,茶皂素的起泡能力和泡沫稳定性随溶液 pH 值提高而增强。在强酸性(pH<4)溶液中,茶皂素能起泡,但泡沫性能较差。这可能是因为茶皂素在低 pH 介质中是以非离子形式存在,而在较高的 pH 值溶液中则主要以阴离子形式存在。阴离子表面活性剂形成的泡沫液膜的上下表面带有相同电荷,由于表面电荷的排斥作用可防止液膜排液变薄,从而增加了泡沫的稳定性。茶皂素是一种天然的表面活性物质,发泡性能好,并表现出良好的抗油、抗盐污染能力,是一种可用于日用化工和石油工业的高效起泡剂(尹忠等,2004;黄文红等,2010)。

表 3.8　表面活性剂不同浓度时的罗氏泡高(cm, 20℃)(尹忠和赵晓东,2002)

浓度 (g/dm³)	OP-10		SDS		ABS		AES		CT$_{5-2}$		茶皂素	
	H_0	H_5	H_0	H_5	H_0	H_5	H_0	H_5	H_0	H_5	H_0	H_5
0.5	5.2	4.2	17.5	14.7	19.5	16.5	18.3	15.7	13.8	11.5	14.5	12.0
1.0	11.0	9.5	19.3	16.2	18.5	16.0	19.1	16.8	15.3	14.0	17.5	15.0
2.0	14.0	12.0	20.7	17.5	18.0	16.0	18.7	16.7	18.0	15.8	19.2	16.7
3.0	16.5	14.0	21.2	17.8	19.8	15.5	19.0	16.5	18.3	16.5	20.0	17.0
4.0	14.5	13.0	21.0	17.7	19.5	15.5	18.3	16.7	18.5	16.5	20.4	17.0
5.0	15.5	13.5	21.0	17.7	19.0	16.0	19.0	16.7	18.8	16.7	21.0	18.0

二、表面活性剂及其在农药中的应用

1. 作为农药增效剂

茶皂素具有良好的表面活性,能代替三环唑可湿性粉剂农药原配方中的某些助剂,可作为新的助剂提高三环唑的悬浮率(王林等,1998)。为了进一步提高茶皂素的乳化性能,有人将茶皂素依次与单乙醇胺、顺丁烯二酸酐反应,制备茶皂素单乙醇酰胺琥珀酸,再与亚硫酸氢钠进行磺化反应,合成了一种新型表面活性剂——茶皂素单乙醇酰胺琥珀酸单酯硫酸钠。试验表明,该新型表面活性剂同时具有阴离子及非离子型表面活性剂的优点,发泡性能明显改善,HLB 值(亲水亲油平衡值)为 19.06,表面张力低于茶皂素,起泡力及稳泡性优于茶皂素(杨磊和傅丽君,2010)。茶皂素或者分子改性后的茶皂素可以作为农药表面活性助剂,提高农药药效。

　　田间试验显示,Bt 3000 倍稀释液和茶皂素(终浓度 1000 mg/L)复配对小菜蛾的防效与 Bt 单剂 1000 倍稀释液无显著差异,表明茶皂素对 Bt 防治小菜蛾具有显著的增效作用(李耀明等,2005)。另有研究表明,1000 mg/L 和 2000 mg/L 茶皂素与 Bt 复配,对小菜蛾 3 龄和 4 龄幼虫的共毒系数分别为 168.10、260.93 和 408.15、543.68。根据共毒系数显著大于 100 为增效作用、显著小于 100 为拮抗作用、接近 100 为相加作用的评判标准,茶皂素与 Bt 复配增效作用显著。

　　茶皂素对农药的增效作用与茶皂素用量有关。吴耀军等(2002)将茶皂素和高效氯氰菊酯按照不同配比制成混合制剂,并测定混合制剂对菜蚜的联合毒力和共毒系数。结果表明,6 种不同配比的茶皂·高氯制剂对菜蚜的共毒系数均大于 120,相对毒力均提高,增效作用明显。其中茶皂素和高效氯氰菊酯以有效成分 5∶1 混配时(茶皂·高氯 3# 配比),菜蚜对药剂的敏感性最高,毒力稳定性最好,共毒力提高了 152.12%,即提高了 1.52 倍(表 3.9)。

表 3.9　茶皂素-高氯(氰菊酯)不同配比制剂的毒力指数及共毒系数(吴耀军等,2002)

制剂	有效成分配比		相对毒力指数	理论毒力指数	共毒系数
	高氯氰菊酯	茶皂素			
高氯氰菊酯	1	0	100	100	/
茶皂素	0	1	0.6790	0.68	/
茶皂·高氯 1#	1	10	18.72	9.71	192.79
茶皂·高氯 2#	1	8	22.46	11.71	191.72
茶皂·高氯 3#	1	5	43.45	17.23	252.12
茶皂·高氯 4#	1	3	48.22	25.51	189.03
茶皂·高氯 5#	1	2	60.21	33.79	178.22
茶皂·高氯 6#	1	1	89.42	50.34	177.63

　　茶皂素对农药的增效作用还受到农药种类的影响。室内毒力测定及田间药效试验研究表明:茶皂素对 20% 灭多威乳油杀灭菜青虫增效 6.33 倍,对 2.5% 三氟氯氰菊酯乳油杀灭菜缢管蚜增效 11.83 倍,对 5% 尼索朗乳油杀灭桔全爪螨卵增效 61.8 倍,对 20% 哒螨灵杀灭桔全爪螨成螨增效 18.67 倍。茶皂素与这几种化学农药原药复方乳油的田间杀虫效果均稳定保持在 90% 以上,而且可降低化学农药原药有效成分用量 50%～75%(胡绍海等,1998)。

　　茶皂素提高农药药效主要与茶皂素复配后可改变药液表面张力、药液接触角和药液沉积量有关。王小艺和黄炳球(1998a)研究表明,茶皂素临界胶束浓度(Critical micellar concentration,CMC)在 4000 mg/L 左右,对水表面张力降低最高,可达 33.85%;对农药水剂(AS)草甘膦和杀虫双的表面张力降低最明显,为 15.58%～27.16%;对乳油(EC)乐果和可湿性粉剂(WP)托尔克水溶液的表面张力也有不同程度的降低,为 9.54%～21.82%。

　　茶皂素可降低草甘膦、杀虫双、乐果、托尔克、Bt 和氰戊菊酯 6 种农药分别在马唐、水稻、小白菜、柑橘、芥蓝 5 种植物以及小菜蛾、菜青虫 2 种害虫的体表接触角,从而提高了药液在靶标体表的湿展力和附着力,减少农药的损失,提高药效;特别是对于 Bt 在芥蓝叶背、草甘膦在马唐叶正面、氰戊菊酯在菜青虫体表等处理,其单剂接触角在 106° 以上,加入浓度为 1000～4000 mg/L 的茶皂素后均下降到 78° 以下(王小艺和黄炳球,1998b)。

　　茶皂素能增加药液在作物叶片和害虫表面的沉积量,是茶皂素对农药增效机制的另一个重要方面。王小艺和黄炳球(1998c)研究表明,加入茶皂素后,可显著提高杀虫双在水稻叶片和草甘膦在马唐叶片表面的沉积量,提高率分别为 72.7%～90.9% 和 32.1%～98.2%。但沉积量变化因农药、作物种类以及茶皂素用量而存在差异,如加入 1000 mg/L 茶皂素时,托尔克在柑橘叶片和 Bt 在芥蓝叶片上的沉积量与单剂相比无明显差异;加入 2000 mg/L 和 4000 mg/L 茶皂素的处理沉积量分别较单剂提高 25.2%、28.8% 和 16.4%、16.4%;但茶皂素对乐果在小白菜叶片上的沉积量甚至还有一定的降低效果。

2. 直接作为农药使用

茶皂素除了作为表面活性剂加入农药制成复合制剂以外,还可以直接作为农药使用,用于控制部分害虫。陈树仁等(1996)研究了茶皂素 TS-D 对菜粉蝶室内和田间防治效果,结果显示,茶皂素 TS-D 对菜粉蝶低龄幼虫有较好的防治效果,其中 25% 茶皂素 TS-D 水剂 5000 倍液的室内校正防效为 83.9%,田间校正防效为 74.0%。

茶皂素对植物线虫有明显的选择性致死活性。有研究表明,茶皂素作用 16 h 后,根结线虫开始出现死亡,死亡率随暴露时间延长和茶皂素浓度提高而上升,最高死亡率为 75.0%,为中等强度致死活性;作用 64 h 的茶皂素对植物线虫的致死中量(LC_{50})在 2.22～3.17 mg/mL 之间,在 5.0 mg/mL 浓度对植物线虫的致死中时(LT_{50})在 53.7～57.8 h 之间;但茶皂素对小杆类线虫无明显致死活性,其最高死亡率仅为 6.5%(吴慧平等,2007)。

茶皂素是一种天然植物杀螺剂,可以用于杀灭钉螺等害虫。张楚霜等(2002)选择湖南华容县幸福乡杂草丛生、钉螺平均密度 15 只/0.11 m² 区域开展灭钉螺试验,将试验区分为 5 组,即 20 g/m²、40 g/m² 和 80 g/m² 茶皂素剂 3 个组,另设 2 g/m² 氯硝柳胺阳性对照和清水阴性对照;每组面积 100 m²,每平方米喷洒药液 2000 mL,喷药后 7 d、10 d、30 d 各查螺 1 次。结果显示,钉螺死亡率随着茶皂素用量提高而上升,用量为 80 g/m² 时,虽然其作用效果不如氯硝柳胺,但第 7 天的钉螺死亡率可达 79.2%(表 3.10)。但如果以浓度为 5 mg/L 茶皂素在 22～29℃时浸杀 48 h,钉螺死亡率为 100%(表 3.11)。

表 3.10　茶皂素现场喷洒杀螺效果(张楚霜等,2002)

组别	剂量(g/m²)	钉螺死亡率(%)	
		7 d	10 d
茶皂素	20	56.6	44.3
	40	60.8	46.8
	80	79.2	59.4
氯硝柳胺	2	94.7	86.4
清水	/	1.8	8.9

表 3.11　茶皂素现场浸杀钉螺效果(张楚霜等,2002)

组别	剂量(mg/L)	钉螺死亡率(%)			
		24 h	48 h	72 h	96 h
茶皂素	5.0	72.0	100.0	100.0	100.0
	10.0	74.0	100.0	100.0	100.0
	15.0	62.0	96.0	100.0	100.0
氯硝柳胺	2	99.0	99.0	100.0	100.0
清水	/	0	2.0	3.0	14.5

研究发现,茶皂素对钉螺肝脏和生殖腺均能造成严重损害是其灭钉螺作用的关键机制。用茶皂素浸杀钉螺 24 h,解剖钉螺,取肝脏和生殖腺用 618 环氧树脂包埋、切片,用透射电镜观察组织结构变化,茶皂素浸钉螺后,钉螺肝脏严重受损,肝细胞水肿,细胞器减少,核内物质溶解;精细胞胞浆溶解,核裸露,卵细胞水样变性坏死(张楚霜等,2002)。此外,茶皂素对钉螺体内消化酶活力也有影响。用离体方法测定茶皂素作用后钉螺消化酶-纤维素酶活性,结果显示,在 $10\sim150$ μg/mL 浓度范围,茶皂素对内切 β-1,4-葡聚糖酶(EG)的作用表现为先激活、后抑制;对外切 β-1,4-葡聚糖纤维二糖水解酶(CBH)的作用表现为激活作用(李玉清,2007)。

除此之外,有人还以茶皂素作为杀灭草坪蚯蚓的植物药剂。试验结果表明,浸液杀虫法灭杀蚯蚓的有效茶皂素浓度为 0.3 mg/mL,土壤杀虫法 7 d 内的 LD_{50} 为 0.8 mg/mL。

三、果品保鲜剂

柑橘类水果采收后容易感染各种青霉菌而腐烂,控制青霉菌生长是这些水果保鲜的重要措施。研究表明,以茶皂素($3.125\sim50$ μg/mL)与杀菌剂抑霉唑(Imazalil)或者咪酰胺(Prochloraz)按照 8:2 比例组成的混合液处理沙糖橘,可以有效控制霉菌(*P. italicum*;*P. digitatum*;*G. candidum*),显著减少腐烂,延长保鲜期(Hao *et al.*, 2010)。

四、纺织印染

茶皂素应用于棉织物退煮漂-浴法前处理工艺,可替代常规退煮漂三步法工艺中使用的烧碱和双氧水,具有缩短工艺流程、减少水和能源消耗、降低废水中 BOD 和 COD 排放等特点,是实现高效、节能、环保棉织物前处理的有效途径,已引起印染行业的广泛关注。

纯品茶皂素为淡黄色无定形粉末,易飘浮在空气中而刺激鼻黏膜,难溶于冷水,易溶于热水,其水溶液呈茶褐色,pH $5\sim7$。印染上使用的一般为复合茶皂素(又称卜公茶皂素),为白色固体小颗粒,含有过碳酸钠、纳米 TiO_2、茶皂素和甲壳糖等物质,不溶于冷水,加热后可逐渐溶解,其水溶液呈强碱性,pH $13\sim14$(刘瑞宁等,2011)。复合茶皂素-浴法退煮漂工艺为:茶皂素用量 40 g/L,98℃浸渍处理 40 min,处理织物可达到与常规工艺相近的效果(曹机良等,2010)。

茶皂素是一种温和的天然表面活性剂,用其配制的洗剂,洗后织物柔软、滑糯弹性好、富有光泽,染色后色光鲜艳纯正。由于洗涤过程在羊毛等电点内进行,对毛织物损伤最小,具有洗涤、调理双重功能。茶皂素是天然产物,材料成本低,而且易被生物降解,对环境污染小,用于纺织印染是今后的发展方向(程志斌和张永东,1997)。

五、金属切削液

金属切削液是在金属切削过程中用来改善切削条件、减少机件摩擦锈蚀的配套材料。随着加工效率、加工质量及环保要求的不断提高,开发新型高效、环境友好的金属切削液已成为研究热点之一。

采用溶胶-凝胶表面修饰法合成的粒径为 $40\sim60$ nm 的油酸修饰二氧化钛纳米微粒,以天然产物提取物——茶皂素为表面活性剂,将其均匀分散在水中形成复配体系。抗磨和切削性能测试表明,在有机修饰层和无机纳米核交联作用下,复配体系具有较好的减摩抗磨作

用;最大无卡咬负荷可达 804 N,而在茶皂素质量分数达到>2%时,烧结负荷和攻丝扭矩值
都有较大改善;茶皂素复配乳化体系作为不含 S、Cl 及 P 等污染元素的添加剂,有望成为新
型高性能绿色切削液(孙蓉等,2002)。

六、胶印机润版液

胶印机上采用的酒精润版液,含有异丙醇。相对于传统的水润版系统,这种润版方式可
大大减少水的用量,又避免了因水过量引起的纸张变形和油墨的过量乳化,从而提高印刷效
果。然而由于异丙醇挥发后产生的醇蒸汽有毒,会污染环境,并对人体健康造成危害,许多
发达国家严格控制异丙醇在工作场所的阈限值;另外,异丙醇是一种光化学氧化剂,受阳光
照射会形成臭氧,从而导致所谓的"夏季烟雾"现象,光化学烟雾还会刺激人的眼睛和呼吸道
系统,因此在印刷中减少异丙醇用量势在必行。为此,有人采用固体茶皂素和液体茶皂素分
别配制两种非离子表面活性剂润版液,测试表明,固体茶皂素质量分数为 0.20%、液体茶皂
素质量分数为 0.10%时所配制的非离子表面活性剂润版液,其表面张力、电导率、pH 值和
乳化率等指标与常用传统润版液基本接近,可以替代传统润版液(杨永刚等,2006)。

七、虾蟹养殖池的清塘剂

淡水养殖的河蟹、青虾、罗氏沼虾、南美白对虾池中常有麦穗鱼、鲫鱼、泥鳅等野杂鱼存
在,它们与虾蟹争夺饲料,降低饲料利用率,影响虾蟹生长。常用五氯酚钠杀灭这些野杂鱼,
但五氯酚钠毒性强、环境污染严重,已被禁止使用。

茶皂素对虾、蟹及野杂鱼的毒性存在差异,如在水温 28℃时泼洒茶皂素,在 24 h 内可将
野杂鱼杀死的浓度分别为:麦穗鱼和鲫鱼 25 mg/L,泥鳅等 4.5 mg/L。将浓度分别为
5.6 mg/L、10 mg/L、18 mg/L、32 mg/L、56 mg/L 茶皂素泼洒后 48h,只有一个批次的青虾
在 32 mg/L 浓度下死亡 1 尾,罗氏沼虾在 56 mg/L 浓度下死亡 1 尾,河蟹在 56 mg/L 浓度
下死亡 2 只。在泼洒茶皂素后 12 h、24 h、48 h、72 h 和 96 h 分别放 15 尾麦穗鱼,结果发现,
泼洒后 12 h 放养的麦穗鱼全部死亡,24 h 后放养的死亡 13 尾,48 h 后放养的不再死亡。

以茶皂素作为虾蟹养殖池的清塘剂,毒鱼作用时间快,持续时间短,对虾蟹安全;浓度达
18 mg/L,虾蟹也能正常存活。因此,如果是主养虾或蟹的池塘,每立方米水体用 3 g 茶皂素
全池泼洒,16 h 后池中野杂鱼就可被清除,对虾蟹没有影响。以茶皂素为主要成分的清塘
剂,完全可以替代五氯酚钠进行清除淡水甲壳类养殖池塘中的野杂鱼(罗毅志等,2004)。

八、动物饲料添加剂

在湖羊瘤胃培养液体外培养发酵试验中,分别添加 0.25%、0.50%和 0.75%茶皂素提
取物,可以使活原虫数显著减少($P<0.01$),并显著提高产气量($P<0.01$),从而提高饲料的
转化效率,并使湖羊获得更多的菌体蛋白和能量。因此,在湖羊养殖过程中添加适量的茶皂
素于低精料日粮中,有利于提高反刍动物对饲料的利用效率及生产性能,增加经济效益。其
原因是茶皂素能够增加细菌数量,抑制原虫存活率,为反刍动物提供更多的菌体蛋白,并能
促进发酵,使动物获得更多的能量;增加丙酸产量,抑制甲烷的产生(来海良和王一义,
2010)。有分析显示,按照每千克基础日粮以 0.8 元,每千克增重以 10 元计,通过料重比及
平均日增重,可以了解每头湖羊每日的大概毛利,其中添加茶皂素均可获得较好的经济效益,

其中以每千克饲料中添加 1.25 g 茶皂素提取物试验组效益最好(表 3.12)(叶均安,2001)。

表 3.12   茶皂素对湖羊生产性能的影响(叶均安,2001)

实验组	湖羊(头)	始重(kg)	终重(kg)	平均增重(kg)	平均日增重(g)	增重比较(%)	料重比	饲料转化效率比较(%)	经济效益[元/(头·日)]
空白对照	6	14.8±2.1	17.7±1.8	2.9±0.7	96.7	100	5.6	100	0.53
试验1组	6	14.5±2.4	18.1±4.4	3.6±0.1	120.0	124.1	4.1	127	0.81
试验2组	6	14.6±2.4	18.7±3.4	4.1±1.4	136.7	141.4	3.7	134	0.96
试验3组	6	14.6±2.5	18.8±3.4	4.2±1.1	140.0	144.8	3.8	132	0.97

在肉鸡日粮中添加茶皂素,对肉鸡生长性能、屠宰性能和肉质都有良好作用。以饲喂基础日粮为对照组,试验组在基础日粮中分别添加 200 mg/kg、300 mg/kg、400 mg/kg 和 500 mg/kg 茶皂素,试验期为 56 d。结果表明:与对照组相比,4 个试验组平均日增重提高 8.74%($P<0.05$)、料重比降低 15.52%($P<0.01$)、屠宰率提高 2.33%($P<0.05$);茶皂素 100~200 mg/kg 组腹脂率降低了 6.92% 和 9.69%($P<0.05$);400 mg/kg 和 500 mg/kg 茶皂素组腹脂率分别降低 15.92% 和 15.57%($P<0.01$);300 mg/kg 茶皂素组滴水损失降低 5.42%($P<0.05$),而 400 mg/kg 和 500 mg/kg 茶皂素组滴水损失降低 11.19% 和 14.24%($P<0.01$)(陈玮等,2010)。在鸡饲料中添加茶皂素具有添抗生素"加恩拉霉素"相似的效果,且有利于肉鸡盲肠中乳酸杆菌的增殖,降低盲肠大肠杆菌的数量改善肠道微生物区系(袁钟宇等,2010)。

九、在泡沫混凝土和人造板加工中应用

泡沫混凝土是利用机械方式将发泡剂水溶液制成泡沫,再将泡沫混入各种水泥混合料中,经均匀搅拌、浇筑成型后,形成含有大量封闭气孔的轻质混凝土及其构件;其材料具有轻质高强、节能利废、保温隔热等优良性能。泡沫混凝土的质量好坏与发泡剂性能关系密切,优良的发泡剂是制备优质泡沫混凝土的核心要素。混凝土发泡剂多为表面活性剂,可分为阴离子型发泡剂、阳离子型发泡剂、两性发泡剂和非离子型发泡剂等。茶皂素是一种优良的天然非离子型表面活性剂,具有很好的起泡性、湿润性和分散性,能有效地降低水的表面张力,且对蛋白质溶液疏水性有明显增强作用。掺入不同用量的茶皂素均可不同程度地降低泡沫流体的流动度,对发泡体积及泡沫稳定性会产生良好的作用,其中,茶皂素掺量为 0.3 g/L 的效果最佳(刘佳奇等,2009)。

在人造板制板工业上,必须在纤维素束间加入石蜡,用以提高纤维板和刨花板的防水性能,传统工艺是用油酸和氨水来乳化石蜡的。油酸是由动物或植物油脂中提炼出来的,价格昂贵,用作乳化剂势必与食用油争原料,而氨水经高温高速搅拌,氨气大量挥发,污染环境,对操作工人健康不利。1987 年西北植物研究所从油茶饼中提炼茶皂素,并研制成功了茶皂素石蜡乳化剂,制得纤维板经抽样检查,符合中华人民共和国硬质纤维板国家标准 GB1923 二等品率(李玉善等,1990)。

十、去除重金属

制革等工业存在重金属污水处理问题,皮革废水中重金属离子处理一般采用化学沉降法和微生物法。其中化学沉降法很容易造成二次污染,同时需消耗大量化学试剂;而用微生物法处理废水中重金属离子,虽然投资小、运行费用低、无二次污染等优点,但该技术目前尚存在不完善的地方,工业应用受到一定限制。浮选法新技术去除重金属离子,具有成本低、能耗低以及富集比高等优点。茶皂素浮选法去除废水中的 Cr^{3+} 有良好效果,在茶皂素浓度 C_{TS} 与 $C_{Cr^{3+}}$ 浓度比例($C_{TS}/C_{Cr^{3+}}$)为 2/3、pH 6～8、通气量 0.15 L/min 的条件下,对 Cr 水平在 10^{-4} mol/L 至 10^{-3} mol/L 废水中 Cr 的去除率比较稳定,处理后废水 Cr 浓度 $\leqslant$ 1.5 mg/L,符合国家排污标准(李志洲和刘军海,2009)。

为了增强非离子生物表面活性剂茶皂素(TS)去除重金属的效果,有人将其与化学表面活性剂十二烷基硫酸钠(SDS)进行复配后再应用于浮选。结果表明,当 TS 与 SDS 的混合比例为 0.2/1～0.3/1 时,复配体系表面张力和临界胶束浓度均降至最低,起泡性和稳泡性均较稳定;采用 TS/SDS＝0.25/1 的复配体系进行浮选,溶液中铜离子的去除效率可达 92%(彭艳春等,2008)。

由于茶皂素具有清除重金属的作用,因此有人开展了茶皂素淋洗修复受重金属污染土壤的研究。土柱淋洗试验表明,最佳淋洗修复条件为:以质量分数 7% 茶皂素溶液作淋洗液,pH 5.0±0.1,土液质量体积比 1:4;在该条件下,土壤 Pb、Cd、Zn 和 Cu 的去除率分别为 6.74%、42.38%、13.07% 和 8.75%。研究还显示,淋洗过程中,重金属去除率明显受到茶皂素溶液浓度和土壤 pH 的影响。茶皂素淋洗能有效去除酸溶态和可还原态重金属,可降低重金属的环境风险,说明茶皂素在受污染土壤的修复方面也有较大的应用潜力(李光德等,2009)。

借助茶皂素对重金属离子的高效螯合功能,可以将之用于富集城市生活垃圾焚烧飞灰的铅、镉、锌等重金属以及二恶英和呋喃等有机污染物。经比较,茶皂素对生活垃圾焚烧飞灰的活化指数可达 95% 以上,对重金属具有较强的束缚能力,其稳定化效果与硫脲和磷酸钠螯合剂能力相当。由于硅灰石等非金属矿粉碎后经表面活性剂活化处理,可广泛用作聚合物填料,而生活垃圾焚烧飞灰中主要矿物组成为 SiO_2、$CaSO_4$、KCl、$NaCl$ 和 $CaCO_3$ 等,与非金属矿中的硅灰石有一定的相似性,故可将改性后的飞灰替代非金属无机矿物质应用于高分子聚合物填料,实现飞灰高附加值资源化目标。当茶皂素加入量为 0.45 g/g 左右时,活化指数最大可达 96.42%,符合用作高分子聚合物填料的基本要求。相对常规矿物而言,飞灰具有原始粒度小、来源广、零成本等优势(陈丹等,2006)。

十一、硫化铜矿石捕收剂

永平铜矿矿石是由铜、硫矽卡岩和夹砂页岩组成,其中主要矿物为黄铁矿、黄铜矿、褐铁矿、辉铜矿、斑铜矿、铜兰、石英云母、方解石、柘榴子石、绿泥石、辉石等。以茶皂素作捕收剂进行铜、硫混合浮选发现,茶皂素对硫化铜矿有一定的捕收能力。当茶皂素用量为 80～140 g/t 时,铜精矿品位和回收率均随着皂素用量增加而降低,茶皂素用量以 80 g/t 为佳,其浮选结果为:铜品位 5.73%,回收率 65.9%。

如果茶皂素与丁黄药混合使用,效果比丁黄药与乙黄药混合使用的效果好。粗选和扫选中,茶皂素与丁黄药药剂总量大于 140 g/t 时,精矿和扫选混合产品铜的回收率达 90％以上,而铜在尾矿中的含量仅为 0.08％,损失大大降低,说明茶皂素可取代部分黄药(邹莲花,1990)。

参考文献

Hao W, Zhong G, Hu M, Luo J, Weng Q and Rizwan-ul-Haq M. 2010. Control of citrus postharvest green and blue mold and sour rot by tea saponin combined with imazalil and prochloraz[J]. Postharvest Biology and Technology, 56: 39-43.

Zhang XF, Han YY, Bao GH, Ling TJ, Zhang L, Gao LP and Xia T. 2012. A new saponin from tea seed pomace (camellia oleifera Abel) and its protective effect on PC12 cells[J]. Molecules, 17: 11721-11728.

Zhou CS, Xiao WJ, Tan ZL, Salem AZM, Geng MM, Tang SX, Wang M, Han XF and Kang JH. 2012. Effects of dietary supplementation of tea saponins (Ilex Kudingcha C. J. Tseng) on ruminal fermentation, digestibility and plasma antioxidant parameters in goats[J]. Animal Feed Science and Technology, 176: 163-169.

曹机良,曹毅,孟春丽.2010. 棉织物改性茶皂素退煮漂-浴工艺[J]. 印染,(6):19-21.

陈创锋,何晓玲,李锋,陈浩,吴锦忠,郭养浩. 2006. 油茶皂素不育剂对鼠类抗生育功能的实验研究[J]. 中国媒介生物学及控制杂志,17(1):11-14.

陈丹,钱光人,张后虎,朱化军. 2006.茶皂素稳定和改性处理垃圾焚烧飞灰试验研究[J]. 中北大学学报(自然科学版),27(6): 519-523.

陈树仁,李桂亭,赖建辉,李祥,张跃雷. 1996. 茶皂素 TS-D 杀虫效果初步研究[J]. 植物保护,22(3):27-28.

陈玮,周裔彬,宛晓春,邵磊,胡经纬,张燕. 2010.茶皂素对肉仔鸡生长性能、屠宰性能和肉质的影响[J]. 粮食与饲料工业,9: 49-51.

程志斌,张永东.1997. 茶皂素在精纺毛织物洗涤剂中的应用[J]. 新疆纺织,(3):13-14.

韩志红,刘义庆,度新兰,吴桂兰,陈琼霞,吴永方. 1998. 茶皂素对荷瘤小鼠肿瘤抑制作用研究[J]. 武汉职工医学院学报,26(1):5-6.

胡绍海,胡卫军,胡卫东,张志成,周社文.1998. 茶皂素在化学农药乳油剂中增效作用研究[J]. 中国农业科学,31(21):30-35.

胡绍海,胡卫军,许莲瑛,张乐书,陈裕旭,李军. 1998c. 油茶皂素毒性研究(Ⅲ)——油茶皂素对昆明种小鼠的致突变试验[J].中国油脂,23(6):57-58.

胡绍海,胡卫军,杨新文,李清明. 1998a. 油茶皂素毒性研究(Ⅰ)——油茶皂素对 SD 大鼠经口、经皮急性毒性和蓄积毒性[J].中国油脂,23(4):47-48.

胡绍海,胡卫军,杨新文,许莲瑛,李清明. 1998b. 油茶皂素毒性研究(Ⅱ)——油茶皂素对 SD 大鼠的亚慢性毒性[J].中国油脂,23(5):49-50.

黄卫文,敖常伟,钟海雁. 2002. 油茶皂素抑菌效果研究[J]. 经济林研究,20(1):17-19.

黄文红,皮晓龙,黄文新,王秀霞.2010.茶皂素的泡沫性能研究[J]. 新疆石油天然气,6(2):

44-46.

来海良，王一义. 2010. 茶皂素对湖羊瘤胃培养物发酵的影响[J]. 动物科学，23：300-302.

李光德，张中文，敬佩，周楠楠，林立，袁宇飞，于淼. 2009. 茶皂素对潮土重金属污染的淋洗修复作用[J]. 农业工程学报，25(10)：231-235.

李耀明，何可佳，王小艺，陈柏青. 2005. 茶皂素对Bt防治小菜蛾的增效作用[J]. 湖南农业科学，(4)：55-57.

李玉清. 2007. 茶皂素对福寿螺纤维素酶的影响研究[J]. 襄樊学院学报，28(11)：35-38.

李玉善，张发兰，汪建文，李志平. 1990. 油茶皂素乳化剂在人造板工业上的应用[J]. 陕西林业科技，4：59-60.

李志洲，刘军海. 2009. 茶皂素浮选法去除皮革废水中重金属离子的研究[J]. 中国皮革，38(5)：36-39.

刘佳奇，霍冀川，雷永林，李娴，石行波. 2009. 混凝土蛋白质发泡剂的改性研究[J]. 混凝土与水泥制品，(4)：15-17.

刘瑞宁，刘阳，崔淑玲. 2011. 棉织物的复合茶皂素前处理[J]. 印染，(5)：16-18.

罗毅志，叶雪平，施伟达. 2004. 茶皂素对部分常见淡水水生生物的毒性试验[J]. 淡水渔业，34(1)：10-12.

彭艳春，袁兴中，曾光明，刘佳. 2008. 茶皂素与十二烷基硫酸钠复配体系浮选去除废水中金属离子的研究[J]. 应用化工，37(2)：125-128.

孙蓉，李明静，高永建，张治军，党鸿辛. 2002. TiO$_2$纳米微粒-茶皂素水基乳化液的切削行为研究[J]. 摩擦学学报，22(4)：254-257.

谭新东，肖纯. 2000. 茶树各部分茶皂素含量的测定和比较分析[J]. 茶叶，26(3)：136-138.

田洁芬，朱全芬，夏春华. 1998. 中国主要茶树品种茶籽皂素含量的研究[J]. 中国农业科学，21(1)：73-77.

童勇，李玉山. 2009. 茶皂素抗炎镇痛作用的实验研究[J]. 临床合理用药，2(16)：13-14.

王林，宋仲容，曹槐，徐强，赖宜生. 1998. 茶皂素的表面活性性能及应用[J]. 新疆大学学报（自然科学版），15(3)：70-72.

王小艺，黄炳球. 1998a. 茶皂素对农药的增效机制Ⅰ. 对药液表面张力的影响[J]. 茶叶科学，18(2)：125-128.

王小艺，黄炳球. 1998b. 茶皂素对农药的增效机制Ⅱ. 对药液接触角的影响[J]. 茶叶科学，18(2)：129-133.

王小艺，黄炳球. 1998c. 茶皂素对农药的增效机制Ⅲ. 对药液沉积量的影响[J]. 茶叶科学，18(2)：134-138.

王小艺，黄炳球. 1999. 茶皂素对几种农药的增效作用测定[J]. 华南农业大学学报，20(2)：32-35.

文莉，芦苇，蒋倩，晏绿金，方大兵. 2011. 茶皂素毒性刺激性试验及抑菌作用研究[J]. 中国油脂，36(6)：58-60.

吴慧平，宛晓春，如燕，徐晓莉. 2007. 茶皂素杀线虫活性测定分析[J]. 植物病理学报，37(5)：553-555.

吴文鹤，李玉山. 2009. 茶皂素对高脂血症模型大鼠血液流变学、心肌酶活性的影响[J]. 湖北民族学院学报(医学版),26(4):15-16.

吴耀军,陆顺忠,贤振华.2002.茶皂素对高效氯氰菊酯的增效作用试验及评价[J].广西林业科学,31(4):170-172.

杨磊,傅丽君.2010.茶皂素单乙醇酰胺琥珀酸单酯硫酸钠乳化剂合成与性能研究[J].应用化工,39(1):33-36.

杨永刚,吕从飞,孟丹.2006.环保型非离子表面活性剂润版液的配方探讨[J].包装工程,27(5):38-40.

叶均安.2001.茶皂素对湖羊生产性能的影响[J].饲料研究,(6):33.

叶乃兴,常玉玺,郑德勇,孙伟铭.2011.茶树果实的特性、功能成分与利用[J].茶叶科学技术,(2):1-6.

尹忠,廖刚,梁发书.2004.一种高效起泡剂——茶皂素的泡沫性能与应用[J].日用化学品科学,27(6):25-27.

尹忠,赵晓东.2002.天然茶皂素的提取及泡沫性能[J].应用化工,31(4):24-27.

张楚霜,唐光明,陈家其,王君.2002.茶皂素现场杀螺效果观察[J].实用寄毕虫病杂志,10(2):60.

张楚霜,张晴,石孟芝,贺宏斌,李广平,彭隆祥.2002.茶皂素对钉螺肝脏和生殖腺作用的电镜观察[J].中国血吸虫病防治杂志,14(6):453-454.

张星海,杨贤强.2003.茶皂素性质及应用研究近况[J].福建茶叶,(2):17-19.

赵世明.1998.茶皂素的化学结构及药理活性研究[J].国外医药·植物药分册,13(1):3-6.

邹莲花.1990.油茶皂素作捕收剂浮选永平铜矿矿石的研究[J].有色合金设计与研究,11(8):21-24.

第四章

茶多糖及其生理功能

糖类是茶叶中三大自然物质之一,它的代谢直接或间接地影响其他物质的含量。多糖(Polysaccharide),因其具有多种生物活性而引起人们越来越多的兴趣。多糖的结构复杂且庞大,是由多个单糖分子缩合、失水而成的一类大分子糖类物质,相对分子质量从几万到几千万。它广泛存在于自然界中,是构成生命有机体的基本物质,在贮藏能量、控制细胞分裂、调节细胞生长和衰老以及维持生命有机体的正常代谢等方面有重要作用。随着多糖的生物活性功能研究日益活跃,对多糖生物资源的开发利用成为天然药物、生物化学、生命科学的研究热点。目前已经或正在开发的植物多糖有人参多糖、灵芝多糖、枸杞多糖、茶多糖等十余种。

茶多糖(Tea polysaccharides,TPS)是从茶叶中提取的活性多糖的总称。虽然糖类不是影响茶叶感官品质的特征物质,但它的代谢直接或间接地影响着茶叶中其他物质的含量。1986 年,日本学者清水岑夫首次报道了从茶叶中所提取多糖物质的降血糖活性,引起了人们对茶多糖降血糖功效的研究兴趣。自 20 世纪 80 年代起,随着国际上掀起的多糖生物学和生物技术研究热潮,国内外学者们对茶叶所含的多糖物质开展了大量探索研究。

药理实验证实,茶多糖具有多种生物活性,对人体生理具有显著的调节作用。我国民间早有应用粗老茶叶治疗糖尿病的习俗,这与茶多糖的作用紧密相关。而茶多糖的保健功能远不止于此。研究表明,茶多糖也具有增强机体免疫能力、降血糖、降血脂、减少动脉粥样硬化、抗凝血、抗氧化等作用。我国茶叶资源丰富,饮茶历史悠久,但是大量的粗老茶叶及制茶副产品未得到有效利用,茶多糖的结构和功能研究任重而道远,在医疗、功能食品方面显示出广阔的开发前景。

第一节　茶多糖的含量及分布

一、茶多糖的组成

茶多糖中既含有酸性多糖也含有中性多糖,多为含有多个单糖的杂聚糖,往往是与蛋白质紧密结合的糖蛋白复合物,其相对分子质量从几万到几十万不等。其蛋白部分主要由约

20 种常见的氨基酸组成,糖的部分主要由阿拉伯糖、木糖、岩藻糖、葡萄糖、半乳糖等组成,并且络合了钙、镁、铁、锰等矿质元素以及少量的微量元素,如稀土元素等。

单糖是茶多糖的基本结构单位,能够以不同的方式相连接,构成有规则重复单位形成的杂多糖,所以茶多糖结构很复杂,几乎是不确定的。目前,茶多糖的化学结构研究主要包括单糖残基组成、排列、连接方式、构型以及多糖的构象等。1987 年,清水岑夫所报道的一种具有降血糖效果的茶多糖,相对分子质量为 4.0×10^4,其单糖主要有三种,组成摩尔比为阿拉伯糖:核糖:葡萄糖 = 5.1:4.7:1.7。此后所见的大量报道则表明,不同来源茶多糖的单糖组成、摩尔比,以及相对分子质量差异都很大,这些可能与原料和提取工艺的差别等因素有关(表 4.1)。

表 4.1　部分文献所报道茶多糖的组成与摩尔比例

茶多糖来源	单糖组成	单糖摩尔比
粗老绿茶 (清水岑夫,1987)	阿拉伯糖、核糖、葡萄糖	5.10:4.70:1.70
屯溪绿茶 (王丁刚等,1991)	葡萄糖、甘露糖、岩藻糖、半乳糖、阿拉伯糖	0.62:1.04:0.23:2.43:1.00
广西碎绿茶 (黄桂宽等,1996)	TPS1:岩藻糖、阿拉伯糖、果糖、甘露糖 TPS2:木糖、阿拉伯糖、果糖	3.51:14.78:20.46:61.25 4.39:16.22:79.39
粗老乌龙茶 (汪东风等,1996)	阿拉伯糖、木糖、岩藻糖、葡萄糖、半乳糖	5.52:2.21:6.08:44.20:41.99
粗老绿茶 (许新德等,2000)	中性 TPS:阿拉伯糖、木糖、甘露糖、葡萄糖、半乳糖 酸性 TPS1:阿拉伯糖、木糖、葡萄糖、半乳糖 酸性 TPS2:阿拉伯糖、木糖、葡萄糖、半乳糖 酸性 TPS3:鼠李糖、阿拉伯糖、木糖、半乳糖	1.04:2.98:5.99:2.00:1.00 2.57:0.94:1.77:1.00 2.57:0.94:1.77:1.00 5:2:1:7
粗老绿茶 (陈海霞和谢笔钧,2001)	阿拉伯糖、核糖、木糖、葡萄糖、半乳糖	41.6:2.9:6.0:38.1:11.3
绿茶 (陈海霞,2002)	阿拉伯糖、核糖、木糖、葡萄糖、半乳糖	4.88:2.19:3.07:1.82:1.00
信阳毛尖 (任键等,2003)	TPS1:鼠李糖、阿拉伯糖、甘露糖、葡萄糖、半乳糖	0.58:1.09:0.18:0.87:1.00
乌龙茶 (倪德江等,2005)	TPS2:鼠李糖、阿拉伯糖、木糖、甘露糖、葡萄糖、半乳糖 TPS3:鼠李糖、阿拉伯糖、木糖、葡萄糖、半乳糖 半乳糖、葡萄糖、阿拉伯糖、岩藻糖、鼠李糖	0.49:0.97:0.40:0.17:0.58:1.00 0.45:1.17:0.14:3.58:1.00 7.58:2.14:7.05:1.76:1.02
粗老绿茶 (王元凤和金征宇,2005)	鼠李糖、核糖、阿拉伯糖、甘露糖、葡萄糖、半乳糖	3.33:0.60:1.21:0.26:0.20:4.40
绿茶 (Nie et al.,2008)	核糖、鼠李糖、阿拉伯糖、木糖、甘露糖、葡萄糖、半乳糖	1.71:5.88:13.70:1.99:1.00:1.84:33.75
茶花 (Wang et al.,2010)	鼠李糖、阿拉伯糖、甘露糖、葡萄糖、半乳糖	1.0:2.9:0.5:1.3:3.3

　　不同来源的茶多糖,由于其单糖组成的多样性和多糖结构的复杂性,其理化性质方面存在差异,化学结构和生物活性之间的关系则较为复杂。茶多糖结构的研究包括一级结构和高级结构。前者包括研究单糖基的构型(L 或 D)、异构物的构型(α 或 β)、糖基环化方式(五元环或六元环)、糖苷键位置(1→2,1→3,1→4)、分支等。茶多糖内部基团的相互作用,不同氢键的形成等,又构成特定的高级结构。

　　周鹏等(2004)对茶多糖的糖链结构研究发现,茶多糖在水溶液中以有序的螺旋构象存在,其一级结构为:主链的骨架结构由鼠李糖(Rha)、葡萄糖(Glu)和半乳糖(Gal)构成,这三种单糖都有可能连接支链,不接支链时其连接方式为 $\beta1→3$,支链主要由阿拉伯糖(Ara)构成,其连接方式可为 $\beta1→2$,$\beta1→3$,$\beta2→3$ 三种,木糖(Xyl)以 $\beta1→$ 存在于主链和支链的末端。一般认为,异头碳构型为 β 的多糖活性往往较高。对于糖苷键类型和糖基连接顺序而言,具有 1→3 糖苷的多糖往往会比具有 1→2 和 1→4 糖苷的多糖表现出更高的活性。

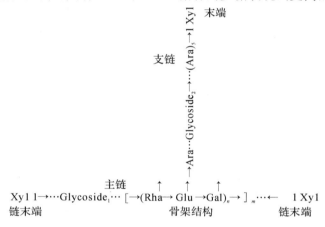

Rha—鼠李糖;Glu—葡萄糖;Gal—半乳糖;

Ara—阿拉伯糖;Xyl—木糖;Gycoside—葡糖苷

图 4.1　茶多糖的一级结构 (周鹏等,2004)

　　不同的研究表明,同一单糖基组成的茶多糖,一级结构可能不一定相同。王元凤(2005)研究其分离纯化后的茶多糖,发现组分 NTPS1 是一个以 β-1,4 连接的半乳聚糖,重复单元为→ 4)-β-D-Gal-(1→4)-β-D-Gal-(1→;而相同单糖组成的 ATPS2 与 ATPS4 分别具备另外的主链骨架。而王黎明(2006)研究其粗多糖分离组分 FC-1 的一级结构为:主链由→2)-Rhap-(1→4)-GalA-(1→2)-Rhap-(1,4→重复单元构成,支链位于→2)-Rha-(1→C4 位上,甘露糖位于支链和主链的非还原末端。

　　茶多糖的高级结构研究方兴未艾。特定的空间构象是多糖产生生物学活性所必需的。高级结构研究主要包括卷曲螺旋状、可拉伸带状、皱纹状、不规则卷曲状等。茶多糖的糖链进一步卷曲或折叠,或两链双螺旋排列形成三级结构。对于具螺旋结构的茶多糖而言,支链能够调节糖链的空间结构,可以使螺旋结构更加稳定,而螺旋结构上的亲水基对茶多糖的活性又极为重要。倪德江等(2004)在研究乌龙茶多糖 OTPS2-1 在溶液中的形貌特征时,发现这一组分呈直径 0.2~0.5 μm、高度 0.3~0.6 μm 的短棒形不均聚集体,并具有强烈的荧光,提示茶多糖存在不同程度的聚集,这与多糖的相对分子质量分布范围规律是一致的。但是在不同酸、碱环境,不同 pH 条件下,茶多糖的形貌特征有差异。乌龙茶发酵前后,茶多糖的糖链、肽链均发生降解，分子间氢键作用增强，多糖结构更加紧密。王元凤(2005)则认为，茶多糖组分 NTPS1 是集聚成均匀小圆球状颗粒，直径 10～40 nm 不等，组分 ATPS2 与 ATPS4 则是集聚成大小、高低不等的小圆球状颗粒。常树卓(2006)对茶多糖组分 TPS4-1 的溶液行为进行三维链构象研究，认为其在溶液中以无规则状线团存在，且分支较多。

二、茶多糖的含量及分布

茶叶中，糖类物质约占茶叶干物质的 20%，而茶多糖约占总糖量的 1/3。在茶树树梢和粗老叶子中，茶多糖的提取率最高可达到干茶的 6% 左右。

1. 茶树品种多样性与茶多糖含量

针对相同植物材料的不同品种来源的多糖研究证实，不同品种间的多糖含量和活性都存在较大差异。一般来说，大叶种茶叶的茶多糖含量比小叶种高。

孙娅(2007)研究比较了 69 个茶树品种间的多糖含量和活性的差异，结果表明，不同茶树品种多糖中的中性糖含量范围约在 30.54%～48.77% 之间，而不同品种间存在显著差异；不同品种多糖中的蛋白质含量变幅在 2.50%～8.03% 之间，也存在极显著差异；糖醛酸含量的变化也较大，在 19.62%～36.56% 之间。这些差异充分说明茶多糖含量具有很强的品种多样性，可能与不同茶多糖的一级结构和高级结构相关。与之相应，陈玉琼等(2005)也报道过针对福鼎大白茶、白毫早等 9 个代表性茶树品种的茶多糖分析研究，认为不同品种茶树的茶多糖含量存在差异。

2. 茶树生长环境和新梢成熟度与茶多糖含量

茶树生长所处的环境、海拔高度、昼夜气温的变化、降水量、湿度、日照时间等因素对茶叶的多糖含量和分布有一定影响。一般而言，对成熟度相似的茶树新梢而言，春季茶比秋季茶的多糖含量高。对成品茶而言，汪东风等(1994)对不同老嫩程度和不同种类茶叶中多糖含量进行分析，结果发现茶叶中的多糖含量随茶叶原料的粗老程度而增加，原料越粗老，多糖含量越高，其中六级红茶的多糖含量约为一级红茶的 2.13 倍；就茶类而言，乌龙茶的新梢原料比红、绿茶粗老，成熟度高的乌龙茶多糖含量最高(2.63%±0.27%)，约为六级红茶的 3.10 倍和六级绿茶的 1.67 倍。

3. 茶叶加工方式与茶多糖含量

加工方式对茶叶的化学物质变化产生了重要影响，加工过程中的酶促作用或湿热作用，一方面使束缚态多糖变成游离态，使多糖含量增加，另一方面游离态或束缚态多糖又发生降解，使多糖含量下降。一般认为，相似原料老嫩的茶叶，不发酵茶比发酵茶的多糖含量高。其原因可能在于，不发酵的绿茶在加工过程中，初制工艺经高温杀青，酶的活性已钝化，茶叶仅受湿热作用，多糖向单糖转化的程度低；乌龙茶为半发酵茶，加工过程中茶叶既遭受湿热作用，又遭受酶促作用；而在红茶加工过程中，茶叶则主要受到酶促作用，水解程度大，因此多糖含量降低。

倪德江(2003)将福建、湖北、云南三产地的同一嫩度鲜叶分别制成绿茶、乌龙茶、红茶，研究比较不同加工工艺对茶多糖含量的影响，结果表明，无论是粗多糖还是纯化多糖，各产地茶叶所制的绿茶多糖含量均高于乌龙茶多糖，红茶多糖含量最低；此外，中性多糖、糖醛酸、蛋白质含量高低均为绿茶＞乌龙茶＞红茶。

然而，不同茶类往往采用不同嫩度的茶叶原料进行加工。当原料老嫩程度不同，加工方式对茶多糖特征的影响也存在差异。丁仁凤等(2005)研究了不同加工方式制作茶粉的茶多糖特征,结果表明,茶多糖含量由高到低依次为:普洱茶＞绿茶＞红茶＞乌龙茶。当茶叶原料不同时,茶样中单糖的种类及组成比例差别也较大,而加工方式对不同茶类的多糖特征也有影响。招钰等(2007)在同一提取工艺流程下,分别对绿茶、乌龙茶、黑茶及红茶的茶多糖中单糖组成、摩尔比例、糖醛酸含量等进行分析,结果发现,大部分茶样多糖主要由阿拉伯糖、半乳糖、葡萄糖3种单糖组成。而这3种单糖在绿茶多糖中摩尔比例近似2∶2∶1,糖醛酸含量22.30%左右;乌龙茶中摩尔比例近似2∶3∶1,糖醛酸含量20.60%左右;黑茶中摩尔比例近似1∶3∶2,糖醛酸含量6.32%左右;红茶中摩尔比例近似3∶4∶1,糖醛酸含量1.95%左右。

加工过程中,茶多糖的含量是动态变化的。倪德江等(2005)研究乌龙茶加工过程中不同工艺对多糖含量的影响,发现多糖中的中性糖、蛋白质含量呈递减趋势,而第3次摇青后的下降幅度有所增加。

第二节　茶多糖的生理功能

天然多糖作为药物副作用最小。茶多糖是茶叶中极具开发价值的一种生理活性物质。大量药理和临床研究表明,茶多糖具有降血糖、降血脂、抗氧化、增强免疫力、抗凝血、抗癌、防辐射、降血压、耐缺氧、增加冠状动脉血流量等作用。

一、降血糖

人体内正常的糖代谢能够维持血糖浓度相对恒定,即空腹血糖浓度约为3.8～6.1 mmol/L,餐后2 h血糖小于7.8 mmol/L。临床上的糖代谢紊乱则主要表现为血糖浓度过高和过低。糖尿病就是一种以高血糖为主要症状,同时伴有很多并发症的综合征,患者血糖浓度控制不好极易引发肾、眼等人体器官的衰竭病变。

很多天然植物的多糖具有降血糖的作用,能缓解糖尿病症状。相较其他降糖药物,这些天然安全的活性多糖引发了人们越来越多的关注。对于茶多糖降血糖功能的利用,可以追溯到用于治疗糖尿病的传统药方。在中国和日本民间,曾有饮用粗老茶治疗糖尿病的习俗。目前有大量的科学依据证实了茶叶的降血糖作用,其中茶多糖是降血糖功能的主要成分。

茶多糖是理想的降血糖物质,能降低空腹血糖及改善餐后血糖过度升高,而不会导致低血糖,作用效果可以从灵芝或人参等中药中提取的降血糖物质相媲美。1987年,清水岑夫报道,服用茶多糖后的高血糖病态小鼠的血糖明显下降,最高下降率达到40%,而对正常小鼠腹腔注射茶多糖500 mg/kg剂量后,给药7 h即出现降血糖效果。1991年,日本学者Isigaki报道采用腹腔注射茶多糖可使大鼠的血糖显著下降;另外,其研究发现,将茶多糖用于糖尿病患者的辅助治疗,能使症状有所好转。1994年,汪东风等对健康成年小鼠进行腹腔注射茶多糖实验,结果发现12h后,小鼠血糖含量明显降低并达到极显著差异,24 h后血糖水平恢复。

有研究表明,茶多糖的降血糖机制主要表现在以下几个方面:保护胰岛β细胞、调节糖代谢酶活性、抗氧化功能、降低肝糖原、促进外周组织对糖的利用、促进降糖激素和抑制肾上腺素等升糖激素作用等。茶多糖的降血糖作用可能是一种或多种机制共同作用的结果。

1. 保护胰岛 β 细胞

1 型糖尿病是以胰岛 β 细胞破坏为主的自身免疫性疾病。糖尿病"免疫调节失衡学说"认为，1 型糖尿病患者存在 CD4[+] T 淋巴细胞与 CD8[+] T 淋巴细胞的功能失衡，其发病往往包括 T 细胞(CD4[+] Th 细胞)活性的增强和 T 细胞(CD8[+] Ts 细胞)缺陷的抑制，造成免疫调节失控和细胞因子不平衡，从而使免疫反应扩大。王莉英等(2006)利用非肥胖小鼠模拟人类可自发出现的由 T 淋巴细胞介导的胰岛 β 细胞破坏而发生 1 型糖尿病的动物模型，实验通过应用茶多糖预先免疫小鼠，研究其预防糖尿病的作用。结果表明，在 40 周的观察期内，茶多糖保护小鼠 90% 不发展为糖尿病，且发病时间较生理盐水对照组明显延缓；与对照组比较，茶多糖实验组血清 C 肽水平显著增高，胰岛炎症程度减轻，茶多糖预免疫能够预防或延缓小鼠 1 型糖尿病的发生。茶多糖处理的小鼠脾组织淋巴细胞则以 CD8[+] T 细胞亚群为主，CD4[+]/CD8[+] 亚群比例下降，胰岛浸润的淋巴细胞绝大多数为 CD4[+] T 细胞，提示茶多糖预防小鼠发生糖尿病的机制之一，可能与恢复 Ts(CD8[+] T)细胞的功能、抑制 Th(CD4[+] T)细胞的增生及活动，从而与免疫抑制作用加强有关。

四氧嘧啶致糖尿病是四氧嘧啶对胰岛 β 细胞有选择性的特异性坏死作用而引起的，造成 β 细胞坏死从而减少胰岛素的来源，使血糖升高。利用四氧嘧啶诱导实验性糖尿病小鼠，被广泛用作研究降糖作用的动物模型。石根勇等(2001)报道了降糖茶(含 3% 茶多糖)对此高糖模型小鼠明显的降血糖和增强小鼠糖耐量的作用，并由此推断茶叶多糖能够减弱四氧嘧啶对胰岛 β 细胞的损伤。倪德江等(2002)比较了不同茶类(绿茶、乌龙茶、红茶、黑茶、白茶)茶多糖对四氧嘧啶致糖尿病小鼠模型的降血糖效果，结果表明，在所设定的低、中、高三个剂量下，各种茶叶多糖对糖尿病小鼠都有显著或极显著的降血糖效果，其中绿茶具有明显的量效关系。而低、中剂量下，乌龙茶、红茶、黑茶、白茶多糖降低血糖的作用明显优于绿茶多糖，高剂量下差异则不明显。此外，其研究还发现，经木瓜蛋白酶水解后的茶多糖，降血糖效果优于未经水解的，说明游离多糖的降糖效果更好。陈建国等(2003)也对四氧嘧啶致糖尿病小鼠进行血糖实验，结果表明茶多糖能明显缓解糖尿病小鼠多饮、多食、多尿、体重减轻即"三多一少"症状，明显降低空腹血糖的同时，控制小鼠饮水量，促进其体重恢复，并存在剂量-效应关系。

江和源和郑高利(2004)研究了茶叶多糖对正常小鼠和四氧嘧啶致糖尿病小鼠血糖值的影响，结果表明茶多糖的半数致死剂量(4.19 g/kg)能抑制正常小鼠口服淀粉和葡萄糖后 1.5 h 内血糖的升高，能抑制四氧嘧啶糖尿病小鼠血糖的升高，改善小鼠的糖耐量，具有降血糖功能。

综合分析认为，茶多糖可能通过减弱四氧嘧啶对胰岛 β 细胞的损伤，以及改善受损伤的 β 细胞功能等，达到显著降低血糖作用。

2. 调节糖代谢相关酶活性

人体血糖浓度的高低主要受到糖原合成酶和糖原磷酸化酶的调节，前者能够调节血糖转变成糖原，后者促进糖原的磷酸化，从而达到降低血糖浓度的效果。近年来，在糖尿病口服药物的开发研究中，α-葡萄糖苷酶抑制剂和 α-淀粉酶抑制剂是热点之一。前者是一组通过抑制 α-葡萄糖苷酶(包括淀粉酶、蔗糖酶、麦芽糖酶等)延缓多糖、双糖转化为可吸收的单糖，从而降低餐后高血糖的口服降糖药；后者能够减慢食物淀粉在肠道中的消化，抑制餐后血糖水平的升高。另外,肠道对葡萄糖的吸收是以葡萄糖转运体的主动吸收来完成的。因此,抑制葡萄糖转运活性也是降低餐后血糖的重要环节之一。全吉淑(2007)研究了茶多糖对 α-葡萄糖苷酶、α-淀粉酶和刷状缘囊泡葡萄糖转运能力的抑制作用。结果发现,茶多糖显示较强的 α-葡萄糖苷酶抑制活性,其半抑制浓度(IC$_{50}$)值为 3.2 g/L;但对 α-淀粉酶的抑制活性相对较弱;茶多糖能够明显降低兔小肠刷状缘囊泡葡萄糖转运能力,其 IC$_{50}$ 值为 15 g/L。此研究结果表明,茶多糖是 α-葡萄糖苷酶和 α-淀粉酶的弱抑制剂,能降低兔小肠刷状缘囊泡的葡萄糖转运活性,从而能够通过延缓或减慢糖在肠道的消化和吸收来降低餐后高血糖。虽然茶多糖对这两种酶以及葡萄糖转运的抑制作用较弱,但因为肠道中茶多糖浓度能达到较高水平,经常饮用则有助于降低餐后血糖的持续升高。

丁仁凤等(2005)观察茶多糖饲养四氧嘧啶致糖尿病大鼠 3 周后的大鼠血糖、葡萄糖耐量、血胰岛素以及肠道淀粉酶、蔗糖酶、麦芽糖酶的变化,结果表明,茶多糖有显著抑制糖尿病大鼠血糖升高的作用,血胰岛素水平有显著提高,蔗糖酶和麦芽糖酶活性显著降低。分析认为,茶多糖通过抑制肠道蔗糖酶和麦芽糖酶的活性,使进入机体内的碳水化合物减少,起到降血糖作用。其降糖机制,除促进胰岛素分泌和抑制糖降解酶活性,还可能是通过促进体内糖的利用和减少淀粉、双糖的分解而达到降血糖的目的。

葡萄糖激酶是己糖激酶的同工酶,主要存在于成熟肝实质细胞和胰岛 β 细胞中,能催化葡萄糖磷酸化从而转变为 6-磷酸葡萄糖,促进葡萄糖的利用和肝糖原的合成,在肝脏糖代谢中起着重要作用。肝葡萄糖激酶受胰岛素调节,不受葡萄糖浓度的影响。王黎明和夏文水(2010)报道了茶多糖增强葡萄糖激酶和己糖激酶的活性,当茶多糖浓度为 1 mg/mL 时,可分别使葡萄糖激酶和己糖激酶相对活性提高 82.97% 和 99.57%;当浓度达到 10 mg/mL 时,使活性分别提高 152.09% 和 156.10%,达到极显著水平。

3. 调节体内抗氧化能力

茶多糖对体内氧化水平相关酶的活性产生一定的作用和影响。吴建芬等(2003)通过观察茶多糖给药对血糖和超氧化物歧化酶(SOD)、谷胱甘肽过氧化物酶(GSH-Px)和丙二醛(MDA)的影响,以及对血糖和肝脏葡萄糖激酶的影响,探讨茶多糖对四氧嘧啶致糖尿病小鼠的降血糖机制。结果表明,预防性给予茶多糖 4 周后再给予四氧嘧啶造模 3 d,肝脏 SOD 和 GSH-Px 活性提高,而 MDA 含量降低,显示出茶多糖使肝脏的抗氧化能力有所提高,同时,肝葡萄糖激酶活性也得到增强。倪德江等(2003)利用链脲佐菌素(STZ)复制糖尿病大鼠模型,研究乌龙茶对大鼠肝肾抗氧化功能和组织形态变化。实验表明,灌胃乌龙茶多糖 4 周后,肝肾 SOD 和 GSH-Px 活性显著提高,脂质过氧化产物 MDA 含量显著下降,这说明茶多糖有利于其抗氧化能力的提高,增强机体清除自由基的能力,对糖尿病大鼠肝肾组织有保护作用。

4. 调节降糖激素

人和动物机体内,胰岛素由胰岛 β 细胞分泌产生,能够促进体内葡萄糖的利用,最终结果是使血糖含量降低。研究发现,茶多糖能够促进糖尿病实验大鼠胰岛素的分泌使其含量增加,同时促进胰岛 bcl-2 基因的表达范围和强度,抑制 bax 基因的表达。

1 型糖尿病的主要特征是胰岛素分泌不足和胰岛素抵抗。KK-A^y 小鼠是一种基因突变型糖尿病小鼠,毛色基因 a^y 突变可引起代谢紊乱,出现高血糖、脂质代谢紊乱、高胰岛素血症等综合征,是研究人类 1 型糖尿病的理想动物模型。芮莉莉等(2005)研究发现,茶多糖能够降低 KK-A^y 糖尿病小鼠的血糖水平。处理第 8 周,高剂量组小鼠的葡萄糖耐量得到显著改善($P<0.01$),中剂量组、高剂量组的血糖、血清胰岛素、血清甘油三酯和果糖胺水平均较对照组显著降低($P<0.05$),肝糖原显著升高($P<0.01$)。分析认为,茶多糖表现的降血糖效果,可能与增加胰岛素的敏感性有关,能够通过改善糖代谢、脂质代谢达到降血糖作用。薛长勇等(2005)对 KK-A^y 遗传性糖尿病小鼠进行葡萄糖耐量试验,探讨绿茶多糖对血糖和过氧化物增殖体激活型受体 γ(PPAR-γ)活性的影响,研究结果表明,茶多糖不仅能改善 KK-A^y 糖尿病小鼠葡萄糖耐量,而且能降低空腹血糖、餐后血糖、果糖胺;对糖异生具有抑制作用,并且能够提高胰岛素敏感性。此外,茶多糖还能激活 PPAR-γ,并呈现剂量-效应关系。由此推断,茶多糖所具备的良好降血糖作用,可能是通过激活 PPAR-γ 而使其介导的胰岛素敏感性增高所致。

二、降血脂

茶多糖还具有一定的降血脂作用,存在一定的时间效应和剂效关系。据王丁刚等(1991)的动物实验结果显示,茶多糖能有效对抗小鼠实验性胆固醇血症的形成,腹腔注射和口服给药都达到了降低正常小鼠血清总胆固醇的效果。汪东风等(1994)报道,小鼠按 40 mg/kg 体重腹腔注射茶多糖 12 h、24 h 后,血清甘油三酯、胆固醇含量比对照组有降低趋势,但未达到统计差异水平。周杰等(1997)研究也表明,腹腔注射茶多糖(50 mg/kg·bw),小鼠血清甘油三酯和血清胆固醇都略有下降,但未达到显著水平。然而,该动物实验中,小鼠高密度脂蛋白胆固醇(HDL-C)显著增加(给药后 12 h 上升 7.1%,24 h 上升 15%),高密度脂蛋白胆固醇(血清胆固醇—高密度脂蛋白胆固醇)皆有所升高,这种影响对机体是有益的。吴文华和吴文俊(2006)研究普洱茶多糖的降血脂功能,结果发现,虽然低剂量茶多糖组小鼠的血清 TG、TC、LDL-C、HDL-C 水平没有显著差异,而中剂量(0.5 g/kg·bw)、高剂量(1.5 g/kg·bw)组都表现有所下降,同时 HDL-C 水平分别提高了 73.44% 和 82.81%。周小玲(2007)研究认为,绿茶多糖对高脂血症大鼠血清 TG、HDL-C、LDL-C 水平无显著影响,但对高脂血症大鼠的肝脏中的微量元素有显著影响,能增加它们的镁、铜、锌含量以及提高锌/铜比值,间接表明了茶多糖对高脂血症的调节作用。

尹学哲等(2007)给 20 名健康受试者空腹食用绿茶多糖,抽取静脉血,分析血浆脂蛋白过氧化程度以及氧化易感性的变化,结果发现,受试者血浆及极低密度脂蛋白(VLDL)、低密度脂蛋白(LDL)和高密度脂蛋白(HDL)过氧化脂质水平明显降低;体外进行氧化修饰时,LDL 氧化延滞时间明显延长,显示易感性下降。这意味着茶多糖能够经过消化吸收进入人体内发挥作用,从而增强人外周血抗氧化能力,对于预防心血管疾病起到积极作用。

三、抗氧化

人体具有完善和功能复杂的抗氧化系统,补充抗氧化物质有利于运动机体减少自由基的产生或加速其清除。超氧化物歧化酶(SOD)、谷胱甘肽过氧化物酶(GSH-Px)、过氧化氢酶(CAT)在机体内广泛存在,其活力对机体的氧化水平至关重要,能够分别清除超氧阴离子自由基(O_2^-)和催化分解过氧化氢,保护细胞膜结构和功能的完整性。而机体内丙二醛(MDA)含量的高低则能够直接反映脂质过氧化的程度。茶多糖在许多实验模型中表现出提高机体抗氧化水平的功能。倪德江等(2003)研究糖尿病大鼠灌胃乌龙茶多糖 4 周后,发现大鼠肝、肾 SOD 和 GSH-Px 活性明显提高,而 MDA 含量显著下降,抗氧化能力增强,茶多糖对糖尿病大鼠肝肾组织表现出保护作用。胡忠泽等(2005)研究畜禽动物模型,在饮水中加入不同浓度茶多糖,发现其血清中 SOD、GSH-Px、CAT 活力皆显著提高,血清 MDA 则明显降低(表 4.2)。

表 4.2　茶多糖对肉仔鸡血清中 SOD、GSH-Px、CAT 和 MDA 含量的影响(胡忠泽等,2005)

日龄	组别	SOD 活力 (U/mL)	GSH-Px 活力 (活力单位)	CAT 活力 (U/mL)	MDA 含量 (nmol/mL)
	A	148.12 ± 2.23^a	332.91 ± 7.28^a	3.15 ± 1.73^a	4.42 ± 0.12^a
21	B	189.73 ± 3.72^{bc}	336.18 ± 2.83^a	3.89 ± 1.47^{ab}	2.89 ± 1.02^b
	C	201.98 ± 2.18^c	342.15 ± 2.95^a	4.67 ± 1.27^b	2.78 ± 1.01^b
	A	186.97 ± 4.33^a	537.76 ± 5.25^a	3.25 ± 1.26^a	4.86 ± 0.42^a
42	B	228.36 ± 5.76^b	578.73 ± 5.36^b	4.19 ± 1.32^{ab}	4.13 ± 0.52^{ab}
	C	237.13 ± 3.53^b	582.78 ± 4.42^b	4.84 ± 1.52^b	3.92 ± 0.61^b

注:相同日龄的同列中相邻字母和非相邻字母分别表示 $P<0.05$ 和 $P<0.01$;

X±SD;A:0%茶多糖;B:0.2%茶多糖;C:0.4%茶多糖

茶多糖对活性氧自由基具有清除作用,能清除体内产生过多的氧自由基,从而阻断体内自由基反应链的作用。陈海霞和谢笔钧(2001)通过对 D-脱氧核糖-铁体系中茶多糖清除羟自由基的研究,认为茶多糖可能通过其活性位点与·OH 结合,或本身大分子包合作用,与 D-脱氧核糖竞争·OH,从而达到清除自由基作用,如表 4.3 所示,茶多糖浓度为 8.5~170 mg/L 时,对·OH 自由基的清除率为 5.5%~74.7%,呈现剂量-效应关系,$IC_{50}=96.1$ mg/L。

表 4.3　不同浓度茶多糖对羟自由基的清除作用(陈海霞和谢笔钧,2001)

茶多糖浓度(mg/L)	8.5	17.0	25.5	34.0	42.5	85.0	127.5	170.0
·OH 清除率(%)	5.5	11.6	19.6	30.2	40.6	55.9	58.9	74.7

但与此同时,也有研究表明茶多糖纯度与抗氧化活性存在一定相关性。如周小玲(2007)研究发现,茶多糖体外清除羟基自由基和超氧阴离子的能力随着其纯度的提高而降低。王黎明和夏文水(2010)也报道了体外测定不同纯度茶多糖对羟基自由基和超氧阴离子自由基的清除效果,结果表明,纯度高的茶多糖对羟基自由基和氧自由基的清除能力较低,而纯度低的茶多糖却对这两种自由基有明显的清除效果。

四、增强免疫力

天然多糖对机体的免疫调节作用,一般包括激活巨噬细胞、激活网状内皮系统、激活淋巴细胞、激活具有酶原活性的补体、促进各种免疫相关细胞因子的生成,等等。从免疫途径上看,茶多糖的免疫作用一方面能够促进免疫器官的修复,另一方面通过增强巨噬细胞、T 淋巴细胞、自然杀伤细胞的活性或通过体液免疫途径实现。

王丁刚等(1991)研究了茶叶多糖对小鼠碳粒廓清速率的作用,发现给正常小鼠皮下注射 25 mg/kg 和 50 mg/kg 茶多糖时,小鼠碳粒廓清速率比对照组分别增加 60% 和 83%,该实验表明茶多糖能够提高单核巨噬细胞系统吞噬功能,增强机体自我保护的能力。杨敏等(1997)也报道,茶多糖浓度在 3.0~10.0 g/L 范围内具有以血清碳粒廓清、凝集素为指标免疫增强作用。将小鼠迟发型变态反应(DTH)作为检测 T 淋巴细胞功能的有效指标,实验结果表明,茶多糖的浓度在 $1.5\sim10.0$ g/L 均明显增加小鼠足跖肿差值,且差异达到统计显著水平,证明茶多糖能够提高机体的细胞免疫功能。

T 细胞是淋巴细胞的一种,在免疫反应中扮演着重要的角色。其中,辅助 T 细胞则在免疫反应中扮演中间过程的角色,可以激活其他类型产生免疫反应的免疫细胞,主要表面标志是 CD4。$CD4^+$ T 淋巴细胞可分为辅助性 T 细胞亚群 Th1 和 Th2,前者介导细胞免疫、巨噬细胞活性等,后者能够介导体液免疫、B 淋巴细胞活化以及 IgE 的生成等,对胰岛细胞具有保护作用;$CD8^+$ T 淋巴细胞为抑制性/细胞毒性 T 细胞,可导致 β 细胞破坏,使胰岛素分泌减少或缺乏。陈玉琼(2006)实验发现,乌龙茶多糖能降低糖尿病大鼠 T 淋巴细胞中毒性 $CD8^+$ T 淋巴细胞比例,增加 $CD4^+$ T 细胞,减少过度表达的自然杀伤细胞,降低活化的 T 淋巴细胞数量,从而纠正免疫功能紊乱现象。王莉英等(2006)研究认为,茶多糖能够减轻胰岛炎症程度,对小鼠脾组织淋巴细胞的 $CD4^+/CD8^+$ 亚群有调节作用。蒋成砚等(2012)用普洱茶多糖水溶液处理健康昆明种小鼠,研究结果表明,普洱茶多糖能提高小鼠淋巴细胞转化率和 E 花环形成率,具有一定的增强免疫功能。

茶多糖不仅具有免疫增强作用,而且对免疫应答可能具有正负双向调节作用。汪东风等(2000)研究发现,茶多糖对 ConA 诱导的佐剂性关节炎(AA)大鼠的脾淋巴细胞增殖反应有恢复趋势。对分泌过低的白细胞介素-2(IL-2)有恢复作用,对分泌过高的白细胞介素-1(IL-1)则有抑制作用,对正常小鼠机体免疫有增强作用。

沈健等(2007)在荷瘤小鼠模型中也观察到茶多糖对小鼠脾细胞增殖、IL-2 及 TNF-α 的产生有促进作用,以及对免疫球蛋白 IgG 含量有显著提高作用。IL-2 和 TNF-α 具有广泛的免疫调节功能和免疫效应,IgG 则是血清抗体的主要成分,在结合补体、增强免疫细胞吞噬病原微生物和中和细菌毒素等方面具有重要作用。相关研究结果都表明,茶多糖能够提高机体的免疫功能。此外,畜禽也被作为模型动物用于研究茶多糖的免疫促进作用。胡忠泽等(2005)研究发现,通过向肉鸡饮用水中添加茶多糖,能够显著提高肉仔鸡的胸腺指数($P<0.05$),从而促进肉仔鸡免疫器官的发展。茶多糖还显著提高了肉仔鸡血清 IgG 水平,但对 IgA、IgM 没有明显影响。另外,茶多糖显著提高了肉仔鸡血液中淋巴细胞的转化能力,增强了白细胞吞噬能力,并提高了血清中的 T 淋巴细胞数量,充分说明了茶多糖对机体的体液免疫反应具有调节作用。

五、抗凝血和抗血栓

血栓是严重威胁人类健康的疾病之一,因此开发利用具有抗凝血作用的天然保健药物或食品具有重要意义。研究表明,茶多糖在体内、体外均有显著的抗凝作用,能够减少血小板凝集,延长血凝从而影响血栓的形成。王淑如和王丁刚(1992)观察茶多糖对家兔及人体血浆的抗凝血作用,推测茶多糖的抗凝血效果主要通过外源性凝血系统起作用。茶多糖可能作用于血栓形成的许多环节,如能够使凝血酶原时间延长,血栓形成时间明显延长,血小板数目减少,黏附率降低,全血及血浆黏度降低,甚至纤维蛋白溶解活力增加。梁进等(2008)使用凝血仪分析茶多糖的体外抗凝血作用结果显示,茶多糖能够显著延长人体血浆的 APTT 值,而对 TT 和 PT 值无明显影响。在对茶多糖结构进行硫酸化、乙酰化和羧甲基化修饰后,抗凝血活性得到了进一步增强。

六、其他功能

据一些研究资料报道,茶多糖还具有抗病毒、抗癌、降血压等作用。

刘立军等(1998)应用一组短期细胞学检测试验,筛选茶叶中的防癌有效成分,其研究在肯定茶多酚防癌作用的同时,也证实茶多糖能够显著抗微核形成,具有阻断促癌剂 TPA 对细胞代谢协作的抑制作用,同时抑制肿瘤细胞增殖。沈健(2007)以肉瘤 S_{180} 荷瘤小鼠为实验对象,研究发现茶多糖能明显提高抑瘤率,并呈现剂量-效应关系。在对细菌作用方面,Lee 等(2006)研究表明,茶多糖可能对某些致病性细菌产生一种选择性的抑制作用,而对有益的共生细菌不产生抑制效果。

在降血压效果研究方面,日本学者 Shokuryo(1987)报道了以中国茶水浸出物进行动物实验,能够降低大鼠自发性高血压和果糖导致的高脂大鼠的血压。但由于动脉血压受动物、剂量、动物应急反应等影响,后期研究学者的很多实验往往未能达到一致结果。

七、影响茶多糖生理活性的因素

茶多糖的组成因其生产原料来源以及提取方式的不同而存在差异,其生理活性也不同。实验过程中,不同给药方式对茶多糖的活性也有影响。

1. 茶多糖来源的影响

不同产地、茶叶品种和加工工艺等对茶叶茶多糖产品的含量水平、化学组成及其体外清除自由基、降血糖作用效果等都有显著差异。不同季节茶叶中,秋茶因其茶多糖含量高,其降血糖作用最强。在抗氧化能力方面,不同来源茶多糖也表现出活性差异。倪德江等(2004)比较了不同茶类(绿茶、乌龙茶、红茶)茶多糖清除自由基以及降血糖效果。将同样成熟度的福鼎大白茶、福建水仙以及云南大叶种鲜叶(对夹叶)作为原料,分别都制成绿茶、乌龙茶和红茶后提取茶多糖,观察它们在体外清除超氧阴离子自由基(O_2^-)和羟自由基(·OH)的能力以及对四氧嘧啶诱导的糖尿病小鼠的降血糖效果。结果表明,体外清除 O_2^- 和·OH 的能力大小依次为:乌龙茶＞绿茶＞红茶;在所设定的低、中、高剂量水平上,各种茶叶多糖对糖尿病小鼠都有显著或极显著的降血糖效果,其中,低、中等剂量下,乌龙茶、红茶多糖的降低血糖作用明显优于绿茶多糖,但在高剂量下差异不明显;不同产地、品种和茶类的茶多糖体外清除 O_2^- 和·OH 能力均存在差异,其中以湖北产茶叶多糖降血糖效果最好,其次是福建茶叶,再次是云南茶叶。陈玉琼(2005)和孙娅(2007)等学者分别研究多个茶树品种的茶多糖活性差异,结果也表明,不同茶树品种多糖对·OH 自由基和 O_2^- 自由基的清除能力存在极显著差异。另外,在提高免疫作用方面,Monobe 等(2008)也提出,嫩度较高的茶叶获得多糖的免疫促进作用比成熟老叶中的茶多糖活性更高。

2. 茶多糖提取方式的影响

李布青等(1996)研究表明,不同方法提取所得的茶多糖对降低小鼠血糖的能力有明显的差异。其中,用丙酮沉淀法获得的茶多糖效果最佳,使糖尿病模型小鼠的血糖浓度下降70.0%;经蛋白质变性剂 TCA 处理获得的茶多糖作用最低,血糖仅下降 36.6%;用苯酚处理的茶多糖效果居中,血糖下降 54.0%。分析认为,TCA 会使部分茶多糖发生水解,而丙酮沉淀法对茶多糖的结构破坏较少,降解程度轻,不至于影响茶多糖的降血糖活性。

研究表明,无论是水溶性茶多糖还是碱溶性茶多糖,都具有降血糖活性,能够有效减少非肥胖型糖尿病小鼠的血糖含量(Chen 等,2010),然而不同性质茶多糖的活性存在一定差异。王元风等(2006)研究绿茶中不同溶剂分级提取的活性多糖(水溶性多糖 TPSⅠ、果胶类多糖 TPSⅡ、碱溶性多糖 TPSⅢ),通过对四氧嘧啶腹腔注射造成高血糖模型,连续灌胃茶多糖 12 d,对比研究不同茶多糖的降血糖活性。结果表明,用去离子水低温提取的 TPSⅠ(鼠李糖、半乳糖和半乳糖醛酸为主),用草酸铵提取的 TPSⅡ(半乳糖和半乳糖醛酸为主),用碱提取的 TPSⅢ(阿拉伯糖、葡萄糖和半乳糖为主)的降血糖活性顺序为:TPSⅠ>TPSⅢ>TPSⅡ;同时,研究比较了复合纤维素酶提取与去离子水提取法取到的茶多糖活性,发现酶提茶多糖较水提茶多糖降血糖效果更明显。不同溶剂提取茶多糖的活性有差异,其中水溶性多糖降血糖活性更好,而复合纤维素酶提取,不但可以提高茶多糖产品得率,而且茶多糖的生理活性也较强。

3. 茶多糖给药方式的影响

茶多糖不同给药方式对降血糖效果有一定的影响。王丁刚等(1991 年)利用小鼠进行不同给药方式试验,给药方式包括口服给药、腹腔注射、灌胃 3 种。结果表明,3 种给药方式都达到了降血糖效果,但腹腔注射给药的降血糖作用明显大于口服给药。

参考文献

Chen XQ, Lin Z, Ye Y, Zhang R, Yin JF, Jiang YW and Wan HT. 2010. Suppression of diabetes in non-obese diabetic (NOD) mice by oral administration of water-soluble and alkali-soluble polysaccharide conjugates prepared from green tea [J]. Carbohydrate Polymers, 82: 28-33.

Isiguki K, Takakuwa T and Takeo T. 1991. Anti-diabeties mellitus effect of watersoluble tea polysaccharide. In: Proceedings of International Symposium on Tea Science. The Organizing Committee of ISTS.

Lee JH, SHim JS, Lee JS, Kim JK, Yang IS, Chung MS and Kim KH. 2006. Inhibition of pathogenic bacterial adhesion by acidic polysaccharide from green tea (*camellia sinensis*)[J]. Journal of agriculture and food chemistry, 54: 8717-8723.

Monobe M, Ema K and Kato F. 2008. Immunostimulating activity of a crude polysaccharide derived from green tea (*camellia sinensis*) extract[J]. Journal of Agricultural and Food Chemistry, 56(4): 1423-1427.

Nie SP, Xie MY, Fu ZH, Wan YQ and Yan AP. 2008. Study on the purification and chemical compositions of tea glycoprotein [J]. Carbohydrate Polymers, 71: 626-633.

Wang YF, Lu L, Zhang JC, Xiao JB and Wei XL. 2010. Study on the purification and characterization of a polysaccharide conjugate from tea flowers[J]. International journal of biological macromolecules, 47: 266-270.

常树卓. 2006. 茶多糖的分离纯化及药理作用[D]. 硕士学位论文. 吉林大学.

陈海霞,谢笔钧. 2001. 富硒茶叶中茶多糖的某些化学性质及对羟自由基的清除作用[J]. 卫生研究,30(1):58-59.

陈海霞.2002.高活性茶多糖的一级结构表征、空间构象及生物活性的研究[D].博士学位论文.华中农业大学.

陈建国,王茵,梅松,来伟旗,付颖,胡欣.2003.茶多糖降血糖、改善糖尿病症状作用的研究[J].营养学报,25(3):253-255.

陈玉琼,余志,张芸,倪德江,谢笔钧,周继荣.2006.乌龙茶多糖对糖尿病鼠免疫功能的影响[J].营养学报,28(2):156-159.

陈玉琼,余志,张芸,周继荣,倪德江,谢笔钧.2005.茶树品种、部位和嫩度对茶多糖含量和活性的影响[J].华中农业大学学报,24(4):406-409.

丁仁凤,何普明,揭国良.2005.茶多糖和茶多酚的降血糖作用研究[J].茶叶科学,25(3):219-224.

胡忠泽,金光明,王立克,杨久峰.2005.茶多糖对肉仔鸡免疫功能和抗氧化能力的影响[J].茶叶科学,25(1):61-64.

黄桂宽,李毅,谢荣仿,杜所昌.1996.绿茶提取茶叶多糖的实验研究[J].广西医科大学学报,13(4):43-15.

江和源,郑高利.2004.茶多糖降小鼠血糖功能的实验研究[J].食品科学,25(6):166-169.

蒋成砚,谢昆,薛春丽,李琼,张以芳.2012.普洱茶多糖增强免疫功能研究[J].江苏农业科学,40(1):257-258.

李布青,张慧玲,舒庆龄,张部昌,葛盛芳.1996.中低档绿茶中茶多糖的提取及降血糖作用[J].茶叶科学,16(1):67-72.

梁进,张剑韵,崔莹莹,黄龙全.2008.茶多糖的化学修饰及体外抗凝血作用研究[J].茶叶科学,28(3):166-171.

刘立军,韩驰,陈君石.1998.茶叶防癌有效成份的短期细胞生物学筛选[J].卫生研究,27(1):53-56.

倪德江,陈玉琼,宋春和,谢笔钧,周诗其.2003.乌龙茶多糖对糖尿病大鼠肝肾抗氧化功能及组织形态的影响[J].茶叶科学,23(1):11-15.

倪德江,陈玉琼,谢笔钧,张芸,周继荣.2004.乌龙茶多糖OTPS2-1的光谱特性、形貌特征及热特性研究[J].高等学校化学学报,25:2263-2268.

倪德江,陈玉琼,余志,张芸,谢笔钧,周继荣.2005.乌龙茶加工过程多糖的变化、组分分离及特征研究[J].茶叶科学,25(4):282-288.

倪德江,谢笔钧,宋春和.2002.不同茶类多糖对实验型糖尿病小鼠治疗作用的比较研究[J].茶叶科学,22(2):160-163.

清水岑夫.1987.探讨茶叶的降血糖作用以从茶叶中制取抗糖尿病的药物[J].国外农学——茶叶,3:38-40.

全吉淑,尹学哲,及川和志.2007.茶多糖降糖作用机制[J].中国公共卫生,23(3):295-296.

任键,刘钟栋,陈肇锬.2003.信阳毛尖中茶多糖的提取、纯化与组分研究[J].郑州工程学院学报,24(2):1-4.

芮莉莉,萧建中,程义勇.2005.茶多糖对2型糖尿病小鼠降糖作用研究[J].中日友好医院学院,19(2):93-96.

沈健,陈增良,沈香娣,余禹达,冯磊.2007.茶多糖抗肿瘤及其增强免疫作用的研究[J].浙江预防医学,19(8):10-12.

石根勇,吕中明,陈新霞,凌宝银,张惠菊.2001.降糖茶调节血糖作用的研究[J].中国生化药物杂志,22(5):249-250.

孙娅.2007.茶树品种间多糖组成、活性差异及低活性茶多糖的结构分析[D].硕士学位论文.华中农业大学.

汪东风,李俊,王常红,赵贵文,金涌,陈玎玎,叶盛.2000.茶叶多糖的组成及免疫活性研究[J].茶叶科学,20(1):45-50.

汪东风,谢晓凤,王世林,郑俊,严俊,严鸿德,王泽农.1996.茶多糖的组分及理化性质[J].茶叶科学,16(1):1-8.

汪东风,谢晓凤,王泽农,杨敏,张阳春.1994.粗老茶中的多糖含量及其保健作用[J].茶叶科学,14(1):73-74.

汪东风,谢晓凤.1996.茶叶多糖及其药理作用研究进展[J].天然产物研究与开发,8(1):63-68.

王丁刚,陈国华,王淑如.1991.茶叶多糖的降血糖、抗炎及碳粒廓清作用[J].茶叶科学,11(2):173-174.

王莉英,俞茂华,陈蔚.2006.茶多糖对 NOD 小鼠 1 型糖尿病的预防作用[J].中华内分泌代谢杂志,22(5):476-479.

王黎明,夏文水.2010.茶多糖降血糖机制的体外研究[J].食品与生物技术学报,29(3):354-358.

王黎明.2006.具有降血糖活性的茶多糖组分分离纯化与结构鉴定[D].博士学位论文.江南大学.

王淑如,王丁刚.1992.茶叶多糖的抗凝血及抗血栓作用[J].中草药,23(5):254-256.

王元凤,金征宇.2005.茶叶中酸性杂多糖的部分化学性质及降血糖活性的研究[J].天然产物研究与开发,17(4):424-456.

王元凤,金征宇.2006.不同溶剂分级提取的茶多糖的组成及降血糖活性[J].天然产物研究与开发,18:813-817.

王元凤.2005.茶多糖的分离纯化、结构及构效关系研究[D].博士学位论文.江南大学.

吴建芬,冯磊,张春飞,李印彩.2003.茶多糖降血糖机制研究[J].浙江预防医学,15(9):10-13.

吴文华,吴文俊.2006.普洱茶多糖降血脂功能的量效关系[J].福建茶叶,2:42-43.

许新德,高荫榆,陈才水,刘梅森.2000.茶叶多糖的纯化及组成研究[J].食品科学,2(8):13-15.

薛长勇,邱继红,腾俊英,欧阳红,郑子新,张荣欣.2005.茶多糖对 KK-Ay 糖尿病小鼠葡萄糖代谢和过氧化物增殖体激活型受体-γ 活性的影响[J].营养学报,27(3):231-234.

杨敏,赵文华,王书奉,张阳春.1997.粗老茶中的茶多糖对免疫功能的影响[J].时珍国药研究,8(4):310-311.

尹学哲,许惠仙,金花.2007.绿茶多糖抗血浆脂蛋白脂质过氧化作用的研究[J].茶叶科学,27(4):299-301.

招钰,周小玲,郭海燕,卜雪兰,孙丽平,汪东风.2007.茶多糖中单糖组成比较[J].安徽农业大学学报,34(4):547-550.

周杰,丁建平,王泽农,谢晓凤.1997.茶多糖对小鼠血糖、血脂和免疫功能的影响[J].茶叶科学,17(1):75-79.

周鹏,谢明勇,聂少平,王小如.2004.茶多糖 TGC 的结构表征[J].中国科学(C 辑:生命科学),34(2):178-185.

周小玲.2007.茶多糖的定量、定性及生物活性研究[D].博士学位论文.中国海洋大学.

第五章

茶叶咖啡因及其生理功能

　　咖啡因、可可碱和茶叶碱等嘌呤类生物碱是茶叶的特征性化合物,对茶叶的品质和生理功能具有重要作用。咖啡因是普通茶叶中含量最高的生物碱,一般占干重的 $2\%\sim4\%$,可可碱(约 0.05%)次之,茶叶碱(约 0.002%)含量最低。

第一节　茶叶咖啡因含量及其分布

　　咖啡因,又称咖啡碱,其学名为1,3,7-三甲基黄嘌呤(图5.1),化学分子式为 $C_8H_{10}N_4O_2$,摩尔质量为 194.19 g/mol,常温下为针状晶体,无臭、有苦味。咖啡因易溶于氯仿和热水,能溶于乙醇和丙酮,难溶于乙醚或苯。

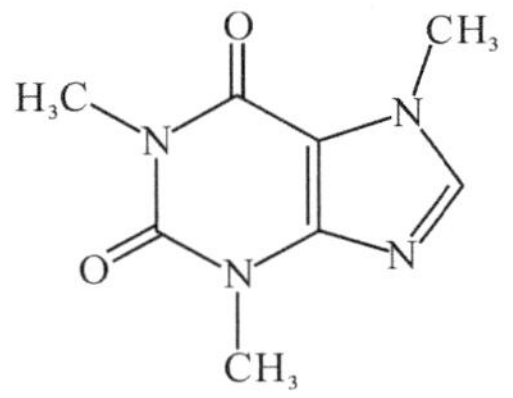

一、茶叶咖啡因含量及分布

图 5.1　咖啡因化学结构

　　咖啡因在茶树体内分布较广,但各部位含量差异较大。主要分布在叶部,茎中较少,花和果皮中也有一定含量,种子中基本不含咖啡因(表 5.1),但萌发后的胚芽即可检测到咖啡因。不同成熟度的叶片中咖啡因含量亦不同,位于顶部的芽和嫩叶含量最高,成熟度较高的下部叶位的叶片中含量较低(图 5.2)。

表 5.1　茶树各部位咖啡因含量

茶树部位	咖啡因含量(%)
新梢	3.26
绿梗	0.71
红梗	0.62
白毫(茸毛)	2.25
花	0.8
绿色果实外壳	0.6
种子	痕量

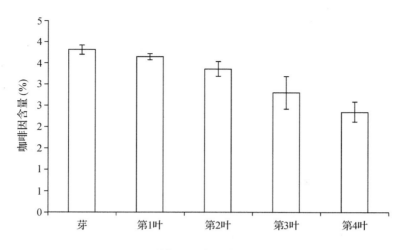

图 5.2　茶树新梢各叶位咖啡因含量

不同发育程度的茶树花中咖啡因的含量也不同。饶耿慧等(2008)研究显示,幼蕾期的茶花咖啡因含量较高(1.42%),随着茶花发育程度提高,咖啡因含量随之降低,开放期的茶花中咖啡因含量均值仅为 0.83%,显著低于幼蕾期和露白期。

茶树体内的咖啡因主要由正在生长中的幼嫩芽叶合成,然后转运至其他部位;茎、根与种子合成咖啡因能力低甚至没有,但茶花(雄蕊和花瓣)也能合成咖啡因,Suzuki 和 Takahashi(1975)与 Fujimori 等(1991)的报道证实了这一点。陈林等(2008)研究显示,咖啡因在茶籽苗全株均有分布,但茎上半部(1 叶至 4 叶着生位置)含量明显高于茎下半部(4 叶至子叶着生位置,含子叶)。Fujimori 等(1991)利用同位素示踪实验指出,幼嫩叶片中 [8-14C] 标记的腺嘌呤可转化为可可碱和咖啡因,而且 99% 以上的咖啡因存在于幼叶中,说明由腺嘌呤合成咖啡因的过程主要发生在茶籽苗的幼叶中。

已有研究表明,生物体中的咖啡因是由黄嘌呤经 3 次甲基化后形成的,催化甲基转移的酶类主要为 S-腺苷甲硫氨酸(SAM)依赖的 N-甲基转移酶(NMT)。Kato 等(1999)研究证实,绝大部分的 SAM:7-NMT 位于叶绿体,而且与咖啡因合成相关的另一甲基转移酶——SAM:3-NMT 也可能存在于叶绿体。因此,在亚细胞水平上,咖啡因合成主要位于叶绿体,因为在叶绿体中含有咖啡因生物合成所需的酶类。

二、影响茶叶咖啡因含量的因素

品种、季节、生长区域、栽培条件以及加工工艺等因素是影响茶叶咖啡因含量的主要因素。

1. 品种

遗传背景是影响茶叶咖啡因含量的关键因素,即品种是茶叶咖啡因含量的决定因子。现有的茶树品种资源中,咖啡因含量一般在 3%～5% 之间(表 5.2)。在自然条件下,虽然也存在咖啡因含量低于 1.5% 或者高于 6% 的种质资源,但这类资源数量较为有限,而且由于综合经济性状等原因,生产应用尚较少。

一般的,大叶种茶树咖啡因含量高于中小叶种,早生种茶树咖啡因的含量高于中晚生种。

表 5.2   部分茶树良种咖啡因含量

品种名	咖啡因(%)	品种名	咖啡因(%)
黔眉 419	3.40	毛蟹	4.05
英红 1 号	3.10	福鼎大白茶	4.36
仙寓早	4.30	黔眉 502	3.04
龙井 43	4.00	迎霜	3.97
上梅州种	5.53	政和	3.95
梅占	4.44	凤凰水仙	4.80

2. 季节

茶叶咖啡因含量随季节不同而有所变化。一般的,对于同一个品种,夏秋季新梢中咖啡因含量高于春季样品(表 5.3 和图 5.3A),说明光照和温度可能是咖啡因含量季节波动的内在原因。研究还显示,即使是同一茶季,由于采摘期的差异,新梢咖啡因含量也有所不同,一般的,前期含量较高,而后期含量较低(图 5.3B),这种差异可能与茶树体内营养元素的贮备有关。

表 5.3   季节对新梢不同部位咖啡因含量(%)*

新梢叶位	春茶	夏茶
一芽一叶	3.50	3.88
第二叶	3.00	3.43
第三叶	2.65	2.67
第四叶	2.37	2.42
茎	1.31	1.50

* 梁月荣. 2011. 现代茶业全书. 北京:中国农业出版社。

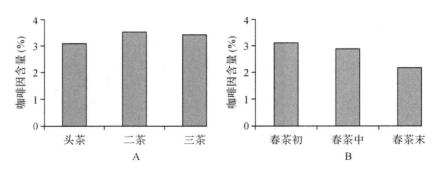

图 5.3   季节(A)和采摘期(B)对新梢咖啡因含量的影响

3. 地域

研究和生产实践均显示,种植在不同区域的同一品种新梢中咖啡因含量不同。一般种植在低纬度、低海拔地区时,由于水热条件好,茶树代谢旺盛,新梢能合成和积累更多的咖啡因。

4. 栽培措施

施肥、遮荫、灌溉等栽培措施均对新梢咖啡因含量有显著影响。一般的,随施氮量增加,新梢中咖啡因含量也增加,同时采用施用氮、磷、钾复合肥较施用单种肥料效果更显著。研究还表明,夏季适度遮荫后,茶树新梢中咖啡因含量明显提高,这种变化可能与遮荫可防止高温高光对叶绿体结构和功能损伤有关。进一步的,秦志敏等(2011)研究指出,黑色和绿色遮阳网遮荫可以提高茶叶咖啡因含量,银白色遮阳网遮荫则不利于茶叶咖啡因的合成。此外,研究还发现,夏季灌溉也可有效提高新梢咖啡因含量。

5. 加工工艺

杨伟丽等(2001)研究了加工工艺对茶叶咖啡因含量的影响,结果显示,采用相同原料制成的六种茶类产品中,咖啡因含量以白茶最高、红茶最低,但变化幅度较茶多酚和氨基酸等成分小。杜晓等(2006)实验结果也证实,蒸青绿茶加工过程中咖啡因的含量变化较少。一般的,加工过程中摊青工序可使咖啡因有所增加,而杀青和干燥以及发酵工序中其含量略有下降。总体而言,咖啡因在制茶过程中较为稳定,成品茶中的含量主要由鲜叶咖啡因含量决定。

6. 贮藏

在贮藏过程中,咖啡因含量呈递减趋势,但变化比较平缓。贮藏一年的绿茶,含量约减少 0.25%,下降幅度为 7.58%。

第二节　咖啡因生理功能

咖啡因存在于茶、咖啡以及一些功能性饮料中,是世界上消费非常广泛的日常饮料成分之一。据报道,瑞典和芬兰人均日消费咖啡因高达 400 mg,英国人均消费量约 300 mg,美国和加拿大等国成人人均消费也有 200～250 mg。咖啡因具有多种生理活性,既有正面积极的作用,也有负面的影响。积极作用主要包括提神醒脑、兴奋神经中枢、抗癌、利尿等,负面作用主要是摄入过量易引起高血压和心律不齐、导致钙流失和骨质疏松以及流产等。

一、咖啡因的生理功能

1. 咖啡因对中枢神经系统的影响

众所周知,喝茶能提神醒脑。茶的这一作用主要与其中所含的咖啡因有关,兴奋中枢神经是咖啡因的重要生理功效之一。研究显示,适量摄入咖啡因,能有效提高警觉性、减少疲劳感;能增强识别能力,缩短选择反应时间,有利于提高瞬时记忆力;进而提高工作效率和准确度。邵碧霞(2006)研究发现,咖啡因摄入使大鼠在三门行走迷宫和水迷宫中的错误次数明显降低,说明咖啡因可以促进大鼠工作记忆;Costa 等(2008)发现,青年期摄入咖啡因能够减轻由年老而引起的记忆力下降;Arendash 等(2009)研究也证实,适量咖啡因可以抑制大鼠记忆力减弱。此外,动物实验还证实,咖啡因可降低罹患阿尔茨海默病(Alzheimer's disease)、帕金森病(Parkinson's disease)和老年痴呆的风险。虽然在动物实验中咖啡因对大脑识别和记忆能力的影响结果均较为一致,但在人体实验中,研究结果仍有分歧。有研究认为,适量的咖啡因可以缓解因衰老引起的记忆力下降;但也有研究认为,咖啡因的摄入与记忆力之间并没有直接的相关性,造成研究结果不一致的可能原因是:不同人群对咖啡因的敏感程度存在差异。此外,大量研究还表明,过量摄入咖啡因,容易引起癫痫发作和加重癫痫症状。

咖啡因对神经系统影响的作用机制为:咖啡因可以拮抗腺苷 A_{2A} 受体,而腺苷 A_{2A} 受体与多巴胺 D_2 受体共存于 γ-氨基丁酸神经元中,腺苷 A_{2A} 受体的抑制会增强多巴胺 D_2 配体对 D_2 受体的亲和力,并促进多巴胺的神经传递,而多巴胺对神经系统具有调节作用,可强化学习与行为能力。同时,咖啡因可促使 ATP-敏感的钾离子通道开启,而钾离子通道的打开能改变神经元代谢,阻碍神经元去极化和神经传递素的释放,最终抑制腺苷 A_{2A} 受体的正常结合,增强了 D_2 受体的亲和力,促进了多巴胺的神经传递。此外,研究还显示,咖啡因摄入对大脑皮层糖代谢和乳酸盐积累、小脑和脑干 FAD 和 NADH 含量等(林庶芝和沈郑,1992)也有显著影响。

基因表达实验结果还显示,生物体记忆能力增强可能与咖啡因对脑区记忆相关蛋白 CREB 基因表达的上调、对由于年老引起的海马区脑源性神经营养因子(BDNF)和酪氨酸激酶受体 B(TrkB)表达增加的下调,以及对 β 位淀粉样前体蛋白裂解酶(BACE)与早老素-1(PS1)的抑制有关;此外,咖啡因对记忆能力的影响还与其摄入引起中脑神经肽 S(NPS)的 mRNA 水平下降和 NPS 受体的增加有关。

2. 咖啡因对内分泌系统的影响

Huang 等(2009)研究发现,咖啡因能够刺激生热作用,延伸交感神经刺激,抑制食欲,减少脂肪积累,从而具有抗肥胖作用。易超然等(2006)研究表明,以咖啡因治疗 7 周后,环磷酸腺苷(cAMP)含量明显升高,逼尿肌收缩性有所改善,因此,咖啡因具有防治糖尿病性膀胱病的作用。众多流行病学研究还显示,2 型糖尿病的发病率与每天饮用咖啡因的数量呈负相关关系,长期饮用含咖啡因的咖啡能降低 2 型糖尿病的发病率。Martinez 等(2004)研究也证实,摄入咖啡因可减少 2 型糖尿病的发生。

咖啡因对内分泌系统的影响主要与它对葡萄糖的吸收利用和脂质代谢的调节作用有关。研究显示,摄入咖啡因(3.3 mg/kg)1 h 后即可刺激垂体-肾上腺皮质轴,引起促肾上腺皮质激素和皮质醇合成,肾上腺素水平上升,胰岛素水平增加,并使胰岛素敏感性急速减退,导致葡萄糖储存量下降。咖啡因还可通过促进解偶联蛋白表达与脂质氧化来影响葡萄糖储存量。

此外,咖啡因还可促进肾对尿液中水的滤出率来实现利尿作用,而且咖啡因也能通过刺激膀胱协助利尿。咖啡因能提高肝脏对物质的代谢能力,增强血液循环,促进排尿以加快血液中的酒精排放,缓和与消除由酒精所引起的刺激。因此,咖啡因也有助于醒酒,解除酒精毒害功效。

3. 咖啡因对呼吸系统的影响

咖啡因是呼吸系统的刺激药物之一,常被用于治疗早产婴儿呼吸暂停。Bairam 等(2009)研究发现,连续给予咖啡因治疗,可改变新生小鼠的呼吸模式;并能显著提高幼儿的存活率,且较长时间内没有观察到咖啡因对神经系统发育的不良影响(Schmidt *et al.*,2007)。另有实验表明,注射 150~250 mg 咖啡因后,可以明显提高机体对二氧化碳的敏感性,提升呼吸速率。

咖啡因对机体呼吸系统影响的作用机制是:咖啡因可以抑制脑干中与呼吸相关的腺苷 A_1 和 A_{2A} 受体,提高每分钟换气量,增加机体对动脉中 O_2、CO_2 水平的敏感度;削弱缺氧对呼吸的抑制作用,减少周期性呼吸,加强膈肌活力。

4. 咖啡因对心血管系统的影响

咖啡因对心血管的影响有两面性：一方面可以引起血管收缩，但另一方面对血管壁的直接作用又可促使血管扩张。一般认为，长期摄入富含咖啡因的饮料（如咖啡和茶）可能引发高血压、心肌梗死、心率失常、休克等心血管系统疾病，但也有研究认为正常的咖啡因摄入与心血管疾病并无直接相关性。Umemura 等（2006）研究指出，急性摄入 300 mg 咖啡因的志愿者，心脏收缩与舒张压显著升高，动脉血流量对乙酰胆碱的反应强化；而且男性和女性因摄入咖啡因引起血压升高的机制是不同的：女性血压升高是因为咖啡因引起了持续心输出量增加所致，而男性则是因为引起了持续的血管阻力增加所致。Ilbäck 等（2007）在大鼠模型研究中发现，咖啡因摄入可以提高大鼠心跳频率、心脏收缩及舒张压，并且存在明显的剂量依赖效应，高剂量时作用更加强劲持久。Celik 等（2009）研究认为，咖啡因代谢慢于常人且每天消费多于 2 杯咖啡的特定人群发生冠心病的几率上升，咖啡因消费过量的人群，特别是心脏病患者，容易诱发心律不齐及心血管疾病。但是 Nawrot 等（2003）在对健康人群的普查中发现，日均摄入咖啡因低于 400 mg/d 时并不会对心血管造成不良影响。长期调查还显示，咖啡因摄入与高血压（Winkelmaye *et al*.，2005）、心衰发病率及死亡率（Ahmed *et al*.，2009）之间没有直接相关性。

咖啡因对心血管的影响机制为：咖啡因能直接通过拮抗冠状动脉腺苷 A_{2A} 受体，影响心肌血流量，并通过增加 NO 释放强化健康人群的内皮素依赖性血管收缩和舒张；咖啡因还能间接促进儿茶酚胺释放，儿茶酚胺与 α_2 受体（一种肾上腺素能受体）结合，起兴奋平滑肌的作用，促进冠状动脉血管舒缩。虽然咖啡因对人体血压的升高作用已被广泛认可，但有趣的是，咖啡因对猪、老鼠及兔子的血管平滑肌具有松弛作用，使周边血管扩张，显示出降压作用；且在临床上，咖啡因是一种较为普遍的利尿剂，经常与其他利尿剂结合使用，进而发挥其降血压的功能。此外，咖啡因可以抑制磷酸二酯酶（PDE）的活性，提高机体 cAMP 浓度，调节平滑肌舒缩，促进冠状动脉血液循环，对治疗心绞痛等疾病也有良好的辅助作用。

5. 咖啡因的抗癌作用

20 世纪 90 年代初，Hunter 等（1992）研究发现，咖啡因的摄入与乳腺癌的发生有一定的负相关性。韩国科学技术院神经科专家李昌隽及其国际研究团队也发表论文称，从普通咖啡和绿茶中提取的咖啡因可有选择地阻止三磷酸肌醇受体活动，从而抑制神经胶质细胞肿瘤生长。此后的研究还相继发现，咖啡因摄入还能降低肾癌的发生风险，可以抑制 UV-B 引起的大鼠皮肤癌，还能抑制表皮生长因子引起的恶性肿瘤细胞转移，也能抑制结肠癌细胞生长。此外，大量研究还表明，咖啡因对乳腺癌（李文萍等，2005）、骨肉瘤（崔秋等，2008）化疗也有明显的增效作用。

咖啡因抗癌作用的机制现在仍不明确。有研究认为，咖啡因能够影响细胞周期，干扰细胞周期调控蛋白（如肿瘤抑制蛋白 p53），诱导细胞程序性死亡或凋亡；较高浓度的咖啡因还能有效诱导有丝分裂前期 G_2，且对 p53 匮乏的细胞更有效。Jha 等（2002）对 3 组正常细胞系与 3 组肿瘤细胞系进行 γ 射线辐照，发现所有株系经照射后都会形成相似的 G_2 期延迟，而 G_2 期延迟可为 DNA 修复提供时间，抑制损伤细胞的复制；但在咖啡因处理后，肿瘤细胞株系的 G_2 期延迟现象消失，而正常株系不变，说明咖啡因可以很好地干扰肿瘤细胞周期，而几乎不对正常细胞产生影响。同时，因咖啡因有利尿作用，可以通过抗利尿激素的拮抗及抗氧化作用来减轻对 DNA、蛋白和其他分子的氧化损伤，从而达到抗癌效果。而咖啡因对化疗的增效作用可能也与其对肿瘤细胞的凋亡诱导和化疗后 DNA 修复的抑制有关。

6. 咖啡因对骨组织的影响

Heaney 等(1982)经过研究,首先提出了摄入咖啡因可能会对骨代谢产生不利影响。Tsuang 等(2006)研究也显示,摄入较高浓度咖啡因会显著增加骨折、骨质疏松症与牙周病等的发生风险,每天摄入咖啡因超过 300 mg 的老年妇女骨质流失的程度显著高于低浓度摄入者。但在小鼠模型中的研究表明,连续 56 d 摄入高浓度的咖啡因(相当于人类每天喝 16 杯咖啡)并不会改变骨密度(Duarte et al.,2009)。上述研究说明,咖啡因对骨组织的影响是复杂的,可能因实验对象对咖啡因的敏感程度不同而表现出不同的效果。

咖啡因对骨代谢影响的作用机制可能为:咖啡因可引起钙吸收减少,促进尿钙流失,最终打破体内钙平衡,引起骨质流失。咖啡因还会对造骨细胞产生影响,抑制细胞外基质合成及骨样细胞增殖,诱导细胞凋亡,降低造骨细胞的生存能力;强化肾上腺皮质激素受体的表达,而肾上腺皮质激素受体不仅会引起造骨细胞的凋亡,而且还是骨质疏松症的重要诱因;咖啡因还能剂量依赖性地减弱人类造骨细胞中维生素 D 受体表达,而维生素 D 能促进人体对磷和钙的吸收。

7. 咖啡因对胚胎发育的影响

由于咖啡因能自由通过胎盘屏障进入胎儿,而咖啡因在胎儿体内的代谢又异于母体,因此怀孕母体摄入的咖啡因必然会对胎儿生长发育产生影响。研究显示,母体过量摄入咖啡因(>300 mg/d)可能导致自然流产、早产、胎儿宫内发育迟缓、低体重儿、胎儿畸形等不良妊娠结果。研究还表明,孕前和孕期摄入咖啡因可致受孕延迟,并降低受孕几率。此外,Soellner 等(2009)研究还发现,每天给予怀孕期的大鼠母体 10 mg/kg 的咖啡因,对幼鼠成年后的记忆能力有不利影响。

咖啡因对胚胎等影响的作用机制有:咖啡因通过促进儿茶酚胺循环,提高磷酸腺苷浓度,减少绒毛胎盘血流量,从而影响胎儿细胞发育;咖啡因能减少胚胎滋养层细胞系 BeWo 中凋亡抑制基因 Bcl-2 的表达,进而影响胚胎形成;在小鼠模型中,咖啡因对体外成熟卵母细胞的品质不利,从而影响受孕率;咖啡因通过拮抗腺苷 A_1 和 A_{2A} 受体而对胎儿的头脑发育产生不良影响;母体孕期摄入咖啡因,会使胎儿海马区神经的乙酰胆碱酯酶(AchE)活性提高,影响大脑发育过程中的胆碱能神经传递功能;母体摄入咖啡因(>150 mg/kg)也可导致斑马鱼胚胎肌纤维的失准及运动神经元的缺损,造成次级运动神经轴突的生长缺陷;此外,摄入咖啡因还会引起神经管会合延迟和非对称分裂,并导致非整倍体和肿瘤的形成。

8. 咖啡因的杀菌消炎功能

咖啡因对多种细菌及病毒有灭活作用。研究显示,咖啡因可抑制大肠杆菌、伤寒及副伤寒杆菌、肺炎菌、流行性霍乱和痢疾原菌发育,而且对牛痘、单纯性疱疹、脊髓灰质炎病毒、某些柯萨克肠道系病毒及埃柯病毒也有抑制效果。

二、咖啡因的应用

适量摄入咖啡因可增强记忆、降低罹患帕金森病和 2 型糖尿病的风险,但过量摄入也会诱发流产、骨质疏松、阵发性惊厥等问题,而且长期大量使用易引起耐受性增加,并具一定成瘾性,因此,在我国,咖啡因已被列入受管制的精神药品范畴。但鉴于咖啡因具有多种显著生理功效,其在医药、日化和食品等产品开发方面仍具有十分广阔的应用前景。

1. 药物开发

由于咖啡因有兴奋中枢神经系统、利尿、促进呼吸等功效,因此,咖啡因可用于镇痛、止血、治疗早产婴儿呼吸暂停等药物开发,也可作为兴奋剂、强心剂、利尿剂和麻醉剂等应用。早在第二次世界大战时,咖啡因就已被作为战场上的止痛药而得到应用,如今咖啡因也常与解热镇痛药配伍以增强其镇痛效果,与麦角胺合用治疗偏头痛。而且咖啡因也常与溴化物合用,用于扩张支气管、治疗哮喘病。以咖啡因为主要成分之一的巴氏合剂及安铵咖等药物则用于治疗神经衰弱和精神抑制等症状。此外,咖啡因还可与茶多酚配伍,用于人体的抗癌防癌药物开发。

2. 日化产品开发

利用咖啡因的提神功效,很多化妆品公司将其开发成面膜和唇膏等日化产品。比如,英国 Hard Candy 化妆品公司已成功开发出了含咖啡因的唇膏、面霜、粉饼等多种产品,其中含咖啡因的喷雾式面霜、粉饼能使昏昏欲睡的使用者迅速振作精神。同时,利用咖啡因可缓解脂肪局部沉淀的功能,可将其开发成减肥产品;利用其舒张血管,促进局部血液循环,改善新陈代谢的功能,可开发出紧肤、淡化黑眼圈、祛眼袋等系列产品。此外,德国 Alpecin 化妆品公司还开发出了咖啡因的防脱发产品。

3. 食品开发

咖啡因已被 160 多个国家准许在饮料中应用。咖啡因是可乐型碳酸饮料和各种茶饮料的重要组分。由于人工合成的咖啡因中存在原料和中间体残留,对人体健康不利,许多国家已禁止在食品中添加人工合成的咖啡因,因此茶叶等含高浓度咖啡因的天然产物将成为制备咖啡因的重要原料,这对于茶叶的高效综合利用是一个有利的契机。

参考文献

Ahmed HN, Levitan EB, Wolk A and Mittleman MA. 2009. Coffee consumption and risk of heart failure in men: An analysis from the Cohort of Swedish Men[J]. American Heart Journal, 158(4): 667-672.

Arendash GW, Mori T, Cao C, Mamcarz M, Runfeldt M, Dickson A, Rezai-Zadeh K, Tan J, Citron BA, Lin XY, Echeverria V and Potter H. 2009. Caffeine Reverses Cognitive Impairment and Decreases Brain Amyloid-β Levels in Aged Alzheimer's Disease Mice [J]. Journal of Alzheimer's Disease, 17(3): 661-680.

Bairam A, Joseph V, Lajeunesse Y and Kinkead R. 2009. Altered expression of adenosine A1 and A2A receptors in the carotid body and nucleus tractus solitarius of adult male and female rats following neonatal caffeine treatment[J]. Brain Research, 1287: 74-83.

Celik T, Iyisoy A and Amasyali B. 2010. The effects of coffee intake on coronary heart disease: Ongoing controversy[J]. International Journal of Cardiology, 144(1): 118.

Costa MS, Botton PH, Mioranzza S, Souza DO and Porciuncula LO. 2008. Caffeine prevents age-associated recognition memory decline and changes brain-derived neurotrophic factor and tyrosine kinase receptor (TrkB) content in mice [J].

Neuroscience，153(4)：1071-1078.

Duarte PM，Marques MR，Bezerra JP and Bastos MF. 2009. The effects of caffeine administration on the early stage of bone healing and bone density[J]. Archives of Oral Biology，54(8)：717-722.

Fujimori N，Suzuki T and Ashihara H. 1991. Seasonal variations in biosynthetic capacity for the synthesis of caffeine in tea leaves[J]. Phytochemistry，30(7)：2245-2248.

Heaney RP and Recker RR. 1982. Effects of nitrogen，phosphorus and caffeine on calcium balance in women[J]. The Journal of Laboratory and Clinical Medicine，99(1)：46-55.

Huang YW，Liu Y and Dushenkov S. 2009. Anti-obesity effects of epigallocatechin-3-gallate，orange peel extract，black tea extract，caffeine and their combinations in a mouse model[J]. Journal of Functional Foods，1(3)：304-310.

Hunter DJ，Manson JE，Stampfer MJ，Colditz GA. 1992. A prospective study of caffeine，coffee，tea，and breast cancer[J]. American Journal of Epidemiology，(136)：1000-1001.

Ilbäck NG，Siller M and Stålhandske T. 2007. Evaluation of cardiovascular effects of caffeine using telemetric monitoring in the conscious rat[J]. Food and Chemical Toxicology，45(5)：834-842.

Jha MN，Bamburg JR，Bernstein BW and Bedford JS. 2002. Caffeine eliminates gamma-ray-induced G2-phase delay in human tumor cells but not in normal cells[J]. Radiation Research，157(1)：26-31.

Kato M，Mizuno K，Fujimura T，Iwama M，Irie M，Crozier Crozier A，and Ashihara H. 1999. Purification and characterization of caffeine synthase from tea leaves[J]. Plant physiology，120(2)：579-586.

Martinez ES，Willett WC，Ascherio A，Manson JE，Leitzmann MF，Stampfer MJ and Hu FB. 2004. Coffee consumption and risk for type 2 diabetes mellitus[J]. Annals of Internal Medicine，140(6)：1-8.

Nawrot P，Jordan S，Eastwood J，Rotsein J，Hugenholtz A and Feeley M. 2003. Effects of caffeine on human health[J]. Food Additives and Contaminants，20(1)：1-30.

Schmidt B，Roberts RS，Davis P，Doyle LW，Barrington KJ，Ohlsson A，Solimano A and Tin W. 2007. Long-term effects of caffeine therapy for apnea of prematurity[J]. The New England Journal of Medicine，357(19)：1893-1902.

Soellner DE，Grandys T and Nuñez JL. 2009. Chronic prenatal caffeine exposure impairs novel object recognition and radial arm maze behaviors in adult rats[J]. Behavioural Brain Research，205(1)：191-199.

Suzuki T and Takahashi E. 1975. Metabolism of xanthine and hypoxanthine in the tea plant (thea sinensis L.)[J]. Biochemical Journal，146(1)：79-85.

Tsuang YH，Sun JS，Chen LT，Sun SCK and Chen SC. 2006. Direct effects of caffeine on osteoblastic cells metabolism：the possible causal effect of caffeine on the formation of osteoporosis[J]. Journal of Orthopaedic Surgery and Research，1(7)：1-7.

Umemura T, Ueda K, Nishioka K, Hidaka T, Akemoto H, Nakamura S, Jitsuiki D, Soga J, Goto C, Chayama K, Yoshizumi M and Higashi Y. 2006. Effects of acute administration of caffeine on vascular function [J]. The American Journal of Cardiology, 98(11): 1538-1541.

Winkelmayer WC, Stampfer MJ, Willett WC and Curhan GC. 2005. Habitual caffeine intake and the risk of hypertension in women[J]. The Journal of the American Medical Association, 294(18): 2330-2335.

安徽农学院. 1989. 制茶学[M]. 北京:中国农业出版社.

陈林宛,晓春,张正竹,陈琪. 2008. 茶籽苗儿茶素类、嘌呤碱及游离氨基酸分布规律的研究[J]. 茶叶科学, 28(1):43-49.

崔秋,李鼎锋,尉承泽,刘蜀彬,王磊,范海涛. 2008. 咖啡因在骨肉瘤细胞株顺铂化疗中增效作用的实验研究[J]. 解放军医学杂志, 33(5):582-584.

杜晓,王孝仕,何春雷. 2006. 蒸青绿茶加工过程中品质生化成分的变化[J]. 西南农业学报, 19(1):116-119.

李文萍,王顼,许娟. 2005. 咖啡因对乳腺癌化疗增效作用的体外实验研究[J]. 肿瘤防治杂志, 12(24):1857-1860.

梁月荣,陆建良,龚淑英,徐月荣,屠幼英. 2001. 嫁接对茶树新梢化学成分的影响[J]. 茶叶, 27(1):39-40.

梁月荣. 2011. 现代茶业全书 [M]. 北京:中国农业出版社.

林庶芝,沈郑. 1992. 咖啡因对大鼠穿梭、操作行为和脑代谢的影响[J]. 中国药理学报, 13(2):143-146.

秦志敏,John Tanui,冯卫英,王玉花,肖润林,黎星辉. 2011. 遮光对丘陵茶园茶叶产量指标和内含生化成分的影响[J]. 南京农业大学学报, 34(5):47-52.

饶耿慧,叶乃兴,段慧,魏日凤,邹长如. 2008. 茶树花不同花期主要化学成分的变化[J]. 福建茶叶,(1):21-23.

邵碧霞. 2006. 咖啡因对大鼠工作记忆促进作用及其机制的研究[J]. 中国药学杂志, 41(7):512-514.

屠幼英. 2011. 茶与健康[M]. 西安:世界图书出版西安有限公司,37-43.

宛晓春. 2003. 茶叶生物化学[M]. 北京:中国农业出版社,76-79.

吴命燕,范方媛,梁月荣,郑新强,陆建良. 2010. 咖啡碱的生理功能及其作用机制[J]. 茶叶科学, 30(4):235-242.

杨巍. 2006. 咖啡碱的药理作用与开发利用前景[J]. 茶叶科学技术,(4):9-11.

杨伟丽,肖文军,邓克尼. 2001. 加工工艺对不同茶类主要生化成分的影响[J]. 湖南农业大学学报(自然科学版), 27(5):384-386.

叶新民. 2004. 茶叶功能及产品开发研究现状[J]. 蚕桑茶业通讯,(2):27-29.

易超然,卫中庆,邓湘蕾. 2006. 咖啡因改善糖尿病大鼠膀胱功能的观察[J]. 中国糖尿病杂志, 14(2):144-145.

尹军峰,许勇泉,袁海波,余书平,韦坤坤,陈建新,汪芳,吴荣梅. 2009. 名优绿茶鲜叶摊放过程中主要生化成分的动态变化[J]. 茶叶科学, 29(2):102-110.

第六章

茶色素类及其生理功能

茶色素(Tea pigments)是茶叶在加工过程中,以儿茶素为主的多酚类物质经氧化、聚合而形成的水溶性色素混合物,主要包括茶黄素类(Theaflavins,TFs)、茶红素类(Thearubigins,TRs)和茶褐素类(Theabrownines,TRs)等,其对茶叶品质特点及不同茶类的形成具有重要作用,并具有防癌、抗氧化等多种生理功能。本章重点介绍茶黄素类、茶红素类和茶褐素类物质的含量及其生理功能的最新研究成果。

第一节　茶黄素类含量及其生理功能

茶黄素(Theaflavins,TFs)是茶多酚物质氧化形成的一类能溶于乙酸乙酯、含有多个羟或酚羟基的苯并䓬酚酮化合物,是茶色素的主要成分。

一、茶黄素类结构组成及形成

茶黄素最早是由 Roberts(1957)发现,并于 1959 年根据元素分析和紫外光谱研究结果提出了茶黄素和茶黄素没食子酸酯的分子式(Roberts *et al*.,1959)。目前已发现的茶黄素类物质有 19 种,其中 4 种主要成分分别为 Theaflavin(TF,$C_{29}H_{24}O_{12}$)、Theaflavin-3-gallate(TF-3-G,$C_{39}H_{28}O_{16}$)、Theaflavin-3'-gallate(TF-3'-D,$C_{39}H_{28}O_{16}$)和 Theaflavin-3,3'-digallate(TF-3,3'-DG,$C_{43}H_{32}O_{20}$),化学结构式及空间构造如图 6.1 所示。

Roberts(1957)对红茶发酵缩合形成的产物组成进行了大量的研究,发现了茶黄素和茶红素的存在,并用纯化的儿茶素进行了模拟实验,结果表明:(一)-表没食子儿茶素(L-EGC)与(一)-表没食子儿茶素没食子酸酯(L-EGCg)是红茶发酵时进行缩合的主要物质,并提出了茶发酵过程中色素形成的模式;潼野庆则和今川(1963)在 Roberts 研究基础上对茶叶中的儿茶素的氧化产物的形成进行了大量研究,证实了具有连苯三酚基的儿茶素(L-EGC 和L-EGCg)氧化后发生聚合,均比不具有连苯三酚基的儿茶素(L-EGC 和 L-EC)减少快,经过分析确定了茶黄素形成途径。Sanderson(1972)提出的红茶发酵中儿茶素的反应途径,西岗五夫(施兆鹏,1998)提出的多酚氧化聚合的 3 条途径,这些研究均证实了 Roberts 关于红茶在酶促条件下儿茶素的变化途径。西岗五夫同时指出:茶黄素化合物是成对的儿茶素经过

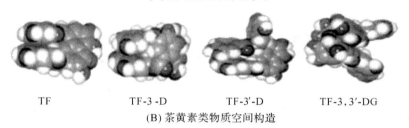

TF:R₁=R₂=OH

TF-3-G:R₁=gallate;R₂=OH

TF-3′-D:R₁=OH;R₂=gallate

TF-3,3′-DG:R₁=R₂=gallate

(A) 茶黄素类物质结构式

TF　　　　TF-3-D　　　TF-3′-D　　　TF-3,3′-DG

(B) 茶黄素类物质空间构造

图 6.1　茶黄素类物质的分子式及空间构造(Clark 等,1998)

多酚氧化酶催化氧化形成的邻醌,红茶发酵中不仅 L-EGC 和 L-EGCg 可以形成茶黄素,其他儿茶素和没食子酸酯也可以形成茶黄素及其没食子酸酯。B 环上有两个邻位羟基(如 L-EC 和 L-ECg)与 B 环上有三个邻位羟基的儿茶素共同存在时,它们氧化后的邻醌可以通过 B 环之间的偶联形成茶黄素;而 B 环上具有三个邻位羟基的儿茶素(如 L-EGC 和 L-EGCg)被氧化后的邻醌易缩合形成二苯基型二聚物,不能形成茶黄素。

茶黄素的分析测定方法有多种,Roberts 法(钟萝,1989)是根据茶黄素和一部分茶红素(TRs Ⅰ 型)溶解于乙酸乙酯或 4-甲基-戊酮(IB-MK),这部分可利用其能溶于碳酸氢钠溶液而分离;茶红素(TRs Ⅱ 型)留在水层。Hiton 提出,Flavognost(α-氨基乙基二苯酸酯)试剂分析法(钟萝,1989),根据茶黄素分子中的苯并䓬酚酮可以与 Flavognost 试剂产生特异性反应,产生绿色络合物,测定其吸光值换算成茶黄素的含量。Likoleche-Nkhoma 等(钟萝,1989)提出铝盐与茶黄素复合产生红色,于波长 525 nm 下具有最大吸收,根据吸光值折算成茶黄素含量。Whitehead 等(1992)利用色素极性大小差异快速测定茶黄素总量;Bailey 等(1992)提出使用高效液相色谱法测定茶黄素主要组分及其他物质,可较理想地分离各茶黄素单体。另外还有毛细管电泳法、高速逆流色谱法、Sephadex LH-20 柱层析法等。

二、茶黄素类性质及含量

茶黄素类纯品为橙黄色针状结晶,熔点为237~240℃,易溶于水、甲醇、乙醇、丙酮和乙酸乙酯,难溶于乙醚,不溶于氯仿和苯。其水溶液呈鲜明的橙黄色,具有较强的刺激性,呈弱酸性,pH约为5.7,在380 nm与460 nm处有最大吸收峰。在碱性溶液中茶黄素有自动氧化倾向,其颜色随pH的增加而加深。茶黄素类(TFs)是红碎茶中色泽橙红、具有收敛性的一类色素,与红碎茶品质的相关系数为0.875,其含量占红茶含量的0.3%~1.5%,占红茶固形物的1%~5%,是红茶滋味和汤色的主要品质成分,对红茶的色、香、味及品质起着重要的作用,是红茶汤色"亮"的主要成分,是红茶滋味强度和鲜度的重要成分,同时也是形成茶汤"金圈"的主要物质。感官评价对色泽的估量大多是受茶黄素类的影响,其含量越高,汤色明亮度越好,呈金黄色;含量越低,汤色越深暗。同时,茶黄素类含量的高低直接决定红茶滋味的鲜爽度,也与叶底亮度呈高度正相关。

三、茶黄素类生理功能

1. 抑制癌细胞增殖

茶叶具有防癌、抗癌作用,主要有效成分为茶多酚、儿茶素单体和茶色素。红茶中提取出的4种主要的茶黄素类单体作用于人肝癌细胞(Hep G2)、胃癌细胞(SGC-7901)、肺癌细胞(A549)和急性骨髓性血癌细胞(K562)的研究(Wang et al,2011)发现,茶黄素类物质单体及混合物对SGC-7901和A549细胞增殖均表现出强烈的抑制作用;TF-3-G对4种癌细胞的增殖表现出较强的抑制活性。说明茶黄素类不同单体对不同癌细胞活性的抑制作用有差别,其中TF-3-G对癌细胞的抑制活性相对较强。Raviv等(2008)对4种茶黄素类的口腔鳞状细胞癌细胞的相关细胞毒性进行了中性红测试,结果表明4种茶黄素表现出不同程度的细胞毒性,其中TF-3,3′-DG有最强的细胞毒性,同时产生最大限度的活性氧(ROS)而诱导口腔癌凋亡细胞的死亡,但不影响正常细胞。

茶黄素类物质抑制癌细胞增殖的途径有多种,可以通过显著抑制胞外信号调节蛋白激酶和c-Jun氨基末端激酶(JNK)进而控制多个癌变阶段中的肿瘤增长,也可通过调节转录因子和相关酶活性而促进肿瘤细胞凋亡并抑制原致癌基因的表达。此外,肿瘤生物标志包括激活巨噬细胞的1κB激酶(IKK)等物质在茶黄素类物质存在下被抑制,其中TF-3,3′-DG比其他茶多酚物质表现出更为显著的抑制作用(Lin,2002)。有研究表明,茶黄素类的目标定位在某些特殊的细胞信号途径,包括负责调解细胞扩增或凋亡的活化蛋白-1(AP-1)和核因子κB(NF-κB)(Park and Dong,2003)。基因p53与乳腺癌有关,Lahiry等(2010)研究表明,茶黄素类通过激活Fas死亡受体或caspase-8途径抑制pAkt/pBad途径,诱导基因p53突变引起的乳腺癌细胞的凋亡。另外,茶黄素类也可诱导相关途径阻碍人乳腺癌细胞的转移,茶黄素类活化p53/ROS/p38MAPK环路,该环路可诱导放大NF-κB抑制信号。NF-κB的抑制及随后转移性蛋白金属蛋白酶MMP-2和MMP-9的表达抑制最终阻碍乳腺癌细胞迁移(Adhikary, et al., 2010)。茶黄素类可抗人卵巢恶性肿瘤细胞增生并促使其凋亡,它在PA1细胞系中诱导活性氧自由基的产生,活性氧自由基改变线粒体膜潜力导致线粒体膜损害,进而触发凋亡蛋白的释放(Banerjec, et al., 2011)。

2. 抗病毒及消炎

Nakano（1992）发现，TFs 不仅能抑制 HIV-1 逆转录病毒的逆转录酶的活性，还能抑制多种细胞中 DNA 和 RNA 聚合酶的活性，它对逆转录酶和细胞 DNA 聚合酶的抑制方式是通过与引物竞争模板而产生。有研究（Yang et al.，2012）显示，透射电子显微镜下发现茶黄素衍生物对病毒感染的精液衍生增强子（SEVI）肽的淀粉质纤维形成起作用。茶黄素衍生物凝胶可降低 SEVI 特定淀粉质纤维的形成，并表现出对女性生殖道表皮细胞的低毒性。雌兔阴道内进行茶黄素衍生物凝胶处理，未表现出明显的子宫颈阴道毒性，而壬苯醇醚-9（N-9）凝胶制剂处理后则可导致阴道上皮受损。茶黄素衍生物凝胶处理雌兔阴道组织时，可以出现增殖细胞核抗原（Proliferating cell nuclear antigen，PCNA）的低水平表达，但不会引起促炎细胞因子或免疫调节细胞因子的产生。茶黄素衍生凝胶制剂有抗 HIV-1 病毒活性，在酸性环境下效果稳定、毒性低，是廉价而且安全的防止 HIV 性传播的抗菌品。茶黄素处理后，其在阴道中可以存留较长时间。研究表明，茶黄素衍生物凝胶处理 6 h 后，在子宫颈阴道清洗液（Cervicovaginal Lavages，CVLs）中仍然可以检测到茶黄素的存在。

TF-3,3′-DG 具有抑制猴肾 MA104 细胞系感染轮状病毒和肠病毒的作用（Mukoyama, et al.，1991），同时可抑制牛轮状病毒侵染 BSC-1 细胞系以及冠状病毒侵染 HRT-18 细胞（Chark, et al.，1998）。SARS-CoV 是严重急性呼吸系统综合征（SARS）的病原体，SARS-CoV 侵染宿主细胞后，3C-类似蛋白酶（3CL[Pro]）的编码是该病毒复制的限速步骤。有研究（Chen et al.，2005）发现，TF-3,3′-DG 是 3CL[Pro] 抑制剂，通过抑制 3CL[Pro] 进而抑制 SARS 病毒复制。体外研究还发现，TFs 及其衍生物对流感病毒表现出强有力的抑制作用（Zu et al，2012）。对神经氨酸酶（Neuraminidase，NA）活性测定、红细胞凝聚（Hemagglutination，HA）抑制性分析以及血球凝集素和细胞病变相关基因的定量 PCR 分析显示，TFs 及其衍生物可有效抑制流感病毒株的 3 种不同亚型的神经氨酸酶活性及红细胞凝集活性作用。TFs 及其衍生物可以直接作用于病毒粒子，抑制病毒 HA 基因的复制。炎性细胞因子 IL-6 的表达可导致严重的组织损伤或细胞凋亡。TFs 及其衍生物除了对功能病毒蛋白产生作用以外，也具有抑制病毒侵染期间炎性细胞因子 IL-6 的表达，进而表现出抗炎活性。

花生四烯酸（AA）主要通过环氧化酶（Cyclooxygenase，COX）、脂加氧酶（Lipoxygenase，LOX）及细胞色素 P-450（cytochrome P-450，CYP）途径代谢。研究发现，AA 的 CYP 代谢途径与心肌缺血再灌注损伤（Myocardial reperfusion injury，MIR）的关系密切。Huang 等（2006）研究表明，红茶茶黄素类及其衍生物在动物体内的抗炎活性是通过 LOX 和 COX 通路达到抑制 AA 代谢的。炎症是通过炎症介质介导而产生，前列腺素（Porstaglandin，PG）是炎症介质之一。PG 是由 AA 经 COX 催化而成。现已分离鉴定出 2 种 COX，分别为 COX-1 和 COX-2。COX-1 为人体内固有酶，机体各组织均能表达，在许多正常生理过程中发挥作用，如维持正常胃黏膜、影响肾血流和血小板凝聚等；而 COX-2 为诱导酶，在急性炎症应答反应中由细胞因子、生长因子和细菌内毒素等诱导炎症细胞合成。RT-PCR 研究发现，TFs 对 COX-1 无抑制作用，因而不存在非菌类抗炎药物（NSAIDs）对 COX-1 的抑制所引起的胃肠道毒性等副作用。但 TFs 可抑制组织多肽抗原（TPA）诱导的 COXA-2 基因的表达，引起 COX-2 基因转录水平下调（Gosslau et al.，2011）。Santosh 等（1997）发现，红茶多酚类（Black tea polyphenols，BTP）可抑制由 TPA 诱导小鼠鸟氨酸脱羧酶（ODC）和 COX 活性的增高以及 ODC mRNA 和促炎因子白介素-10（Interleukin-10,

IL-10)mRNA 的表达,同时还可抑制 TPA 诱导的小鼠表皮水肿、增殖和白细胞浸润。Kyoji 等(2010)研究了 TF、TF-3-G 和 TF-3,3′-DG 对恶唑啉诱导雄性 ICR 鼠IV型过敏反应的预防效果,结果表明:TF、TF-3-G 和 TF-3,3′-DG 通过抑制细胞因子波动和维持抗氧化状态的机制而起到抗过敏作用。

3. 抗氧化

TFs 通过调节体内酶系的活性、直接消除自由基以及抑制脂质过氧化等途径来实现抗氧化作用,主要包括:

1)调节体内生物酶系的活力:茶黄素类可激活小鼠体内的谷胱甘肽 S 转移酶(GST)、谷胱甘肽过氧化物酶(GPX)的活性,进而降低脂质过氧化作用。GST 可催化亲核性的谷胱甘肽与各种亲电子外源化合物的结合反应;GPX 可使谷胱甘肽接受 H_2O_2 电子,发生自身氧化,从而阻断羟基自由基的生成。黄嘌呤氧化酶在催化次黄嘌呤转变为黄嘌呤并进而催化黄嘌呤转变为尿酸的两步反应中,都同时以分子氧为电子受体,从而产生大量的 O_2^- 和 H_2O_2,后者在金属离子参与下形成羟基自由基。茶黄素类能抑制黄嘌呤氧化酶产生尿酸并且清除过氧化物(Erba et al., 2003)。细胞内葡萄糖/葡萄糖氧化酶(G/GO)系统可产生 H_2O_2,茶黄素类通过调节 G/GO 的活性,抑制胞内活性氧的产生,保护细胞免受氧化应激诱导产生的细胞毒性(Feng et al., 2002)。

细胞色素 P4501A1(Cytochrome P4501A1,CYP1A1)是一类参与代谢活化多环芳烃类(PHAs)化学致癌物的 I 相酶,也是一种肝外的氧化代谢酶,具有芳香烃羟化酶(AHH)活性,可催化多种芳香烃化合物,经过一系列生化改变进而成为致癌物。多环芳烃是环境中为害甚广的一类致癌物质,其在体内活化过程可以由 CYP1A1 催化完成,并在该反应过程中产生自由基。奥美拉唑(Omeprazole,OPZ,分子式为 $C_{17}H_{19}N_3O_3S$,相对分子质量为 345.41)是一种抗消化道溃疡药物。研究表明,OPZ 可以诱导人体肝癌细胞 Hep G2 的 CYP1A1 活性提高,但茶黄素能够抑制 OPZ 的作用(Feng et al., 2002)。

一氧化氮(NO)具有第二信使分子和靶细胞毒性作用,过多的 NO 会使血管内皮细胞产生过氧化,促进低密度脂蛋白(LDL)与泡沫巨噬细胞的作用,进而提高动脉硬化和血管梗死的几率。茶黄素对诱导型的一氧化氮合成酶(iNOS)有负调节作用,能够抑制 NO 的产生(Sarkar et al., 2001)。Ukil 等(2006)发现 TF-3,3′-DG 对诱导型 iNOS 的抑制作用是通过对降低诱导型的 iNOS-mRNA 的表达来实现的。由于 NF-κB 是诱导 iNOS 所必需的转录因子,TF-3,3′-DG 通过阻断 NF-κB 的活化来抑制 iNOS 的表达。另外,TF-3,3′-DG 还可以抑制 NF-κB p65 和 p50 亚基的磷酸化达到抑制 κB 激酶(IKK)的效果。

2)去除或抑制自由基产生:自由基是具有一个不配对电子的原子和原子团的总称,其性质很活泼,易于失去电子(氧化)或夺取电子(还原),其氧化作用强,具有强烈的引发脂质过氧化的作用。超氧化物歧化酶(SOD)可以催化 O_2^- 生成 O_2 和 H_2O_2,消除 O_2^- 毒性。过氧化氢酶(CAT)存在于红细胞及某些组织内的过氧化体中,催化 H_2O_2 分解为 H_2O 和 O_2,使得 H_2O_2 不至于与 O_2 在铁离子存在下反应生成有害物质·OH。茶黄素能明显激活细胞内的 SOD 和 CAT 的活性,进而及时清除自由基(Das et al., 2002)。另外,茶黄素也能直接与自由基作用。Steele 等(2000)在 HL60 细胞试验表明,12-氧-十四烷酰佛波醇-13-醋酸酯(TPA)可以诱导产生自由基,但茶黄素对该过程中自由基的形成有抑制作用,抑制率约 60%。

3)降低重金属诱导的氧化应激:镉是一种环境及工业污染物,对人及动物的雄性生殖系统有极大副作用。有研究(Wang et al.，2012)表明，镉诱导的氧化应激可导致睾丸损伤。有关该过程有 2 种解释理论：一种理论涉及谷胱甘肽(GSH)的消耗。GSH 可接受自由基的 2 个电子，在 GSH 过氧化物酶(GSH-PX)的作用下氧化形成氧化型谷胱甘肽(GSSG)，即谷胱甘肽淬灭活性氧自由基的破坏性。此外，GSSG 在谷胱甘肽还原酶(GR)作用下获得 NADPH 的 2 个质子后，可以重新还原为 GSH，形成一个抗氧化循环。重金属镉抑制了 GSH-PX 和 GR 的活性，促进了还原型谷胱甘肽的损耗并抑制了其产生，进而破坏了抗氧化循环，促进了自由基的累积。另一种理论则推测，镉抑制抗氧化酶活性进而诱导氧化应激。超氧化物歧化酶(SOD)存在于细胞质和线粒体，镉可导致其活性严重下降。茶黄素通过多种可能机制抑制镉诱导的氧化应激，包括直接清除自由基、提高抗氧化酶水平、增加谷胱甘肽含量等。研究表明，茶黄素可减少镉诱导的丙二醛含量，减少肝脏、睾丸和血液的镉含量，同时增加了尿液和粪便的镉含量，因此，茶黄素可抑制镉诱导的睾丸毒性，是预防镉诱导的睾丸毒性的潜在药物。

4)抑制脂质过氧化：细胞膜脂质过氧化可以造成膜系统损伤，严重时会导致细胞死亡。TF-3,3′-DG 处理巨噬细胞或者内皮细胞(Yoshida et al.，1999)发现，TF-3,3′-DG 可减少细胞内的低密度脂蛋白(LDL)氧化，其作用与 TF-3,3′-DG 的实验浓度(0～400 μmol)和时间(0～4 h)呈正相关。体外实验(Miura et al.，1995)检测 LDL 氧化过程中形成的硫代巴比妥酸的反应底物和共轭双烯，结果显示茶黄素类具有抑制 LDL 氧化的作用，而且不同 TFs 和儿茶素类的抗氧化活性顺序表现为：TF-3,3′-DG＞ECg＞EGCg＞(或＝)TF-3′-D＞(或＝)TF-3-G＞TF＞(或＝)EC＞EGC。其中茶黄素类量效关系在 5～40 μmol/L。Sano 等(1995)用含 3% 的红茶叶粉末的饲料饲喂大鼠 50 d 后，由大鼠的肝脏切片可看出，由叔丁基过氧化氢和溴化三氯甲烷诱导的脂质过氧化都被明显抑制。

5)与过渡金属离子络合进而抑制自由基的形成：一些过渡金属如铜、铁等可催化 LDL 氧化或自由基的形成。而黄酮类化合物因为有 4-酮基、5-羟基的分子结构而具有络合金属离子的功能。研究报道，茶黄素磷酸盐能够与铜、铁离子的硫酸盐产生络合物，并且其产物在可见光区出现新的吸收峰。

4. 抗菌

茶黄素类物质有很强的抗菌活力，并与表儿茶素和槲皮苷等化合物之间具有协同效应(Betts et al.，2012)。研究发现，茶黄素最低抑菌浓度介于 200～400 μg/mL，茶黄素结合表儿茶素、茶黄素结合槲皮苷的最低抑菌浓度为 100～200 μg/mL。茶黄素最低杀菌浓度为最低抑菌浓度的 2 倍，在耐抗生素细菌防治领域有良好的应用前景。

5. 抗心血管疾病

借助血液流变学技术研究 TFs 抗心血管疾病是一个新型的研究领域。有研究(Ma et al.，2011)表明，TF 具有保护小鼠心脏免受缺血/再灌注损伤的作用，其可能机制是：打开 K-ATP 离子通道(尤其是线粒体膜)，抑制线粒体通透性转换孔的打开。基础研究和临床试验表明，TFs 有显著的抗凝、促纤溶、防止血小板黏附和凝集作用，能显著降低高脂动物血清中的三丁酸甘油酯(Glycerol tributyrate，GT)水平；其机制是通过改善红细胞变形性、调整红细胞聚集性及血小板的黏附聚集性，进而降低血浆黏度，改善微循环，保障组织血液和氧的供应，提高个体整体免疫力和组织代谢水平，达到防病和治病目的。

茶黄素可减少同型半胱氨酸对人血管内皮细胞的损伤，增强损伤细胞的生存能力，减轻细胞内由同型半胱氨酸诱导的 DNA 损伤。研究(Wang et al., 2012)还显示,茶黄素类有助于减少同型半胱氨酸诱导的活性氧自由基并部分调节由同型半胱氨酸导致的血管内皮细胞的分泌功能障碍,表明茶黄素可减少同型半胱氨酸对人血管内皮细胞损伤的机制与它的抗氧化活性及其对内皮衍生因素的调节分泌有关,显示茶黄素有助于预防动脉粥样硬化及心血管疾病发生的作用。

6. 降低血液胆固醇

降低血液胆固醇可通过干扰膳食混合微胶粒的形成来实现,膳食混合微胶粒形成受阻可减少肠道对胆固醇的吸收。体外实验研究(Vermeer et al., 2008)发现,TF-3,3′-DG 促进多层脂囊的形成而抑制微胶粒的形成,进而在减少肠道胆固醇吸收中起到重要作用。

7. 除臭

日本 MiikUi 将儿茶素添加到口香糖中,经咀嚼后采集唾液,体外测定甲硫醇的含量,结果表明,儿茶素对口臭的抑制能力大于叶绿素钠,咀嚼含儿茶素的口香糖,口腔中甲硫醇含量显著下降。龚雨顺等(2008)就茶叶功能成分对主要恶臭成分甲硫醇的去除效果进行了研究,结果表明,绿茶水提取物、儿茶素、EGCg 对甲硫醇的去除效果不明显,而茶黄素则表现出较强活性:在 pH 为 10 的碱性条件下,1 mg 含量为 40% 的茶黄素对甲硫醇的最大去除量为 0.232 mg,其作用机制可能是儿茶素具有较强的抑菌效果,可抑制口腔中的微生物生长繁殖,从而减少甲硫醇的生成,而茶黄素有直接清除甲硫醇的效果。

8. 预防帕金森症

α-突触核蛋白(α-Synuclein, α-Syn)是与帕金森病(Parkinson's disease, PD)的发病密切相关的蛋白质,神经元细胞过量累积 α-Syn 是 PD 发病的重要诱因。有研究(Sekiyama et al., 2012)发现,在无血清培养条件下,用 TF-3,3′-DG 处理小鼠神经细胞 2A,可以促进 α-Syn 自噬性降解(Autophagic degradation)。

动物实验研究表明,细胞的自噬功能随年龄增长逐渐下降,LC3 基因是自噬过程中的关键基因之一,其编码蛋白经过修饰后形成的耦合蛋白 LC3-Ⅱ 是自噬体和自噬溶酶体的膜标记蛋白。处理小鼠神经细胞 2A 试验表明,TF-3,3′-DG 可以诱导 LC3-Ⅱ 上调。哺乳动物雷帕霉素靶蛋白(Mammalian target of rapamycin, mTOR)是一种结构和功能保守的丝氨酸/苏氨酸激酶,也是调控蛋白质翻译起始阶段的一种蛋白激酶,广泛分布于神经系统并与疼痛密切相关,其特异性抑制剂雷帕霉素敏感信号通路参与突触可塑性变化的调节。mTOR 在脑信号转导通路中的重要作用决定了 mTOR 可调控脑突触可塑性改变和长时记忆形成。TF-3,3′-DG 可以通过 Akt-mTOR 通路调节细胞的自噬功能。因此,茶黄素被认为是具有预防 PD 作用的功能物质。

第二节　茶红素类含量及其生理功能

茶红素类(Thearubigins, TRs)是红茶中一类相对分子质量差异很大的异质性红色或褐红色的酚性色素,是茶叶发酵过程中形成的产物。

一、茶红素类结构及形成

TRs 是一类复杂的、不均一性红褐色酚性化合物,包括多种相对分子质量差异极大的异源物质,其相对分子质量为 700~40000,甚至更大。根据溶解性质和色谱性质,TRs 被分为相应的若干类。Roberts(1957、1958)按照其在不同溶剂中的溶解度把 TRs 分为 3 类:茶红素 SⅠ(溶于乙酸乙酯)、SⅠa(既溶于水又溶于乙醚)和 SⅡ(溶于水)。Bailey 等(1991)根据 TRs 在反向高效液相色谱的色谱学行为将其分成 3 类:第一类为不被柱吸附的部分;第二类为可溶性部分,检测时会出现可辨析峰;第三类为不可溶部分,检测时出现"hump"型不可辨析峰。

TRs 主要由儿茶素类氧化缩聚而成,主体成分为儿茶素类的聚合体,前导物除了儿茶素类以外,还有原花色素、花青素、酚酸、黄酮醇及其苷,甚至有核酸、多糖、蛋白质、氨基酸等物质。它既有儿茶素酶促氧化聚合、缩合反应产物,也有儿茶素氧化产物与多糖、蛋白质、核酸和原花色素等产生非酶促反应的产物。其中最主要的前导物质是 EGC 和 EGCg,大部分经醌、茶黄素、其他苯环庚三烯酚酮和聚酯型儿茶素等形成(萧伟祥等,1997)(图 6.2)。

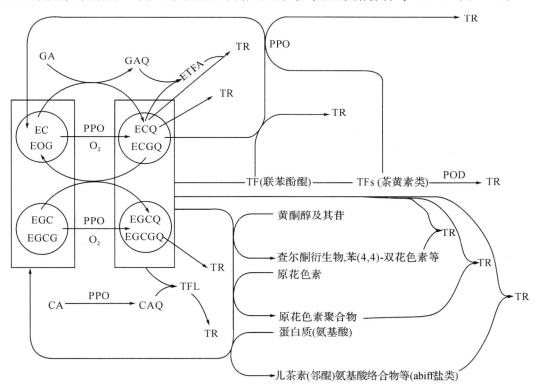

Q: 醌; GA: 没食子; CA: 儿茶酚; TFL: 茶黄灵; ETTFA: 表茶黄酸; PPO:多酚氧化酶; POD:过氧化物酶

图 6.2　茶红素形成途径(萧伟祥等,1997)

二、茶红素类性质及含量

TRs 是红茶中含量最多的多酚类氧化产物,色泽棕红,能溶于水,水溶液呈酸性,深红色;TRs 口感的刺激性和收敛性较 TFs 弱;TRs 占红茶干物质总量的 5%~11%,约占红茶中多酚类物质的 35%。TRs 是构成红茶汤色的主体物质,对红茶的色、香、味及品质起着决定性的作用,是红茶汤色"红色"的主要成分,也是红茶汤滋味强度和浓度的重要成分。红茶特有的"冷后浑"现象与 TRs 关系密切,对其形成起作用的色素主要是茶红素,其次是 TFs 和黄烷醇配糖体。一般认为,红茶汤冷后浑出现较快,乳状物颜色鲜明,汤质较好。此外,TRs 还能与碱性蛋白质结合生成沉淀物存于叶底,从而影响红茶的叶底色泽。

红茶品质要求汤色红艳明亮,滋味浓、强、鲜爽,带"金圈"。通常认为,TRs 和 TFs 含量较高,而且 TFs/TRs 比例高时(一般 TFs>0.7%,TRs>10%,TR/TF=10~15),红茶汤色红艳明亮、滋味浓强鲜,是优质红茶的特征。TRs 所占的比例过高,有损红茶品质,使滋味淡薄,汤色变暗;而 TRs 含量太低,茶汤红浓不够。

三、茶红素类生理功能

现代药理学研究表明,TRs 与茶多酚一样,具有较强的抗氧化和清除自由基功能,有明显的防癌抗癌、抗衰老、抗高血压、保护心血管、降血脂、抗菌杀菌等功效。分子药理学研究表明,TRs 可以通过抑制癌细胞分裂酶原激活的蛋白激酶(MAPK)和活化蛋白-1(AP-1)的活性、诱导凋亡、控制细胞周期、干扰受体键合及受体活性、抑制侵染和血管生成等作用达到防癌抗癌的功效。然而,由于 TRs 结构复杂、不易分离纯化,因此对其药理学功能的研究受到很大的限制。TRs 主要为儿茶素和茶黄素的高聚物,从结构上分析仍然具有活性酚羟基和苯并䓬酚酮结构,推测其可能也具有较好的药理学功能。

1. 抗癌、抗肿瘤

利用表皮癌细胞系(A431)和小鼠成纤维细胞系(NIH3T3)研究表明,TRs 具有抑制表皮生长因子(Epidermal growth factor,EGF)所引起的表皮生长因子受体(Epidermal growth factor receptor,EGFR)的自动磷酸化作用;同时,对血小板衍生生长因子(Platelet derived growth factor,PDGF)所引起的血小板衍生生长因子受体(R)的自动磷酸化也有轻微的抑制作用(Liang et al.,1999)。TRs 可能与红茶中的 TFs、儿茶素一起起到抗肿瘤细胞增殖的作用。在人前列腺肿瘤细胞(PC-3)的研究中发现,TRs 与染料木素存在协同作用。TRs 本身不能抑制该细胞系的生长,但与染料木素同时使用时,却可显著抑制 PC-3 细胞生长(Sakamoto,2000)。

乙酸乙酯不溶性 TRs 可显著抑制由 1,2-二甲基肼诱发的大鼠结肠黏膜 DNA 断裂(Lodovicim et al.,2000),从而预防肠癌的发生。Dhawan 等(2002)发现,TRs 和 TFs 均可阻断由杂环胺诱发的人淋巴细胞的 DNA 断裂,而对正常人淋巴细胞却没有伤害。从红茶分离的聚合酚性馏分可抑制苯并芘诱发的细胞色素 P450s 同工酶活力增强,从而达到抑制苯并芘诱发的 DNA 加合物的形成,起到对癌症的化学预防作用(Krishnan and Maru,2004)。

2. 抗氧化及清除自由基

Yashino 等(1994)研究发现,在由叔丁基氢过氧化物(tert-Butyl hydroperoxide,

t-BHP)诱导的大鼠肝脏脂质过氧化物模型中,TRs 与 TFs 一样,具有很好的抗脂质过氧化的功能,其效价高于常见的天然抗氧化剂谷胱甘肽、抗坏血酸、维生素 E 和化学合成抗氧化剂丁基羟基茴香醚(Butyl hydroxyl anisd,BHA)、二丁基羟基甲苯(Butylated hydroxyl toluene,BHT)等。

有研究(王华等,2007)发现,在二苯基苦基苯肼(2,2-Diphenyl-1-picrylhydrazyl,DPPH)自由基测定体系中,以 EGCg 为对照,测定 5 个不同极性的 TRs 馏分在不同浓度下对自由基的清除率,结果发现,13.2~29.6 μg/mL 浓度范围内 5 种 TRs 馏分对 DPPH 自由基清除能力随浓度增加而增强,最高可以达到 85% 以上。不同 TRs 馏分对自由基的清除能力存在差异,在13.2~44.4 μg/mL 浓度范围内,随 TRs 组分极性的增加,对 DPPH 自由基的清除能力总体上呈现逐渐下降的趋势。与 EGCg 相比,EGCg 浓度13.2 μg/mL 时已达到最大自由基清除率,而 13.2~100 μg/mL 浓度的 TRs 对自由基的清除能力仍然低于 EGCg。

3. 抗突变

TRs 可以抑制致癌剂所诱发的细胞色素 P450 激活,从而可有效抑制一些食物源致癌剂所诱发的突变(Catterall *et al.*,1998)。利用 Swiss 白色小鼠实验显示,正丁醇可溶性 TRs 和 TFs 可有效抑制环磷酰胺(Cyclophosphamide,CP)、7,1-二甲基苯并蒽(Dimethyl-benzanthracene,DMBA)和苯并芘所诱发的染色体畸变(Chromosomal aberration,CA)及姐妹染色单体交换(Sister chromatid exchange,SCE)(Gupta *et al.*,2001;Halder *et al.*,2005)。人体淋巴细胞体外实验(Halder *et al.*,2006)中,TRs 可显著抑制由苯并芘(Benzo[*a*]pyerne,B[*a*]P)和黄曲霉毒素 B1(Aflatoxin B1,AFB1)诱导的染色体断裂。对沙门氏菌(Salmonella)TA97a、TA98、TA100 和 TA102 等菌株试验表明,TRs 可抑制突变剂叠氮化钠、4-硝基邻苯二胺、过氧化氢异丙苯、2-氨基芴和丹酮所引起的突变。此外,在 S9 菌株的激活实验中也显示,TRs 具有显著的抗突变作用(Gupta *et al.*,2002)。

4. 抗炎

在三硝基苯磺酸(Trinitro-benzene-sulfonic acid,TNBS)引诱的小鼠大肠炎试验中,TRs 可显著减轻小鼠的腹泻,并可减轻小鼠的肠结构损伤,显著减少嗜中性粒细胞的损伤,降低脂质过氧化、抑制丝氨酸蛋白酶活力,减少 NO 和超氧阴离子的释放,降低 NF-κB 的激活,从多种途径起到抗炎的作用(Maity *et al.*,2003)。

5. 其他功能

对髓白血病细胞系(U-937)和慢性粒细胞白血病细胞系(CML)的研究表明,TRs 和 TFs 均可抑制该两个细胞系的细胞生长和 DNA 复制,推断它们可能有抗白血病的功能(Das *et al.*,2002)。

Satoh 等(2002)的小鼠实验研究表明,正丁醇可溶性 TRs 馏分具有抗破伤风毒素和肉毒杆菌神经毒素的功效。

还有研究表明,TRs 有降胆固醇的效用。Miyata 等(2011),用含 2% 红茶多酚、TFs 和 TRs 的高脂饲养小鼠,小鼠肝脏胆固醇含量显著低于对照(未添加 TRs 等物质的高脂饲养方式)。研究还表明,茶红素可加速粪便中酸性和中性类固醇的排泄。据此认为,TRs 可促进类固醇通过粪便排泄而降低肝脏胆固醇含量。

第三节 茶褐素类含量及其生理功能

茶褐素类（Theabrownins，TBs）是一类红茶或者黑茶中能溶于水而不溶于乙酸乙酯、正丁醇和乙醇的褐色色素。与 TRs 一样，TBs 的分子结构差异也很大，而且具有异质性。

一、茶褐素类结构及形成

TBs 是来源于多酚类物质、TFs 和 TRs 等的进一步氧化聚合。TBs 本身极其复杂的结构使得对其成分的研究进展相对缓慢。1961 年，Vuataz 等在红茶 TBs 的水解产物中发现了丙氨酸、精氨酸等 14 种氨基酸的存在。超滤膜过滤结合组分检测研究（李连喜，2005），得出普洱茶茶褐素含有多酚类的氧化聚合产物有氨基酸、含氮物质、糖类、没食子酸（GA）、咖啡因等结合物，其化学组成及结构还有待进一步探明。TBs 形成以后，部分能与蛋白质结合而沉淀于叶底，形成叶底的色泽。龚加顺等（2010）研究表明：TBs 的形成是微生物分泌的酶产生的酶促反应及其反应产物之间的偶联氧化聚合；此外一些其他成分如葡萄糖、没食子酸和甘氨酸等也可以作为 TBs 形成的促进剂或诱导物。有研究（周向军等，2011）以乌龙茶为原料，研究不同因素对乌龙茶 TBs 得率的影响，结果表明茶褐素得率为 9.23%，茶褐素的主要成分为蛋白质（21.47%）、糖（28.28%）和总酚（11.19%）。

李宝才和龚加顺（2007）依据腐植酸的形成及化学性质、结构特征，提出了普洱茶茶色素（特别是 TBs）与腐植酸（黄腐酸）的化学结构和官能基团存在着某些共同之处，即都含有大量的酚性基团和羧基、醌基，其基本母核均为芳基。连接的方式虽有所不同，存在着构效关系，但茶色素和腐植酸（黄腐酸）在药理方面与 TBs 有某些相似之处。此后有研究（秦谊等，2010）利用 BaCl$_2$ 和 Ca(CH$_3$COO)$_2$ 沉淀法成功测定了 TBs 中的羧酸基（1.975 mmol/g）和酚羟基（5.805 mmol/g），说明酚羟基为 TBs 中的主导酸性官能团。

另有研究（杨大鹏，2006）用 2 mol/L 盐酸、90℃、4 h 水解 TBs 后，使用甲苯：丙酮：甲酸＝3:3:1 展开剂分析，配合使用 HPLC 以及 C-NMR 等方法确定了一种疑似由丙三醇和磷酸盐脱水缩合而成的化合物（图 6.3），这在 TBs 的研究工作中尚属首次，值得参考。

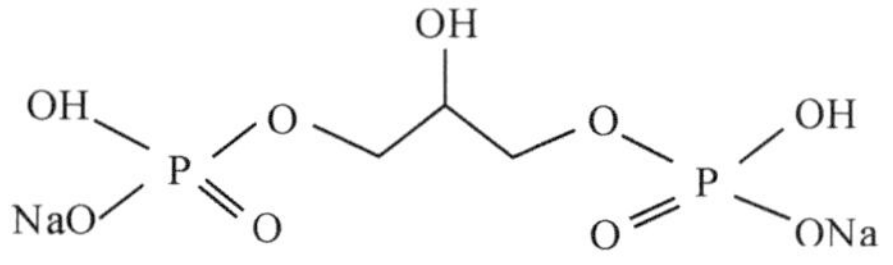

图 6.3 一种 TBs 水解物的可能结构（杨大鹏，2006）

二、茶褐素类性质及含量

TBs 可溶于水，不溶于氯仿、乙醇、正丁醇、乙酸乙酯等溶剂。其不同浓度水溶液 pH 变化并不大，均值在 6.29，呈弱酸性。茶褐素在强酸条件下表现出不稳定性，出现变色、沉淀等现象，而在强碱性条件下出现溶液颜色加深、逐渐转变为深褐色的现象（谭超等，2010）。另外，其对 H$_2$O$_2$ 表现稳定，而对维生素 C 和 Na$_2$SO$_3$ 表现出不稳定，即体现出明显氧化性。

有文献报道,在紫外-可见分光光度方面,380 nm处TBs水溶液有强吸收峰,330 nm和380 nm处TBs的80%乙醇溶液有两个明显吸收峰(谭超等,2010)。另有发现TBs的80%乙醇溶液在272 nm左右有一明显吸收峰(吕虎等,2000),三者说法有明显差异,还需进一步研究确认。TBs的中红外光谱图(图6.4)(邵春甫等,2011),显示有3400 cm^{-1}左右的强O—H伸缩振动峰,2934 cm^{-1}处的亚甲基(—CH$_2$—)伸缩振动峰,1700 cm^{-1}处的羧基C—O伸缩振动峰和1027 cm^{-1}处的C—O—C伸缩振动峰,另外1650 cm^{-1}、1550 cm^{-1}、1445 cm^{-1}左右处的苯环骨架以及762 cm^{-1}左右、746 cm^{-1}两处苯环上的C—C面外弯曲振动峰也比较明显。

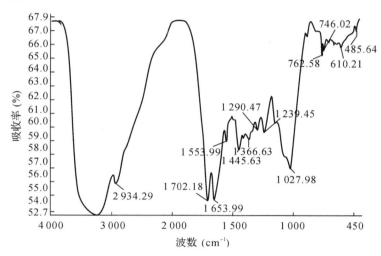

图6.4　TBs的中红外光谱图(邵春甫等,2011)

不同茶类的TBs含量不同。以多酚类氧化产物为主的TBs是普洱茶汤中的最主要成分,是形成普洱茶独特口味和色素的重要物质,其中普洱熟茶中的TBs混合物大约占了干茶质量的10%~20%。普洱茶在后发酵中儿茶素进一步氧化聚合成为茶TFs(0.17%,W/W)、TRs(5.88%,W/W)和TBs(9.73%,W/W)以及一定量的没食子酸(0.62%,W/W)(Wang et al,2012)。TBs含量高低是评价普洱茶品质的重要指标。

有人对广东特色领头单枞茶进行渥堆试验,研究渥堆过程中主要化学成分含量变化研究(黄国滋等,2008)。结果表明,茶色素变化的总体趋势为TFs和TRs含量显著下降,而TBs大量积累,(TFs+TRs)/TBs值由最初的0.45降至0.02。含水量较高的茶坯的TFs和TRs的保留量比含水量较低的茶坯少,但TBs积累量大。云南普洱茶渥堆过程中茶多酚、儿茶素、黄酮类、茶黄素、茶红素的含量大幅减少,TBs的含量大幅增加,由2.53%增加到10.57%。正是这些成分的大幅度变化,才使得普洱茶滋味越来越醇和,汤色越来越红浓、明亮,品质越来越好;在一定含量范围内,普洱茶的品质与茶多酚和TBs的含量呈正相关,相关系数分别为0.8957、0.8570(张新富等,2008)。

在普洱茶储藏过程中,TBs的含量持续增加,对普洱茶的品质形成有十分重要的作用。一定时间的自然存放陈化是普洱茶品质形成所必需的,但并非存放时间越长越好。有研究(张新富等,2008)认为,普洱茶成品茶储存半年后TFs、TRs和TBs比之原料分别增加

54.7%、12.6%和25.5%,形成了普洱茶橙黄明亮的汤色。随存放时间延长,自动氧化作用使 TFs、TRs 降解或与蛋白质、氨基酸等作用逐步生成 TBs。存放一年的普洱茶 TFs、TRs 显著下降,而 TBs 却显著增加,使汤色转暗。这也是茶滋味变淡及香气陈化的主要原因。

工夫红茶要求茶汤红艳明亮,滋味浓醇鲜爽,其呈味物质主要是茶多酚的氧化产物 TFs 和 TRs,TFs 和 TRs 的比值与红茶品质呈正相关,TBs 的含量却与红茶品质呈负相关。

三、茶褐素类生理功能

由于 TBs 结构复杂,目前还没有切实可行的方法可以检测 TBs 的分子结构,因而 TBs 所表现的生物活性是几种功能成分的复合效应。目前对茶色素功能的研究以及对普洱茶的功能与毒理学研究开展得较为广泛,且发现普洱茶具有较为明显的降压、降脂、降糖、防止动脉硬化、抗疲劳、抗感冒、抗出血、抗癌、抗肝炎等功效,多方猜测 TBs 作为普洱茶汤中的主要成分之一,普洱茶的保健功能必定与 TBs 有关。

1. 抗氧化

TBs 富含蛋白质、糖和多酚,以乌龙茶为原料提取 TBs 并进行抗氧化活性检测(周向军等,2011)发现,TBs 对羟自由基、超氧阴离子自由基和 DPPH 自由基具有一定的清除效果,虽然清除效果均低于维生素 C,但在同类天然提取物中,TBs 提取物来源有保证,仍然具有明显优势,具有一定的开发价值。

喹烯酮(3-Methyl-2-quinoxalin benzenevinylketo-1,4-dioxide, Quinocetone, QCT)是用于治疗痢疾并促进饲养动物生长的药物,但会诱发肾毒性。在 QCT 诱发肾功能受损的小鼠实验中,以 TBs 为主要成分的普洱茶提取物表现出积极的抗 DNA 氧化损伤和抗氧化应激效应(Wang et al., 2012)。QCT 饲喂小鼠可导致小鼠体内血清肌酐、血液尿素氮的增加,病理病变的增多和肾 DNA 损伤,同时伴有胞内活性氧自由基的积累、脂质过氧化提高和抗氧化系统活性的降低。口服普洱茶提取物可有效降低血清肌酐、血液尿素氮的含量,抑制肾细胞 DNA 损伤,调节氧化应激及抗氧化系统,从而有效地抑制由 QCT 诱发的肾功能损害。

2. 降血脂

有研究(徐甜,2010)表明,四川边茶 TBs 对正常小鼠血脂无明显影响,而对高血脂模型小鼠具有显著降低血清中总胆固醇(Total cholesterol, TC)、甘油三酯(Triglyceride, TG)含量与动脉粥样硬化指数(Atherosclerosis index, AI),并促进高密度脂蛋白胆固醇(High density lipoprotein cholesterol, HDL-C)显著增加的作用,从而起到降血脂和减少动脉粥样硬化指数的作用,与降脂药效果一致,又以中剂量 TBs 降血脂效果最好。

对 TBs 降血脂机制的研究主要针对相关酶进行。有研究(姜波,2007)将四川边茶提取物分离去除 TFs 和 TRs 后,含 TBs 组分对脂肪酸合酶(FAS)的抑制能力与边茶提取物的抑制能力接近,说明这一组分仍保持了原有的大部分抑制活性。推断 TBs 可能是边茶中抑制 FAS 的主要活性成分。激素敏感性脂肪酶(Hormone-sensitive lipase, HSL)是脂代谢中的关键酶,是动物脂肪分解代谢的限速酶,它通过催化水解储存在脂肪组织中的 TG 释放出游离的脂肪酸,以满足机体的能量需要。HSL 主要在动物的白色脂肪组织中表达,其活性受体内多种激素调控。有研究(高斌等,2010)表明,普洱熟茶 TBs 可显著增强大鼠附睾脂肪组织和肝脏中 HSL 活性及其 mRNA 的表达,促进体内脂肪特别是 TG 的降解,起到了明显的降血脂功效。

3. 抗疲劳

龚加顺等(2007)提取普洱茶特征成分 TBs、茶多糖与蛋白质等的复合体,并进行小白鼠的抗疲劳效应研究发现,普洱茶特征性成分提取物能显著提高小白鼠的抗疲劳作用和降低小鼠血液中的胆固醇含量。结果还显示,普洱茶抗疲劳作用并非完全由咖啡因所引起,而 TBs、茶多糖以及茶蛋白等组成的复合体同样具有抗疲劳作用,但具体是哪种成分起作用有待进一步研究。

4. 抗炎抗过敏

抗过敏研究(Yamazaki *et al*., 2012)中发现,口服 50 mg/kg 普洱茶叶水提取物可显著预防雄性小鼠患噁唑酮诱导Ⅳ型过敏症。进一步研究发现,小鼠口服(18.7 mg/kg)或皮下注射(0.037 mg/ear)普洱茶叶中亲水性 TBs 类似组分(TBW-ND)后,可显著预防病发,同时抑制促炎细胞因子白介素-12 的增加。该组分是一组高相对分子质量(≥12000)化合物的聚合,通过溶剂萃取普洱茶叶并过甲醛树脂色谱柱得到。据预测该组分中的抗敏成分为多酚、多糖和蛋白质等一系列的高复合型组分。

鉴于茶色素具有防治心血管疾病、防癌抗癌、防辐射、抗氧化、抗菌、抗病毒等多种保健功效,在医药卫生领域已被广泛应用,茶色素胶囊、茶黄素片等已投放市场。在食品领域,茶色素已经作为健康、高效的天然食用色素正在逐步取代对人体健康有害的食用合成色素,现已广泛应用于面包、蛋糕、饼干、果冻、果酱、冰激凌、火腿、色拉油、口香糖、巧克力、饮料等系列食品中,既赋予制品以鲜艳的颜色,增强制品的营养保健功能,同时也延长了它们的货架寿命。

茶色素是一类天然化合物,所含的化合物的种类多,既包括结构相对简单的 TFs,也包括结构相对复杂的 TRs 和 TBs。近 10 年来,随着茶与人类健康关系研究的日益深入,茶色素已成为人们重点关注和应用的茶叶功能成分,并成为生物和医药领域研究开发的热点之一。由于茶色素单体的分离制备技术仍然有待进一步完善,获得单体的茶色素化合物比较困难,大量对茶色素生物活性的研究多集中在 TFs 和其他茶色素混合物的研究基础上开展的。茶色素中各活性组分还应借助现代先进技术分离、纯化与结构鉴定技术以获取单体化合物并解析其结构,然后采用现代药理学研究的方法与技术来进行茶色素单体化合物的生物活性研究,进而从分子水平、基因水平和蛋白质水平等方面来阐明其生物活性的分子作用机制。这些研究将会使茶色素基础研究取得突破性成果,同时也能极大地促进茶色素的开发和拓宽其应用领域。

参考文献

Adhikary A, Mohanty S, Lahiry L, Sakib Hossain DM, Chakraborty S and Das T. 2010. Theaflavins retard human breast cancer cell migration by inhibiting NF-κB via p53-ROS cross-talk [J]. FEBS Letters, 584: 7-14.

Bailey RG, Nursten HE and Mcdowell I. 1992. Comparative study of the reversed-phase high performance liquid chromatography of black tea liquors with special reference to the thearubigins[J]. Journal of Chromatography, 542: 115-128.

Banerjec P, Banerjee S, Mazumder S. 2011. Effect of theaflavin, a black tea extract on ovarian cancer cell line[J]. Bombay Hospital Journal, 53: 341-348.

Betts J, Murphy C, Kelly S and Haswell S. 2012. Minimum inhibitory and bactericidal concentrations of theaflavin and syngergistic combinations with epicatechin and quercetin against clinical isolates of stenotrophomonas maltophilia [J]. Journal of Microbiology, Biotechnology and Food Sciences, 1: 1250-1258.

Catterall F, Copeland E, Clifford MN and Ioannides C. 1998. Contribution of theafulvins to the antimutagenicity of black tea: their mechanism of action[J]. Mutagenesis, 13: 631-636.

Chen CN, Lin PC, Huang KK, Chen WC, Hsieh HP, Liang PH and Hsu JTA. 2005. Inhibition of SARS-CoV 3C-like protease activity by theaflavin-3, 3'-digallate (TF3) [J]. Advance Access Publication, 2: 209-215.

Clark KJ, Grant PG, Sarr AB, Belakere JR, Swaggerty CL, Phillips TD and Woode GN. 1998. An *in vitro* study of theaflavins extracted from black tea to neutralize bovine rotavirus and bovine coronavirus infections[J]. Veterinary Microbiology, 63: 147-157.

Das M, Chaudhuri T, Goswami SK, Murmu N, Gomes A, Mitra S, Besra SE, Sur P and Vedasiromoni JR. 2002. Studies with black tea and its constituent on leukemic cells and cell lines[J]. Journal of Experimental and Clinical Cancer Research, 21: 563-568.

Dhawan A, Anderson D, de Pascual-Teresa S, Santos-Buelga C, Clifford MN and Ioannides C. 2002. Evaluation of the antigenotoxic potential of monomeric and dimeric flavanols, and black tea polyphenols against heterocyclic amine-induced DNA damage in human lymphocytes using the Comet assay[J]. Mutation Research, 515: 39-56.

Erba D, Riso P, Foti P, Frigerio F, Criscuoli F and Testolin G. 2003. Black tea extract supplementation decreases oxidative damage in Jurkat T cells [J]. Archives of Biochemistry and Biophysics, 416: 196-201.

Feng Q, Torii Y, Uchida K, Nakamura Y, Hara Y and Osawa T. 2002. Black tea polyphenols, theaflavins, prevent cellular dna damage by inhibiting oxidative stress and suppressing cytochrome P450 1A1 in cell cultures[J]. Journal of Agricultural and Food Chemistry, 50: 213-220.

Gosslau A, Jao DL, Huang MT, Ho CT, Evans D, Rawson NE and Chen KY. 2011. Effects of the black tea polyphenol theaflavin-2 on apoptotic and inflammatory pathways *in vitro* and in vivo[J]. Molecular Nutrition and Food Research, 55: 198-208

Gupta S, Chaudhuri T, Ganguly DK and Giri AK. 2001. Anticlastogenic effects of black tea (world blend) and its two active polyphenols theaflavins and thearubigins in vivo in Swiss albino mice[J]. Life Sciences, 69: 2735-2744.

Gupta S, Chowdhuri T, Seth P, Ganguly DK and Giri AK. 2002. Antimutagenic effects of black tea (world blend) and its two active polyphenols theaflavins and thearubigins in Salmonella assays[J]. Phytotherapy Research, 16: 655-661.

Halder B, Pramanick S, Mukhopadhyay S and Giri AK. 2005. Inhibition of benzo（a）pyrene induced mutagenicity and genotoxicity by black tea polyphenols theaflavins and thearubigins in multiple test systems[J]. Food and Chemical Toxicology, 43: 591-597.

Halder B, Pramanick S, Mukhopadhyay S and Giri AK. 2006. Anticlastogenic effects of black tea polyphenols theaflavins and thearubigins in human lymphocytes *in vitro*[J]. Toxicology *in Vitro*, 20: 608-613.

Huang MT, Liu Y, Ramji D, Lo CY, Ghai G, Dushenkov S and Ho CT. 2006. Inhibitory effects of black tea theaflavin derivatives on 12-O-tetradecanoylphorbol-13-acetate-induced inflammation and arachidonic acid metabolism in mouse ears[J]. Molecular Nutrition and Food Research, 50: 115-122

Krishnan R and Maru GB. 2004b. Inhibitory effects of polymeric black tea polyphenol on the formation of B（a）P-derived DNA adducts in mouse skin[J]. Journal of Environmental Pathology, Toxicology and Oncology, 24: 76.

Kyoji Y, Yamazaki K and Sano M. 2010. Preventive effects of black tea theaflavins against mouse type IV allergy[J]. Journal of the Science of Food and Agriculture, 90: 1983-1987.

Lahiry L, Saha Baisakhi, Chakraborty J, Adhikary A, Mohanty S, Sakib Hossain DM, Banerjee S, Das K, Sa G and Das T. 2010. Theaflavins target Fas/caspase-8 and Akt/pBad pathways to induce apoptosis in p53-mutated human breast cancer cells[J]. Carcinogenesis, 31: 259-268.

Liang YC, Chen YC, Lin YL, Lin-Shiau SY, Ho CT and Lin JK. 1999. Suppression of extracellular signals and cell proliferation by the black tea polyphenol, theaflavin-3, 3'-digallate[J]. Carcinogenesis, 20: 733-736.

Lin JK. 2002. Cancer chemoprevention by tea polyphenols through modulating signal transduction pathways[J]. Archives of Pharmacal Research, 25: 561-571.

Lodovicim M, Casalini C, Filippo DE, Copeland E, Xu X, Clifford M and Dolara P. 2000. Inhibition of 1, 2-dimethylhydrazine-induced oxidative DNA damage in rat colon mucosa by black tea complex polyphenols[J]. Food and Chemical Toxicology, 38: 1085-1088.

Ma H, Huang X, Li Q, Guan Y, Yuan F and Zhang Y. 2011. ATP-dependent potassium channels and mitochondrial permeability transition pores play roles in the cardioprotection of theaflavin in young rat[J]. Journal of Physiological Sciences, 61: 337-342.

Maity S, Ukil A, Karmakar S, Datta N, Chaudhuri T, Vedasiromoni JR, Ganguly DK and Das PK. 2003. Thearubigin, the major polyphenol of black tea, ameliorates mucosal injury in trinitrobenzene sulfonic acid-induced colitis[J]. European Journal of Pharmacology, 470: 103-112.

Miura S, Watanabe J, Sano M, Tomita T, Osawa T, Hara Y and Tomita I. 1995. Effects of various natural antioxidants on the Cu^{2+} mediated oxidative modification of low density lipoprotein[J]. Biological & Pharmaceutical Bulletin, 18: 1-4.

Miyata Y, Tanaka T, Tamaya K, Matsui T, Tamaru S and Tanaka K. 2011. Cholesterol-lowering effect of black tea polyphenols, theaflavins, theasinensin A and thearubigins, in rats fed high fat diet[J]. Food Science and Technology Research, 17: 585-588

Mukoyama A, Ushijima H, Nishimura S, Koike H, Toda M, Hara Y and Shimamura T. 1991. Inhibition of rotavirus and enterovirus infections by tea extracts[J]. Japanese Journal of Medical Science and Biology, 44: 181-186.

Nakano H. 1992. Proceedings of International Symposium on Tea Science[M]. Shizuoka: The Orgallgning Committee of ISTS, 282.

Park AM and Dong Z. 2003. Signal transduction pathways: targets for green and black tea polyphenols[J]. Journal of Biochemistry and Molecular Biology, 36: 66-77.

Raviv T, Digilova A and Schuck A. 2008. Synergistic interactions between black tea theaflavins and chemotherapeutics in oral cancer cells[J]. CUSJ Spring Research Symposium, 3.

Roberts EAH, Cartwright RA and Oldschool MM. 1957. The phenolic substances of manufactured tea (I) - Fractionation and paper chromatography of water-soluble substances[J]. Journal of the Science of Food and Agriculture, 8: 72-80.

Roberts EAH and Myers M. 1959. The phenolic substances of manufactured tea. (IV)—Enzymic oxidations of individual substrates[J]. Journal of the Science of Food and Agriculture, 10: 167-172.

Sakamoto K. 2000. Synergistic effects of thearubigin and genistein on human prostate tumor cell (PC-3) growth via cell cycle arrest[J]. Cancer Letters, 151: 103-109.

Sanderson GW. 1972. The Chemistry of Tea and Tea Manufacturing[M]. New York: Academic Press, 247-316.

Sano M, Takahashi Y, Yoshino K, Shimoi K, Nakamura Y, Tomita I, Oguni I and Konomoto, H. 1995. Effect of tea (*Camellia sinensis* L.) on lipid peroxidation in rat liver and kidney: a comparison of green and black tea feeding[J]. Biological and Pharmaceutical Bulletin, 18(7): 1006-1008.

Sarkar A and Bhaduri A. 2001. Black tea is a powerful chemo-prevent of reactive oxygen and nitrogen species: comparison with its individual catechin constituents and green tea [J]. Biochemical and Biophysical Research Communications, 284: 173-178.

Satoh E, Ishii T, Shimizu Y, Sawamura S and Nishimura M. 2002. The mechanism underlying the protective effect of the thearubigin fraction of black tea (*Camellia sinensis*) extract against the neuromuscular blocking action of botulinum neurotoxins [J]. Pharmacology and Toxieology, 90: 199-202.

Sekiyama K, Nakai M, Fujita M, Takenouchi T, Waragai M, Wei J, Sekigawa A, Takamatsu Y, Sugama S, Kitani H and Hashimoto M. 2012. Theaflavins stimulate autophagic degradation of α-synuclein in neuronal cells [J]. Open Journal of Neuroscience, 2-1.

Steele VE, Kelloff GJ, Balentine D, Boone CW, Mehta R, Bagheri D, Sigman CC, Zhu S and Sharma S. 2000. Comparative chemopreventive mechanisms of green tea, black tea and selected polyphenol extracts measured by *in vitro* bioassays[J]. Carcinogenesis, 21: 63-67.

Ukil A, Maity S and Das PK. 2006. Protection from experimental colitis by theaflavin-3, 3′-digallate correlates with inhibition of IKK and NF-κB activation[J]. British Journal of Phamacology, 149: 121-131.

Vermeer MA, Mulder TPJ and Molhuizen HOF. 2008. Theaflavins from black tea, especially theaflavin-3-gallate, reduce the incorporation of cholesterol into mixed micelles[J]. Journal of Agricultural and Food Chemistry, 56: 12031-12036.

Wang D, Luo X, Zhong Y, Yang W, Xu M, Liu Y, Meng J, Yao P, Yan H and Liu L. 2012. Pu-erh black tea extract supplementation attenuates the oxidative DNA damage and oxidative stress in Sprague-Dawley rats with renal dysfunction induced by subchronic 3-methyl-2-quinoxalin benzenevinylketo-1,4-dioxide exposure[J]. Food and Chemical Toxicology, 50: 147-154.

Wang K, Liu Z, Huang J, Bekhit AE, Liu F, Dong X, Gong Y and Fu D. 2011. The inhibitory effects of pure black tea theaflavins on the growth of four selected human cancer cells[J]. Journal of Food Biochemistry, 35(6): 1561-1567.

Wang W, Sun Y, Liu J, Wang J, Li Y, Li H, Zhang W and Liao H. 2012. Protective effect of theaflavins on cadmium-induced testicular toxicity in male rats[J]. Food and Chemical Toxicology, 50: 3243-3250.

Wang W, Sun Y, Liu J, Wang J, Li Y, Li Y, Li H and Zhang W. 2012. Protective effect of theaflavins on homocysteine-induced injury in HUVEC cells *in vitro*[J]. Journal of Cardiovascular Pharmacology, 59(5): 434-440.

Whitehead DL and Catherine MT. 1992. Rapid method for measuring thearubigins and theaflavins in black tea using C18 sorbent cartridges[J]. Journal of the Science of Food and Agriculture, 53: 411-414.

Yamazaki K, Yoshino K, Yagi C, Miyase T and Sano M. 2012. Inhibitory effects of Pu-erh tea leaves on mouse type Ⅳ allergy[J]. Food and Nutrition Sciences, 3: 394-400.

Yang J, Li L, Jin H, Tan S, Qiu J, Yang L, Ding Y, Jiang ZH, Jiang S and Liu S. 2012. Vaginal gel formulation based on theaflavin derivatives as a microbicide to prevent HIV sexual transmission[J]. AIDS Research and Human Retroviruses, 6: 1-36.

Yoshida H, Ishikawa T, Hosoai H, Suzukawa M, Ayaori M, Hisada T, Sawada S, Yonemura A, Higashi K, Ito T, Nakajima K, Yamashita T, Tomiyasu K, Nishiwaki M, Ohsuzu F and Nakamura H. 1999. Inhibitory effect of tea flavonoids on the ability of cells to oxidize low densitylipoprotein [J]. Biochemical Pharmacology, 58: 1695-1703.

Yoshino K, Hara Y, Sano M and Tomita I. 1994. Antioxidative effects of black tea theaflavins and thearubigin on lipid peroxidation of rat liver homogenates induced by tert-butyl hydroperoxide[J]. Biological and Pharmaceutical Bulletin，17：146-149.

Zu M，Yang F，Zhou W，Liu A，Du G and Zheng L. 2012. *In vitro* anti-influenza virus and anti-inflammatory activities of theaflavin derivatives[J]. Antiviral Research，94：217-224.

高斌，彭春秀，龚加顺，陈婷，周红杰. 2010. 普洱茶茶褐素对大鼠激素敏感性脂肪酶活性及其 mRNA 表达的影响[J]. 营养学报，32(4)：362-366.

龚加顺，陈文品，周红杰，董兆君，张巳芳. 2007. 云南普洱茶特征成分的功能与毒理学评价[J]. 茶叶科学，27(3)：201-210.

龚加顺，陈一江，彭春秀，周红杰. 2010. 普洱茶发酵过程中不同添加物对茶褐素及其形成机制的影响[J]. 茶叶科学，30(2)：101-108.

龚雨顺，黄建安，刘仲华，王坤波，杨志辉. 2008. 茶叶功能成分对甲硫醇的去除效果[J]. 茶叶科学，28(2)：111-114.

黄国滋，赖兆祥，卓敏，黄华林，赵超艺，陈栋. 2008. 岭头单枞茶渥堆期间主要化学成分含量变化研究[J]. 广东农业科学，(11)：72-74.

姜波. 2007. 四川边茶对脂肪酸合酶抑制作用的研究[D]. 硕士学位论文. 四川农业大学.

李宝才，龚加顺，张惠芬，李忠，戴伟锋，曾宪成. 2008. 腐植酸与普洱茶茶色素[J]. 中国科技信息，4：12.

李连喜. 2005. 不同制法普洱茶茶褐素及其在贮存中变化的研究[D]. 硕士学位论文. 西南大学.

邵春甫，贾黎晖，李长文，魏纪平，刘顺航. 普洱茶茶褐素研究进展[J]. 天津化工，25(6)：1-3，11.

施兆鹏主编. 1998. 茶叶加工学[M]. 北京：中国轻工业出版社.

谭超，郭刚军，李宝才，周红杰，龚加顺. 2010. 普洱茶茶褐素理化性质与光谱学性质研究[J]. 林产化学与工业，30：53-58.

潼野庆则，今川. 1963. 茶叶儿茶酚氧化机制的研究[J]. 日本农艺学会志，37：417.

王华，李大祥，宛晓春. 2007. 茶红素清除 DPPH 自由基能力的研究[J]. 中国茶叶加工，(3)：29-31.

萧伟祥，李纯. 1991. 红茶色素及其分光光度法[J]. 中国茶叶，4：24-26.

萧伟祥，钟瑾，萧慧，蒋显猷. 1997. 茶红色素形成机制和制取[J]. 茶叶科学，17：1-8.

徐甜. 2010. 四川边茶茶褐素优化提取及降血脂活性研究[D]. 硕士学位论文. 四川农业大学.

杨大鹏. 2006. 云南普洱茶茶褐素主要化学成分的分离及结构鉴定[D]. 硕士学位论文. 云南农业大学.

钟萝. 1989. 茶叶品质理化分析[M]. 上海：上海科学技术出版社，293-321.

周向军，高义霞，袁毅君，杨红娟，张继. 2011. 乌龙茶茶褐素提取工艺的优化及抗氧化研究[J]. 中国实验方剂学杂志，17(4)：36-40.

第七章

茶叶儿茶素类制备技术

儿茶素类化合物作为茶多酚的主体成分是茶叶中最重要的品质化学成分和功能成分，具有抗氧化、抗辐射、清除自由基、减肥降脂、抗肿瘤等多种生理功效，是理想的天然抗氧化剂，已被应用于食品、医药、保健品和化妆品等多个领域。

中国是世界第一产茶大国，其中中低档茶叶占到茶叶总产量的60％左右，并且茶叶生产过程中产生大量的修剪茶梢等废弃物，这些都是制备儿茶素类抗氧化剂的天然巨型储备资源。若能将这些有效成分充分提取并应用于医药、保健等领域，必将大大推动茶叶深加工产业的发展，提升茶叶附加值，充分发挥茶叶对人体的有益功效。目前，商用茶儿茶素类产品主要有：医药级茶多酚（低咖啡因的高纯茶多酚）、饲料级茶多酚、茶多酚粗品、速溶茶粉和各儿茶素单体等。不同类型的产品具有其各自的品质要求和生产技术规范，面向不同的应用领域，如医药用茶多酚要求低咖啡因，无重金属、有毒有害溶剂残留。因此，儿茶素类化合物的提取、分离、纯化工艺一直以来是茶叶深加工领域的研究热点和重点攻关项目。茶叶儿茶素类制备技术主要有溶剂分离法、沉淀分离法、吸附分离法以及新材料和新技术的应用。

第一节 溶剂分离法

溶剂分离法包括溶剂浸提和溶剂萃取。浸提是天然产物制备工艺的必需步骤，也是分离纯化的第一步，目的是使目标成分充分浸出。溶剂萃取，即液-液萃取法，是浸提的后续步骤，目的是将目标成分从浸提混合液中分离出来，去除杂质，进一步提高产品纯度。

一、溶剂浸提

浸提是茶叶深加工的基础步骤。浸提效率直接影响茶叶茶多酚产品的制率和品质，因此应尽可能地将儿茶素组分提取出来，同时抑制儿茶素类化合物的氧化。溶剂类型、固液比、浸提温度、时间和次数、溶液 pH 值是影响浸提效率的重要因素。常用的溶剂有水、甲醇、乙醇、丙酮、乙酸乙酯等。茶多酚工业化生产中常用的浸提方法是：以纯净水为溶剂、茶水比（1∶15）～（1∶20）、浸提温度 95℃、浸提时间 30～40 min、浸提 1～2 次。但由于儿茶素等热敏性成分在高温环境下容易被氧化，影响产品得率和品质，因此在保证浸提率的前提下,应尽可能地进行低温浸提或缩短浸提时间。较低的溶液 pH 值和乙醇环境有利于抑制茶多酚的氧化(陈建新等,2005),此外还可采用超声波浸提和微波辅助浸提。

超声波具有机械粉碎作用和空化效应,能增大物料分子的运动频率和速度,提高溶质分子的浸出速度和浸出数量,从而缩短浸提时间、提高提取率。该工艺在一定程度上避免了因长时间暴露在高温环境下而导致儿茶素类氧化的问题,有利于改善儿茶素类产品的品质。超声波辅助浸提虽能有效促进酚类物质的溶出,但并非超声强度越强,得率越高,超声功率过大会破坏酚类化合物,在应用过程中,需要综合考虑超声波与介质相互作用的程度以及提取物的性质。

陆爱霞等(2005)以 80%乙醇为溶剂,在超声频率 25 kHz,功率 160 W,浸提温度 70℃的条件下,超声处理茶汤 25 min,茶多酚和儿茶素类的浸提率分别达到 24.25%和 46%,比常规方法提高了 49.2%和 40.5%。肖文军等(2005)对超声波辅助浸提与传统水提对茶叶品质成分的浸出效果进行比较,结果表明,在茶水比 1:15、浸提温度 95℃、浸提时间 15 min、浸提 2 次等相同技术参数下,茶叶超声波辅助浸提优于传统水提,茶多酚、咖啡因、简单儿茶素和酯型儿茶素的浸出率分别比传统水提高 14.88%、19.24%、26.45%和 10.12%。

微波助提法是将原料浸提过程置于微波反应器中,通过偶极子旋转和离子传导两种方式内外同时加热,促使细胞破裂,使细胞中的可溶性物质快速溶解到溶剂中,提高溶质传质速率的一种辅助浸提方法。微波加热具有一定的选择性,只有具有介电常数和传导损耗的物质才能吸收微波能量,也就是说只有极性物质才能吸收微波能,极性越大吸收越多。因此,微波助提法要求所用溶剂具有较强的微波吸收能力,即溶剂具有极性。水和乙醇都具有较强的极性,在微波辐射下,内部温度全面、快速、均匀地升高,这有利于提高茶叶中儿茶素类化合物向溶剂扩散的速度,是理想的萃取溶剂。

汪兴平等(2001)以水为介质,对绿茶进行微波处理,茶多酚浸出率达到 90.55%,高于传统乙醇浸提方法。荆琪和邓宇(2003)以 50%乙醇溶液为萃取溶剂,在固液比 1:9、微波功率 320 W、萃取时间 18 s、微波浸提 2 次的条件下,茶多酚浸出率达 92.7%。夏涛等(2004)通过浸提实验比较,认为微波和超声波浸提法对茶多酚、氨基酸、咖啡因的浸出率与常规浸提法相当,而对蛋白质、果胶等大分子物质的浸出有抑制作用,适于茶饮料的浸提工艺。

虽然超声波和微波助提法在一定程度上能提高儿茶素类化合物的浸出率,缩短浸提时间,减少酚类物质的氧化,降低能耗,但对浸提设备要求较高,投入较大,目前尚未在工业生产中得到广泛应用。

二、溶剂萃取

1. 基本原理

溶剂萃取法是茶多酚的传统制备方法,也是茶多酚企业采用最多的一种分离提纯方法。其基本原理是利用茶叶中不同化合物在不同溶剂中的溶解度差异进行提取分离,主要由以下三个步骤组成:①萃取剂和含有组分(或多组分)的料液混合接触,进行萃取,将溶质从料液转移到萃取液中;②分离互不相溶的两相并回收溶剂;③萃余液(残液)脱溶剂。其中离开液-液萃取器的萃取剂相称为萃取液,经萃取剂相接触后剩下的料液相称为萃余液(残液)。常用溶剂的极性由强到弱的顺序为:水>乙醇>丙酮>乙酸乙酯>氯仿。

溶剂萃取法制备茶多酚的主要过程如图7.1所示。茶叶浸提液中含有咖啡因、纤维素、果胶等杂质,而普通溶剂萃取法选择性较差,因此在液-液萃取法分离儿茶素类化合物之前需对茶叶浸提液进一步纯化、除杂。氯仿去除咖啡因是常用的脱咖啡因方法,此外还有活性炭脱色、石油醚去除色素、低温静止除沉淀和柠檬酸水洗去除咖啡因等方法。

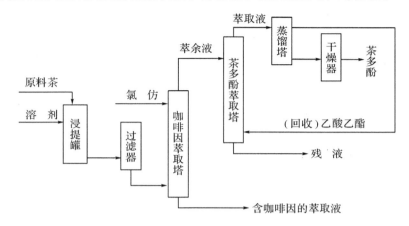

图7.1　溶剂萃取法制备茶多酚的简易流程

2. 影响因素

溶剂种类及用量、溶液 pH 值、萃取温度、时间和级数是影响儿茶素类产品产率和纯度的重要因素。

（1）萃取剂的选择

选择一个对目标物溶解度大(萃取能力强)和选择性良好(分离程度高)的溶剂是进行液-液萃取的重要因素。萃取剂对目标物萃取能力的大小可以用分配系数 K 反映。在一定温度和压力下,溶质在两个互不相溶的溶剂中达到分配平衡后,该物质在两相中的浓度之比为常数,即分配系数 K。该分配定律使用的前提条件有:① 必须是稀溶液;② 溶质对溶剂的互溶没有影响;③ 必须是同一种分子类型,即不发生缔合或离解。选择性或分离程度的高低可用分离因子 β 表示,即目标物与杂质分配系数之比。分配系数 K 和分离因子 β 计算方法如下:

$$K = C_L / C_R \tag{式 7.1}$$
$$\beta = K_B / K_D = C_L^B \times C_R^D / (C_R^B \times C_L^D) \tag{式 7.2}$$

式中:C_L 为萃取相浓度;C_R 为萃余相浓度。

β 值越大,溶剂体系对目标物的选择性分离效果越好,获得的产品纯度越高。对于任何有效的萃取操作,β 值必须大于1,如果 β 值等于或小于1,则该溶剂体系无法实现目标物的分离。在液-液萃取时,溶剂选择性较高则所需的萃取级数较小;萃取容量较大,则对调节两相的体积流速更有利,因此在选择溶剂时应从选择性和容量两个方面综合考虑。理想的萃取溶剂在操作使用上还应满足以下要求:① 溶剂与被萃取的液相互溶度要小、黏度低、界面张力适中,相的分散和两相分离较容易;② 溶剂回收和再生容易、化学稳定性好;③ 溶剂价廉易得;④ 溶剂具有较高的安全性,如沸点高、低毒等。

（2）溶液 pH 值

溶液的 pH 值是影响溶剂萃取效率的另一个重要因素，它主要通过影响溶质在两相中的分配系数 K 和选择性来实现对萃取效果的调控。如酸性产物一般用酸性的有机溶剂萃取，碱性杂质则成盐留于水相。当然，pH 值的选择应满足产物稳定性的要求。儿茶素类化合物因其结构具有多酚性羟基而呈弱酸性，咖啡因则属于生物碱，因此在用乙酸乙酯萃取时，可在水相中加入适量的柠檬酸调节溶液 pH 值至酸性，这样有利于减少乙酸乙酯相中咖啡因的分配系数，从而降低儿茶素类产品中咖啡因的含量，同时在偏酸环境下儿茶素类不易发生氧化。

（3）萃取级数

普通溶剂萃取体系的分配系数是有限的，因此仅萃取一次效果往往很有限，难以实现目标物的充分提取。为了保证一定的分离要求，并充分提取目标物，需要进行多次萃取，即多级萃取。工业上，多级萃取可分为"错流"和"逆流"萃取两种方式，如图 7.2 所示。

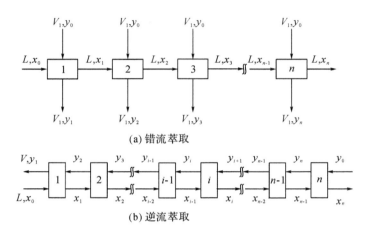

(a) 错流萃取

(b) 逆流萃取

图 7.2　多级萃取流程示意图

图中每一个方块代表一次平衡接触，即一次萃取分离过程。在多级错流萃取过程[图 7.2(a)]中，料液相体积流量 L 不断地从上一级流入下一级，而新鲜有机溶剂则以相同体积 V_1 分别同时流入每一级，在此过程中待分离组分不断地被萃取进入有机相中，直至待分离组分在萃取液中的浓度达到要求为止；在多级逆流萃取过程[图 7.2(b)]中，原始料液从左边进入第一级依次向右流动，在每一级中与有机相充分接触后达到传质平衡，再与有机相完全分离，从第 n 级流出的水相为萃余液，其中被萃取组分的浓度为 x_n。新鲜有机相从右边第 n 级进入萃取设备，与水相逆流流动，从第 1 级流出的有机相为萃余液，其中被萃取组分的浓度为 y_1。错流萃取过程的设备和操作比较简单，但是由于逐级加入新鲜溶剂，使得萃取剂的使用量比较大，且后期萃取液中溶质浓度较低，萃取过程不经济，在实际生产中较少被采用。相比之下，多级逆流萃取将多次萃取操作串联起来，实现水相和有机相的逆流操作过程，较大幅度地减少了溶剂的使用量，在工业上所广泛采用。

（4）其他因素

有研究表明，向茶汤中添加果胶酶，去除其中部分果胶后进行溶剂萃取，能明显提高茶多酚由水相向有机相转移的速率和传质系数,有利于茶多酚的萃取(潘丽军等,1999)。向萃取体系中添加 Na_2SO_4,可增加有机相和水相的极性差异,缩短茶多酚的提取时间(阿有梅,2001)。

3. 应用

曾振宇和郑为完(1997)采用沸水浸提茶叶末,在茶水比 1:10,pH 值 4~5 的条件下,浸提 30 min,通过氯仿萃取滤液浓缩液分离出咖啡因,再用混合溶剂萃取水相中的茶多酚,获得纯度为 90% 的茶多酚和纯度为 63% 的咖啡因,得率分别为 23% 和 3.1%。熊何建和胡慰望(1997)利用 T352 复合溶液脱色、柠檬酸水溶液脱除咖啡因,将产品的茶多酚含量提高至 96.42%。袁华等(2003)采用二氯甲烷-乙醇、二氯甲烷-丙酮、三氯甲烷-乙醇、三氯甲烷-丙酮四组复合溶剂脱除茶多酚水溶液中的咖啡因,得到茶多酚含量≥95%,咖啡因≤0.5% 的茶多酚产品。

溶剂萃取法制备茶多酚具有生产周期短、生产能力大、便于连续操作和工业化运作等优点,但分离过程中有可能使用二氯甲烷、三氯甲烷、丙酮等毒性较高的溶剂,致使产品存在有毒有机溶剂残留的问题,从而影响产品的食用安全性,制约了产品的应用范围。溶剂萃取法是天然产物分离纯化的基础方法,但由于其选择性较差,所得茶多酚产品纯度较低、咖啡因含量偏高,因此通常与其他分离纯化方法结合应用。

第二节 沉淀分离法

一、基本原理

沉淀分离法,主要是指金属离子沉淀法,即在弱碱性环境下,茶多酚与金属离子发生络合作用生成沉淀,从而使茶多酚与浸提液中的其他成分相分离,所得沉淀物再通过酸转溶和溶剂萃取等步骤制得茶多酚成品,其主要工艺流程见图 7.3。金属离子沉淀法主要涉及以下两个反应:

A. 儿茶素类的沉淀

$$nR\text{—}OH + M^{n+} \longrightarrow M(R\text{—}O)_n \downarrow + nH^+$$
$$nH^+ + nHCO_3^- \longrightarrow nH_2O + nCO_2 \uparrow$$

B. 酸转溶

$$M(R\text{—}O)_n + nH^+ \longrightarrow nR\text{—}OH + M^{n+}$$

二、影响因素

沉淀剂的选择和应用是影响金属离子沉淀法制备儿茶素类化合物的关键因素。常见的沉淀剂主要有 Ca^{2+}、Mg^{2+}、Zn^{2+}、Mn^{2+}、Ba^{2+}、Al^{3+}、Fe^{3+} 或两种离子的组合。从沉淀的完全性、转溶难易程度、产品得率和纯度等方面看,较理想的离子沉淀剂有 Al^{3+}、Zn^{2+} 和 Ca^{2+}。溶液 pH 值和沉淀反应时间对儿茶素类产品的产量和纯度也有一定影响(Chen et al.,2001;刘焕云等,2004),当溶液 pH 值太低、沉淀时间过短,形成的金属沉淀物量会很少,影响产率;当溶液 pH 值太高、沉淀时间过长,儿茶素类化合物氧化破坏严重,儿茶素

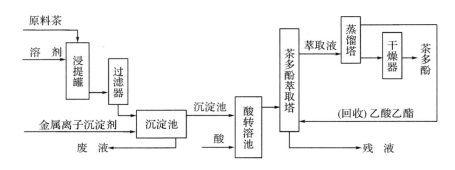

图 7.3　金属离子沉淀法制备茶多酚的简易流程

类提取率下降。因此,需要综合考虑茶多酚的产率和产品品质,选择适宜的沉淀 pH 值。碱性溶液作用效果的顺序为:$NaHCO_3 > Na_2CO_3 > NH_3 \cdot H_2O > NaOH$;适宜的溶液 pH 值范围为 5.3~5.7。沉淀物形成后经过过滤和清洗,获得茶多酚-金属离子复合物,再经过酸转溶后可重新获得含茶多酚的水溶液。酸转溶率是影响茶多酚得率的另一因素,酸性太弱,转溶不充分,影响得率;酸性过强,酚类物质发生不可逆聚合并生成高聚物,儿茶素类含量减少,产品品质和色泽变差。通常情况下,选择适宜浓度的硫酸或盐酸进行转溶。

三、应用

　　金属离子沉淀法是在浸提基础之上对儿茶素类化合物进一步纯化分离的一种方法。国内外对此开展了多项研究,赵元鸿等(1999)比较了 Ca^{2+}、Mg^{2+}、Fe^{3+}、Al^{3+}、Zn^{2+}、Sn^{2+} 等离子对茶多酚的沉淀作用,发现 Zn^{2+} 是较好的沉淀剂,工艺条件为:15~25 g $ZnCl_2$/100 g 干茶叶,Na_2CO_3 调节溶液 pH 值至 6.5~8.5,所得茶多酚纯度高于 99%,产率为 13%。Chen 等(2001)通过二次沉淀法和乙酸乙酯萃取制备高纯度儿茶素类产品,以 $AlCl_3$ 为沉淀剂,在溶液 pH 值 5.5、温度 30℃的条件下,制得纯度高于 94%,咖啡因含量为 2.6%的高纯茶多酚,产率为 9.6%。余兆祥和王筱平(2001)利用 Zn^{2+}、Al^{3+} 复合沉淀剂提取茶多酚,在最佳工艺条件下:复合沉淀剂用量为 15 g/100 g 茶叶末,溶液 pH 值 5.5~6.2,沉淀时间 30 min,得到纯度高于 96%的茶多酚产品,提取率为 10.4%。林建平等(2004)分别以 Se^{4+}、Ca^{2+}、Al^{3+}、Zn^{2+} 为沉淀剂制备茶多酚,结果表明 Se^{4+} 提取率最高,达 29.5%,缺点是转溶相对困难,且该沉淀剂不常见。刘焕云等(2004)以 Ca^{2+} 为沉淀剂制备儿茶素类复合物,获得最佳沉淀条件:pH 值 7.5,钙盐加入量与茶叶质量比约为 1:2;最佳转溶条件:2 mol/L 硫酸溶液,料酸比 1:2,转溶温度 20℃,时间 15 min,获得的茶多酚纯度为 85%,得率 20%。张茵等(2007)从浸提方法、Zn^{2+} 最佳沉淀条件、乙酸乙酯萃取条件等方面进行了探讨,确定最佳浸提条件:70%乙醇为浸提溶液,温度 70℃,时间 30 min,料液比 1:20;最佳沉淀条件:$ZnCl_2$ 为沉淀剂,$NaHCO_3$ 调节溶液 pH 值至 6.0;得到的沉淀物经盐酸转溶后采用 4% NaCl 除去蛋白质等胶体物质,乙酸乙酯萃取 2 次,所获产品的提取率为 21.23%。

　　虽然金属离子沉淀法通过金属离子与茶多酚络合形成沉淀,避免了浸提液的浓缩环节,减少了有机溶剂的使用量,有助于降低能耗,但是该工艺沉淀反应条件苛刻,废渣、废液处理量大,茶多酚损失较多,并且某些金属离子具有一定毒性,如 Al^{3+},不适宜茶多酚应用于食

品、保健、医药领域。此外,溶液中的咖啡因等干扰物质能与茶多酚-金属络合物共同沉淀,
影响茶多酚的纯度。金属离子沉淀法提取茶多酚在产品纯度、得率、成本及安全性上仍有欠
缺,生产过程中产生的废液易造成环境污染,目前已逐步被淘汰。

第三节　吸附分离法

一、基本原理

树脂吸附法是利用某些树脂能与儿茶素之间产生吸附作用,从而实现茶多酚与其他浸
提组分的分离。根据树脂类型不同,可分为吸附柱分离法、离子交换柱分离法、凝胶柱分离
法和硅胶柱层析法。大孔吸附树脂和聚酰胺是常见的吸附柱填料,葡聚糖凝胶是常见的凝
胶柱填料。虽然不同类型树脂对茶多酚的吸附原理各不相同,但操作方法较类似,主要工艺
流程如图7.4所示:

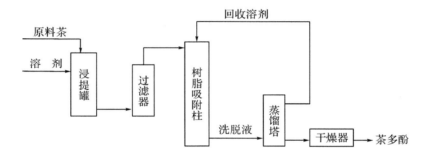

图7.4　树脂吸附法制备茶多酚的简易流程

吸附分离法制备茶多酚的优点是试料用量少,选用合适的固定相、流动相及洗脱方法能
获得较高纯度的茶多酚产品或儿茶素类单体,且吸附材料可以再生。

二、大孔吸附树脂柱分离

大孔吸附树脂是20世纪70年代发展起来的一种新型高分子吸附材料,具有三维空间
立体孔结构,较大的孔径(100~1000 nm),较高的比表面积和孔隙率。大孔吸附树脂一般
为白色球状颗粒,理化性质稳定,不溶于酸、碱及有机溶剂,解吸条件温和、再生较简便、使用
周期较长,目前已广泛应用于天然植物活性成分的提取和分离。

根据极性大小的不同,大孔吸附树脂可分为极性、中极性和非极性。非极性大孔树脂是
由偶极矩很小的单体聚合而成,无功能基团,疏水性较强,可通过疏水作用吸附溶液中的有
机物,适合于从极性溶剂中吸附非极性物质,如聚苯乙烯、聚二乙烯苯型大孔吸附树脂。中
极性大孔吸附树脂是指含有酯基的吸附树脂,通常以甲基丙烯酸酯为交联剂,表面兼具疏水
性和亲水性。此类树脂既适于从极性溶剂中吸附非极性物质,也适于从非极性溶剂中吸附
极性物质,如聚丙烯酸酯型大孔吸附树脂。极性大孔吸附树脂是指含有酰胺基、氰基、酚羟

基等极性功能基团的吸附树脂，可通过静电作用吸附极性物质，如聚丙烯酰胺型大孔吸附树脂。

茶叶儿茶素类化合物通过范德华力或氢键作用在大孔吸附树脂上富集，选择适当的洗脱剂或洗脱梯度进行洗脱，可实现不同儿茶素类组分的分离和纯化。乙醇水溶液是常见的洗脱剂。萧伟祥等(1999)从四种大孔吸附树脂 AB-8、S-8、NKA-Ⅱ、NKA-9 中筛选出 NKA-9 树脂；茶叶提取液被 NKA-9 柱吸附充分后，通过去离子水淋洗，CH_2Cl_2 脱除咖啡因，80％乙醇溶液分阶段洗脱，制得纯度高于 70％的低咖啡因茶多酚粗制品，其中 EGCg＞20％，咖啡因＜2％，产品制率 18％～21％。张盛等(2002)以脱咖啡因小叶种儿茶素粗品为原料，优选出 AB-8 吸附树脂作为柱填充材料，通过收集一定区段内的洗脱馏分，获得纯度高于 95％的高纯儿茶素样品，其中 EGCg 高于 55％，咖啡因低于 0.2％。吕远平等(2003)比较了 11种树脂对茶多酚的吸附特性，认为 NKA 吸附树脂更适于茶多酚的分离纯化，经过 80％乙醇溶液洗脱，可获得纯度为 95.8％的茶多酚。王同宝等(2005)开发了用 α 酸(5％ H_2SO_4，10％乙醇)混合液洗脱咖啡因，85％乙醇洗脱茶多酚的二级阶段洗脱工艺，实现了茶多酚与咖啡因的高效分离，并使用 XAD-7 树脂再生 α 酸，同时回收咖啡因。高晓明等(2007)以 XAD-4 大孔树脂作为柱填充剂，采用二级阶段洗脱层析法，用盐酸、氯化钠混合液去除咖啡因，85％乙醇溶液洗脱儿茶素类化合物，所获茶多酚产品纯度为 95.56％，咖啡因含量为 4.31％，回收率达 15.11％。

大孔树脂吸附分离法制备茶多酚能耗低、产品纯度较高、操作过程简单，但其吸附选择性能欠佳，难以有效去除咖啡因，且产品纯度和品质有可能受到原料化学组成的影响。此外，大孔吸附树脂作为一种人工合成的高分子聚合物残存着未参与反应的单体和交联剂，这些低分子物质容易在天然产物生产过程中进入分离制品，从而影响产品的食用安全性。国家食品药品监督局规定大孔吸附树脂中残留的烷烃类不得超过 0.002％，苯不得超过 0.0002％，甲苯不得超过 0.002％，对二甲苯不得超过 0.002％，邻二甲苯不得超过 0.002％(中国食品卫生杂志，2005)。因此，大孔吸附树脂必须经过严格的预处理去除树脂中的残留物后，才能应用于生产。

大孔吸附树脂的预处理方法：采用 2～3 倍体积的乙醇(或甲醇)与蒸馏水交替反复洗涤 2～3 次，除去树脂中的残留物，最后用蒸馏水洗净待用。树脂经过多次使用后，吸附能力减弱，需进行再生处理：一般采用乙醇(或甲醇)浸泡洗涤即可，必要时采用 1 mol/L 氢氧化钠溶液和 1 mol/L 盐酸溶液依次浸泡，最后用蒸馏水洗涤至中性待用。

三、聚酰胺柱分离

聚酰胺是由己内酰胺开环缩聚而成的一类高分子化合物，含有丰富的酰胺基，可与酚类物质的酚羟基形成氢键而产生吸附作用，作用原理如图 7.5 所示。聚酰胺具有较稳定的理化性质，不溶于水、甲醇、乙醇、乙醚、氯仿及丙酮等常用有机溶剂。从理论上分析，咖啡因分子不含羟基，因此聚酰胺对咖啡因的吸附能力弱，可用于选择性吸附儿茶素类化合物。

聚酰胺与酚类物质的氢键作用在水介质中最强，且随着乙醇溶液中乙醇含量的增加而减弱，在高浓度乙醇溶液或相应有机溶剂中几乎不产生氢键作用。因此，在以聚酰胺为填料进行吸附柱分离时，通常采用水装柱，样品也尽可能溶解于水，以便于酚类物质的充分吸附，洗脱时可采用乙醇(或甲醇)的水溶液进行梯度洗脱。

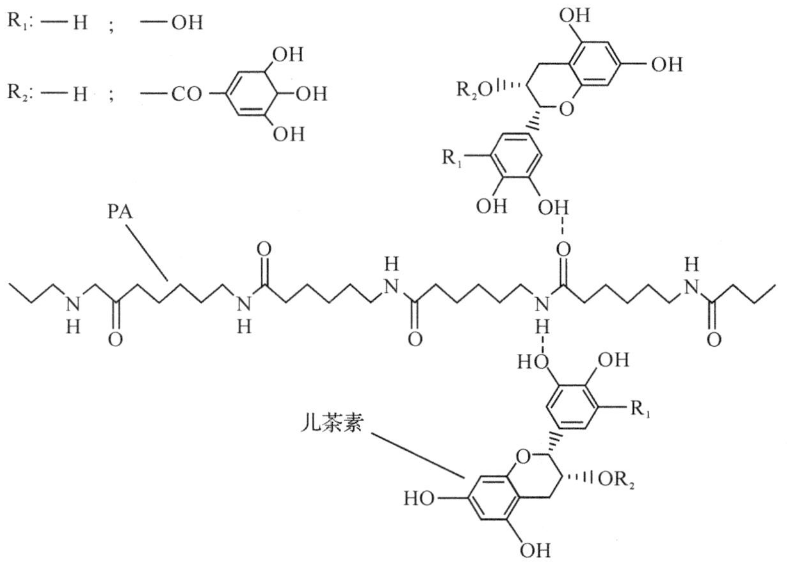

图 7.5　聚酰胺与儿茶素类化合物之间的氢键作用

　　Bailey 等（2001）等采用聚酰胺 CC6 吸附柱分离茶汤中的儿茶素类化合物，先通过水淋洗去除咖啡因，继而用 95％乙醇溶液洗脱儿茶素类化合物，得到的洗脱物中总儿茶素类含量为 70％，其中 EGCg 含量为 30％，咖啡因仅为 1％。罗晓明等（2002）研究了聚酰胺树脂分离制备茶多酚的工艺条件：待树脂充分吸附后，先用 5％乙醇溶液洗脱咖啡因，再用 70％乙醇与 0.5％复合洗脱液分离色素与茶多酚，所得产品纯度为 92.1％，总儿茶素类含量为 65.1％，咖啡因含量仅为 1.04％，整个提取过程的茶多酚得率为茶叶原料的 19.2％。唐课文等（2003）通过静态吸附和动态柱层析法研究了聚酰胺树脂对茶多酚和咖啡因的吸附性能，认为聚酰胺树脂对茶多酚的吸附能力远大于咖啡因，可用于制备低咖啡因茶多酚产品，所获产品的茶多酚含量为 96％，其中 EGCg 含量高于 80％，咖啡因含量低于 2.8％。Ye 等（2011）对聚酰胺树脂吸附儿茶素类化合物的机制进行了探讨，结果表明，拟二级速率方程和 Langmuir 等温方程能够较好地模拟聚酰胺吸附总儿茶素类的动力学和等温吸附过程，该吸附过程为自发的放热过程；采用 0～80％乙醇分步洗脱法制得总儿茶素类和咖啡因含量分别为 670.52 mg/g 和 1.82 mg/g 的低咖啡因儿茶素类复合物。

　　聚酰胺树脂分离茶多酚效果好，但价格相对较高，存在未反应的己内酰胺单体和低聚物残留的风险，影响分离产品的食用安全性。Ye 等（2011）通过 HPLC/MS 和 MS/MS 法对聚酰胺树脂的乙醇萃取液进行鉴定，证明市售聚酰胺中存在己内酰胺低聚物残留，这些低聚物可通过洗脱步骤进入茶多酚产品［图 7.6(a)］，树脂预处理能有效降低其在茶多酚产品中的残留［图 7.6(b)］。聚酰胺树脂的预处理方法如下：将聚酰胺树脂浸泡于 2～3 倍体积的 95％乙醇，煮沸处理 40 min，倾去乙醇溶液后用新鲜的 95％乙醇重复上述操作，去离子水淋洗去除乙醇后，待用。

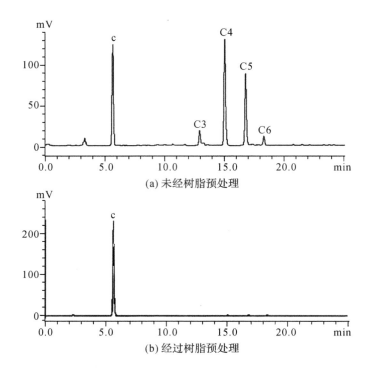

图 7.6　聚酰胺制儿茶素类样品

c:咖啡因;C3:六聚物;C4:七聚物;C5:八聚物;C6:带有支链的四聚物

四、葡聚糖凝胶柱分离

凝胶柱色谱,也称排阻层析色谱,主要通过分子筛作用实现不同组分间的分离。葡聚糖凝胶具有多孔隙三维网状结构,当被分离物质分子大小不同时,它们进入凝胶内部的能力也不同。样品中比凝胶孔隙大的分子难以进入凝胶颗粒内部而留于颗粒间,因而它通过层析柱时阻力小,移动速度快;比凝胶孔隙小的分子则自由扩散至凝胶颗粒内部,因而所遇到的阻力大,移动速度慢;一段时间以后,各组分便按相对分子质量大小分离开,如图 7.7 所示。

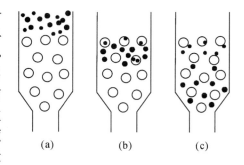

图 7.7　凝胶色谱原理

葡聚糖凝胶的种类很多,常用的有葡聚糖凝胶(Sephadex G)和羟丙基葡聚糖凝胶(Sephadex LH-20)。黄静(2004)以茶多酚粗品为原料,通过正交试验系统研究 EGCg 和 ECg 在 Sephadex LH-20 柱上的分离纯化条件,制得纯度高于 99.9％的 EGCg 单体。由于茶多酚是混合物,所含化合物的分子大小具有较大的变化区间,而茶叶浸提液中其他成分的分子大小也可能落于此区间内,这给茶多酚的分离纯化带来了困难。例如,咖啡因的分子大小就介于简单儿茶素和酯型儿茶素之间,在利用葡聚糖凝胶脱除咖啡因的时候,会造成简单儿茶素的损耗,从而影响产品得率。因此,葡聚糖凝胶层析法常常会与其他分离纯化方法联合使用,多用于儿茶素单体的少量分离。

葡聚糖凝胶在使用前需在蒸馏水中充分溶胀(3 h),然后装柱。数次使用后,凝胶需进行再生处理,先后用 0.1 mol/L NaOH 和 0.5 mol/L NaCl 混合溶液对其浸泡,然后用蒸馏水淋洗至中性备用。

五、硅胶柱分离

硅胶属于多孔性物质,通式为 $SiO_2 \cdot xH_2O$。硅胶分子拥有大量的硅氧环及—Si—O—Si—交链结构,表面具有丰富的游离态、键合态和键合-活性状态的硅醇基团,可通过氢键与极性或不饱和分子作用,同时也能吸附水分。硅胶的吸附性能取决于硅胶中硅醇基的数目和含水量,吸附能力随着含水量的增加而降低,若含水量超过 12%,吸附力极弱,不能用于吸附色谱,但可作为分配色谱的载体。因此,在使用硅胶层析柱分离茶多酚粗品时,常以有机溶剂为介质,石油醚、乙酸乙酯和甲酸混合液则是常用的洗脱溶剂(杨贤强等,2003)。

Amarowicz 等(2003)利用硅胶柱层析法和半制备型反相液相色谱法,从 1 g 茶多酚粗品中分离得到 85 mg EGCg 单体。杨磊等(2007)采用一种连续中压硅胶层析柱从纯度为 98% 的茶多酚中分离得到高纯度 EGCg 和 ECg,工艺条件为:160~280 m 硅胶填充料,1200 mm×80 mm 自制不锈钢中压层析柱,乙酸:乙酯石油醚:甲酸=6:4:1 $(V/V/V)$ 洗脱混合液,洗脱流速 30 mL/min,所得 EGCg 和 ECg 产品纯度均高于 98%,回收率为85.5% 和 80.3%。袁华等(2007)采用硅胶柱层析法分离精制茶多酚,以乙酸乙酯为洗脱溶剂,通过截取特定流分,获得总儿茶素类含量高于 90%,酯型儿茶素高于 75%,EGCg 约为 60% 的脱咖啡因茶多酚产品。朱斌和陈晓光(2009)以较低等级的商用茶多酚(纯度 70%)为原料,先用聚酰胺层析柱预分离 EGCg,将 EGCg 含量提高到 85% 以上,再用硅胶柱进一步纯化,获得纯度为 98% 的 EGCg 单体。

商用层析硅胶中含有微量的 Fe^{3+} 离子。Fe^{3+} 能与茶多酚作用形成蓝紫色络合物,影响产品色泽,因此在使用前需对硅胶进行预处理。具体方法如下:用 6 mol/L 盐酸和乙酸乙酯依次淋洗硅胶,以去除硅胶中含有的 Fe^{3+} 和有机脂溶性杂质,然后用蒸馏水洗去有机溶剂,于 110~120℃烘箱活化 2 h,待用。硅胶使用后,分离效果下降,需进行再生。一般可采用乙醇或甲醇洗涤,必要时用 0.5%~1%氢氧化钠水溶液和 5%~10%盐酸依次浸泡洗涤(亦可加热煮沸 30 min),最后用蒸馏水洗至中性,于 110~120℃活化 2 h 即可。

第四节 新材料和新技术应用

一、超临界流体萃取法

超临界流体萃取是 20 世纪 70 年代兴起的一种新型分离技术,它用超临界流体代替常规有机溶剂萃取分离植物中的有效成分,适于从固体或液体中萃取一些高沸点和热敏性成分(孙庆磊,2010)。超临界流体是指温度及压力处于临界温度和临界压力以上的流体,这种流体兼有液体和气体的优点,黏度小,扩散系数大,密数大,具有良好的溶解特性。理想的超临界流体须具备以下特征:① 较高的化学稳定性,对设备无腐蚀性;② 临界温度和临界压力适中;③ 溶解度较高,对萃取物品质影响小;④ 无毒副作用,污染小;⑤ 易获取,成本低廉。CO_2 流体是目前最常用的超临界流体介质。

超临界 CO_2 萃取过程大致可分为萃取和分离两个阶段,如图 7.8 所示:首先,在萃取器中,超临界 CO_2 流体从基质中萃取化合物,此时 CO_2 流体对化合物的溶解力主要受到流体密度的控制;当含有萃取物的超临界流体相通过节流阀时,CO_2 密度减小,萃取物从 CO_2 流体相中分离出来并收集在分离器中,而 CO_2 流体可经过压缩机增压和热交换器降(升)温后,循环使用。

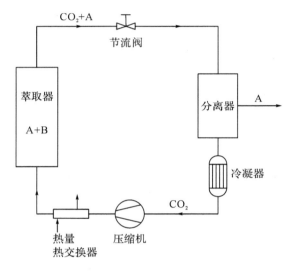

图 7.8 超临界 CO_2 萃取法示意图

提取压力、温度和夹带剂是影响超临界萃取效率的重要因素。当提取压力增加,CO_2 流体密度随之增大,对物质的溶解度也相应增大,萃取效率提高。特别是在临界点附近提取压力对提取率的影响尤为显著,而当提取压力高于临界点后,提取压力对 CO_2 流体密度的影响较小,对物质溶解能力的增效也趋于平缓。高提取压力对设备和操作提出了更高的要求,同时生产成本也会提高,因此需要通过实验确定不同物质的最佳萃取压力。

提取温度对超临界萃取效率的影响主要来自三个方面:一是温度升高导致 CO_2 流体密度减小,对物质的溶解度下降,不利于萃取;二是温度升高,分子扩散系数增大,CO_2 流体黏度下降,传质系数增大,这在某种程度上有利于萃取。三是温度过高会导致操作能耗升高,生产成本提高。由第一、第二点可知,在压力一定的条件下,随着温度改变,超临界流体对物质的溶解度往往会出现一个最低值。当温度低于该最低值所对应的温度时,第一因素占主导地位,溶解度随温度的升高而下降;当高于该温度临界点时,第二因素占主导地位,溶解度随温度的升高而上升。

夹带剂是指一种可以在纯 CO_2 气体中加入的,少量的、可混溶的、挥发性介于被分离物质与超临界组分之间的物质。夹带剂对萃取效率的影响主要通过改变溶剂密度和溶质与夹带剂分子间的作用力实现,因而夹带剂的分子极性、相对分子质量、分子体积及分子结构都是能够影响超临界 CO_2 萃取效能的因素。一般而言,加入少量的夹带剂对 CO_2 流体密度的影响不大,甚至还有可能降低流体密度;夹带剂与溶剂分子间的作用力被认为是影响分离物质溶解度和选择性的关键因素。常用的夹带剂有甲醇、乙醇、丙酮等,用量一般不超过15%。利用超临界CO_2法萃取茶多酚,乙醇是最常用的夹带剂。正确选择和使用夹带剂能够提高超临界流体的萃取效能和拓展超临界流体的应用范围,但同时也带来了一些负面作用,如可能造成萃取物中的夹带剂残留(刘晓庚等,2004)。

Cao 等(2000)利用超临界CO_2法制备茶多酚,发现增加抽提时间和采用纯乙醇为夹带剂可增加茶多酚的萃取率。于基成等(2007)认为茶多酚萃取率的高低不仅受到超临界萃取温度、压力、夹带剂等热力学因素的影响,还与分子扩散、流动形态等动力学因素有密切关系。超临界CO_2流体萃取儿茶素类化合物的一般参数为:CO_2源压力 20 MPa,温度 50℃,分离压力 5 MPa,分离温度 40℃,CO_2流量 2.5 L/h,萃取时间 5 h,茶多酚得率一般在 9%左右(孙庆磊,2010)。

超临界CO_2萃取法虽然安全无毒,但产品纯度较低,这是因为CO_2为非极性分子,儿茶素类为弱极性分子,两者相溶性较差,造成产品纯度较低。此外,超临界CO_2萃取法投资大、运行维护成本较高,且还存在着一定的技术障碍,如提取温度、压力、时间、流速等因素的改变常引起提取率的变化,影响产品的稳定性。因此,超临界流体技术在茶叶领域的研究和利用主要在于茶叶或茶提取物中咖啡因的脱除(表 7.1)。

表 7.1　超临界CO_2法脱除咖啡因

工 艺 参 数	萃 取 结 果	文 献
粒径:425~710 μm;夹带剂:95%乙醇;萃取压力:30 MPa;温度:70℃;时间:2 h;CO_2流量:8.5 g/min	咖啡因萃取率>97%,EGCg 损耗 37.8%	Park $et\ al.$(2007)
粒径:520 μm;夹带剂:水;萃取压力:40 MPa;温度:40℃;时间:5 h;CO_2流量:28.08 kg CO_2/kg green tea/h	咖啡因萃取率 54%,EGCg 损耗 21%	Kim $et\ al.$(2008)
粒径:0.202 mm;无夹带剂;萃取压力:250 MPa;温度:60℃;时间:7 h;CO_2流量:11 g/min	咖啡因最大萃取量:14.9 mg/g 茶梗,19.2 mg/g 茶纤维	İçen and Gürü(2009)
粒径:0.2~0.6 mm;夹带剂:无水乙醇;萃取压力:30 MPa;温度:80℃;时间:2 h;CO_2流量:25 mL/min	咖啡因萃取率 70.2%,儿茶素类损耗 6.2%	Sun $et\ al.$(2010)

二、膜分离法

膜分离技术是以选择性透过膜为分离介质,膜两侧压力差为动力,利用溶质在分子大小、形状、性质等方面的差异使各组分选择性地透过膜,从而实现不同组分间的分离(姜守刚等,2005)。根据分离粒子大小的不同,可分为微滤(MF)、超滤(UF)、纳滤(NF)、反渗透(RO)、电渗析(ED)、渗透气化(PV),主要膜的分离原理及应用范围见表 7.2。微滤可用于悬浮液(粒子粒径为 0.1~10 μm)的过滤,对茶浸提液进行预处理,可提高茶浸提液的澄清度(孙艳娟等,2010);超滤可将茶浸提液中的大分子物质蛋白质、果胶等分离和去除,实现茶浸提液的有效澄清,目前这两项技术已应用于茶浓缩汁和速溶茶的分离制备。纳滤膜是介于超滤与反渗透之间,截留水中粒径为纳米级颗粒物的一种膜分离技术,它集浓缩与透析为一体,可减少溶质的损失。反渗透膜能将水与相对分子质量低的物质分离,主要用于茶汁的浓缩。在茶多酚制造业中,膜分离技术一般用于茶多酚分离的初级阶段,即利用超滤、微滤去除溶液中的蛋白质、可溶性多糖、胶质等大分子物质,再利用反渗透、纳滤对提取液进行浓缩。

表 7.2 主要膜的分离原理和应用范围

膜分离法	膜孔径	传质推动力	分离原理	应 用
微滤(MF)	$0.1\sim10\ \mu m$	压力差 ($0.05\sim0.5$ MPa)	筛分	菌体、细胞、病毒的分离
超滤(UF)	$0.01\sim0.1\ \mu m$	压力差 ($0.2\sim0.6$ MPa)	筛分	蛋白质、多肽、多糖的回收和浓缩
纳滤(NF)	$0.001\sim0.01\ \mu m$	压力差 ($0.2\sim0.6$ MPa)	筛分	日用化工废水、生活污水、造纸废水等的处理
反渗透(RO)	$<0.001\mu m$	压力差 ($1.5\sim10.5$ MPa)	渗透逆过程	盐、氨基酸、糖的浓缩和淡水制造

Nwuha(2000)比较了不同种纳滤膜对有机溶剂环境中茶叶活性物质的提取效果,认为具有特富龙层的 G-10 和 G-20 膜能够较好地选择性透过 80%乙醇溶液中的咖啡因,而对儿茶素类透过率低,从而获得低浓度咖啡因、高浓度儿茶素的滤液。俞裕常等(2002)通过实验得出用 5 万~10 万相对分子质量膜超滤绿茶汁,茶汤中主要有效成分茶多酚、咖啡因、氨基酸、可溶性糖等的保留率相对稳定,而用 3 万以下相对分子质量的超滤膜分离茶汤,对绿茶主要品质成分影响较大。Labbé 等(2005)研究了电渗析对儿茶素类化合物和咖啡因膜渗透行为的影响,发现 EGC 和 EGCg 优先于其他组分穿过 UF-1000 Da 膜,电渗迁移率均达50%,该法可用于 EGCg 的富集。Li 等(2005)利用醋酸纤维素-钛微孔体复合超滤膜从茶汤中预分离出多酚类物质,得到茶多酚含量高于 40%的产品。Ramarethinam 等(2006)联合预滤、超滤和反渗透膜技术提高茶汤中儿茶素类的含量。潘仲巍等(2008)采用超滤膜去除茶汤中的大分子物质,如蛋白质、果胶等,较好地保留了茶汤中的多酚类物质,然后采用Zn^{2+}沉淀超滤滤液,获得纯度为 97.1%的茶多酚产品,茶多酚总提取率为 8%。张春静和钟世安(2008)采用多孔乙酸纤维膜为支撑体,制备 EGCg 分子印迹复合膜,并将该膜应用于茶多酚中 EGCg 的分离富集,所得产品 EGCg 纯度达到 93%。

膜分离技术的优点在于操作条件温和、工艺简单,茶多酚破坏少、无污染,但也存在着某些不足,如膜面易污染;膜的耐热性、耐溶剂性能较差,应用范围较窄;仅采用普通的膜分离技术,对于相对分子质量差异不大的儿茶素类化合物和咖啡因难以实现有效分离。

三、制备型高效液相色谱法分离

制备型高效液相色谱法是在分析型高效液相色谱法基础之上发展起来的一种高效分离纯化技术,可通过分析型高效液相色谱实验优化分析方法,并放大应用到制备型高效液相色谱中,目前主要根据线性放大原理优化从分析到制备过程的操作参数。在茶多酚生产中,制备型高效液相色谱法通常以经过初步纯化的茶多酚为原料,通过优化色谱柱和流动相及其比例来分离儿茶素单体。王洪新等(2001)以绿茶提取物为原料,先通过 Sephadex LH-20凝胶预分离,再结合制备型液相色谱,分离得到 7 种纯度高于 99%的儿茶素单体,总回收率为 82.1%。钟世安等(2003)采用反相高效液相色谱技术,以儿茶素粗品为原料,分离制备得到纯度高于 99％的 EGCg、GCg 和 ECg 单体。制备型高效液相色谱相对于普通分析型色谱泵流量大、进样量相对较大，自动收集馏分，具有高柱效、高流速、分离时间短的特点，但其设备投资高昂，制备量小，难以满足工业化大规模生产的需求。

四、高速逆流色谱分离

高速逆流色谱是利用特殊的流体动力学(单向流体动力学平衡)现象，使两个互不相溶的溶剂相在高速旋转的螺旋管中单向分布，其中一相作为固定相，由恒流泵输送载着样品的流动相穿过固定相，利用样品在两相中分配系数的不同实现分离。由于不需要固体支撑体，物质的分离根据其在两相中分配系数的不同而实现，因而避免了因不可逆吸附而引起的样品损失、失活、变性等，特别适合天然生物活性成分的分离。

杜琪珍等(1996)采用高速逆流色谱分离茶叶中的儿茶素类化合物，通过双机串联分离系统联合重结晶，从 3 kg 茶多酚粗品中分离得到 457 mg EGCg(纯度 97.2％)、343 mg GCg (97.7％)、127 mg ECg(98.5％)和 152 mg EGC(97.8％)。Baumann 等(2001)结合液-液分离法、高速逆流色谱法和凝胶色谱法，从绿茶提取物中分离得到 ECg 和 EGCg 两种儿茶素单体，该法适合较大规模的儿茶素单体制备。张莹等(2003)选用两组溶剂体系石油醚-乙酸乙酯-水(0.2∶1∶2)和正丁醇-乙酸乙酯-水(0.2∶1∶2)对制备型逆流色谱分离绿茶提取物中多种儿茶素单体进行研究，结果表明，在相同进样量下，前一组溶剂系统能较好地分离 EC、EGCg、GCg 和 ECg，单体纯度高于 98％；后一组溶剂系统可分离 EGC 和 C，纯度达 92％。Kumar 和 Rajapaksha(2005)基于正己烷-乙酸乙酯-甲醇-水的双相溶剂体系，通过微调溶剂比例，从五种不同的茶叶中分离得到纯度为 91％～99％的 EGCg、ECg 和 EGC 单体。陈理等(2006)利用高速逆流色谱法分离儿茶素同分异构体，结果表明，以正己烷-乙酸乙酯-水(1∶10∶10)为两相溶剂系统，进行二次高速逆流色谱分离，可从茶多酚粗品中分离得到克数量级的儿茶素同分异构体 EGCg 和 GCg。张扬等(2009)利用高速逆流色谱分离纯化 EGCg，以乙醚-乙酸乙酯-水(4∶10∶25)为复合溶剂体系，在温度 35℃，转速 800 r/min，流动相速率 2.5 mL/min 的条件下，获得纯度为 95％的 EGCg 单体。

高速逆流色谱的分离效率可与高效液相色谱相媲美，能实现从微克、微升量级的分析分离到数克甚至数十克量级的制备提纯，适用于未经处理的粗制样品的中间级分离，但其生产成本高、一次性设备投入大、制备量小，工业化推广还有一定难度。

五、木质素和纤维素吸附分离

木质素、纤维素和半纤维素是植物纤维的主要成分，普通木材中纤维素占 40％～50％，半纤维素占 10％～30％，木质素占 20％～30％。这三类物质是地球上最丰富的天然高分子材料，是取之不尽、用之不竭的自然资源。它们在多领域的应用是科学界研究的新热点。

纤维素是葡萄糖分子通过 β-1,4-糖苷键连接而成的大分子多糖，不溶于水和一般有机溶剂，是自然界分布最广、含量最高的多糖。纤维素分子中含有大量的亲水性羟基，是潜在的天然吸附剂，可吸附溶液中的重金属离子等。Vuataz 等(1959)曾用纤维素吸附茶叶中的多酚物质，但效果不理想。这是由于纤维素官能团种类相对单一，分子呈链状结构，三维空间构型过于简单，不适宜制备茶多酚，因而与此相关的研究报道也很少。

木质素是高取代的苯基丙烷单元随机聚合而成的高分子，含有酚羟基、醇羟基、羰基共轭双键等活性基团,可以发生氧化、还原、烷基化、缩聚或接枝共聚等化学反应。由于拥有丰富的活性基团,木质素具备优良的吸附性能,在现代化学工业中具有广阔的应用前景。

木屑等材料经过酸、碱处理,将其中的半纤维素降解去除,保留木质素和纤维素,经过处理的材料对溶液中的重金属离子、酚类物质等具有很好的吸附效果(Garg, et al., 2003),是一种新型的天然吸附材料。梁慧玲等(2006)以自制的杉木木质纤维素为吸附剂,通过静态吸附、阶段洗脱等实验,研究其对茶叶儿茶素类化合物的吸附选择性,结果表明,杉木木质纤维素可以选择性吸附溶液中的酯型儿茶素,对咖啡因吸附量较低,可用于制备低咖啡因高酯型儿茶素类产品。Ye 等(2009)以废弃茶梗、松木木屑为原料制备木质纤维素,以甘蔗渣为原料制备纤维素,与大孔吸附树脂 HPD600 比较,结果表明,茶梗木质纤维素对儿茶素类的吸附量仅次于大孔吸附树脂,但吸附选择性更佳,是一种能够有效选择性富集茶儿茶素类化合物的天然高分子吸附材料,并对其机制进行研究,结果表明,茶梗木质纤维素对总儿茶素类的吸附特性符合拟二级速率方程和 Langmuir 等温吸附方程,是自发的放热过程(叶俭慧等,2008)。采用茶梗木质纤维素填充柱分离儿茶素类化合物,经 10%乙醇溶液去咖啡因和 60%~80%乙醇溶液阶段洗脱,获得茶儿茶素类复合物,总儿茶素类含量高于 700 mg/g,咖啡因含量低于 10 mg/g(Ye, et al., 2009)。与常规吸附材料相比,该吸附剂具有来源丰富、价格低廉、无毒无害等优点。梁慧玲等(2009)用 0.1 mol/L 氢氧化钠处理木质纤维素 0~13 d,比较碱处理程度对木质纤维素吸附性能的影响,结果表明,当碱处理时间少于 2 d 时,吸附量随时间延长显著增强,当处理时间多于 2 d 时,木质纤维素对总儿茶素类的吸附量影响并不明显,而对咖啡因的吸附量则随着处理时间的增加而略有增加。

但是,由于木质纤维素密度较小,对目标物单位体积的吸附量较少,不利于大规模应用,因此可采用接枝共聚等手段将目标官能团嫁接到木质纤维素上,提高木质纤维素的吸附容量,改善其机械性能。Abu-llaiwi 等(2004)将丙烯酸甲酯成功接枝到橡胶木纤维上。Khan(2004)将甲基丙烯酸接枝到木质纤维素吸附剂上,改善了吸附材料的机械性能和耐热性,提高了材料的稳定性。Gangopadhyay 和 Ghosh(1999)将棉纤维和麻纤维分别与丙烯酰胺进行接枝反应,发现丙烯酰胺与棉纤维的接枝效率高于麻纤维。Ye 等(2010)以 N-乙烯基吡咯烷酮(NVP)为单体对木质纤维素(SL)进行接枝改性,获得适宜的接枝反应条件:乙腈为反应溶剂,引发剂偶氮二异丁腈(AIBN)比例 AIBN/NVP=0.04,单体比例 NVP/SL=0.2,反应温度 70℃,反应时间 6 h。改性后,木质纤维素对总儿茶素类的吸附量提高了 40.07%。

六、其他分离方法

分子印迹技术是一种新型高效分离技术,作用原理如下:当模板分子(印迹分子)与聚合物单体接触时会形成多重作用点,这些作用点通过聚合过程被记忆下来,当模板分子去除后,聚合物中就形成了与模板分子空间构型相匹配的具有多重作用点的空穴,这些空穴对模板分子及其类似物具有选择识别的特性,是一种选择性较强的吸附材料。雷启福等(2005)以 EGCg 为模板分子,α-甲基丙烯酸为功能单体,乙二醇二甲基丙烯酸酯为交联剂,在光冷引发条件下合成 EGCg 分子印迹聚合物,并利用该聚合物萃取茶多酚,结果表明,分子印迹聚合物对模板分子具有较高的选择性和识别能力,而空白聚合物却不具备这样的特性。钟世安等(2007)在此基础上将该分子印迹聚合物应用于茶多酚的固相萃取,选择适宜的清洗液、洗脱剂及上载量,结果表明,上样后,先用甲醇:水为 1:9 的甲醇溶液进行清洗,再用甲醇：乙酸为9：1的混合液对目标分子洗脱,可以得到较纯的目标物质EGCg,EGCg回收率达69.3%。王诚刚(2009)以咖啡因为模板分子,以丙烯酰胺为功能单体,二甲基丙烯酸乙二醇酯为交联剂,偶氮二异丁腈为引发剂,氯仿为反应溶剂,制备咖啡因分子印迹聚合物。该聚合物具备从茶汤中选择性吸附咖啡因的潜质。徐菲菲等(2011)以γ-氨丙基三乙氧基硅烷修饰的硅胶为载体、EGCg为模板分子、甲基丙烯酸为功能单体,制备EGCg-硅胶表面分子印迹聚合物(SMIP),考察溶剂、pH值及温度等因素对吸附过程的影响,结果表明,在pH值为6、温度为25℃的水溶液中,SMIP对EGCg的吸附效果最佳,该吸附过程符合Langmuir等温吸附模型。汪小钢(2007)以咖啡因为模板、甲基丙烯酸为功能单体,采用水溶液微悬浮聚合合成分子印迹聚合物,并将该咖啡因分子印迹色谱柱用于分离咖啡因和儿茶素各组分,实验结果表明,该分子印迹聚合物能较好地脱除茶多酚中的咖啡因,但同时会造成一些儿茶素组分的损失。汪小钢(2007)以EGCg为模板、4-乙烯基吡啶为功能单体,采用水溶液微悬浮聚合制备分子印迹聚合物,该EGCg分子印迹色谱柱分离对咖啡因和EGCg具有很好的效果,分离度高达2.30,可用于制备高纯度EGCg。

盐析法是向提取液中加入无机盐直至一定浓度,或达到饱和状态,使某些成分在水中的溶解度降低而沉淀下来,从而与水溶性大的杂质分离。常用于盐析的无机盐有氯化钠、硫酸钠、硫酸镁、硫酸铵等。汪健和黄山(1998)将粗制茶多酚溶解于未饱和食盐水中,除去沉渣后,加入食盐析出多酚类物质。用乙醚抽提沉淀物,冷冻干燥后获得茶多酚。严明潮和罗明志(1999)研究了盐析浓度对产品中儿茶素类含量的影响,结果表明,当NaCl浓度低于5%时,适当增加盐浓度有利于酯型儿茶素类及儿茶素总量的提高,但达到一定盐浓度后,盐浓度的继续增加不利于儿茶素类纯度的提高。盐析法无法达到很好的纯化效果,如要获得更高纯度的儿茶素类复合物,需结合其他方法。

随着对茶儿茶素类化合物生理、药理功能的深入研究和开发,茶多酚对人类的积极作用被公众所认同,需求量逐年增加。但目前工业化生产茶多酚主要存在着提取率低、提取和纯化工艺流程长、有机溶剂消耗多、污水处理难等问题,这些问题造成茶多酚生产成本偏高、价格偏高、产品品质欠佳,从而限制了茶多酚在日化、医药等领域的应用,制约了茶深加工产业的发展。开发茶叶功能成分的综合提取工艺以及茶多酚新型分离纯化工艺是解决茶多酚生产企业所面临的瓶颈问题的可行途径。

(1)茶叶有效成分的综合提取工艺。在生产茶多酚的同时,应兼顾茶叶中其他有用成分的提取,如咖啡因、茶多糖、茶色素等,以提高茶叶的综合利用率,增加企业经济效益;并将工艺集成化,缩短工艺流程,提高产品纯度和得率。

(2)机械化学法的应用。机械化学法是依靠机械力作用使物料达到超微粉碎状态,促进活性成分的暴露,同时引入固相试剂提高活性物质在水中的溶解性,在常温下便可提高活性物质的提取率。该技术以水作为浸提剂,不会污染环境,是一种绿色、环保的浸提技术,将其应用于茶多酚生产,有望提高茶多酚的浸提效率,减少茶多酚在浸提环节的氧化,提高产品得率和品质。

(3)新型萃取剂的开发和应用。双水相萃取技术是一种新型分离技术,与传统有机溶剂萃取剂相比,具有传质速率高、分相时间短、单级分离提纯率高、易于放大和连续化操作等优点,且操作条件温和,能有效减少茶多酚的氧化,生产过程几乎不存在溶剂残留的问题,产品对人体无害。双水相的种类及组成,茶多酚、咖啡因等在双水相中的分配关系将是该技术在茶多酚生产领域中应用的研究重点。

（4）超大孔连续床的应用。超大孔连续床富含超大孔隙，可在孔隙内进行化学修饰，连接能与多酚类形成氢键的基团，当原料液通过连续床时，料液中的儿茶素类化合物被吸附，细胞碎片等固相顺利通过，从而分离出目标产物。该方法可以将离心、过滤、浓缩和层析分离多个步骤集于一体，简化工艺流程，缩短生产周期，有助于降低茶多酚的生产成本。

参考文献

Abu-llaiwi FA，Ahmad MB，Ibrahim NA，Ab Rahman MZ，Dahlan KZM，Yunnus WMZW. 2004. Optimized conditions for the grafting reaction of poly (methyl acrylate) onto rubberwood fiber[J]. Polymer International，53：386-391.

Acemioglu B and Alma MH. 2001. Equilibrium studies on adsorption of Cu(II) from aqueous solution onto cellulose[J]. Journal of Colloid and Interface Science，243：81-84.

Amarowicz R，Shahidi F and Wiczkowski W. 2003. Separation of individual catechins from green tea using silica gel column chromatography and HPLC[J]. Journal of Food Lipids，10：165-177.

Bailey DT，Yuhasz RL and Zheng BL. 2001. Method for isolation of caffeine-free catechins from green tea[P]. United States Patent，US 6,210,679 B1.

Baumann D，Adler S and Hamburger M. 2001. A simple isolation method for the major catechins in green tea using high-speed countercurrent chromatography[J]. Journal of Natural Products，64：353-355.

Cao XL，Tian Y，Zhang TY and Yoichiro I. 2000. Supercritical fluid extraction of catechins from Cratoxylum prunifolium dyer and subsequent purification by high-speed counter-current chromatography[J]. Journal of Chromatography A，898：75-81.

Chen ZY，Wang S，Lee KMS，Huang Y and Ho WK. 2001. Preparation of flavanol-rich green tea extract by precipitation with $AlCl_3$[J]. Journal of the Science of Food and Agriculture，81：1034-1038.

Gangopadhyay R and Ghosh P. 1999. Uncatalyzed photografting of polyacrylamide from functionalized cellulosic and lignocellulosic materials[J]. Journal of Applied Polymer Science，74：1623 - 1634.

Garg VK，Gupta R，Yadav AB and Kumar R. 2003. Dye removal from aqueous solution by adsorption on treated sawdust[J]. Bioresource Technology，89：121-124.

içen H and Gürü M. 2009. Extraction of caffeine from tea stalk and fiber wasters using supercritical carbon dioxide[J]. The Journal of Supercritical Fluids，50：225-228.

Khan F. 2004. Photoinduced graft-copolymer synthesis and characterization of methacrylic acid onto natural biodegradable lignocellulose fiber [J]. Biomacromolecules，5：1078-1088.

Kim WJ，Kim JD，Kim J，Oh SG and Lee YW. 2008. Selective caffeine removal from green tea using supercritical carbon dioxide extraction [J]. Journal of Food Engineering，89：303-309.

Kumar NS and Rajapaksha M. 2005. Separation of catechin constituents from five tea cultivars using high-speed counter-current chromatography [J]. Journal of Chromatography A，1083：223-228.

Labbé D，Araya-Farias M，Tremblay A and Bazinet L. 2005. Electromigration feasibility of green tea catechins[J]. Journal of Membrane Science，254：101-109.

Li P，Wang YH，Ma RY，Zhang XL. 2005. Separation of tea polyphenol from green tea leaves by a combined CATUFM-adsorption resin process [J]. Journal of Food Engineering，67：253-260.

Nwuha V. 2000. Novel studies on membrane extraction of bioactive components of green tea in organic solvent：part I[J]. Journal of Food Engineering，44：233-238.

Park HS，Lee HJ，SJ，Shin MH，Lee KW，Lee H，Kim YS，Kim KO and Kim KH. 2007. Effects of cosolvents on the decaffeination of green tea by supercritical carbon dioxide[J]. Food Chemistry，105：1011-1017.

Ramarethinam S，Anitha GR and Latha K. 2006. Standardization of conditions for effective clarification and concentration of green tea extract by membrane filtration[J]. Journal of Scientific and Industrial Research，65：821-825.

Sun QL，Shu H，Ye JH，Lu JL，Zheng XQ and Liang YR. 2010. Decaffeination of green tea by supercritical carbon dioxide[J]. Journal of Medicinal Plants Research，4：1161-1168.

Vuataz L，Brandenberger H and Egli RH. 1959. Plant phenols：I. Separation of the tea leaf polyphenols by cellulose column chromatography[J]. Journal of Chromatography A，2：173-187.

Ye JH，Dong JJ，Zheng XQ，Jin J，Chen H and Liang YR. 2010. Effect of graft copolymerization of fir sawdust lignocellulose with N-vinylpyrrolidone on adsorption capacity to tea catechins[J]. Carbohydrate Polymers，81：441-447.

Ye JH，Jin J，Liang HL，Lu JL，Du YY，Zheng XQ and Liang YR. 2009. Using tea stalk lignocelluloses as an adsorbent for separating decaffeinated tea catechins [J]. Bioresource Technology，100：622-628.

Ye JH，Li NN，Liang HL，Dong JJ，Lu JL，Zheng XQ and Liang YR. 2011. Determination of cyclic oligomers residues in tea catechins isolated by polyamide-6 column[J]. Journal of Medicinal Plants Research，5：2848-2856.

Ye JH，Wang LX，Chen H，Dong J J，Lu JL，Zheng XQ，Wu MY and Liang YR. 2011. Preparation of tea catechins using polyamide [J]. Journal of Bioscience and Bioengineering，111：232-236.

阿有梅,吕双喜,贾陆,潘成学,张红岭.2001.从茶叶中同时提取茶多酚和咖啡因工艺探讨[J].河南医科大学学报,36：80-82.

曾振宇,郑为完.1997.从茶叶中提取茶多酚和咖啡碱的工艺研究[J].南昌大学学报,19：31-33.

陈建新,兰先秋,范新年,丁平平,宋航.2005.茶多酚工业提纯方法的比较研究[J].四川化
　　工,8:41-44.

陈理,邓丽杰,陈平.2006.高速逆流色谱分离同分异构体[J].色谱,24:570-573.

杜琪珍,李名君,程启坤.1996.高速逆流色谱法分离茶叶中的儿茶素[J].中国茶叶,20:
　　20-21.

高晓明,张效林,李振武.2007.分步洗脱层析法制备茶多酚的工艺研究[J].食品与机械,23:
　　88-91.

黄静.2004.高纯度儿茶素单体EGCg和ECg分离及纯化工艺研究[D].硕士学位论文.合肥
　　工业大学.

姜守刚,蒋建勤,王建营,许明,胡文祥.2005.茶多酚的提取分离和分析鉴定研究[J].药学进
　　展,29:72-77.

荆琪,邓宇.2003.微波法从茶叶中提取茶多酚[J].中国食品添加剂,1:25-26.

雷启福,钟世安,向海艳,周春山,于典.2005.儿茶素活性成分分子印迹聚合物的分子识别特
　　性及固相萃取研究[J].分析化学研究简报,33:857-860.

梁慧玲,梁月荣,陆建良,叶俭慧,唐德松.2006.杉树木质纤维素对酯型儿茶素类选择性吸附
　　的研究[J].浙江大学学报(农业与生命科学版),32:665-670.

梁慧玲,张伟,王晶.2009.碱处理强度对木质纤维素吸附茶儿茶素类和咖啡碱的影响[J].中
　　国茶叶,7:19-21.

林建平,王晓钰,姚义务,吴端鑫,周文富.2004.Se^{4+}沉淀法提取茶多酚及制备工艺比较[J].
　　三明高等专科学校学报,21:62-65,74.

刘焕云,李慧荔,邵伟雄,申雪然,郑春娜.2004.Ca^{2+}沉淀法提取茶多酚的方法研究[J].广州
　　食品工业科技,20:26-28.

刘晓庚,陈梅梅,谢亚桐.2004.夹带剂及其对超临界CO_2萃取效能的影响[J].食品科学,25:
　　353-357.

陆爱霞,姚开,贾冬英,何强,石碧.2005.超声辅助法提取茶多酚和儿茶素的研究[J].中国油
　　脂,30:48-50.

罗晓明,蒋雪薇,徐协文,李沸敏.2002.聚酰胺色谱法分离制备茶多酚的研究[J].食品科技,
　　5:34-38.

吕远平,姚开,何强,贾冬英.2003.树脂法纯化茶多酚的研究[J].中国油脂,28:64-66.

潘丽军,姜绍通,汪国庭,郑志.1999.果胶酶对茶多酚萃取体系传质效果的影响[J].食品科
　　学,12:25-28.

潘仲巍,朱锦富,李惠芬,黄士芬,李文良,陈淼.2008.超滤膜分离技术提取茶多酚的研究
　　[J].泉州师范学院学报(自然科学),26:52-58.

孙庆磊.2010.茶用植物成分提取和品质鉴定[D].博士学位论文.浙江大学.

孙艳娟,朱跃进,张士康,李大伟.2010.膜分离技术在茶业中的应用现状及展望[J].茶叶科
　　学,30(增刊1):516-520.

唐课文,周春山,蒋新宇.2002.沉淀-吸附法制备高纯酯型儿茶素[J].中南工业大学学报,
　　33:247-249.

汪健,黄山.1998.茶多酚及儿茶素的提取技术[J].适用技术之窗,6:15.

汪小钢.2007.功能高分子在茶叶深加工中的应用基础研究[D].博士学位论文.中国科学技术大学.

汪兴平,张家年,周志.2001.微波对茶多酚浸出特性的影响研究[J].食品科学,22:19-21.

王诚刚.2009.咖啡因分子印迹物的制备及其性能研究[J].广州化工,37:138-139.

王洪新,戴军,张家骊,吕源玲.2001.茶叶儿茶素单体的分离纯化及鉴定[J].无锡轻工大学学报,20:117-121.

王同宝,张效林,张卫红.2005.阶段洗脱吸附层析法分离茶多酚咖啡碱[J].离子交换与吸附,21:329-334.

夏涛,时思全,宛晓春.2004.微波、超声波对茶叶主要化学成分浸提效果的研究[J].农业工程学报,20:170-173.

肖文军,唐和平,龚志华,肖力争,李适,刘仲华.2005.茶叶超声波辅助浸提研究[J].茶叶科学,26:54-58.

萧伟祥,钟瑾,汪小钢,萧慧.1999.应用树脂吸附分离制取茶多酚[J].天然产物研究与开发,11:44-49.

熊何建,胡慰望.1997.茶多酚分离制备的新工艺[J].食品工业科技,6:32-34.

徐菲菲,段玉清,张海晖,秦宇,张灿,马海乐,闫永胜.2011.EGCg-硅胶表面分子印迹聚合物的制备及吸附性能[J].过程工程学报,11:706-710.

严明潮,罗明志.1999.盐析对儿茶素提取的影响[J].中国茶叶,4:29-31.

杨磊,高彦华,祖元刚,祖述冲.2007.中压硅胶柱层析连续纯化茶叶中EGCg及ECg的研究[J].林产化学与工业,27:100-104.

杨贤强,王岳飞,陈留记.2003.茶多酚化学[M].上海:上海科学技术出版社.

叶俭慧,金晶,梁慧玲,梁月荣.2008.茶梗木质纤维素对儿茶素类吸附动力学研究[J],茶叶科学,28:313-318.

应用大孔吸附树脂分离纯化工艺生产的保健食品申报与审评规定(试行)[J].中国食品卫生杂志,2005,17:373-374.

于基成,金莉,薄尔林,范圣第.2007.超临界CO_2萃取技术在茶多酚提取中的应用[J].食品科技,1:85-87.

余兆祥,王筱平.2001.复合型沉淀剂提取茶多酚的研究[J].食品工业科技,22:32-34.

俞裕常,尹军峰,叶卫阳.2002.超滤技术对绿茶汁主要化学成分的影响[J].中国茶叶,24:28-29.

袁华,吴莉,吴元欣,池汝安,凌敏,喻宗沅.2007.硅胶柱层析法提纯茶多酚的研究[J].华中师范大学学报(自然科学版),41:553-556.

袁华,徐小军,容如滨,曹海田.2003.一种制备高儿茶素、低咖啡因含量茶多酚的新方法[P].中国专利.专利号CN 1421426.

张春静,钟世安.2008.乙酸纤维-EGCg分子印迹复合膜分离纯化茶多酚中的EGCg[J].膜科学与技术,28:100-102.

张盛,刘仲华,黄建安,刘爱玲,施兆鹏.2002.吸附树脂法制备高纯儿茶素的研究[J].茶叶科学,22:125-130.

张扬,江燕斌,黄少烈,郑明英.2009.高速逆流色谱提纯茶叶粗提物中EGCg单体研究[J].

中药材,32：784-787.

张茵,荀玉芳,李烨. 2007. 从绿茶中提取茶多酚的工艺研究[J]. 淮海工学院学报,16：
    38-41.

张莹,施兆鹏,聂洪勇,黄志强. 2003. 制备型逆流色谱分离绿茶提取物中儿茶素单体[J]. 湖
    南农业大学学报(自然科学版),29：408-411,417.

赵元鸿,杨富佑,谢冰,李瑞英. 1999. 茶多酚的制备及沉淀机制探讨[J]. 云南大学学报(自然
    科学版),21：317-318.

钟世安,贺国文,雷启福,黄可龙. 2007. 儿茶素活性成分分子印迹聚合物的固相萃取研究
    [J]. 分析试验室,26：1-4.

钟世安,周春山,杨娟玉. 2003. 高效液相色谱法分离纯化酯型儿茶素研究[J]. 化学世界,5：
    237-241.

朱斌,陈晓光. 2009. 二次柱层析制备高纯度表没食子儿茶素没食子酸酯(EGCg)的工艺研
    究[J]. 食品与机械,25：317-318.

第八章

茶氨酸制备技术

　　茶氨酸是茶叶的特征氨基酸,到目前为止除了在茶梅、山茶、油茶、箪四种天然植物中检测出其微量存在外,其他植物中尚未发现。茶氨酸不仅是茶叶品质的重要决定因素,还对人体具有多种生理作用。茶氨酸具有类似味精的鲜爽味,能够抑制其他食品的苦味和辣味,因此可用为食品添加剂改善食品风味。茶氨酸还具有抗肿瘤、抗糖尿病、降血压、缓解抑郁症、抗疲劳、保护心脑血管、醒酒、增强人体免疫能力、保护神经、增强记忆等生理功能,可开发为医疗药品和保健品。茶氨酸急性毒理学实验表明,剂量 $4.0\ g/(kg \cdot d)$ 对动物是安全的,同时,大鼠的亚急性毒性试验结果显示,每日给大鼠喂饲 $2\ g/kg$ 茶氨酸,在连续口服 28 d 茶氨酸后,未发现毒性反应(Borzelleca *et al.*, 2006)。日本已于 1964 年批准 L-茶氨酸为食品添加剂,美国 FDA 也于 1985 年将 L-茶氨酸确认为一般公认安全物质,在食品中使用没有用量限制。

　　随着人们生活水平的提高,以及对茶氨酸生理功能、保健作用和医药功效的逐渐认识,茶氨酸的市场需求越来越大,而茶氨酸的提取制备是其应用的前提保证,其提取制备技术在一定程度上决定了茶氨酸的产品品质和生产成本,这就要求不断寻找更为高效、安全的提取制备方法。目前,茶氨酸的制备技术包括从茶叶中直接提取、化学合成、生物合成以及植物组培技术。其中直接提取技术又包括沉淀分离技术、膜富集分离技术以及色谱分离技术;生物合成技术包括微生物酶法合成和基因工程技术;植物组培技术包括茶愈伤组织培养技术和茶悬浮细胞培养技术。

第一节　从茶叶直接提取

　　茶叶中茶氨酸约占干重的 $1\% \sim 2\%$。我国有着充足的茶资源,为从茶叶中直接提取茶氨酸奠定了良好的基础。直接提取法是利用特殊溶剂或吸附剂或一定孔径的膜等物质将茶氨酸从茶叶或者茶氨酸富集液(主要是茶多酚工业废液)中提取分离出来。由于选用天然原材料,该技术生产出的天然茶氨酸产品更易取得消费者的认可,且可以利用通用的天然产物提取设备生产,是当前生产茶氨酸的主要方法。从茶叶中直接提取、分离纯化茶氨酸,是最直接、有效、安全的生产途径,更能保证茶氨酸原有的天然化学性质和功能属性。但同时由于茶叶中物质成分的复杂性,提取制备过程需要不断地除杂与纯化,导致提取步骤繁琐、产量小、成本较高,提取获得的茶氨酸无法满足庞大的市场需求。直接提取法需要不断提高提取效率,降低生产成本,并避免有机溶剂和重金属离子对产品质量安全的影响。

一、茶氨酸的浸提

茶氨酸属酰胺类化合物,为白色针状结晶,易溶于水而不溶于无水乙醇和一些低极性的有机溶剂如乙酸乙酯、氯仿、乙醚等;其在水等溶剂中的溶解度随温度升高而增大;其化学性质稳定,在高温、酸、碱条件下,能够较长时间保持稳定不变,为茶氨酸的提取提供了良好条件。茶氨酸相对分子质量较小,利用热水很容易从茶叶中浸提出来,但茶叶中的茶多酚、咖啡因、可溶性糖等其他水溶性成分也同时被提取出来,对后期的分离纯化增加难度。因此,茶氨酸的浸提技术不但要考虑如何减少茶氨酸的浸提时间,提高其浸出效率;同时要保证尽可能少地浸提出茶叶中的其他成分,以减少后续的提取纯化步骤,节约资源,降低生产成本。

利用茶氨酸易溶于水的特点,通常用热水配合一些辅助措施提取茶叶中的茶氨酸,如利用超声波、微波等以提高其浸出效率,缩短浸提时间。超声波具有频率高、方向性好、穿透力强、能量集中等特性。超声波的空穴效应能增强溶剂的渗透作用,促进溶剂进入物料和物质成分的扩散,从而提高物质的溶出速度。强大的超声可以引起细胞壁破裂,使细胞内的物质溶出更快,从而使得提取的效率进一步增强。微波提取利用磁控管所产生的超高频率的快速震动,使细胞内分子间相互碰撞、挤压,利于有效成分的浸出。朱叔韬等(2005)用微波合成系统对袋装绿茶加热 10 min 至 85℃,提取效率可以达到常规方法沸水浴浸提 1 h 的效果,缩短了时间,节约了能源。在提取工艺参数的控制方面,主要通过控制茶叶颗粒大小、料液比、提取温度、时间等来提高提取效益。张海燕等(2009)利用超声波提取茶氨酸研究表明:料液比 1∶50,浸提时间 30 min,超声温度 60℃,茶叶颗粒全部过 80 目筛时,浸提效果较为理想(表 8.1、表 8.2、表 8.3、表 8.4)。与常规方法相比,超声波对茶样品中茶氨酸的提取具有提取时间短、样品处理简便以及经济、节约能耗等特点。

表 8.1   浸提剂用量对浸提效果的影响 (张海燕等, 2009)

浸提剂用量 (mL)	30.0	40.0	50.0	60.0	70.0
浸提效果 (%)	0.801	0.967	1.216	1.200	1.202

表 8.2   浸提时间对浸提效果的影响 (张海燕等, 2009)

浸提时间 (min)	10.0	20.0	25.0	30.0	35.0	40.0	45.0
浸提效果 (%)	0.586	0.701	0.976	1.216	1.215	1.200	1.197

表 8.3   超声温度对浸提效果的影响 (张海燕等, 2009)

超声温度 (℃)	20.0	30.0	40.0	50.0	60.0	70.0	80.0
浸提效果 (%)	0.538	0.701	0.836	1.184	1.216	1.212	1.177

表 8.4   对照试验的结果对比 (张海燕等, 2009)

样品	浸提方法	平均值及置信区间 (%)	RSD(%)
绿茶	经典方法	1.178 ± 0.070	1.6
	超声方法	1.216 ± 0.017	1.3

续表

样品	浸提方法	平均值及置信区间（%）	RSD（%）
茉莉花茶	经典方法	0.829 ± 0.013	1.5
	超声方法	0.847 ± 0.018	1.4
观音玉茶	经典方法	1.035 ± 0.016	1.5
	超声方法	1.045 ± 0.013	1.2

此外，除了选择热水作为浸提液外，也可利用70%的乙醇提取，提取液再经减压浓缩回收除去乙醇。采用一定浓度的乙醇提取茶氨酸，能有效减少茶叶中其他成分的浸出，降低后续的纯化成本。

为了减少茶叶中色素、儿茶素等其他成分的浸出，目前，工业上常常先利用乙酸乙酯去除茶叶中的色素和多酚类，将过滤后的白色或灰白色的茶渣除去乙酸乙酯，再利用热水浸提，然后经离子交换树脂等纯化以及干燥，得茶氨酸粗品。再利用乙醇重结晶，进一步纯化茶氨酸。其提取工艺为：粉碎干茶样（乙酸乙酯索氏提取）→过滤得茶渣→除乙酸乙酯→热水浸提→纯化→浓缩→干燥→茶氨酸粗品→重结晶→茶氨酸。

二、茶氨酸的分离纯化

1. 茶氨酸的沉淀分离法

茶氨酸的沉淀分离是利用茶氨酸和碱式碳酸铜形成不溶于水的茶氨酸铜盐从而与茶叶中的其他物质相分离。但是该法需要先除掉茶叶中的蛋白质、多酚类、色素和咖啡因等杂质成分。通常采用醋酸铅等除去茶氨酸浸提液中的多酚、蛋白质和部分色素；再利用 H_2S 除去过量的铅，过滤后上清液中加入氯仿除去咖啡因；水层再加入碱式碳酸铜沉淀茶氨酸，制得的茶氨酸铜盐（即滤渣）再经稀硫酸溶解、加入 H_2S 去除铜离子，再加入适量的 $Ba(OH)_2$ 去除硫酸根离子，抽滤去滤渣，滤液经减压浓缩、干燥后得到天然茶氨酸粗品。然后利用茶氨酸不溶于无水乙醇的特性使其在无水乙醇中重结晶，可得到高纯度的茶氨酸产品。其提取工艺为：粉碎干茶样→热水浸提→去蛋白质、咖啡因→滤液碱式碳酸铜沉淀茶氨酸→稀硫酸转溶→除杂浓缩干燥→茶氨酸粗品→重结晶→茶氨酸。但是此法易引入杂质重金属 Pb^{2+}、Cu^{2+}，而且工序复杂繁琐，转溶时茶氨酸的损失较大，收率较低。

为了避免有毒重金属铅的使用，可以通过先利用乙酸乙酯去除茶叶中的茶多酚、色素之后，茶渣再用热水浸提的方法对该工艺进行改进。浸提液再加入氯仿去除咖啡因，水层再加碱式碳酸铜沉淀茶氨酸，然后经过转溶、除杂、浓缩干燥后得到茶氨酸产品。

此外，可以利用其他更为安全的方法除掉茶叶中的蛋白质、多酚类、色素和咖啡因等杂质。袁华等（2007）利用1%壳聚糖和D101大孔吸附树脂对茶叶浸提液去杂后，茶氨酸提取率34%，纯度99.28%。其工艺参数为：以料液比1∶6在60℃下浸提3 h，过滤后用HCl调溶液 pH 为3.5，在60℃时加入壳聚糖（400 mg/L）溶液絮凝去杂后用非极性大孔树脂脱色除去大分子物质。浓缩液在中性条件与70℃下加入碱式碳酸铜，茶氨酸铜盐用1 mol/L硫酸解析，除去 Cu^{2+} 和 SO_4^{2-} 后，经减压浓缩、真空干燥，无水乙醇重结晶。该法利用壳聚糖和树脂代替了重金属铅和有毒溶剂氯仿，使得产品质量安全有了进一步提升。

2. 膜富集分离法

膜分离技术是在20世纪初出现，20世纪60年代后迅速崛起的一门新型分离技术，已广泛应用在发酵、制药、植物提取、化工、水处理工艺过程及环保行业中。膜富集分离具有分离、浓缩、纯化和精制的功能，是一门高效、节能、环保的分离新技术。膜法富集茶氨酸是用膜作为选择障碍层，利用膜的孔径大小或其物理化学性质来实现茶氨酸与其他组分的分离，从而达到茶氨酸的富集和初步纯化的效果。其技术流程为：茶氨酸浸提液→膜分离富集→浓缩干燥→茶氨酸粗品。在分离工艺上，可以综合考虑膜的孔径大小、膜与被分离物的亲和性以及膜上的反应性官能团来选择合适的分离膜。该法绿色、节能、工艺简单、操作方便，可实现工业化。但该法所制得的茶氨酸往往纯度较低，分离成本较高。

由于茶叶中茶氨酸含量较低，可以从其余茶氨酸富集液中分离纯化茶氨酸，以降低生产成本。萧力争等（2005）调节茶叶深加工提取儿茶素产生的废液体系的 pH 值至 2.8～3.5，选用截留相对分子质量为 3500 的膜超滤儿茶素渣料液，茶多酚、水溶性碳水化合物等大分子物质大部分被截留，其截留率分别为 89.90％、92.20％，可获得率为 54.50％、纯度为8.92％的茶氨酸料液，300 Da 纳滤、200 Da 纳滤、反渗透、真空蒸发浓缩四种浓缩方法在制备茶氨酸中，茶氨酸损失率依次为 4.51％、3.62％、0.45％、5.15％。综合考虑，利用 3500膜超滤分离与反渗透浓缩可以分离与富集儿茶素渣中的茶氨酸，综合得率与纯度分别为54.05％和8.53％，在生产上具有一定的可行性。

张星海等（2008）首先通过 ZTC-11 型天然澄清剂对茶多酚生产废液絮凝处理，离心液经过三种规格中空超滤膜超滤，透过液用一种特制的弱极性大孔树脂（JAD-2000）初步分离，制备含量在 60％以上，得率71％的茶氨酸粗品，再通过 C18 制备柱对其溶液进行分离纯化，制备含量在 98％以上高纯度茶氨酸，得率为 51.8％。

3. 色谱分离技术

色谱分离技术又叫层析技术，是一种分离复杂混合物中各个组分的有效方法。色谱分离茶氨酸是利用茶氨酸与其他组分的物理化学性质的差异，在由固定相和流动相构成的体系中具有不同的分配系数，当两相做相对运动时，这些物质随流动相一起运动，并在两相间进行反复多次的分配，从而使各物质达到分离。其技术流程为：茶氨酸浸提液或预处理后的茶氨酸溶液→色谱分离技术分离→浓缩干燥。该法可生产高纯度茶氨酸，且得率高、品质好，但成本和技术含量较高，需要对茶氨酸进行预处理，操作较复杂。工业上可应用于高纯度、高质量的茶氨酸生产。肖伟涛等（2004）用水饱和后的氯仿萃取茶叶原料水提后的水相，将萃取后的水相蒸发浓缩后离心，得到的上清液进行 HPLC 分离制备，收集液冷冻干燥，得到茶氨酸粗品，采用甲醇超声进一步纯化，得到纯度大于 98％，且得率在 95％以上的茶氨酸。

色谱分离技术包括吸附层析法、分配层析法、离子交换层析、凝胶层析和亲和层析等，其中离子交换分离法在茶氨酸分离制备中有着广泛的应用。

（1）离子交换分离茶氨酸原理

离子交换分离茶氨酸是以离子交换剂为固定相，利用溶液中各组分与交换剂上的平衡离子进行可逆交换结合力大小的不同将茶氨酸分离纯化出来。茶氨酸是两性电解质，等电点为 5.6，当溶液的 pH 值低于茶氨酸的等电点时，茶氨酸带正电，能与阳离子交换树脂上的交换基团发生阳离子交换反应，当溶液的 pH 值高于茶氨酸的等电点时，茶氨酸带负电，能与阴离子交换树脂发生离子交换吸附，从而与其他组分分离开来。茶氨酸水溶液带正电荷，常采用阳离子交换树脂吸附分离茶氨酸，除静电作用外，树脂骨架与茶氨酸的范德华力、功能基团间的氢键作用等也起到分离的作用。目前,该法不仅应用于茶叶中茶氨酸的提取,还应用于茶愈伤组织中、茶多酚工业废液以及化学合成法生产的茶氨酸的提取。

（2）工艺流程

茶氨酸水溶液呈微酸性,带正电荷,阳离子交换树脂在水溶液中电离出 H^+ 而带负电荷,茶氨酸可以置换出阳离子交换树脂上的 H^+,通过静电作用吸附在阳离子树脂骨架上,利用特定的洗脱液可将茶氨酸从树脂上选择性洗脱下来,经过浓缩干燥即得固态茶氨酸产品。其工艺流程为:茶氨酸浸提液（或者茶多酚工业废液经絮凝沉淀预处理溶液）→初步浓缩后→离子交换树脂→用氨水将茶氨酸选择性洗脱下来→茶氨酸粗产品→重结晶→茶氨酸。根据茶氨酸浸提液与树脂之间是否相对流动,可分为静态吸附和动态吸附。静态吸附常用于筛选高效吸附剂,而动态吸附更利于工业化生产。该法制得的茶氨酸产品质量好,操作简便,适合工业化生产,已取代传统的沉淀分离法,但对树脂的选择要求、技术含量均较高。目前,阳离子交换树脂已广泛应用到茶氨酸的工业制备上。

（3）工艺优化

离子交换树脂是影响离子交换的关键因素,选择交换容量大,选择性系数高的离子交换树脂对整个工艺有决定性作用,树脂的功能基团、比表面积、孔隙大小、树脂骨架等影响其对目标产物的吸附容量。不同的环境条件如溶液 pH、温度、上液浓度、流速、柱床体积等也是影响离子交换的主要因素。选择高效分离茶氨酸的吸附树脂,合适的溶液 pH、温度、洗脱条件等是高效制备茶氨酸的前提要求。陈秀兰等（2006）以 732 型阳离子交换树脂为分离材料,探讨了上样浓度、洗脱液浓度、pH 对茶氨酸分离效果的影响（表 8.5,表 8.6,图 8.1）。

表 8.5　上样液中茶氨酸的质量浓度对湿树脂吸附容量的影响（陈秀兰等,2006）

上样液中茶氨酸的质量浓度（mg/mL）	到达始漏点时流出体积（mL）	到达始漏点时茶氨酸流出总量（mg/mL）
2	640	160
4	350	175
6	220	165

表 8.6　洗脱液（氨水）浓度对洗脱效果影响（陈秀兰等,2006）

氨水浓度（mol/L）	完全洗脱约需氨水量（mol）	洗脱时间（min）
0.1	0.014	140
0.4	0.020	50
0.7	0.028	40

吸附分离茶氨酸的树脂常选择强酸性苯乙烯系型阳离子交换树脂或大孔离子交换树脂。朱松等（2007）选用 001×7 阳离子交换树脂,在 pH 值为 3.4,上样液浓度为 3.0 mg/mL,上样流速为 1.7 柱床体积/h 时,用 pH 为 11.3 的氨水洗脱后得到茶氨酸含量为 58%,回收率为 82%。陈荣义等（2005）以绿茶为原料,先采用 ZJL 大孔离子交换树脂从茶叶的浸提液中提取茶氨酸和脱除咖啡因,再用 ZJX 大孔吸附树脂提取茶多酚,提取的茶氨酸纯度达 85.43%,提取率为 0.94%。

由于茶叶中茶氨酸含量较低,直接从茶叶中提取茶氨酸成本高,一些学者开始研究利用离子交换树脂从茶多酚工业废液中提取制备茶氨酸。从茶工业废液中纯化茶氨酸,需要先

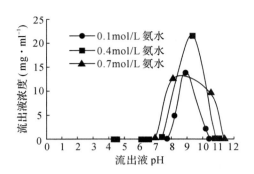

图 8.1　树脂在不同 pH 下吸附茶氨酸的能力（陈秀兰等，2006）

通过絮凝、吸附等过程除去废液中的杂质，再经过离子交换树脂于一定交换条件下分离茶氨酸。林智等（2004）以壳聚糖作为絮凝剂对茶多酚工业废液进行沉淀后过滤，滤液再经大孔吸附树脂去除残留的可溶性多糖、蛋白、茶色素等杂质，所得茶氨酸样品液经浓缩后再用阳离子交换树脂 732 进行纯化，可得到纯度为 50% 的茶氨酸粗品，得率为 1.8%；茶氨酸粗品经无水乙醇重结晶之后得到纯度 90% 的茶氨酸，得率为 0.8%。张星海等（2006）采用 ZTC-11 型天然澄清剂对茶多酚生产废液进行絮凝处理，再用弱极性的大孔吸附树脂 JAD-1000 对处理液进行初步分离，可得到 50% 以上的茶氨酸产品，茶氨酸回收率达到 78.4% 以上。

茶氨酸洗脱液常选择易挥发的氨水，使获得的粗茶氨酸液中没有洗脱介质的残留，通常采用逐步增加溶液 pH 的方法，使茶氨酸带上负电荷，从而从阳离子交换树脂上游离下来。氨水的浓度对离子交换洗脱有一定的影响，洗脱液浓度越大，离子强度越高，茶氨酸被置换和释放的速度也就越快，在洗脱液选择上，也有用磷酸盐缓冲液等做洗脱液的。

茶氨酸在高于其等电点 pH 溶液中带负电荷，可以用阴离子交换树脂对其吸附分离，但该法需要用 NaOH 调节其 pH 至碱性，而在碱性条件下，溶液氧化变色，树脂易被污染，再生困难。因此，阴离子交换树脂的应用较少。

第二节　化学合成法

茶氨酸在茶叶中含量较低，仅为其干重的 1%～2%，提取量少，难以满足消费需求且成本较高、很难获得高纯度茶氨酸，而化学合成茶氨酸可克服其困难，易于大规模制造。茶氨酸化学合成就是用 L-谷氨酸供体（主要是酯型 L-谷氨酸供体或是乙酰化的 L-谷氨酸供体或是酸酐化的 L-谷氨酸供体）与乙胺或乙胺供体混合，通过控制反应条件来实现 L-谷氨酸与乙胺基结合或者 L-谷酰基的转移形成茶氨酸。该法是得到高纯度茶氨酸的有效方法之一，具有价格低、成本低、适合工业化生产的特点。但是化学合成制造的茶氨酸品质难以保证，提纯困难、可能残留毒性物质，难以应用在食品业和药物业，且都是 DL 型消旋体，需要进行拆分才能得到 L 型产品。化学合成茶氨酸主要包括 L-吡咯烷酮酸化法、L-谷氨酸-γ-乙基酯化法以及 L-谷氨酸酐法。目前，工业上化学合成茶氨酸主要采用谷氨酸-乙胺合成法，即将谷氨酸在高温下（160～162℃）脱水 7 h 生成谷氨酸内酰胺，然后在室温下与无水乙胺密封反应两周，得粗茶氨酸，再用乙醇重结晶，得茶氨酸纯品，其理论产量得率为 35% 左右。

该法反应步骤短,反应条件要求不高,温和易于操作,但该法反应时间长。

一、L-吡咯烷酮酸化法

茶氨酸的化学合成法始于 1942 年,由以色列人 Lichtenstein 在实验室通过高压将 L-谷氨酸加热脱水形成 L-吡咯烷酮酸后,在金属催化剂的作用下与乙胺水溶液在密闭容器内室温反应 20 d,经过结晶制得茶氨酸,但产率仅为 9%(Lichtenstein,1942),这开创了化学合成茶氨酸的先河。L-吡咯烷酮酸化法需要在高压条件下合成茶氨酸,对设备仪器和安全性要求高,且反应时间长、生产成本高。随后,人们在此基础上,对该工艺不断进行优化,茶氨酸合成率有了大幅提高,反应条件要求下降。

通过控制反应温度、压力、底物浓度等反应条件可以提高茶氨酸得率,缩短反应时间。1951 年,日本桥爪斌对此方法做了进一步改进,采用纯乙胺代替乙胺水溶液,提高了茶氨酸产率(Sadzuka *et al.*,1996)。李炎等(2003)将 L-吡咯烷酮酸与无水乙胺直接在惰性气体的氛围下,控制 6.0～12 MPa 的压力和 60～100℃反应合成茶氨酸。在此基础上,郑国斌(2005)对此方法进行改善,在 2.0～4.5 MPa 的压力和 30～55℃下,72～96 h 就能合成茶氨酸,以固体 L-吡咯烷酮酸计算,1 次收率达 20%以上。1961 年,Yamda 等(1996)还采用将制得的 L-吡咯烷酮酸加入酮盐后,与无水乙胺反应后,再进行脱铜反应的方法制得茶氨酸,这样利用了反应物与生产物之间溶解性的差异,大大提高了反应的效率。近年来,探求新的化学合成法制备茶氨酸的尝试不断出现。Yan 等(2003)报道了一种新的茶氨酸合成方法(γ-谷酰基乙胺合成法),其制备工艺是:将 L-谷氨酸脱氢成吡咯烷酮羟酸(PCA),然后再加入纯的乙胺(99%,气-液)反应,制得茶氨酸得率 92.6%;再在 84%乙醇溶液中重结晶后,高纯度 A 型茶氨酸的得率为 37.4%,B 型茶氨酸从 L-PCA 合成。A 型和 B 型茶氨酸是混合异构体,A 型含 47.9%的 L-茶氨酸,B 型含 90.9%的 L-茶氨酸。

二、L-谷氨酸-γ-乙基酯化法

L-谷氨酸-γ-乙基酯化法是先将 L-谷氨酸与乙醇在一定条件下酯化生成 L-谷氨酸-γ-乙基酯,再利用 L-谷氨酸-γ-乙基酯为原料,采用特定的保护基将 α-氨基保护起来,与乙胺水溶液反应,使乙胺氨解置换乙氧基,再去除保护基以后得到茶氨酸,该法的工艺不同主要在于保护基的选择不同。L-谷氨酸-γ-乙基酯化法避免了 L-吡咯烷酮酸化法需要的高压条件,并且缩短了反应时间,但常常需要昂贵的保护基和脱保护基,且产率较低,因此需要不断寻求更为廉价的保护基和脱保护剂。

酒户弥二朗(1950)采用氯甲酸苄酯保护氨基后,与乙胺水溶液反应,再用 Pd/C 催化还原合成 L-茶氨酸。该法需要利用贵金属钯作催化剂脱出保护基,生产成本高。为了寻求更为经济的生产方法,2001 年,王三永等(2001)用三苯基氯甲烷保护氨基,在 40℃下反应48 h,接着与乙胺水溶液在室温下反应 48 h,再在乙酸水溶液中回流 5 min 脱去三苯甲基,得到 L-茶氨酸,产率为 39%,质量分数大于 98%。该法采用廉价的乙酸水溶液脱除保护基,降低了生产成本,并且该法的反应中间产物无需分离提纯就可进行下一步操作,操作简便。

三、L-谷氨酸酐法

L-谷氨酸酐法是先利用保护基将 L-谷氨酸 α-氨基保护起来,使其分子内脱水生成环状 L-谷氨酸酐后,直接与乙胺作用生成 N-取代 L-茶氨酸,再除去保护基得到 L-茶氨酸。

在工艺优化上,需要不断寻求更为合适的保护基以提高茶氨酸产量、降低生产成本。焦庆才(2005)以 L-谷氨酸为原料,采用廉价的邻苯二甲酰基作为保护基,醋酐回流 10 min 使其分子内脱水生成邻苯二甲酰-L-谷氨酸酐,然后在常温、常压条件下,与 2 mol/L 乙胺水溶液反应,生成中间产物邻苯二甲酰-L-茶氨酸,最后在室温条件下与 0.5 mol/L 水合肼反应48 h 脱除保护基,得到 L-茶氨酸,收率为 61%。此外,Setsuko 等(2000)用苄氧甲酰基来保护谷氨酸的 α-氨基,脱水成酐后用盐酸乙胺与三乙胺和碳酸钠混合后加入二甲亚砜中合成了 N-取代茶氨酸,再用催化加氢法脱除保护基得到了茶氨酸。张小龙等(2009)采用谷氨酸席夫碱 Ni(II)配合物法合成了 L-茶氨酸。利用手性助剂 2-[N-(N'-苄基)-脯氨酰]-氨基-二苯甲酮(BPB)、六水合氯化镍和 L-谷氨酸反应,将谷氨酸的 α-羧基和氨基同时进行保护,得到谷氨酸席夫碱 Ni(II)配合物,通过接肽试剂与乙胺盐酸反应,得到茶氨酸席夫碱 Ni(II)配合物,经酸水解后离子交换分离,获得 L-茶氨酸,产率达到 70%。

四、DL-茶氨酸拆分

茶氨酸属酰胺类化合物,化学系统命名为 N-乙基-γ-L-谷氨酰胺,具有 D 型和 L 型同分异构体,其物理化学性质相同。茶氨酸在自然界中主要以 L 型存在,D 型茶氨酸和 L 型茶氨酸具有显著的生理活性差异,D 型茶氨酸不易被吸收,而且在体内不易被代谢降解(Desai et al.,2005)。而化学合成法制得的茶氨酸存在消旋的缺陷,需要对其进行拆分以获得 L 型茶氨酸。

DL-茶氨酸拆分是先将茶氨酸对映体转化为非对映体,然后利用它们的物理化学性质的差异将其分离开来,对映体的拆分方法包括结晶、微生物或酶转化、色谱分离法。其中,微生物或酶的转化法在 DL-茶氨酸拆分中研究最多。酶或微生物法拆分是利用酶或微生物对特定光学异构的专一性催化反应,生成完全不同的化合物后再与其对映体分离(许旭等,1997)。在 DL-茶氨酸拆分中,常利用氨基酰化酶或含有氨基酰化酶细胞或微生物将乙酰化的 DL-茶氨酸选择性地去乙酰化,从而将 L-茶氨酸分离出来。

郭丽芸等(2006)对 DL-茶氨酸进行乙酰化生成 N-乙酰-DL-茶氨酸,筛选有较高氨基酰化酶活性的真菌刺孢小克银汉霉 9980,在温度 50%、pH 7.0、底物浓度 0.5 mol/L、湿菌体量 4 g/100 mL、拆分时间 30 h 条件下,拆分率可达 92%。吴晓燕等(2008)利用固定化米曲霉氨基酰化酶细胞拆分 DL-茶氨酸,得出制备 L-茶氨酸的最适固定化条件为戊二醛浓度 0.5%、交联时间 2 h、温度 55℃、pH 8.0、底物 0.2 mol/L、菌液比 12 g 菌体/100 mL 戊二醛溶液,此时拆分率可达 98% 以上。李银花等(2006)建立了配体交换色谱手性流动相法拆分茶氨酸对映体的方法,采用 Polairs C18 柱,流动相为 L-脯氨酸:Cu 为 2:1(摩尔比),Cu浓度为 0.5 mmol/L,pH 6.8,甲醇的加入体积比为 2%,波长 254 nm,流速 0.9 mL/min,柱温 30℃。L-茶氨酸的进样量在 0.09542 pg~4.241 lag 范围内峰面积与进样量之间线性关系良好,回收率在 97.45%~100.40% 之间。

第三节　生物合成法

近年来,由于生物技术发展突飞猛进,利用生物催化与生物转化技术来进行目标产物的生产越来越广泛。茶氨酸生物合成法包括微生物酶合成法和基因工程菌法。生物合成法生产周期短、无毒副物质添加,可得到天然的 L-茶氨酸,副产物少,产品安全性评价较高。但目前基因工程菌法由于技术要求高,构建的重组菌稳定性难以保证,无法规模化生产。而微生物酶合成法在工业化生产茶氨酸中有着广泛的应用。

一、天然酶合成法

随着生物技术的发展和利用,利用微生物发酵来生产酶,进而用该酶的提取物来催化合成目标产物在工业生产中被广泛应用。1985 年,Sasaoka 证实茶苗中有一种酶即茶氨酸合成酶,又名 L-谷氨酸-乙胺连接酶,在谷氨酸和乙胺的存在下,利用 ATP 提供能量,能催化茶氨酸的合成(Sasaoka et al.,1965)。由于对茶氨酸合成酶的研究不清楚,20 世纪 80 年代初,人们从生物工程技术着手,开展了微生物酶促合成茶氨酸的研究。微生物酶促合成茶氨酸,就是利用微生物中的谷氨酰胺合成酶、谷氨酰胺酶或 γ-谷氨酰基转移酶等茶氨酸合成相关酶,模拟茶树体内环境,在特定的条件下(高乙胺浓度和特定的 pH 值),催化谷氨酸或谷氨酰胺的 γ-谷氨酰基转移到乙胺上生成茶氨酸。其操作步骤包括:微生物菌体的培养,菌体内酶的提取或者直接将细菌固定化,然后通过添加前提物质在一定条件下合成茶氨酸。该方法的优点在于不需要对 α-氨基进行保护,副产物少,便于分离纯化,不受资源限制,不会造成环境污染,产品安全可靠等,既克服了直接提取法无法大量生产的矛盾,又避免了化学合成法茶氨酸消旋体的产生,前景非常诱人。但该法涉及酶活性的保持及反应条件如底物浓度、温度和 pH 等的调控问题。这些条件与转化率、产率及生产效率关系密切,技术条件要求高,操作较复杂。

目前发现能催化茶氨酸生物合成的酶类有 7 种,包括茶氨酸合成酶、谷氨酰胺合成酶、谷氨酰胺酶、γ-谷氨酰转肽酶、γ-谷氨酰甲胺合成酶、谷氨酸合成酶和 γ-谷氨酰半胱氨酸合成酶。它们可以通过连接酶的作用或者转谷氨酰基作用合成茶氨酸,其中谷氨酰胺合成酶、谷氨酰胺酶、γ-谷氨酰转肽酶和 γ-谷氨基甲酰胺合成酶在合成制备茶氨酸中应用最多。

茶氨酸合成酶是茶树体内特异性催化 L-谷氨酸和乙胺合成茶氨酸的一种酶,但是该酶在体外极不稳定,提取纯化困难。目前还未发现具有茶氨酸合成酶合成能力的野生菌种,加之该酶在体内合成茶氨酸还需要与糖酵解偶联提供的 ATP 参与,使得利用该酶直接发酵生产茶氨酸有一定困难。Varuzhan(1993)曾试图直接利用细菌的谷氨酰胺合成酶偶联酵母的糖发酵反应发酵生产茶氨酸,但是由于反应条件难以控制,实验结果并不理想。目前,应用于生产的酶促合成茶氨酸大多数是利用微生物的酶提取物在特殊条件下的非特异性反应。

(一)谷氨酰胺合成酶

谷氨酰胺合成酶广泛存在于原核与真核生物体内,是参与高等植物体内氨同化过程的关键酶。谷氨酰胺合成酶具有 γ-谷氨酰基转移活性,能够催化谷氨酰胺和乙胺发生转谷氨酰基反应,从而得到茶氨酸。目前,该酶在微生物发酵生产茶氨酸中有着广泛的应用。Tachiki 等(1996)利用 Pseudomonas nitroreducens IFO 12694 中的谷氨酰胺酶来催化合成茶氨酸,在此过程中添加了 1.5 mol/L 乙胺和 0.7 mol/L 的谷氨酰胺,可以生成 47 g/L 茶氨酸,产率可达 45 % 左右(以谷氨酰胺计算)。在此基础上,为了稳定酶的活性,进一步将硝基还原假单胞细菌培养物悬浮在 0.9% 生理盐水中,采用 4.5% κ-角叉菜胶在 80℃溶解并冷却至 45℃时与细菌悬浮液混匀,使细胞固定化,再加入前体物质乙胺和谷氨酰胺,于发酵反应器中培养大于 50 d,测定得出在反应第 1、12、51 天时该酶的相对活力分别为 55.5%、89%、91.25%。

此外,谷氨酰胺合成酶通过偶联糖酵解反应可催化 L-谷氨酸和乙胺合成茶氨酸。一直以来,由于谷氨酰胺合成酶催化反应的最适 pH 为 10,而酵母发酵的 pH 为中性范围,随着茶氨酸的合成,反应混合物的 pH 迅速下降,使糖发酵受到抑制,pH 难以控制而导致茶氨酸的生产效果并不令人满意。但是,Yamamoto 等(2005)从一株假单胞杆菌(Pseudomonastaetrolens Y-30)中分离出了谷氨酰胺合成酶,该酶在中性 pH 条件下对乙胺有高的反应活性,可用于偶合面包酵母供能系统合成茶氨酸,他们利用从该菌中提取出的谷氨酰胺合成酶在 200 mmol/L 谷氨酸钠、1200 mmol/L 乙胺、300 mmol/L 葡萄糖、50 mmol/L 磷酸钾缓冲盐的条件下,通过添加 100 U/mL 的谷氨酰胺合成酶和 60 mg/mL 的酵母细胞,48 h 内就能合成 30 g/L 的茶氨酸,可望进行大规模生产 L-茶氨酸。

(二)谷氨酰胺酶

谷氨酰胺酶在含氮动、植物以及微生物中广泛存在,是一种既具有水解 L-谷氨酰胺成 L-谷氨酸和氨的能力,又具有 γ-谷氨酰基转移能力的酶,主要可分为三种类型:兼有水解或转移活性、只有水解活性和只有转移活性。在碱性条件下,谷氨酰胺酶能将谷氨酰胺基团转移到乙胺上,形成茶氨酸。其水解与合成能力的大小还与其来源有关。

在以谷氨酰胺酶为催化酶进行茶氨酸微生物发酵反应的实验中,人们研究最多的就是硝基还原假单胞细菌 IFO12694。通过调节溶液 pH,可以抑制其水解能力,提高其谷酰基转移能力。该酶提取纯化困难,通常采用固定化细菌的方法合成茶氨酸,目前,已用于工业生产。

固定化细菌通常能提高酶的活性且能较长时间维持酶的活性,其具体方法是:将该菌悬浮在 0.94% NaCl 溶液中,取 4.5% κ-角叉菜胶在 80℃溶解并冷却至 45℃与细胞悬浮液混合,将细菌固定成直径约为 3 mm 的颗粒。Abelian 等(1993)发现将该菌经卡拉胶细胞固定化后能提高其谷氨酰胺酶活性,并能在持续培养中催化谷氨酰胺和乙胺合成大量茶氨酸,其产率为投入谷氨酰胺的 95%;随后,他们还设计了一种连续生产茶氨酸的方法,即以固定化细胞填充四个连接在一起的柱子(1.7 cm×40 cm)作为生物反应器,以泵流加底物过柱,实现了茶氨酸的连续化生产。此后,Yachiki 等(1998)从该菌中提取纯化出谷氨酰胺酶,在 0.7 mol/L 谷氨酰胺、1.5 mol/L 甲胺或乙胺和 0.5 U/L 该酶条件下,在 pH 为 11 的硼酸缓冲液中,于 30℃反应 7 h 可以得到 47 g/L 茶氨酸。

国内学者王春晖(2005)从 6 种含有谷氨酰胺酶的微生物中筛选得到一株可合成茶氨酸的硝基还原假单胞菌,在 0.3 mol/L 谷氨酰胺、11.5 mol/L 乙胺、pH 9.5、湿细胞量 70 mg/mL、培养温度 30℃、培养时间 24 h 条件下,茶氨酸的最大生成量为 41.38 g/L。但该菌株与 GenBank 报道的假单胞菌的谷氨酰胺酶基因序列同源性很低。

除了利用硝基还原假单孢细菌 IFO12694 中的谷氨酰胺合成酶外，人们还致力于从其他菌种中寻找高产菌株。冈田幸隆等（2007）在进行反复从自然界的土壤中分离、筛选新型茶氨酸生产菌的研究时，发现了一种新型菌株即香茅醇假单胞菌 GEA。此细菌中的谷氨酰胺酶在 0.3 mol/L 乙胺、0.9 mol/L 谷氨酰胺和 pH 10 的条件下反应，茶氨酸最高产率可达到 40 g/L。该酶较硝基还原假单孢细菌 IFO12694 中的谷氨酰胺合成酶具有更高的茶氨酸合成活性和更低的谷氨酸合成活性。

（三）谷氨酰转肽酶

谷氨酰转肽酶广泛存在于微生物、植物以及动物体内，该酶对含 γ-谷氨酰的化合物有光学和立体专一性催化作用，其在生物体内对氨基酸转运过程起重要的作用。谷氨酰胺转肽酶既能水解谷酰基化合物，也能催化谷氨酰化合物的谷酰基转移，控制一定条件，它能将 L-谷氨酰胺的谷酰基转移到乙胺上生成 L-茶氨酸。控制溶液 pH 能够影响该酶水解能力与转肽能力的相对强弱。通常在 pH 6～8 时是水解反应，而 pH 8～9 时为转肽反应，其中来源于细菌的 γ-谷氨酰转肽酶的转肽反应 pH 范围比较宽，在 6.0～0.5。利用该酶催化合成茶氨酸时，可以调节溶液 pH 在 9.0 以上，以抑制其水解反应。

Suzuki 等（2002）利用细菌中得到的谷氨酰转肽酶做催化剂，将 200 mmol/L 谷氨酰胺和 1.5 mol/L 乙胺在 pH 为 10、温度为 37℃ 的条件下，保持 5 h，获得 120 mmol/L 茶氨酸，转化率为 60%。傅锦坚（2009）将地衣芽孢杆菌的产酶系统和嗜热脂肪芽孢杆菌 ATP 供能系统相偶联建立了一种种间偶联 ATP 再生技术生产茶氨酸。采用该技术进行茶氨酸转化生产，茶氨酸产量达到 35 g/L，用 3% 卡拉胶于 45℃ 包埋，制备成 γ-谷氨酰基转肽酶固定化细胞，将固定化细胞产 γ-谷氨酰基转肽酶系统与 ATP 供能系统偶联后，在催化底物转化生成茶氨酸的同时实现被消耗的 ATP 再生，使茶氨酸合成反应高效率地进行，合成茶氨酸的产量为 30 g/L。

（四）γ-谷氨基甲酰胺合成酶

γ-谷氨基甲酰胺合成酶是一种连接酶，主要存在于细菌体内，包括普通生丝微菌、假单胞菌以及一些以甲胺为唯一碳氮源的海生甲基营养生物，可在 ATP 和 Mn^{2+} 存在的条件下，催化 L-谷氨酸及多种胺类合成 γ-谷氨酰烷基胺类化合物。在一定条件下，γ-谷氨基甲酰胺合成酶可同样催化谷氨酸和乙胺合成茶氨酸。

Kimura 等（1992）从微生物噬甲基菌 AA-30 中提取纯化出 γ-谷氨基甲酰胺合成酶，并利用该酶在 pH 7.5 和 40℃ 条件下，以 L-谷氨酸和乙胺为底物催化合成了茶氨酸。Achiki 等（2009）应用产 γ-谷氨基甲酰胺合成酶的食甲基菌 Methylovorus mays TGMS No.9，实现了以 L-谷氨酸和乙胺为底物的茶氨酸商业化生产，并申请了相关专利。

二、工程菌合成法

基因工程法制备茶氨酸就是利用基因工程技术将载有合成茶氨酸能力的酶基因的重组质粒导入受体（通常选择大肠杆菌），然后通过控制外界条件，诱导该基因高表达催化合成茶氨酸。其操作步骤包括合成茶氨酸的微生物菌株筛选，具有催化合成茶氨酸酶基因的克隆，通过质粒载体导入大肠杆菌并筛选出重组菌，诱导表达条件的优化，茶氨酸合成条件的优化，茶氨酸的分离纯化。通过构建茶氨酸合成酶基因转化的工程菌，既可以实现微生物发酵所具有酶的高度专一性，又可以实现微生物发酵直接生产茶氨酸，因为通过构建基因工程菌,可以实现茶氨酸合成酶基因的表达及 ATP 再生系统的构建于同一菌株,避免了微生物发酵合成茶氨酸时细菌谷氨酰胺合成酶等酶表达与酵母的 ATP 再生系统的难以匹配。利用工程菌生产制备茶氨酸具有高效、节能、环保等优点,但是涉及构建的重组菌质粒易丢失、菌种稳定性难保持等技术难题,目前仅限于实验室微量生产,无法进入工业化生产。

(一)构建重组菌

构建具有较高目的基因表达能力的重组菌是高效合成茶氨酸的前提保证,它主要包括携带目的基因菌株的筛选、目的基因的克隆、质粒与载体的筛选等。通过构建重组菌,可以大幅提高酶活性。

目前,用于构建重组菌的酶基因主要有 γ-谷氨酰转肽酶、谷氨酰胺合成酶基因。由于 γ-谷氨酰转肽酶(γ-GGT)可以催化谷氨酰胺和乙胺反应生成茶氨酸,在大肠杆菌中,此酶在自身信号肽的介导下被转运至周质空间中发挥其生理作用,并且该酶基因对 ATP 再生系统要求不如谷氨酰胺合成酶高,是目前用于构建重组菌合成茶氨酸研究最为成熟的一种酶基因。由于大肠杆菌体积小、繁殖能力强、适合大规模发酵、外源基因的表达量较高,是构建重组菌应用较多的系统。Suzuki(2002)通过构建 GGT 基因工程菌,以 200 mmol/L 的 L-谷氨酰胺和 1.5 mol/L 乙胺 GGT 为底物合成 L-茶氨酸,得到 21 g/L 茶氨酸,谷氨酰胺转化率达 60%。王贤波等(2007)通过 PCR 扩增 *E. coli* DH 5α 的 γ-GGT 基因,产物经纯化后用 Kpn Ⅰ 和 Xho Ⅰ 双酶切,回收 γ-谷氨酰转肽酶基因目的片断,并与经相同双酶切的表达载体 pET-32a 连接,得到重组质粒 pET-GGT。将重组质粒转化到 *E. coli* BL21 中,获得工程菌。以 L-谷氨酰胺和盐酸乙胺为底物可生产 29.40 g/L 的茶氨酸,L-谷氨酰胺转化率为 48.22%,其催化 L-谷氨酰胺和盐酸乙胺反应生成茶氨酸的能力比菌株 *E. coli* DH 5α 提高了 100 多倍。此外,谷氨酰胺合成酶、γ-谷氨酰半胱氨酸合成酶、γ-谷氨酰甲胺合成酶等均能用于构建工程菌合成茶氨酸(Abelian *et al.*,1993;Tachiki *et al.*,2009;Yamamoto *et al.*,2006)。

来源于不同菌种的同一种酶基因具有不同的催化能力,因此,构建重组菌时应选用具有较高催化能力的菌种。刘冬英(2009)从地衣芽孢杆菌、枯草芽孢杆菌、嗜热脂肪芽孢杆菌、放射形土壤杆菌、根癌土壤杆菌、野油菜黄单胞菌、产氨短杆菌这七种 γ-谷氨酰转肽酶产生菌,通过比较发酵液的酶活力和转化液的茶氨酸产量,筛选地衣芽孢杆菌为合成茶氨酸的菌株。

(二)催化合成茶氨酸条件的优化

为了尽可能提高茶氨酸的合成量,我们需要对工程菌催化合成茶氨酸的外界条件进行优化,影响重组菌催化合成茶氨酸的主要因素包括培养基组成、接种量、培养温度、诱导剂浓度、诱导温度、反应 pH 值、缓冲液的选用、底物浓度和反应时间、摇床转速、搅拌与通气等。

陆文渊等(2008)采用 Plackett-Burman 实验设计对影响 γ-GGT 活性的基因工程菌发酵条件进行筛选,然后将筛选得到的初始 pH、培养时间、异丙基硫代-β-D-半乳糖苷(IPTG)诱导温度 3 个关键影响因素进行响应面分析,通过对二次多项回归方程求解得到该基因工程菌的最佳培养条件为初始 pH 7.32、培养时间 6.67 h、IPTG 31.51℃诱导。γ-GGT 活性的最大预测值为 4.60 U/mL,实验证值为 4.64 U/mL。最后通过基因工程菌催化合成茶氨酸反应,得到茶氨酸的产量为 35.18 g/L。朱文娴等(2009)研究表明,谷氨酰胺合成酶基因工程菌最佳培养温度为 30℃,最佳诱导剂异丙基硫代-β-D-半乳糖苷浓度为 0.1 mmol/L,最佳诱导温度为 28℃。合成茶氨酸的最适 pH 值为 9.5，适合的缓冲液为100 mmol/L咪唑；反应体系中咪唑缓冲液优于磷酸钾缓冲液，低浓度 L-谷氨酸钠、高浓度盐酸乙胺和高浓度三磷酸腺苷对茶氨酸的合成均有一定的促进作用，可以提高茶氨酸的生成量。王丽鸳等（2007）研究了不同诱导条件对基因工程菌催化合成茶氨酸的影响，确定了较为优化的诱导表达条件，通过单因子实验研究了不同反应条件对基因工程菌催化合成茶氨酸的影响，研究结果表明，反应体系中较高的菌体浓度对催化茶氨酸有一定的抑制作用，高 L-谷氨酸浓度可以提高茶氨酸的生成量，但是却降低了 L-谷氨酸的转化率，基因工程菌催化合成茶氨酸的最适 pH 是 9.5 左右，较为适合的反应温度是 32～37℃，合成茶氨酸的量约为 20 g/L。

第四节　植物组织培养

植物组织细胞培养法一般是通过对茶树细胞的离体悬浮培养或茶树愈伤组织进行培养，通过人工调控培养条件，如调节 pH、温度、培养液的成分，或是加入 L-谷氨酸盐、乙胺和激素及促进茶氨酸合成酶活性的金属离子等，充分利用细胞中的茶氨酸合成酶来合成茶氨酸，再经过离子交换吸附等方法分离制备茶氨酸。该法较从茶叶中直接提取生产周期大大缩短，产量提高，可人为控制培养条件，不受外界气候条件的影响，可实现工业化。但是植物组织培养需要保证无菌条件，培养过程易污染，相对于微生物发酵，细胞生长缓慢，分化程度低，代谢产物含量低，且培养细胞的稳定性难以保持，培养过程中易发生突变退化，导致目标产物产量下降。

一、愈伤组织培养

愈伤组织培养法是将离体茶树根尖或其他外植体培养于特殊的人工培养基上以诱导形成愈伤组织，然后通过控制培养条件合成制备茶氨酸，影响愈伤组织茶氨酸合成的主要因素有茶品种与部位、前体物质添加、激素的添加、铵态氮与硝态氮的比例、金属离子 K^+ 和 Mg^{2+} 的含量、无机元素磷酸根的浓度、培养环境等。该法生产的茶氨酸均为 L-茶氨酸，且其含量远高于茶叶中茶氨酸的含量。但是，其调控因素众多，技术要求高。

人们用 [14]C 标记的方法早已证实了茶树中茶氨酸的合成前体是谷氨酸和乙胺，茶愈伤组织培养法是利用植物细胞具有自我修复恢复组织机能，从而进行正常的生理代谢功能。在不添加前体物质时，茶愈伤组织中只合成少量的茶氨酸，其合成量大约仅为培养物干重的 0.1%，但向培养基中添加前体物质盐酸乙胺时，茶氨酸合成量大幅增加。目前认为添加盐酸乙胺的最佳浓度为 25 mmol/L，茶氨酸含量可达细胞干重的 20%（Matsuura *et al.*，1992）。但细胞合成的茶氨酸向培养基中的释放水平小于 1%，因此随着时间的延长，茶氨酸的积累会抑制茶氨酸合成酶的活性。

茶氨酸的累积与茶树品种、部位以及诱导形成愈伤组织的生长情况有关。袁弟顺等（2004）研究了 5 个不同品种茶树愈伤组织的生长及其茶氨酸累积关系，结果表明，愈伤组织生长量与茶氨酸含量呈显著正相关，其中'福鼎大白'的愈伤组织生长量和茶氨酸累积量均最大，茶氨酸含量 15 d 后增长缓慢，28 d 后基本不增长。他还对相同培养条件的'福鼎大毫'、'福云 6 号'两个品种的叶、根外植体材料进行了茶愈伤组织诱导研究，结果表明，不同品种、不同部位的外植体愈伤组织生长情况有着明显的差异,'福鼎大毫'嫩茎愈伤组织诱导率较高,其组织生长情况也较好,而两个品种都表明嫩茎的愈伤组织诱导率高(袁弟顺等,2003)。

培养基中激素的组成与含量对茶氨酸的合成也起着十分重要的作用。陈唤、陶文祈(1998)研究了几种激素的不同浓度与组合对茶嫩叶愈伤组织生长及茶氨酸产量的影响,根据试验结果,他们认为 MS 培养基中添加 2 mg/L IAA 和 4 mg/L 6-BA 或 MS 培养基中添加 1.5 mg/L IAA,3 mg/L 6-BA 及 2 mg/L TA,对茶愈伤组织的生长和茶氨酸的积累最为有利,同时优化光强、温度、氮源的种类与浓度及前体物的添加等条件,已使茶愈伤组织中茶氨酸含量提高到 200 mg/g。

光照等茶愈伤组织培养环境条件对茶氨酸的合成也有重要影响。俊辉、陶文祈(1997)研究表明,激素 IAA 和 6-BA 结合作用时,存在着相互效应,其中以 IAA 2 mg/L 和 6-BA 4 mg/L时对茶氨酸累积最有利;不同碳源对于愈伤组织生长和茶氨酸积累的影响相近;增加糖浓度有利于次生代谢物的累积;茶氨酸组织的最适培养温度和茶氨酸累积温度都是25℃;暗培养比有光培养更有利于茶氨酸的累积;茶氨酸的累积曲线与愈伤组织生长密切相关;调节培养基成分使茶氨酸在茶愈伤组织(干质量)中的含量达到 201.6 mg/g。

此外,培养基中无机盐成分与组成也会影响茶氨酸的合成。吕虎等(2007)研究表明,在 NH_4^+/NO_3^- 为 1.0/6.0、K^+ 浓度为 100.0 mmol/L、Mg^{2+} 浓度为 3.0 mmol/L、$H_2PO_4^-$ 为 3.0 mmol/L、蔗糖浓度为 30.0 g/L、水解酪蛋白浓度为 2.0 g/L 的条件下,茶树愈伤组织细胞生长量和茶氨酸含量最高。

二、悬浮细胞培养

悬浮细胞培养是指将诱导形成的愈伤组织转移到液体培养基中进行培养,并通过控制培养基成分、外界培养条件等合成制备茶氨酸。悬浮细胞较愈伤组织生长速度更快,因此可以更高效地合成茶氨酸。但细胞悬浮培养中,细胞易成团,形成聚集体,对氧气和其他气体更为敏感。因此,细胞悬浮培养时,要充分考虑培养基、接种量、蔗糖浓度、植物激素、转速等对其生长的影响。

培养基中无机元素、碳源、氮源、各种添加剂如激素、前体物质等都对细胞的生长和茶氨酸的积累至关重要。

余继红等(2006)采用正交试验设计研究了培养基不同组成条件对茶叶细胞大规模悬浮培养过程中细胞生长与茶氨酸合成的影响,结果显示,整个培养周期中,细胞收获量和茶氨酸积累量峰值出现时间为培养的第 19~22 天;在 NH_4^+/NO_3^- 为 1.0/6.0、K^+ 浓度为 100.0 mmol/L、Mg^{2+} 浓度为 3.0 mmol/L、$H_2PO_4^-$ 浓度为 3.0 mmol/L、蔗糖浓度为 30.0 g/L、水解酪蛋白浓度为 2.0 g/L 条件下,茶叶细胞生长量和茶氨酸积累量分别可达到 16.33 g/100 mL培养液和 3.357 g/100 mL 培养液;提高培养基中水解酪蛋白浓度可使细胞对数生长期和稳定期得到延长,并有利于茶氨酸积累;$H_2PO_4^-$ 浓度主要影响细胞生长速率和茶氨酸积累速率的同步性;K^+ 和蔗糖对细胞生长的影响均不明显;Mg^{2+} 对细胞生长产生明显的影响;NH_4^+/NO_3^- 对茶氨酸合成具有非常显著的影响。从生产效率考虑,培养周期以 19~22 d 为宜。杨国伟(2004)通过对接种量、转速、蔗糖浓度、装液量和激素的研究得出了悬浮培养的适宜生长条件:接种量100 g/L鲜重,转速 100 r/min,蔗糖浓度为 3%,装液量为 30 mL/150 mL 的三角瓶,激素组合为 MS ＋ 2.0 mg/L 2,4-D＋0.25 mg/L KT。

细胞培养中,由于前体物质和培养基中营养成分的消耗,细胞生长速率下降,茶氨酸合成减少,因此需要及时更换培养基,以为细胞生长和茶氨酸合成提供新鲜营养与前体物质。但当细胞进一步生长,细胞密度增大,达到接触抑制,细胞生长便会停滞。成浩和高秀清(2004)对不同外植体来源的茶树培养细胞的茶氨酸生物合成能力、适宜培养细胞合成茶氨酸的培养基条件、培养细胞茶氨酸生物合成动态和更新培养基对提高培养细胞茶氨酸累积含量的效果等进行分析,可知在一个培养周期中,培养细胞的茶氨酸累积高峰出现在第11 天左右。在以每10 天更新一次培养基的条件下,培养细胞茶氨酸合成能力可维持至第30 天左右,达到细胞干重的近 20％。

吕虎等(2005)在茶叶细胞摇床悬浮培养的基础上进行了发酵罐悬浮培养的放大试验,结果表明,采用发酵罐放大培养的效果与摇床悬浮培养类似。但前体物质盐酸乙胺采用分次加入的效果优于一次性加入。此外,在环境条件上,多数试验结果证实,25％培养温度及黑暗条件有利于茶氨酸的积累。

参考文献

Abelian VH，Okubo T，Mutoh K，Chu DC，Kim M and Yamamoto T. 1993. A continuous production method for theanine by immobilized pseudomonas nitroreducens cells[J]. Journal of Fermentation and Bioengineering, 76(3)：195-198.

Abelian VH，Okubo T，Shamtsian MM，Mutoh K，Kim DM and Yamamote T. 1993. A novel method of production of theanine by immobilized pseudomonos nitroreducens cells [J]. Bioscience, Biotechnology, and Biochemistry, 57(3)：481-483.

Achiki T，Doi T and Koseki M. Microbial manufacture of theanine[P]. Japanese patent 225705，2009-10-18.

Borzelleca JF，Peters D and Hall W. 2006. 3-week dietary toxicity and toxicokinetic study with L-theanine in rats[J]. Food and Chemical Toxicology, 44：1158-1166.

Desai MJ，Gill MS，Hsu WH and Armstrong DW. 2005. Pharmacokineties of theanine enantiomers in rats[J]. Chirality, 17(3)：154-162.

He YS，Dufour JP and Meuerns M. 2003. 高纯度茶氨酸的合成与特性[J]. 茶叶科学, 23(2)：99-104.

Hideyuki S，and Shunsuke I. 2002. Enzymatic production of theanine, an "Umami" component of tea, from glutamine and ethylamine with bacterial *Glutamy Itranspeptidase*[J]. Enzyme and Microbial Technology, 31：884-889.

Kimura T，Sugahara I，Hanai K and Yuuko T. 1992. Purification and characterization of γ-glutamylmethylamide synthetase from MethyIophaga sp. AA-30 [J]. Bioscience, Biotechnology, and Biochemistry, 56(5)：708-711.

Lichtenstein N. 1942. Preparation of γ-alkylamides of glutamic acid[J]. Journal of the American Chemical Society，64(5)：1021-1022.

Matsuura T, Kakuda T, Kinoshita T, Takeuchi N and Sasaki K. 1992. Theanine formation by tea suspension cells[J]. Bioscience, Biotechnology, and Biochemistry, 56 (8): 1179-1181.

Sadzuka Y, Sugiyama T, Miyagishima A, Nozawa Y and Hirota S. 1996. The effects of theanine, as a novel biochemical moducator, on the antitumor activity of adriamycin [J]. Cancer Letters, 105(2): 203-209.

Sasaoka K, Kito M and Onishi Y. 1965. Some properties of the theanine synthesizing enzyme in tea seedlings[J]. Agricultural Biology and Chemistry, 29(11): 984-988.

Setsuko A, Takami T and Akio S. Production of theanine[P]. Japanese patent 026383, 2000-01-25.

Suzuki H, Kajimoto Y and Kumagai H. 2002. Improvement of the bitter taste of amino acids through the transpeptidati on reaction of bacterialγ-glutamyltrans-peptidase[J]. Journal of Agricultural and Food Chemistry, 50(2): 313-318.

Tachiki T, Yamada T, Nacmura Y. Chiki T, Ueda M, Imamura N, Hamada Y and Shiode J. 1996. Purification and some properties of glutaminase from Pseudomonas nitroreducens IFO 12694 [J]. Bioscience, Biotechnology, and Biochemistry, 60: 1160-1164.

Tachiki T, Yamada T, Ueda M, Mizuno K, Shiode J and Fukami H. 1998. γ-glutamyl transfer reactions by glutaminase from pseudomonas nitroreducens IFO 12694 and their application for the syntheses of theanine and γ-glutamylmethylamide[J]. Bioscience, Biotechnology, and Biochemistry, 62(7): 1279-1283.

Yamade Y, Sakurai M and Tsuchiya Y. 1966. The synthesis of γ-alkylamides of L-glutamic acid. The reactions of metallic salts of L-pyrrolidonecarboxylic acid with primary alkylamines[P]. Bulletin of the Chemical Society of Japan, 39: 1999-2000.

Yamamoto S, Wakayama M and Tachiki T. 2005. Theanine production by coupled fermentation with energy transfer employing Pseudomonas taetrolena Y-30 glutamine synthetase and baker's yeast cells[J]. Bioscience, Biotechnology, and Biochemistry, 69 (4): 784-789.

Yamamoto S, Wakayama M and Tachiki T. 2006. Cloning and expression of pseudomonas taetrolens Y-30 gene encoding glutamine synthetase: an enzyme available for theanine production by coupled fermentation with energy transfer [J]. Bioscience, Biotechnology, and Biochemistry, 70(2): 500-507.

陈唤, 陶文祈. 1998. 几种激素对茶树愈伤组织合成茶氨酸的影响[J]. 无锡轻工业大学学报, 17: 74-77.

陈荣义, 张新申, 申金山. 2005. 茶多酚、茶氨酸联合分离提取的研究[J]. 林产化学与工业, 1(3): 99-101.

陈秀兰, 李炎, 黄雪松. 2006. 离子交换树脂分离合成茶氨酸[J]. 食品与发酵工业, 32(4): 126-129.

成浩, 高秀清. 2004. 茶树悬浮细胞茶氨酸生物合成动态研究[J]. 茶叶科学, 24(2):

115-118.

傅锦坚. 2009. 微生物酶法生产茶氨酸的研究[D]. 硕士学位论文. 广东药学院.

冈田幸隆, 小关诚, 青井畅之. 2007. 茶氨酸的制造方法[P]. 中国专利. 专利号 CN200580021833.5.

郭丽芸, 刘毅, 贾晓娟, 李兆兰, 焦庆才. 2006. 酶法拆分DL-茶氨酸及其分离纯化[J]. 茶叶科学, 26(1):31-36.

焦庆才, 钱绍松, 陈然, 吴晓燕. 2005. 茶氨酸的合成方法[P]. 中国专利. 专利号 CN200410014081.7.

酒户弥二朗. 1950. L-茶氨酸的合成[J]. 日本农业化学会志, 23:269.

俊辉, 陶文祈. 1997. 茶愈伤组织培养及茶氨酸的积累[J]. 无锡轻工业大学学报16:1-7.

李炎, 王秀芬, 刘锋, 陈浩丰. 2003. 茶氨酸的合成方法[P]. 中国专利. 专利号 CN02134857.X.

李银花, 刘仲华, 黄建安. 2006. 配体交换色谱手性流动相法拆分和定量茶氨酸对映体[J]. 茶叶科学, 26(4):280-284.

林智, 杨勇, 谭俊峰, 尹军峰, 成浩, 杨贤强. 2004. 茶氨酸提取纯化工艺研究[J]. 天然产物研究与开发, 16(5):442-447.

刘冬英. 2009. 茶氨酸产生菌的选育[D]. 硕士学位论文. 广东药学院.

陆文渊, 成浩幸, 王丽鸾, 周健. 2008. 响应面法优化茶氨酸生物合成基因工程菌发酵条件的研究[J]. 食品科学, 29(6):243-247.

吕虎, 华萍, 孔庆友, 蒋显猷, 冷和平. 2005. 茶叶细胞悬浮培养中茶氨酸生物合成工艺研究[J]. 广西农业生物科学, 24(2):136-139.

吕虎, 华萍, 余继红, 冷和平, 蒋献猷, 华东. 2007. 大规模茶叶细胞悬浮培养茶氨酸合成工艺优化研究[J]. 广西植物, 27(3):457-461.

王春晖. 2005. 茶氨酸生物合成研究[D]. 硕士学位论文. 中国农业科学院.

王丽鸾, 王贤波, 周建, 成浩. 2007. 基因工程菌生物合成茶氨酸条件研究[J]. 茶叶科学, 27(2):111-116.

王三永, 李晓光, 李春荣, 李韶雄. 2001. L-茶氨酸的合成研究[J]. 精细华工, 18(4):223-224.

王贤波, 王丽鸾, 成浩, 周健, 林智. 2007. 茶氨酸生物合成工程菌构建[J]. 茶叶科学, 27(1):61-66.

吴晓燕, 刘茜, 焦庆才. 2008. 固定化米曲霉氨基酰化酶拆分DL-茶氨酸[J]. 广西师范大学学报(自然科学版), 26(4):108-111.

萧力争, 肖文军, 志华, 王伟, 刘仲华. 2005. 膜技术富集儿茶素渣中的茶氨酸效应研究[J]. 茶叶科学, 26(1):37-41.

肖伟涛, 朱小兰, 陈波, 姚守拙. 2004. 制备高效液相色谱分离纯化茶氨酸对照品[J]. 中草药, 35(2):148-150.

许旭, 林炳承, 吴如金. 1997. 手性药物的高效毛细管电泳拆分及方法[J]. 化学进展, 9(4):416-427.

杨国伟. 2004. 茶叶细胞悬浮系的建立及动力学初步研究[D]. 硕士学位论文. 中国农业

大学.

余继红,华东,华萍,冷和平,江绍玫,吕虎. 2006. 大规模悬浮培养茶叶细胞合成茶氨酸培养基组成优化研究[J]. 茶叶科学, 26(2):131-135.

袁弟顺,林金科,林丽明,孙威. 2004. 不同品种茶树愈伤组织的培养与茶氨酸的积累[J]. 福建农林大学学报(自然科学版), 33(2):178-182.

袁弟顺,倪元栋,邝平喜. 2003. 茶细胞培养法生产茶氨酸的技术研究[J]. 福建茶叶, 30:27-28.

袁华,高小红,闫志国,孙炎彬,邬茂. 2007. 离子沉淀法提取茶氨酸工艺研究[J]. 精细石油化工进展, 8(3):25-27.

张海燕,范彩玲,高岐. 2009. 茶叶中茶氨酸超声波提取方法的研究[J]. 河南农业大学学报, 43(4):472-474.

张小龙,周佳栋,曹飞,李振江,杨颖,韦萍. 2009. 谷氨酸席夫碱 Ni(Ⅱ)配合物法合成 L-茶氨酸[J]. 化学试剂, 31(12):964-966.

张星海,周晓红,陆旋. 2008. 茶多酚生产水相中茶氨酸分离技术研究[J]. 茶叶科学, 28(6):443-449.

张星海,周晓红,王岳飞. 2006. 高纯度茶氨酸分离制备工艺研究[J]. 茶叶, 32(4):206-209.

郑国斌. 2005. 茶氨酸的制备方法[P]. 中国专利. 专利号 CN200410041298.7.

朱叔韬,方秀珍,王顺凤. 2005. 微波辅助萃取茶叶中茶氨酸和茶多酚总量的测定. 第一届全国分析样品制备技术学术报告会.

朱松,戴军,陈尚卫,王洪新. 2007. 离子交换吸附分离茶氨酸的研究[J]. 食品科学, 28(9):148-153.

朱文娴,房婉萍,成浩,王丽鸳,黎星辉,徐玉琴. 2009. 谷氨酰胺合成酶催化合成茶氨酸条件的优化[J]. 南京农业大学学报, 32(3):135-138.

第九章

茶皂素制备技术

茶皂素为齐墩果烷型五环三萜类化合物,具有乳化、分散、湿润、发泡的性能,还有抗渗、消炎、镇痛等药理作用,并能灭菌杀虫和刺激某些植物生长的功效,可用于开发乳化剂、洗涤剂、发泡剂、防腐剂、杀虫剂以及药物等多种产品。虽然茶树各器官均含有皂素,但以茶籽含量最高,一般约占干重的 4%～5%,因此茶籽是茶皂素工业化生产最重要的原料来源。目前我国茶树种植面积约 180 万公顷,估计每年可产茶籽约 30 万吨,茶皂素提取原料资源较为丰富。

第一节　浸提技术

由于茶皂素具有易溶于含水甲醇、含水乙醇、正丁醇以及冰醋酸、醋酐和吡啶,可溶于温水、二氧化碳和醋酸乙酯,难溶于冷水、无水甲醇和无水乙醇,不溶于乙醚、氯仿、丙酮、苯、石油醚等溶解特性,因此多数茶皂素萃取技术都是围绕这些特性展开的。目前常见的茶皂素浸提方法主要包括:热水浸提法、碱浸提法、有机溶剂浸提法、超声波辅助浸提法、超临界 CO_2 提取法等。

一、热水浸提法

热水浸提技术是最早采用的茶皂素提取方法,是利用茶皂素在热水中有较高溶解度的原理而开发的。其一般工艺为:将含茶皂素的原料粉碎后,用热水浸泡,之后经过过滤净化,滤液浓缩后喷干,即可得到茶皂素粗品(袁新跃等,2009),如图 9.1 所示。一般的,热水浸提法生产茶皂素的得率为 12%～13%,产品纯度约为 70%(袁新跃等,2009)。该方法工艺简单、成本低、投资少、见效快,但不足是物料和浸提液分离较困难,生产能耗也较高,而且产品中蛋白质、糖类杂质较多,产品颜色较深。这些茶皂素粗品可用于农药、沥青乳化剂等开发,但不能应用于化妆品、增溶剂、胶黏剂、发泡剂等开发。

二、碱浸提法

稀碱提取法是根据酸性茶皂素易溶于碱性溶剂的原理而开发的浸提工艺。汪谷奇

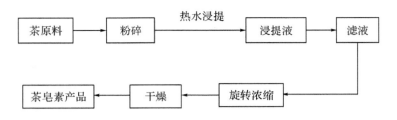

图 9.1　水浸提法提取茶皂素工艺过程(袁新跃等,2009)

(1991)研究指出,在常温下以稀氨水(pH=10)对茶籽饼粕进行浸泡,然后经过滤、浓缩和干燥,即可获得淡黄色茶皂素产品。采用该工艺时,茶皂素得率超过 9.0%,产品纯度约 80%。冯志明(1994)研究发现,将茶壳用 0.5%氢氧化钠溶液煮沸 0.5 h,冷却后过滤得滤液和残渣,残渣用相同方法再浸提 2 次,将 3 次滤液合并得到浸提液,然后按常规方法进行浓缩和干燥,茶皂素得率为 7%～11%,高于热水对相同原料的浸提得率。碱浸提技术不仅简单,而且成本较低,但茶皂素的苷键在浸提过程中易发生水解,生成糖与苷元,造成后期纯化困难,因此这种方法现在应用较少。

三、有机溶剂浸提法

有机溶剂浸提法是以一定浓度的甲醇溶液等有机溶剂萃取茶皂素的方法。常用溶剂有含水甲醇或乙醇、正丁醇,己烷也可作为辅助提取溶剂。该法的一般流程与热水浸提相似。将物料与含水甲醇混合,于 40℃条件下回流提取 2 h,经净化、浓缩、干燥可得粉状茶皂素,其得率为 13%～16%(裴建云和陈中元,2005)。另有研究表明,以 95%乙醇对饼粕进行回流浸提后,馏去乙醇并以正丁醇萃取,茶皂素产品得率可在 13%以上(李运涛和赵艳娜,2005)。谈天等(2007)利用响应面分析法确定茶皂素提取的最佳工艺条件为:提取温度53℃、乙醇浓度 45%、回流时间 95 min、提取料液比为 1∶10.5,在该条件下,可将饼粕中81.92%的茶皂素萃取出来。研究还显示,将 95%乙醇∶丙酮按照4∶1混合后作为提取溶剂进行茶皂素制备,其产率可达 33.3%,所得产品纯度高达 97.9%(周盛敏等,2008)。此外,95%乙醇-己烷混合物也可用于提取茶皂素(钟海雁等,2001)。

大量研究和实践均显示,有机溶剂提取制备的茶皂素产品纯度高(可达 95%左右),而且物料和浸提液分离相对较容易,但其不足是溶剂消耗多、成本高,有些溶剂还有一定毒性(如甲醇等)。

四、微波和超声波辅助提取法

微波和超声波辅助提取法就是在常规热水浸提或有机溶剂浸提的过程中,增加微波和超声波处理,以加速茶皂素的溶解,进而缩短提取时间、提高浸提效率。研究显示,以二甲基甲酰胺为介质,微波功率 800 W、处理时间 4 min 条件萃取茶皂素,其提取率为 87%,较单纯乙醇浸提提高了 12%(郭辉力等,2008)。刘昌盛等(2006)研究显示,在超声波频率和功率分别为20 kHz 和 800 W、处理时间为 20 min、乙醇浓度为 80%、料液比为 1∶4、提取温度为 50℃条件下,可获得最佳的茶皂素提取效果,在该条件下茶皂素的提取率可达 96.1%。

五、超临界 CO_2 萃取法

超临界流体 CO_2（Supercritical fluid CO_2，SCF-CO_2）萃取技术也可用于茶皂素制备。该法一般流程为：将茶枯饼置于萃取釜中，排净釜内空气，在预先设定的萃取条件下，用 CO_2 超临界流体萃取 2 h，于分离罐中分离残油；然后泵入夹带剂，继续萃取 3 h，即可获得茶皂素。应用超临界流体制备的茶皂素纯度较乙醇浸提法高，而且可以同时获得残油。但该方法的主要不足是一次性设备投入较大，而且运行成本也较高。

第二节 茶皂素纯化技术

从物料中提取的茶皂素粗品纯度一般较低，应用范围比较有限，因此需要进一步纯化。常用的纯化技术有沉淀分离法和柱层析分离法。

一、沉淀分离法

沉淀分离法是根据茶皂素粗品中杂质与目标物在不同溶剂中的溶解度不同来达到纯化茶皂素的目的。其一般工艺是：将茶皂素粗品溶于一定溶剂中，然后加入沉淀剂或絮凝剂使之沉淀或絮凝，并通过过滤去除杂质。常用的沉淀剂主要有乙醇、乙醚、丙酮、氧化钙、醋酸铅等，采用较多的絮凝剂有明矾和壳聚糖等。

研究显示，不同沉淀剂对茶皂素提取率、分离和干燥的难易程度等均有较大的影响，其中乙醚沉淀法得率最高，为 20.86%，但乙醚处理后产品黏度高，不易干燥；醋酸铅沉淀法虽然可产生大量沉淀，但产品得率较低，仅为 11.40%；采用氧化钙为沉淀剂时，沉淀量大，易分离和干燥，且得率也较高（表 9.1）（李燕和党培育，2004）。研究还证实，以氧化钙为沉淀剂获得茶皂素纯度可达 92% 以上。

表 9.1 不同沉淀剂分离茶皂素效果比较（李燕和党培育，2004）

皂素沉淀剂	沉淀结果	分离难易	干燥难易	皂素颜色	皂素得率（%）
CaO	大量沉淀	易	易	深咖啡色	13.43
乙醚	少量沉淀	易	难（黏度高）	深咖啡色	20.86
醋酸铅	大量沉淀	易	易	深咖啡色	11.40

卢仁杰和谢国豪（1996）利用茶皂素在不同温度无水乙醇中的溶解特性差异，采用高温溶解、低温沉淀方法，对块状粗茶皂素进行提纯，得到了浅黄色至白色粉状的茶皂素，其纯度约为90%。袁华等（2008）尝试以丙酮为沉淀剂进行茶皂素纯化，获得的茶皂素质量分数超过95%。研究还表明，将茶皂素粗品溶于含 NaCl 的高温溶液，趁热过滤去除不溶物，以稀盐酸调 pH 值到 3～4 后，并以正丁醇萃取；减压去除正丁醇，再以高温含水甲醇溶解，趁热过滤去除不溶物，冷却后加乙醚沉淀；沉淀再以热乙醇溶解并去除不溶物，馏去乙醚并冷却得结晶；再次以乙醇溶解和重结晶，可获得白色纯度更高的茶皂素（陈德军，2005）。

李燕和党培育（2004）分析了明矾和壳聚糖絮凝剂对茶皂素的纯化效果，结果显示，两种絮凝剂均能絮凝纯化茶皂素，其中壳聚糖处理后，茶皂素产品色泽呈现乳白色，而明矾处理

后茶皂素色泽为黄色;在茶皂素成品中,随着明矾和壳聚糖用量增加,蛋白质等杂质含量下降,而且壳聚糖处理的茶皂素得率和去蛋白效果均优于明矾(表9.2)。

表9.2　不同絮凝剂纯化茶皂素效果比较*(李燕和党培育,2004)

絮凝剂	产品得率(%)	产品含蛋白(mg/g)
0.5 g 明矾	10.65	124
0.8 g 明矾	10.13	100
1.0 g 明矾	11.93	110
1.5 g 明矾	10.80	112
0.15 g 壳聚糖	11.55	90
0.20 g 壳聚糖	10.95	94
0.25 g 壳聚糖	12.45	75
0.45 g 壳聚糖	12.68	76

* 起始茶枯原料为40 g。

二、柱层析分离法

　　柱层析纯化茶皂素的一般流程是:浸提过程中含茶皂素的溶液或者已经获得的茶皂素粗品用溶剂重新溶解,然后上载到有吸附剂的层析柱中,用不同的溶剂进行淋洗,将茶皂素和色素等杂质进行分离,之后对含茶皂素的洗脱液进行浓缩、干燥或重结晶(图9.2)。已有的研究表明,茶皂素粗品中主要杂质为多酚、黄酮、糖类以及蛋白质等物质,选用大孔吸附树脂可以实现茶皂素纯化效果。研究显示,AB-8树脂对茶皂素吸附和洗脱效果均较理想,以该树脂分离纯化,并结合丙酮沉淀、甲醇结晶,可得到纯度95%以上的茶皂素产品(徐德平和裘爱泳,2006)。李肇奖等(2004)研究认为,以D4020树脂对茶皂素进行纯化时,可用0.2% NaOH除杂,之后20%～60%乙醇溶液梯度洗脱回收茶皂素。在该工艺条件下,茶皂素纯化倍数可达2.05,回收率约75%。此外,硅胶柱也可用于茶皂素纯化。经过柱层析后,茶皂素纯度可以得到显著提升,但该法生产效率相对较低。

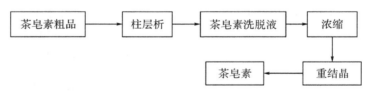

图9.2　柱层析纯化茶皂素工艺流程

三、膜分离法

　　膜分离也可用于精制茶皂素,其一般过程是:利用渗透膜对粗品茶皂素去杂,然后用反渗透膜进行浓缩,得到的浓缩液经干燥得到茶皂素产品(图9.3)。研究显示,以0.5 μm陶瓷膜进行去杂处理,然后以PW超滤膜浓缩,经干燥得到茶皂素产品,其纯度可达93%,生产得率为72%(颐春雷和于奕峰,2007)。膜分离纯化茶皂素的主要优点是去除糖类、盐类、色素等小分子杂质效果较好,能耗较低。

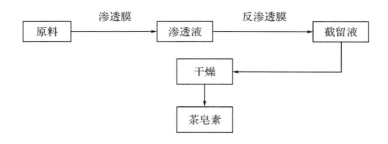

图 9.3　膜分离法纯化茶皂素工艺流程

参考文献

陈德军.2005.混合溶剂浸取油茶籽及大孔树脂纯化茶皂素的研究[D].硕士学位论文.南京
　　工业大学.

冯志明.1994.从茶壳中提取茶皂素工艺的研究[J].化学世界,12：660-662.

郭辉力,邓泽元,彭游.2008.微波/光波辅助提取茶皂素的研究[J].食品工业科技,11(29)：
　　168-170.

李燕,党培育.2004.茶皂素提取工艺的研究[J].食品研究和开发,2(29):69-71.

李运涛,赵艳娜.2005.茶皂素提取工艺的研究[J].陕西科技大学学报,23(4):41-43.

李肇奖,吕晓玲,仇勇.2004.D020大孔吸附树脂纯化油茶皂苷研究[J].粮食与油脂,(11):
　　19-21.

刘昌盛,黄凤洪,夏伏建.2006.超声波法提取茶皂素的工艺研究[J].中国油料作物学报,28
　　(2):203-206.

卢仁杰,谢国豪.1996.无水乙醇法提纯粗茶皂素初探[J].上饶师范专科学校学报,(3):
　　46-48.

裴建云,陈中元.2005.从油茶果渣、籽仁和脚料中提取茶皂素及回收脂肪酸的研究[J].贵州
　　化工,30(4):14-15.

谈天,郭兴凤,何有缘.2007.茶籽饼粕中茶皂素提取条件的优化[J].河南工业大学学报(自
　　然科学版),28(2):42-45.

汪谷奇.1991.氨法提取油茶皂素[J].天然产物研究与开发,3(4):94-97.

徐德平,裘爱泳.2006.高纯度茶皂素的分离[J].中国油脂,31(3):43-45.

颐春雷,于奕峰.2007.膜法提纯浓缩茶皂素[J].日用化学工业,37(1):58-60.

袁华,刘瑞华,张能敏.2008.一种提纯粗茶皂素的简易方法[J].生物加工过程,6(5):18-20.

袁新跃,江和源,张建勇.2009.茶皂素的提取制备技术[J].中国茶叶,4：8-10.

钟海雁,王承南,刘云.2001.乙醇/己烷混合溶剂一次性浸提油茶枯饼[J].浙江林学院学报,
　　18(1):53-56.

周盛敏,杨光,刘灿召.2008.混合溶剂法从油茶饼粕中提取茶皂素的研究[J].食品科技,
　　(9):184-188.

第十章

茶多糖制备技术

茶多糖(Tea polysaccharide)是从茶叶中提取的、与蛋白质结合在一起的酸性多糖或酸性糖蛋白。在茶叶中,茶多糖约占干重的 $1.0\%\sim3.5\%$,而且老叶比嫩叶含量高。研究发现,茶多糖具有降血糖、降血压、降血脂、抗疲劳、保持皮肤水分、抗凝血、增强机体免疫能力以及抗肿瘤等多种生理功效,因此其在食品、医药、保健等领域具有良好的应用前景。自发现茶叶降血糖有效成分主要为水溶性多糖复合物以来,茶多糖提取、分离纯化工艺技术开发已成为茶叶深加工的重要研究领域之一。目前,从工艺流程而言,茶多糖的制备技术主要包括单独制备法和综合制备法。单独制备法是仅以茶多糖为目标产物开发的提取纯化工艺,可分为沉淀分离法和超临界萃取法;而综合制备法则是指以同时制备茶多酚、茶多糖和咖啡因等多种产物而开发的技术。

第一节　沉淀分离法

一、沉淀分离制取茶多糖流程

沉淀分离法提取茶多糖的工艺主要包括原料预处理、提取、去杂纯化、浓缩和干燥等步骤,如图 10.1 所示。其中原料预处理常采用粉碎、乙醇脱脂脱小分子化合物等措施,主要目的是提高茶多糖提取得率并去除部分杂质;提取是指采用合适的介质将茶多糖从物料中萃取出来,主要的影响因素有介质种类、料液比、温度、时间等;去杂纯化工序主要通过沉淀、吸附等手段去除与茶多糖同时萃取出来的杂质,该步骤对茶多糖的得率和纯度均有显著影响。

二、沉淀分离制取茶多糖关键工艺参数

(一)原料

茶叶老嫩程度和加工工艺是影响茶多糖含量的主要因素。汪东风和谢晓凤(1994)研究表明,无论是红茶还是绿茶,等级越低,原料越粗老,茶多糖的含量越高,其中六级茶中茶多糖是一级茶的 2 倍左右;六级绿茶茶多糖含量为 1.41%,较相同级别的红茶(0.85%)高 40%,说明提取茶多糖原料宜采用级别较低的绿茶为好。

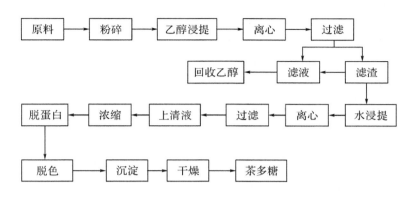

图 10.1 沉淀分离法制备茶多糖工艺流程(张彬,2008)

另外,研究还表明,茶树花(Han *et al.*,2011)和茶籽(Wei *et al.*,2011)均含茶多糖,也可用作提取茶多糖的原料。

(二)原料预处理

粉碎和脱脂是茶多糖制备过程中最主要的原料预处理手段。研究和生产实践均显示,随着原料破损程度提高,茶多糖浸提得率升高。一般认为原料的粉碎度以 40~50 目为宜,太粗浸提得率低,太细后续净化困难(黄桂宽等,1995)。茶叶细胞外的脂质能影响溶胀和细胞内含物溶出,对茶多糖浸提不利;而细胞内的茶多酚、氨基酸、小分子糖、生物碱及蛋白质等可在浸提过程中与茶多糖一起溶出,会影响茶多糖产品纯度,因此有必要在浸提前去除。常见的处理方法是:以甲醇、乙醇、乙醇/乙醚进行室温浸泡或加热回流处理 1~3 h,处理结束后,用过滤等方式去除滤液,收集滤渣用于茶多糖提取。

(三)浸提

1. 影响浸提的主要因素

虽然酸性乙醇、苯酚等可用于提取茶多糖,但从生产成本和安全性考虑,水是最合适的提取溶媒。Wei 等(2010)研究发现,以 100℃ 沸水萃取 2 h 可获得较高茶多糖产率。但另有研究显示,茶多糖热稳定性较差,60℃ 以上降解较快(汪东风和谢晓凤,1994)。倪德江等(2003)研究也证实,随浸提温度升高,茶多糖提取率明显增加,但当温度超过 72.5℃ 后,其活性有所降低。清水岑夫研究认为,从降糖效果考虑,绿茶和番茶茶多糖宜采用低温浸提,而红茶则以高温浸提较好。

黄杰等(2006)研究发现,在料液比为 1∶25、浸提温度为 55℃、浸提时间为 3 h 条件下,可获得较高的茶多糖得率和纯度。王黎明和夏文水(2005)采用二次响应面分析法获得了水浸提茶多糖的较佳条件:温度 70℃,时间 1.5 h,料液比为 1∶10,浸提 3 次。周小玲等(2007)研究也认为,在料水比 1∶20 条件下,80℃、1.5 h 水浸提,可获得较好的茶多糖浸提效果。综合上述研究,较优的茶多糖浸提工艺参数为:浸提温度 55~80℃、浸提时间 1.5~3 h、料液比(1∶10)~(1∶25);此外,当料液比较高时,可采用 2~3 次浸提。

2. 浸提辅助手段

微波或超声波处理、酶处理、反复冻融等辅助萃取手段均能有效提高茶多糖浸提效率。崔志芳等(2006)研究发现,微波辅助浸提 10 min,茶多糖提取率可达 8%。进一步的研究表明,茶多糖得率随微波功率增加和处理时间延长而提高,而且对茶多糖结构和活性(聂少平等,2005)无显著影响。对于茶籽多糖而言,最佳的微波辅助萃取条件为:微波功率 400 W,料液比 1∶30,浸提 pH=5,浸提时间 30 s(张忠等,2007)。

超声振荡具有强烈的空化作用,可加速细胞破碎,促进茶多糖浸出。研究显示,在超声波(360 W)辅助下,以料液比 1∶50、温度 45℃、时间 35 min 的浸提条件可获得最佳的茶多糖萃取效果(巩发永等,2006);其得率较常规萃取提高 45%以上(韦璐,2008)。

常用于茶多糖辅助萃取的酶有纤维素酶、果胶酶、蛋白酶、葡聚糖酶等。傅博强等(2001)研究发现,在温度为 55℃、茶叶与水的质量比为 1∶14,反应时间为 120 min 时,纤维素酶用量为 2.2 μL/g(以茶叶质量计)辅助处理条件下,粗茶多糖得率可达 2.97%,产品中茶多糖含量比常规浸提法高 63.3%。周小玲等(2007)比较了果胶酶、胰蛋白酶以及复合酶处理对粗老绿茶茶多糖提取效果的影响,认为果胶酶/胰蛋白酶复合酶处理茶多糖得率最高(浸提温度 50℃,浸提时间 1 h,pH=6 的磷酸氢二钠-柠檬酸缓冲溶液,料水比为 1∶20,酶添加量 4.65%),但果胶酶处理的茶多糖粗品中总糖含量最高。王元凤和金征宇(2005)研究也证实,复合酶处理条件下(温度 40℃、pH=5.5、加酶量 0.5%、提取时间 3h),茶多糖浸提效果最好。郭艳红等(2009)研究了茶叶水解酶、戊聚糖酶、纤维素酶和葡聚糖酶辅助提取条件下的茶多糖得率,发现以质量分数为 0.8%的茶叶水解酶、pH=5.5、48℃下处理 2 h,茶多糖粗品得率可达 2.01%,而且产品中茶多糖含量最高。虽然大量研究均显示,添加酶辅助萃取条件相对温和,酶处理后茶多糖得率显著提高,而且浸出率随酶用量增加和处理时间延长而增大,但是其不足也是显而易见的,即处理成本比较高,而且处理过程中一般还需要调节介质酸度,目标物的水解也难以避免。

此外,研究还显示,将吸涨后的茶叶或者萎凋叶进行反复冻融,可显著提高茶多糖的浸提效率,但是该项措施能耗高、时间长(汪东风和卢福娣,1997),不利于生产应用。

(四)去杂

浸提后的含茶多糖溶液中含有较多的游离蛋白质、脂类、色素、低聚糖等杂质。为了得到纯度更高的茶多糖,一般先进行脱蛋白处理,然后进行脱色素,之后进行分级。

1. 脱蛋白

常用的茶多糖脱蛋白技术主要有 Sevage 法、三氯乙酸法和三氟三氯乙烷法等。

Sevage 法是根据 Sevage 试剂(氯仿∶正丁醇=5∶1,V/V)能使游离蛋白变性的原理开发的茶多糖脱蛋白技术。一般做法是:将提取液与 Sevage 试剂混合,振荡过夜,被 Sevage 试剂沉淀的蛋白质可通过离心除去。研究显示,连续 Sevage 试剂处理 3 次后,提取液中蛋白的去除比例在 90%以上(袁海波,2003)。此法优点是条件温和,可避免茶多糖的降解或变性;但缺点是一次只能除去部分蛋白,需要连续多次操作,易导致茶多糖得率下降,而氯仿易造成产品溶剂残留。

三氯乙酸法是目前应用较广的茶多糖脱蛋白技术。其做法是:将提取液与 20%~30%的三氯乙酸溶液按照 1∶1(V/V)混合,然后通过离心或过滤方式去除被三氯乙酸沉淀的蛋白。崔志芳等(2006)研究表明,浸提液经三氯乙酸处理脱蛋白质后再用乙醇沉淀多糖,茶多糖粗品得率为 3.4%;而浸提液先以乙醇沉淀后再以三氯乙酸除蛋白,茶多糖粗品得率为 7.5%。说明三氯乙酸脱蛋白时,也可能引起部分茶多糖共沉淀或降解,而引起得率下降,因此若选择该试剂进行脱蛋白时,其顺序可置于乙醇沉淀之后。

此外,将提取液与三氟三氯乙烷按照 $1:1(V/V)$ 混合、振荡、离心,可使游离蛋白被抽提到溶剂中而被脱除。虽然该法效率较高,但因三氟三氯乙烷易挥发,并具有毒性,因此不宜生产应用。研究还发现,硫酸铵沉淀法也可用于茶多糖脱蛋白处理(张彬,2008),但蛋白酶处理不适用于茶多糖脱蛋白(李布青等,1996)。

2. 脱色

浸提液中的色素不仅影响茶多糖产品的色泽和纯度,而且影响茶多糖的生理功效,因此制备茶多糖时需要进行脱色处理。常用的脱色技术主要有物理吸附法和氧化法两类。

(1)吸附法

树脂吸附处理不仅能有效去除浸提液中的色素杂质,还能对茶多糖进行初步分级,因此在茶多糖脱色中应用较广。王元凤和金征宇(2005)研究认为,弱碱性的大孔阴离子交换树脂 D301-G 和 D315 以及非极性大孔吸附树脂 DA201-C 均适用于茶多糖脱色。此外,D101大孔吸附树脂对茶多糖的脱色也非常出色(杨泱等,2009)。江和源等(2007)研究发现,应用DEAE-52纤维素柱可有效脱除茶多糖中的色素,而且通过水和不同浓度的氯化钠溶液(0.25 mol/L 和 0.40 mol/L)淋洗,分离获得了三种茶多糖组分。树脂吸附脱色的优点是效果好、可重复使用,但不足是操作较繁琐、成本较高。

活性炭,无臭、无味、无毒,而且具有大量微孔结构,能通过范德华力有效吸附色素,是最常用的脱色剂之一。研究显示,活性炭虽然可脱除浸提液中的色素,但也能吸附部分多糖,造成得率下降,所以制备茶多糖时,不宜采用活性炭脱色。

(2)氧化法

氧化脱色主要是利用双氧水中过氧化氢根离子(HO_2^-)的氧化和漂白作用去除茶多糖中的色素物质。崔宏春(2009)研究认为,H_2O_2 用量和粗茶多糖溶液的体积比在 $1:2$ 时,在温度30℃、pH 7.0条件下处理 5 h,获得的脱色效果及茶多糖得率均较佳。另据报道,提高双氧水处理温度,可缩短脱色时间,但温度不宜超过60℃,否则易引起茶多糖降解。

(五)沉淀

沉淀是水浸提制备茶多糖的关键工序。沉淀剂及其用量,不仅影响茶多糖得率,而且还影响产品中茶多糖组成。由于茶多糖不溶于低级醇(乙醇或甲醇)、丙酮、季铵盐等物质,因此可以用这些试剂来沉淀茶多糖,使之从溶液中分离出来。

巩发永(2005)通过比较不同浓度乙醇沉淀茶多糖的效果,结果发现,随着乙醇浓度提高,茶多糖粗品得率逐步增加,但总糖含量呈先增加后下降趋势,并认为,以浓度为 75%~85%乙醇溶液沉淀比较合适。另有研究显示,以 3 倍体积丙酮处理浸提液,也可获得良好的茶多糖沉淀效果(苏永昌,2006)。

李布青等(1996)研究发现,溴化十六烷基三甲基铵(CTAB)能与茶多糖形成不溶性络合物,可用于茶多糖沉淀。研究还显示,将浓度为 0.05 g/mL 的 CTAB 与浸提液以 $1:2$ 比例进行混合,6 h 后通过离心(4000 r/min,12 min),可获得较好的茶多糖沉淀效果,该条件下茶多糖得率可达到 1.34%(杨其林等,2004)。比较研究还表明,提取液经过 CTAB 两次沉淀后,将沉淀络合物用 20% NaCl 溶解,离心去渣后,以 2 倍体积丙酮沉淀上清液中茶多糖,所得产品中总糖含量达 51.2%,显著高于以 3 倍体积 95%乙醇直接沉淀浸提液所得的茶多糖产品(21.1%)(李布青等,1996)。

虽然 CTAB 也可用于茶多糖沉淀,而且将 CTAB 与丙酮结合使用可以使产品总糖含量显著提高,但是,由于醇沉法比较安全,乙醇还能回收,并且单独的乙醇沉淀效果又优于CTAB(刘悦等,2010),因此醇沉法是目前应用最广的茶多糖沉淀技术。

第二节　超临界萃取法

超临界 CO_2 萃取也可用于制备茶多糖,其一般技术流程为:原料经粉碎后,用乙醇进行脱脂和除杂,适当干燥后装入萃取釜中,然后按照设定的压力、温度,在夹带剂存在的条件下连续萃取一定时间,收集分离釜中萃取物,以热水溶解后过滤,滤液进行脱蛋白、脱色和沉淀,将获得的沉淀物干燥,即可得到茶多糖。其中原料的脱脂除杂步骤可以省略。可见,超临界 CO_2 萃取茶多糖的基本步骤与沉淀分离法类似,主要区别在于以超临界萃取步骤取代了水浸提步骤。本节仅介绍超临界 CO_2 萃取步骤的关键参数设置,萃取前的预处理和萃取后的纯化步骤可参照本章第一节进行。

研究显示,影响超临界流体萃取茶多糖效率的因素有原料颗粒大小、萃取压力、温度、时间、CO_2 流量、夹带剂种类等。陈明等(2011)研究发现,原料颗粒度以 40 目为宜,颗粒太大萃取效率低,颗粒太小容易造成萃取釜和管路堵塞;当萃取压力在 15~40 MPa 之间,茶多糖提取率随压力呈先增后降趋势,在 35 MPa 时可达最大值;当萃取温度在 35~60℃ 之间时,茶多糖提取率也表现出先升后降趋势,极大值出现在 45℃ 条件下;添加夹带剂无水乙醇效果优于正己烷和乙酸乙酯,并且当无水乙醇用量为茶叶原料的 1/5 时,茶多糖萃取效果最好;萃取时间为 2 h 时,茶多糖提取率最大。当各因素均在最佳条件下(物料 40 目、添加相当于 1/5 物料量的无水乙醇为夹带剂,萃取压力 35 MPa、温度 45℃、时间 2h),茶多糖的提取率可达 92.5%。李博等(2010)采用响应面分析法开展了茶籽多糖提取研究,确定最佳提取工艺参数为:压力 45 MPa、温度 60℃、时间 150 min、夹带剂乙醇浓度为 65%,在该条件下茶籽多糖得率为 13.23%。

超临界 CO_2 萃取茶多糖技术的优势在于提取率高、萃取物杂质少、无溶剂污染和残留,但主要不足是设备投入多、运行成本高。

第三节　综合提取法

综合提取法就是在提取茶多酚(咖啡因和茶氨酸)的同时,对提取过程中含茶多糖溶液进行浓缩、沉淀、去杂和干燥,从而获得茶多糖产品的制备方法。依据物料第一次萃取所采用溶剂的不同,可将综合提取流程分成两类:水浸提法和乙醇提取法。水浸提法第一次萃取时采用水浸提,由于茶多酚、咖啡因、氨基酸和茶多糖均为水溶性物质,因此需要先以氯仿萃取分离咖啡因,然后用乙酸乙酯萃取分离茶多酚,接着用乙醇沉淀分离茶多糖,含乙醇水相可进一步用于制取茶氨酸;乙醇提取法第一萃取时采用乙醇浸提,乙醇相可以用于制备茶多酚、咖啡因和茶氨酸,而茶渣可用酸性乙醇浸提,并结合丙酮沉淀,制取茶多糖。具体工艺流程如图 10.2 所示。

与单独制取茶多糖技术相比,综合提取法能更充分地利用茶资源,有利于降低成本,提高经济效益和生态效益;但是该法工艺复杂,人力、物力投入需求也较多。

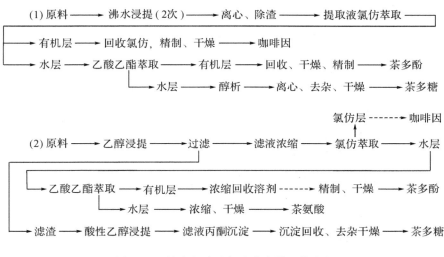

图 10.2 综合提取法提取茶多糖工艺流程

第四节 茶多糖精制技术

经脱蛋白、脱色等处理后获得的茶多糖粗品中,还含有部分杂质,同时由于茶多糖是由化学组成、聚合度等差异较大的组分形成的混合物,仍不能在医药领域应用,因此,对茶多糖粗品还需要进一步纯化和分级。常用的茶多糖纯化分级方法有沉淀、超滤和柱层析等。

一、分步沉淀

沉淀技术可用于茶多糖粗品的分离,也可以适用于茶多糖的精制和分级。由于不同性质以及不同聚合度的茶多糖在不同浓度的乙醇或丙酮中的溶解度不同,因此,可根据这一性质对茶多糖粗品进行分步沉淀和分级。黄桂宽等(1995)以浓度为 40% 和 60% 的乙醇溶液进行分步沉淀,经过滤和干燥,得到浅黄色茶多糖 TP-1 与灰白色的茶多糖 TP-2,该两部分总糖含量分别为 48.24% 和 57.71%。CTAB 等季铵盐也可用于粗品的沉淀和纯化,而且酸性多糖先被沉淀出来。

二、超滤、透析及超速离心

选用不同规格的超滤膜和透析袋进行超滤和透析,以及超速离心操作,可按分子大小差异将茶多糖样品分级和纯化。

由于在茶多糖粗品中生理活性最强部分的相对分子质量约在 $4 \times 10^4 \sim 10 \times 10^4$ 之间,因此,可选用相对分子质量在这一范围的超滤膜组合进行超滤分离(聂少平等,2005)。早在 1991 年时,Kenichi 等(1992)就开始尝试用超滤法纯化茶多糖组分。寇小红等(2008)将经过 0.2 μm 膜净化后的含茶多糖溶液,依次过 150 000、20 000、6 000 的膜组件,获得了不同相对分子质量的茶多糖组分。尹军峰等(2006)研究认为,50 000 膜最适用于富集和分离茶多糖。

超滤等方法的优点是操作条件温和、目标成分生物活性容易保持、不同孔径的膜组合兼有去除小分子杂质和色素的功能;但不足是膜容易堵塞、清洗较困难。

三、柱层析

用于茶多糖纯化的柱层析填料主要有离子交换型改性纤维素和葡聚糖以及分子筛型葡聚糖凝胶等。带负电荷的茶多糖可用阴离子型 DEAE-纤维素柱或 DEAE-Sephadex 柱进行纯化,带正电荷的茶多糖可用阳离子型羧甲基(CM-Sephadex)或磺酸乙基(SE-Sephadex)柱等进行分离纯化;同时也可根据茶多糖相对分子质量大小采用不同型号的葡聚糖凝胶进行层析。对于改性纤维素和改性葡聚糖柱层析,常用洗脱方法是用不同体积分数的乙醇一次进行淋洗;而对于分子筛型葡聚糖凝胶柱层析,常用的洗脱剂是各种浓度的盐溶液及缓冲液,离子强度需高于 0.02%,采用较多的是 0.1 mol/L NaCl。

王恒松(2008)以 DEAE-纤维素柱对普洱茶粗多糖层析,依次用蒸馏水、1.0 mol/L 为上限的 NaCl 溶液,0.2 mol/L 为上限的 NaOH 溶液洗脱,一共收集到 TPS1、TPS2、TPS3、TPS4、TPS5 五个组分,其中以 TPS3 的量最大。对 TPS3 进行了深入的研究得到主要组分 TPS3a。对 TPS3a 进行纯度及部分理化性质鉴定,证明 TPS3a 为单一多糖,且其多糖含量为 71.29%。DEAE-纤维素柱层析并结合 0.1 mol/L 的 NaOH 洗脱,也能获得纯度较高的茶多糖(李布青等,1996)。许新德等(2000)通过 DEAE-纤维素柱层析,分离得到 1 种中性茶多糖及 3 种酸性茶多糖。王元凤和金征宇(2005)以 DEAE-Sepharose FF 为柱填料,对分离到的多糖样品 NTPS 和 ATPS 进行处理,获得了四个组分,其中 NTPS1、ATPS2、ATPS4 为均一多糖。Wang 等(2010)采用 DEAE-Sepharose FF 柱层析也纯化得到 1 种相对分子质量为 50 000 的中性茶多糖 TFPS1。

王丁刚和王淑如(1991)将茶多糖粗品用少量 0.1 mol/L NaCl 溶液溶解后,上载到 Sephadex G-100 柱中,以 0.1 mol/L NaCl 溶液进行淋洗,以苯酚-硫酸法进行检测,收集糖反应强的部分,经醇析、干燥,获得纯度较高的茶多糖。但研究也显示,Sephadex G-100 凝胶柱层析并结合 0.1 mol/L 的 NaCl 淋洗,一般较难区分不同性质的多糖(周鹏等,2001);而 Sephacryl S-200 凝胶柱层析可将茶多糖组分进一步细分(田晓春,2011)。

研究还显示,将离子交换型纤维素或葡聚糖柱层析与分子筛型葡聚糖凝胶柱层析相结合可获得更好的茶多糖纯化和分级效果(罗祖友等,2007)。此外,有研究表明,将超滤与 DEAE 62 纤维素离子交换层析和 Sephacryl S-300 丙烯葡聚糖分子筛凝胶柱层析组成多糖分离和纯化系统,可获得 20 种以上的茶多糖组分(寇小红等,2008)。

茶多糖分离纯化技术的进步对茶多糖构效关系以及作用机制研究奠定了重要基础。但不容否认,很多技术仍局限于实验室规模,离产业化应用尚有较大距离。相信随着科研的不断深入,这些技术将逐渐完善,并最终应用于生产实践。有理由相信,茶多糖的生产和产品开发将成为茶产业的新增长点。

参考文献

Han Q，Yu QY，Shi JA，Ling ZJ and He PM. 2011. Structural characterization and antioxidant activities of 2 water-soluble polysaccharide fractions purified from tea (*camellia sinensis*) flower[J]. Journal of Food Science，76(3)：C462-C471.

Kenichi I，Tkuro T and Tadakazu T. 1992. Anti-diabeties mdlitm effect of water soluble tea polysaccharide[C]. Proceedings of International Symposium on Tea Science. Japan：The organizing committee of ISTS：240-242.

Wei XL，Mao FF，Cai X and Wang YF. 2011. Composition and bioactivity of polysaccharides from tea seeds obtained by water extraction[J]. International Journal of Biological Macromolecules，49(4)：587-590.

Wang YF，Yu L，Zhang JC，Xiao JB and Wei XL. 2010. Study on the purification and characterization of a polysaccharide conjugate from tea flowers[J]. International Journal of Biological Macromolecules，47(2)：266-270.

Wei XL，Yang ZW，Guo YH，Xiao JB and Wang YF. 2010. Composition and biological activity of tea polysaccharides obtained by water extraction and enzymatic extraction[J]. Latin American Journal of Pharmacy, 29(1)：117-121.

陈明, 熊琳媛, 袁城. 2011. 超临界 CO_2 萃取茶多糖的试验研究[J]. 安徽农业科学, 39(1)：261-263,269.

崔宏春. 2009. 绿茶水溶性多糖含量测定方法研究[D]. 硕士学位论文. 中国农业科学院.

崔志芳, 李春露, 韩秋霞. 2006. 茶多糖提取分离工艺的研究[J]. 食品研究与开发, 27(4)：79-81.

傅博强, 谢明勇, 周鹏. 2001. 茶叶多糖的提取纯化、组成及药理作用研究进展[J]. 南昌大学学报(理科版), 25(4)：358-364.

巩发永. 2005. 四川边茶多糖的提取纯化研究[D]. 硕士学位论文. 四川农业大学.

巩发永, 齐桂年, 李静, 花旭斌, 史碧波. 2006. 超声波辅助提取边茶中茶多糖工艺条件研究[J]. 江苏农业科学, (5)：139-140,166.

郭艳红, 魏新林, 王元凤, 张嘉辰. 2009. 酶法提取茶多糖工艺条件的研究[J]. 农产品加工学刊, (4)：4-7.

黄桂宽, 李毅, 谢荣仿, 杜所倡. 1995. 广西绿茶多糖的分离与分析[J]. 中国茶叶, (3)：16-19.

黄杰, 孙桂菊, 李恒, 杨立刚. 2006. 茶多糖提取工艺研究[J]. 食品研究与开发, 27(6)：77-79.

江和源, 陈小强, 寇小红, 王川丕, 崔宏春, 江用文. 2007. 茶多糖的分级纯化及组成分析[J]. 茶叶科学, 27(3)：248-252.

寇小红, 江和源, 崔宏春, 张建勇, 高晴晴, 袁新跃, 舒爱民, 刘晓辉, 高琪. 2008. 膜过滤绿茶多糖的系统分级纯化及免疫活性分析[J]. 茶叶科学, 28(3)：172-180.

李博, 屠幼英, 梅鑫, 蔡晓红, 王奕, 李伟. 2010. 响应面法优化超临界 CO_2 提取茶籽多糖的工艺研究[J]. 高校化学工程学报, 24(5)：897-902.

李布青,张慧玲,舒庆龄,张部昌,葛盛芳.1996.中低档绿茶中茶多糖的提取及降血糖作用[J].茶叶科学,16(1):67-72.

刘悦,徐东升,臧其威.2010.茶多糖提取方法及影响因子优化研究[J].安徽农业科学,38(16):8650-8652.

罗祖友,程超,李伟,吴谋成.2007.藤茶水溶性多糖的分离纯化及性质的研究[J].食品科学,28(1):151-154.

倪德江,谢笔钧,宋春和,余家林.2003.茶多糖提取条件的研究[J].农业工程学报,19(2):176-179.

聂少平,谢明勇,罗珍.2005.微波技术提取茶多糖的研究[J].食品科学,26(11):103-107.

苏永昌.2006.乌龙茶多糖的提取工艺、生物活性及高多糖优异种质资源的研究[D].硕士学位论文.福建农林大学.

田晓春,2011.金花茶多糖的分离纯化及化学结构的研究[D].硕士学位论文.广东海洋大学.

汪东风,卢福娣.1997.茶叶生物化学基础实验与研究技术[M].北京:科学技术文献出版社,76-92.

汪东风,谢晓凤.1994.粗老茶中的多糖含量及其保健作用[J].茶叶科学,14(2):73-74.

王丁刚,王淑如.1991.茶叶多糖的分离、纯化、分析及降血脂作用[J].中国药科大学学报,22(4):225-228.

王恒松.2008.普洱茶多糖的分离纯化及山麦冬多糖的初步生物学活性实验研究[D].硕士学位论文.湖北大学.

王黎明,夏文水.2005.水法提取茶多糖工艺条件优化[J].食品科学,26(5):171-174.

王元凤,金征宇.2005.酶法提取茶多糖工艺的研究[J].江苏农业科学,(3):122-124.

许新德,高荫榆,陈才水,刘梅森.2000.茶叶多糖的纯化及组分研究[J].食品科学,21(8):13-15.

杨其林,刘钟栋,任健,孟庆华.2004.采用CTAB沉淀法提取茶多糖[J].食品与发酵工业,30(10):139-142.

杨泱,刘仲华,黄建安.2009.茶多糖的提取、分离、纯化、组成研究概况[J].中国食物与营养,(5):47-49.

尹军峰,袁海波,谷记平,林致中,陈建新,谭俊峰,汪芳.2006.膜法富集茶多糖的初步研究[J].茶叶科学,26(2):108-111.

袁海波,2003.茶多糖分离纯化及理化性质的研究[D].硕士学位论文.西南大学.

张彬.2008.茶多糖分离纯化工艺及其产品研究[D].硕士学位论文.南昌大学.

张忠,李静,花旭斌,齐桂年,巩发永.2007.微波辅助提取茶籽多糖工艺条件的研究[J].四川食品与发酵,43(1):23-25.

周鹏,谢明勇,傅博强,王远兴.2001.茶叶粗多糖的提取及纯化研究[J].食品科学,22(11):46-47.

周小玲,汪东风,李素臻,周恂,侯仰锋,王远红.2007.不同酶法提取工艺对茶多糖组成的影响[J].茶叶科学,27(1):27-32.

第十一章

茶叶咖啡因制备技术

咖啡因的制备方法主要有人工合成和天然提取两种方法。由于人工合成的咖啡因存在原料残留,长期食用易引发残毒作用,为此一些国家已禁止在饮料中使用合成咖啡因。一般的,天然咖啡因市场价格是人工合成产品的 3～4 倍甚至更高(刘俊武等,1998)。茶叶中含有高浓度的咖啡因,且我国是产茶大国,茶资源丰富。因此,茶叶是提取制备天然咖啡因的重要原料来源。目前从茶叶中制备咖啡因的方法主要有升华法、溶剂萃取法、超临界 CO_2 萃取法等。

第一节   升华法

升华是指物质从固态不经过液态而直接变成气态的相变过程。很多物质,如干冰、碘、钨等,均具有升华特性,但是只有那些在熔点温度以下具有相当高蒸汽压的固态物质,才可采用升华来提纯。升华法分离目标物质的优点是纯化后的物质纯度比较高,但缺点是操作时间长、回收率和能源利用率均较低。

在常温常压下,咖啡因沸点为 178℃,低于其熔点 237℃,而且在该温度条件下具有相当高的蒸汽压,同时茶叶中另外一些成分,如茶多酚、茶氨酸等不具备升华特性,因此,可以采用升华法分离制备天然咖啡因。

一、升华装置

1. 简易升华装置

将茶叶样品均匀放置在蒸发皿上,其上盖一张带有多个小孔的圆形滤纸,并使小孔毛刺朝上,以防止升华上来的物质再次落回蒸发皿中;选择合适大小的漏斗,在颈部塞上一团疏松的棉花,倒扣在滤纸之上,如图 11.1 所示;然后在蒸发皿下垫上石棉网,采用酒精灯等进行加热,控制物料温度在咖啡因的沸点以上、熔点以下,让其慢慢受热升华;咖啡因蒸汽通过滤纸,遇到温度较低的漏斗壁即发生凝华,凝结在漏斗壁上。

当观察到棕色烟雾从滤纸小孔溢出时,说明物料开始碳化,应立刻停止加热。升华完成后,等物料冷却至室温,小心地揭开漏斗和滤纸,收集附着的白色针状的晶体,即可得到天然咖啡因粗品。若要进一步提高咖啡因的产率,可将第一次升华处理后的物料,进行二次升华处理。若要进一步提高咖啡因的纯度,可将升华后的咖啡因粗品,再次进行升华(陈玉梅,2012)。在实际制备过程中,若物料较多,可根据图 11.1 进行适当放大。同时,制备前,应将茶叶样品适当干燥,否则过多水分会影响样品受热,也不利于咖啡因的冷凝附着;选择粉碎的茶样,比表面积大,能更均匀地吸热,有利于提高能源利用率,缩短制备时间。制备加热时,应控制温度,使咖啡因缓慢升华,从而提高结晶的纯度。

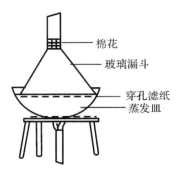

图 11.1　咖啡因简易升华制备
装置(王辉,2011)

2. 改良型升华装置

升华过程中,物料温度是最为重要的因素之一。若物料温度过高,易发生碳化,导致咖啡因粗品中夹杂大量碳粒等杂质;若温度过低,则使制备时间过长、产率低下(王辉,2011)。采用前述简易升华装置进行咖啡因制备,操作简单,但是无法控制物料内部温度,因此,非常有必要在简易升华装置中添加一个测温部件来检测物料内部的实际温度,以确保制备咖啡因的纯度和效率。具体做法是:从倒置的漏斗尾部插入测温计,使测温部分位于样品上方,如图 11.2 所示。在制备时,可根据测温装置将物料温度控制在 180～190℃,如此,可获得较高的咖啡因产率和纯度。此外,由于酒精灯加热控温较困难,改用带有温控调节的电热套、沙浴、油浴等加热器进行加热,能获得更好的咖啡因制备效果。

升华后的咖啡因若能及时有效冷却,可促进气化咖啡因的物态转化,实现快速凝华。为了达到这一目的,可在漏斗处添加一个冷却装置,以使咖啡因制备装置得到进一步改良(图 11.3)。

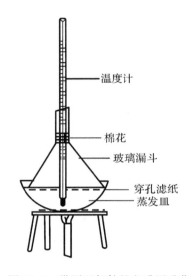

图 11.2　带测温部件的咖啡因升华
制备装置(王辉,2011)

二、咖啡因升华制备技术

通过升华处理制备咖啡因时,起始物料可以是茶叶或茶副产品,也可以是通过溶剂萃取等其他手段获得的咖啡因粗品。但不同的起始物料,升华处理时采用的参数控制应有所区别。

1. 从茶叶中升华制取咖啡因

将茶叶或茶副产品适当粉碎后,置于如图 11.3 所示升华装置的加热釜中,安装好冷凝器并开启冷凝水,开启加热器对物料进行加热,物料温度可控制在 180～190℃之间。升华处理结束后,收集附着在冷凝器上的白色晶体,即为咖啡因粗品。将得到的粗咖啡因样品用热水溶解,趁热滤纸过滤,滤液于 80～100℃条件下蒸发至干,并于 80℃左右的烘箱中脱水,即可得到纯度较高的咖啡因。

有时为了缩短升华处理时间,可将物料温度提高至230～300℃,但是高温升华所获得的咖啡因粗品杂质多、颜色杂。因此,需要通过脱色和重结晶或者二次升华的方式进行纯化。具体操作是:将收集的咖啡因粗品用热水溶解、过滤,滤液中加入适量活性炭脱色并过滤,滤液于80～100℃条件下蒸发去除部分水分后,冷却,待出现结晶后,用滤纸过滤得到含结晶水的咖啡因,并于80℃左右烘箱中脱水,也可获得纯度较高的咖啡因晶体(刘俊武等,1998)。

2. 咖啡因粗品中升华制取咖啡因

将粗品咖啡因置于升华装置中,以120～150℃进行升华处理。处理结束后,将咖啡因用热水溶解,趁热过滤,滤液加热至干或者蒸发部分水分后结合重结晶方式制备含结晶水的咖啡因,将所得产物于80℃左右的烘箱中脱水,即可得高纯度咖啡因晶体(刘俊武等,1998)。

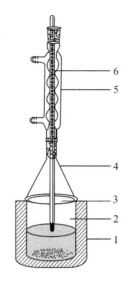

1. 温控加热器 2. 加热釜 3. 防咖啡因跌落部件
4. 漏斗 5. 冷凝回流管 6. 温度计
图 11.3　改进型咖啡因升华制备装置

第二节　溶剂萃取法

萃取是用来提取和纯化化合物的常用手段之一,能从混合物中提取所需要的化合物。提取方法根据被提取物质形态的不同,可分为两种:液-液萃取和固-液萃取。液-液萃取是指利用化合物在两种互不相溶(或微溶)的溶剂中溶解度或分配系数的不同,使化合物从一种溶剂中富集到另外一种溶剂中的制备方法。固-液萃取则是利用固体混合物中不同组分在溶剂中的溶解特性差异,从固体混合物中萃取所需物质,来达到分离提取目的。

咖啡因易溶于热水、氯仿、乙醇等溶剂(表11.1),因此可以选用这些溶剂,从茶叶中萃取制备咖啡因。但是,采用溶剂法萃取的咖啡因中,一般还含有较多杂质,需要进一步纯化,才能得到高纯度的咖啡因;而且有的溶剂(如氯仿等)具有较大安全隐患,应尽量避免在产品中残留。

表 11.1　咖啡因在不同溶剂中的溶解特性

溶剂	温度(℃)	溶解量(g/100 mL)
水	20	2.2
	80	18.2
	100	66.7
乙醇	20	1.5
	60	4.5
丙酮	20	2.0
氯仿	20	18.2

一、热水萃取

由于咖啡因在水中的溶解量随温度提高而显著增加(表11.1),因此常采用以热水为溶剂从茶叶中提取咖啡因,然后通过液-液萃取或升华进行纯化,获得纯度较高的天然咖啡因晶体。

1. 热水浸提—升华法

与干茶直接升华处理制备咖啡因不同,采用热水提取后再进行蒸发浓缩和升华,避免了茶叶中水不溶物质对于咖啡因纯度的影响,且可以选用鲜叶直接制取,但不足是浓缩过程耗时、耗能。该法制备过程为:提取→过滤→浓缩→加石灰→升华,具体可按以下方法进行操作:

按照(1∶8)～(1∶15)的茶水比将粉碎的茶叶与热水混合,煮沸 15～30 min;滤去茶渣,将滤液浓缩至约 1/3～1/15 体积,加入相当于 1/4～1/2 茶叶质量的粉状生石灰拌匀,使之成膏状;然后进行加热升华处理(刁晓菊和高峰,2010;李琴,2011;盛贻林,2007)。此外,在浸提过程中,可采用较大的茶水比并结合多次浸提的办法提高咖啡因制备得率(李琴,2011);浸提时加入适量的 $CaCO_3$(盛贻林,2007)或者石灰乳(李琴,2011)或者轻质 MgO(李沿飞等,1994),可以在浸提环节即可沉淀多酚等物质,起到提高咖啡因制备效率和纯度的目的;采用微波辅助浸提,控制合适的微波辐射功率和辐射时间,可使提取率有所提高,浸提时间显著缩短(Pan *et al.*,2003;李琴,2011)。

2. 热水浸提—有机溶剂萃取—结晶法

为了克服水提—升华法浓缩过程中能耗大的问题,可采用易挥发的有机溶剂将咖啡因从水相转移至有机相,然后进行浓缩制备咖啡因。这种方法常采用的有机溶剂为卤代烃(如氯仿等),虽然制备效率较高,但溶剂残留可能给产品带来一定的安全隐患。该法制备过程为:提取→过滤→萃取→浓缩至干→溶解→结晶,具体可按以下方法进行操作:

将茶叶与水按照(1∶10)～(1∶15)左右的比例进行混合,90～100℃浸提 15～45 min;趁热减压抽滤,在滤液中加入 1/8～1/10 体积的 10%醋酸铅溶液,沉淀多酚和蛋白等物质;再次抽滤,将滤液浓缩至 1/4 体积后,转至分液漏斗中,并加入等体积氯仿,剧烈振摇,静置分层后,分离氯仿层,加入等体积的氯仿再萃取一次;合并氯仿萃取液,减压浓缩至干,同时回收氯仿(盛贻林,2007;刁晓菊和高峰,2010)。如此获得的咖啡因中可能混有一些脂溶性色素,需要进一步纯化:将粗品用少量热丙酮溶解,再向其中缓慢加入石油醚至溶液浑浊,冷却结晶,用布氏漏斗抽滤收集产物,可得纯度较高的咖啡因晶体(盛贻林,2007)。此外,萃取时可用二氯甲烷代替氯仿,同时在振荡前加入 1/5 左右体积的饱和食盐水,可以抑制振荡过程中乳化现象的发生(盛贻林,2007)。

3. 热水浸提—有机溶剂萃取—升华法

该法主要步骤为:酸水浸提→净化→浓缩→有机溶剂萃取→蒸馏至干→升华纯化。

将茶叶和水按照 1∶8 左右的茶水比进行混合,以 6 mol/L HCl 溶液调节 pH 至 2,蒸汽加热煮沸 3 h,经离心过滤机中过滤;滤液浓缩至 1/2 体积,以 10% NaOH 调节 pH 至 12左右,冷却后,以总量为 1/2 浓缩液体积的氯仿分两次进行萃取;合并氯仿萃取液,经过1 mol/L 稀盐酸洗涤后,置于蒸馏装置中,浓缩至干并回收溶剂;在热水中加入粉碎后的上述固形物直至不再溶解,并煮沸 0.5 h,用布氏漏斗趁热减压过滤,滤液浓缩至 1/4～1/5体积;冷却、结晶后,抽滤,将结晶物于 100℃烘箱中脱水后,经粉碎并与少量轻质 MgO 粉末混合,置于真空升华箱中,160～200℃控温升华,收集升华产物,即可得高纯度咖啡因(李沿飞等,1994)。

二、乙醇萃取

乙醇对咖啡因有较大的溶解度,而且易于浓缩,因此也可用于提取咖啡因。

1. 直接醇提法

将磨碎茶叶与50%～95%乙醇按照1∶10左右的料液比混合,加热煮沸并回流10～30 min;趁热抽滤,并用少量溶剂洗涤茶渣后,合并提取液;蒸馏回收溶剂,并拌入相当于1/2茶叶量的熟石灰(李晓林等,2007)或者1.6倍茶叶量的生石灰(陈学文等,2004);得膏状或块状物,适当粉碎后,经升华可得咖啡因晶体。

此外,上述获得的提取液也可通过重结晶的方式制备咖啡因,具体做法是:在乙醇提取液中加入H_2SO_4,调节pH到2.5～3.0,絮凝,过滤;在滤液中加入适量MgO去杂、过滤,滤液蒸馏浓缩回收乙醇;在浓缩液中加$Ca(OH)_2$饱和溶液,调节pH到9.0～9.2,冷却并结晶;过滤,并将得到的晶体以热水或热乙醇溶解,加入少量活性炭脱色,过滤,滤液再浓缩,冷却后重结晶,干燥,可得较高纯度的咖啡因结晶(袁新跃等,2009)。研究还显示,在醇提时,可采用多次、短时微波辅助萃取,也可获得良好的提取效果(李琴,2011)。

2. 间接醇提法

以乙醇为溶剂,采用索氏提取装置(图11.4)或者恒压滴液回流装置(图11.5)进行茶叶咖啡因萃取是常见的间接醇提法。具体做法是:将磨碎的茶叶装入滤纸筒中,置于索氏提取装置中,在烧瓶中加入约10倍于茶叶量的95%乙醇,连续加热回流,直至虹吸管处的溶液接近无色为止(陈玉梅,2012);将含咖啡因的提取液浓缩回收乙醇,并将黏稠残留物倾入升华容器中,拌入约1/2茶叶量的生石灰(李琴,2011)或氧化镁粉(马森,2011)成糊状,加热去除水分后,进行180～200℃升华处理,获得咖啡因晶体,并可通过重结晶或二次升华进一步提高咖啡因纯度。

1. 蒸馏烧瓶 2. 提取管 3. 蒸汽上升管
4. 虹吸管 5. 冷凝回流管

1. 蒸馏烧瓶 2. 恒压滴液漏斗
3. 恒压管 4. 冷凝回流管

图11.4 索氏提取装置(陈玉梅,2012)　　图11.5 恒压滴液回流装置(季怀萍等,2006)

此外,也可以选择恒压滴液回流装置替代索氏提取装置实现平衡状态下的连续萃取。根据蒸汽冷凝速度,适度打开活塞,使蒸汽冷凝速度与萃取液进入烧瓶速度相等,维持萃取液浸没样品的高度,进行连续萃取(季怀萍等,2006)。

三、影响萃取效果的因素

1. 茶叶粉碎粒度对提取率的影响

研究显示,虽然随着原料粉碎程度增大,咖啡因提取率略微上升,但总体而言,原料的粉碎程度对咖啡因的提取效果影响较小,即使采用未粉碎原料也可获得较高的提取率。粉碎程度过高,反而咖啡因会造成一定的损失,且易对后续净化造成不利影响(岳贤田,2011)。

2. 溶剂对提取率的影响

研究表明,在其他条件一致的情况下,水、乙醇、氯仿三种常见溶剂中,以乙醇提取咖啡因得率最高,其次是水;从提取成本考虑,水最低,其次是乙醇。而且这两种溶剂安全性较好,因此,水和乙醇均可作为咖啡因提取的良好溶剂(刁晓菊和高峰,2010;岳贤田,2011)。

3. 料液比对提取率的影响

料液比对咖啡因的提取率及原料利用率都有一定的影响。料液比过高,萃取不完全,导致原料浪费;料液比过低,必然增加溶剂成本,同时会加大后续浓缩工序工作量。为此,高料液比多次萃取,既可获得较高得率,又可充分利用原料、降低溶剂消耗。在实际生产中,根据原料不同,料液比一般控制在(1∶8)~(1∶30)(刁晓菊和高峰,2010;岳贤田,2011)。

4. 温度对提取率的影响

浸提温度对咖啡因提取率有较大的影响。随着温度的升高,咖啡因的提取率明显升高。其原因可能与温度对咖啡因溶解度的影响有关。以水浸提时,一般可在 $90 \sim 100 \,^{\circ}\mathrm{C}$(岳贤田,2011)下浸提;以含水乙醇为溶剂时,可在共沸点浸提。

5. 浸提时间对提取率的影响

在茶叶与溶剂接触的最初 5 min 内,溶液中咖啡因浓度迅速升高,咖啡因提取率随时间延长而增加,10 min 以后增加变缓,至 30 min 时已基本达到平衡。因此,咖啡因提取时间一般可控制在 20~40 min(马森,2011;岳贤田,2011)。

6. 微波辅助对提取率的影响

在浸提过程中,使用微波辅助可有效缩短提取时间、提高咖啡因得率,一般微波功率应设置在"高"档位或控制在 500 W 左右,微波时间控制在 3~5 min,浸提时间可缩短至 10 min以内。但是,微波辐射容易造成提取液沸腾,因此,可采用短时多次的处理方式(Pan *et al.*,2003;李琴,2011;岳贤田,2011)。

7. 去杂剂对提取率的影响

在浸提溶液体系中加入去杂剂,可有效提高咖啡因的纯度和提取率。目前常用的有生石灰或石灰水,因为 Ca^{2+} 能沉淀多酚(郭炳莹和程启坤,1991),减少多酚与咖啡因反应,而且操作方便,成本较低。此外,MgO、醋酸铅也常用作沉淀剂,而 Na_2CO_3 或者醋酸钠则用作酸度调节剂(马森,2011)。

第三节　超临界 CO_2 萃取法

随着温度和压力变化,物质会在液体、气体、固体等状态之间转化。一般情况下物质的相变具有明显的分界面,但当达到特定的温度、压力时,会出现液体与气体界面消失的现象,即进入临界状态。在临界状态下,流体的密度、黏度、溶解度、热容量、介电常数等与气态或液态条件下的性状有显著差异。

通常情况下,人们将性质介于气体和液体之间、即使进一步提高压力也不液化的非凝聚性流体称为超临界流体(Supercritical fluid, SF)。SF 总体上仍属于一种气态,但又不同于一般气态物质,是一种稠密的气态,其密度比一般气体要大两个数量级,与液体相近;但其黏度比液体小,扩散速度比液体快约两个数量级,所以有较好的流动性和传递性能。SF 的介电常数可随压力改变而急剧变化,其溶解性能也常随压力改变而有显著变化(Eckert *et al.*,1996)。超临界流体萃取法(Supercritical fluid extraction, SFE)就是利用 SF 这一特点开发出来的有效组分分离技术。

二氧化碳是最常见的 SFE 溶剂,其临界温度(304.1 K)和压力(7.38 MPa)相对较低,对非极性或弱极性物质具有较强的溶解能力和选择性,但是对强极性物质溶解性较差,可通过添加夹带剂等加以改善(李立祥,1996)。由于二氧化碳无毒、无臭、无公害、无残留,为惰性溶剂,因此特别适用于一些天然化合物的提取分离。但 SFE 也有其自身不足之处,即一次性投资大、运行成本较高。

一、咖啡因超临界 CO_2 萃取工艺

超临界 CO_2 萃取装置主要由 CO_2 气瓶、净化器、高压泵、萃取釜和分离釜等组成,如图11.6 所示。超临界 CO_2 萃取装置工作原理为:CO_2 经由气泵通过净化器除去杂质后泵入盛有茶叶样品的萃取釜中,达到超临界条件后,萃取物料中的目标成分;当溶解有目标成分的 CO_2 流体进入分离釜时,由于压力的下降或温度的变化,CO_2 流体迅速脱离超临界状态转化为气态,与目标分离,气化的 CO_2 气体回流并被压缩,重新进入超临界状态,进行下一次萃取。如此往复即可把目标成分从物料中萃取出来。分离的目标物可从分离釜底部排出。

从茶叶中萃取咖啡因时,先将茶叶样品干燥粉碎(应在 20 目以上,太细易使管路堵塞),然后加入萃取釜中,用工具把样品捣实,旋紧釜盖,连接萃取釜两端管路;设定超临界萃取温度并开始加热,开启高压泵电源,打开 CO_2 钢瓶阀门并控制一定的流速;等温度平衡之后打开进口阀,调节萃取压力,使超临界 CO_2 流体流经萃取釜,与茶叶充分接触并进行动态萃取;待压力稳定后,即打开出口阀,调节到所需流速,并保持一段时间。萃取结束后,旋松高压泵旋钮,关掉 CO_2 钢瓶,等待釜内 CO_2 气体通过出口阀或者排气阀直接排空,关闭电源。

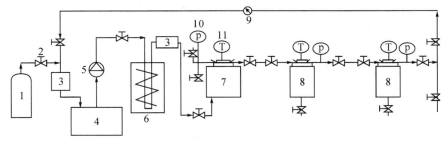

1. CO_2 气瓶　2. 阀门　3. 净化器　4. CO_2 冷却水箱　5. 高压泵　6. 换热器　7. 萃取釜　8. 分离釜　9. 流量计　10. 压力表　11. 温度计

图 11.6　超临界 CO_2 萃取装置(满瑞林等,2005)

收集分离釜内含咖啡因的样品,取出萃取釜内残渣,对釜和釜盖进行常规清洗或超声清洗,同时清洗机器管路,以备下一批次使用。为了提高咖啡因萃取效率,在超临界萃取时可泵入适量的水或乙醇作为夹带剂(李立祥,1996),可以使用超声波辅助等手段(Tang et al.,2010)。超临界 CO_2 制备的咖啡因还含有较多的杂质,需要通过升华等进一步纯化。

二、萃取条件对咖啡因提取率的影响

1. 萃取压力

由于 CO_2 密度随压力增大而增加,对溶质的溶解能力也随之增加;压力还能影响超临界 CO_2 流体对被萃取组分的选择性,因此,萃取压力是影响咖啡因萃取效果的重要参数之一。研究显示,压力低于 25 MPa 时,咖啡因提取率随压力增大而提高;当压力达到 25～30 MPa时,其提取率基本趋于稳定;若进一步增大压力,多酚等杂质提取率会增加,反而影响咖啡因的提取效果(Tang et al.,2010)。

2. 萃取温度

萃取温度也是影响咖啡因提取率的重要参数之一。高温有利于咖啡因从物料中溶出和扩散,但也会导致 CO_2 的密度下降,使其溶解能力降低,导致提取率下降。因此,温度选择对咖啡因提取效果影响显著。有研究表明,随着温度升高,咖啡因的提取率呈现先增后降趋势,在 55～65℃时可达到较好提取效果(马卫华和钟秦,2007;Tang et al.,2010)。

3. 萃取时间

在萃取压力和温度一定的条件下,萃取时间越长,咖啡因的提取量越高。但随着时间延长,生产成本也显著增加。因此,考虑到单位时间内的提取效率,根据设定的流体流速及原料的添加量,萃取时间一般控制在 2～3 h 之间(岳鹏翔和吴守一,2002)。

4. 夹带剂

超临界 CO_2 的极性较小,适于非极性或极性较小物质的提取。咖啡因极性较强,且与多酚类化合物呈结合状态存在于茶叶组织中,与基质有很强的结合力,很难被超临界 CO_2 萃取出来(马卫华和钟秦,2007)。因此,可以加入适量夹带剂,以提高超临界流体对萃取组分的选择性和溶解性,从而改善萃取效果。目前常用的咖啡因提取夹带剂主要有水和乙醇,以 50% 乙醇效果最好(满瑞林等,2005;Iwai et al.,2006;马卫华和钟秦,2007)。研究还显示,夹带剂用量在 400 mL/kg 样品左右时,可以获得较佳的咖啡因萃取效果(马卫华和钟秦,2007)。

5. 流体流量

增加 CO_2 流量可以增加传质速率和浓度差而促进咖啡因溶出,但是当流量增大到一定值后,由于茶叶与超临界 CO_2 接触时间缩短,咖啡因不能及时扩散到 CO_2 中,导致萃取量不再随流量的增大而增加。由于 CO_2 用量增加会导致成本提高,因此一般根据原料不同,流量可控制在 15～50 kg/(h·kg 样品)之间(马卫华和钟秦,2007)。

第四节　其他制备方法

一、咖啡因柱层析分离技术

柱层析可应用于咖啡因的单独分离,也可应用于多酚类与咖啡因的同时分离,还适用于从多酚萃取后的废水中富集咖啡因。在柱层析时,可根据吸附剂对咖啡因的吸附或不吸附两种策略进行咖啡因分离。

研究显示,以硅藻土为吸附剂,采用湿法装柱,然后将茶叶浸提浓缩液注入柱中上样,吸附 10 min 后,用二氯甲烷淋洗柱床,洗脱咖啡因,获得的咖啡因纯度可达 98%(袁新跃等,2009)。当以 Toyopearl HW-40 柱床填料时,上样后,先用去离子水淋洗去除糖类、色素等杂质,然后用 15% 的乙醇淋洗解吸附咖啡因,可得到纯度大于 97% 的咖啡因产品(袁新跃等,2009)。当以 XDA-8 大孔树脂为柱床填料时,可将茶叶浸提液以 2.0~2.5 BV/h 的流速通过 XDA-8 柱,然后以 60% 乙醇溶液(2.0~2.5 BV/h)进行洗脱,回收咖啡因(尹进华等,2011)。研究还表明,木屑经酸碱和乙醇处理后,也可用于分离咖啡因,其做法是:将处理后的木屑装柱,然后将茶叶浸提液上柱,以去离子水淋洗,收集流出液,经浓缩干燥,即可获得较高浓度的咖啡因(Sakanaka,2003)。此外,阳离子交换树脂吸附并结合氨水等洗脱也可用于分离和纯化咖啡因。

二、高压脉冲电场快速提取技术

高压脉冲电场(High voltage pulse electric field)能引起细胞膜和细胞器形成可逆或不可逆的"微孔",使更多的溶剂进入细胞内部,而且也使细胞内物质更容易从细胞渗漏出来。因此,将水浸提法与高压脉冲电场技术相结合,能够提高茶叶中咖啡因提取效率。

研究显示,对于绿茶茶粉原料而言,选用 0.001 mol/L EDTA 缓冲溶液,当脉冲电场强度达到 25 kV/cm、脉冲数为 10、萃取溶液 pH 为 4.0 时,能达到最佳的咖啡因提取效果(殷涌光等,2007)。提取后的含咖啡因的料液可以按前述溶剂萃取法进行浓缩和纯化。

三、其他技术

除了上述直接以咖啡因为目标物开发的分离纯化技术外,在利用溶剂萃取、柱层析和膜分离等技术进行多酚类、茶氨酸等制备过程中,也能产生大量富含咖啡因的"废液"或"废料"。应用前述的去杂并结合升华和结晶等咖啡因制备技术,也可以获得高纯度的咖啡因副产品,进而实现茶资源的高效利用。

参考文献

Eckert CA, Knutson BL and Debenedetti PG. 1996. Supercritical fluids as solvents for chemical and materials processing [J]. Nature, 383: 313-318.

Iwai Y, Nagano H, Lee GS, Uno M and Arai Y. 2006. Measurement of entrainer effects of water and ethanol on solubility of caffeine in supercritical carbon dioxide by FT-IR spectroscopy [J]. Journal of Supercritical Fluids, 38(3): 312-318.

Pan XJ, Niu GG and Liu HZ. 2003. Microwave-assisted extraction of tea polyphenols and tea caffeine from green tea leaves [J]. Chemical Engineering and Processing, 42(2): 129-133.

Sakanaka S. 2003. A novel convenient process to obtain a raw decaffeinated tea polyphenol fraction using a lignocellulose column [J]. Journal of Agricultural and Food Chemistry, 51(10): 3140-3143.

Tang WQ, Li DC, Lu YX and Jiang JG. 2010. Extraction and removal of caffeine from green tea by ultrasonic-enhanced supercritical fluid[J]. Journal of Food Science, 75(4): C363-C368.

陈学文, 罗一帆, 罗丽卿, 周爱群. 2004. 茶叶中咖啡碱的提取、纯化与测定[J]. 中国民族民间医药杂志, 5: 297-299.

陈玉梅. 2012. 茶叶中提取咖啡因实验条件的研究[J]. 太原师范学院学报(自然科学版), 1(11): 113-116.

刁晓菊, 高峰. 2010. 从茶叶中提取咖啡因不同实验方法对照研究[J]. 徐州医学院学报, 3(30): 165-166.

郭炳莹, 程启坤. 1991. 茶汤组分与金属离子的络合性能[J]. 茶叶科学, 11(2): 6.

季怀萍, 吴英华, 侯小娟, 向开祥. 2006. 茶叶中咖啡因的提取实验研究——兼谈恒压滴液漏斗对索氏提取器的取代作用[J]. 湖南科技学院学报, 11(27): 203-205.

李立祥. 1996. 超临界流体提取技术在茶叶领域应用前景[J]. 茶业通报, 1(8): 11-14.

李琴. 2011. 从茶叶中绿色提取咖啡因的方法探讨[J]. 湖北林业科技, 4: 29-31.

李晓林, 鹿海真, 张坦东, 王仲妮. 2007. 茶叶中提取天然咖啡因的方法改进[J]. 山东师范大学学报(自然科学版), 2(22): 139-140.

李沿飞, 杨健, 汪露茜. 1994. 茶叶中天然咖啡因的提取方法[J]. 中外技术情报, 7: 24.

刘俊武, 谢培铭, 蒋抗美. 1998. 从茶叶中提取天然咖啡因技术综述[J]. 云南化工, (4): 10-13.

马森. 2011. 从武夷岩茶生产副产品中提取咖啡碱及方法的改进[J]. 应用科技, 1: 10-13.

马卫华, 钟秦. 2007. 超临界CO_2萃取茶叶中咖啡因的实验研究[J]. 南京理工大学学报(自然科学版), 31(6): 771-774.

满瑞林, 贾海亭, 蒋崇文, 倪网东. 2005. 水在超临界CO_2脱除绿茶中咖啡因的作用研究[J]. 化学工程师, (2): 9-12.

盛贻林. 2007. 茶叶中咖啡因提取实验方法的比较及改进[J]. 生物学杂志, 1(24): 75-76.

王辉. 2011. 茶叶中提取咖啡因改进研究[J]. 科技信息, 27: 440,434.

殷涌光, 金哲雄, 王春利, 安文哲. 2007. 茶叶中茶多糖茶多酚茶咖啡碱的高压脉冲电场快速提取[J]. 食品与机械, 2(23): 12-14.

尹进华, 高学顺, 孙培宾, 陈学玺. 2011. 极性大孔树脂XDA-8在提取工业咖啡因上的应用研究[J]. 应用化工, 4(28): 62-64.

袁新跃, 江和源, 张建勇. 2009. 茶叶咖啡碱提取制备技术[J]. 中国茶叶, 10: 8-10.

岳鹏翔, 吴守一. 2002. 用超临界CO_2脱除绿茶叶咖啡碱的试验研究[J]. 茶叶科学, 5(8): 11-15.

第十二章

茶色素类制备技术

茶叶色素（Tea pigments）可以分为广义的茶叶色素和狭义的茶叶色素。广义的茶色素类是指茶叶中所有色素成分，包括多酚类（Polyphenols）及其氧化衍生物，以及叶绿素等茶叶原料中存在的色素物质。狭义的茶色素类仅指由茶叶多酚类经各种途径氧化、缩聚形成的衍生物，主要指茶黄素类（Theaflavins，TFs）、茶红素类（Theuarbingins，TRs）和茶褐素类（Theabrownins，TBs）等。本章所述内容为狭义茶色素类。

茶色素类既可从合适的茶叶原料中提取，也可通过提纯的多酚类（儿茶素类）物质经体外氧化直接获得。但通过提取和氧化制备的茶色素类一般目标成分低、杂质多，需要进一步纯化才能应用于功能食品和医药等高端领域。

茶色素类的制备技术可分为溶剂萃取、体外氧化制备，以及色谱和膜纯化三个方面。

第一节　溶剂萃取法

溶剂萃取是制备茶色素类的最基本方法。可根据各种茶色素类自身的理化特点，选择合适的溶剂进行浸提，通过离心或过滤去除物料废渣，再以一定的工艺初步去除杂质，并经浓缩和干燥获得茶色素粗提物的过程。其一般工艺流程为：含茶色素物料→水浸提→过滤→溶剂萃取、去杂→浓缩→冷冻干燥或喷雾干燥。该技术的关键主要有两个方面，其一为提高提取率，尽可能充分利用物料中的目标物；其二是通过合适除杂工序，尽可能提高目标物纯度。

一、TFs 溶剂萃取技术

TFs 是由茶叶多酚类经氧化、聚合形成的一类具苯并䓬酚酮结构的物质，在抗肿瘤、抗炎、抗衰老、抗病毒、抗突变及抗心脑血管疾病等诸多方面表现出良好功效。目前，经过结构鉴定的 TFs 共 25 种，其中 4 种含量最高，分别是茶黄素（Theaflavin，TF）、茶黄素-3-没食子酸酯（Theaflavin-3-gallate，TF-3-G）、茶黄素-3′-没食子酸酯（Theaflavin-3′-gallate，TF-3′-G）和茶黄素-3,3′-双没食子酸酯（Theaflavin-3,3′-digallate，TFDG）。已有的研究显示，TFs 粉末色泽金黄，滋味辛辣，具强收敛性，易溶于热水、乙酸乙酯、正丁醇、4-甲基戊酮、甲醇、乙醇、丙酮,不溶于氯仿、二氯甲烷、苯,难溶于乙醚。TFs 水溶液呈弱酸性(pH 值约为 5.7),在碱性溶液中有进一步氧化倾向,且随 pH 值升高自动氧化速度加快;在茶汤中易与咖啡因等物质络合产生"冷后浑"。现有的很多 TFs 萃取技术都是基于这些 TFs 特性展开的。

TFs 萃取的经典方法是由 Collier 在 1973 年提出的。这种方法的具体操作为:物料以 80℃热水浸提 5 min,浸提液经过滤、浓缩、冷冻干燥得水浸出物;将所得的水浸出物用甲醇-水(3∶1,V/V)溶解,再以氯仿处理脱除咖啡因等杂质;水相减压浓缩,除去甲醇和氯仿,然后以乙酸乙酯反复萃取 5 次;合并后的萃取液以硫酸镁脱水,30℃蒸馏去除乙酸乙酯,得到 TFs 粗提物。该方法所获 TFs 物质中还含有相当数量的 TRs。之后有学者根据 TFs 和 TRs 溶解特性上的差异,对上述方法进行了改进,其具体做法是:物料用 80℃热水浸提 5 min,过滤,滤液经减压浓缩,再以氯仿处理脱除咖啡因等杂质;然后以含磷酸二氢钠的乙酸乙酯混合溶液连续萃取水相 3 次,合并乙酸乙酯相,经减压浓缩干燥,得 TFs 提取物。该方法可把浸提液中的大部分脂溶性的 TRs 去除,可以在一定程度上提高 TFs 纯度。

萧伟祥等(2003)提出了硫酸沉淀 TFs 的提取方法,其具体操作为:将物料以 1∶10 料液比与沸水混合,浸提 5 min,趁热以 100 目尼龙布压滤,冷却后在滤液中按 1∶400 的体积比加入浓硫酸酸化浸提液,冷藏过夜,经离心收集橙色沉淀;用少量水溶解沉淀后,以乙酸乙酯萃取,酯相用 1%稀硫酸和水各洗 1 次脱除杂质,在乙酸乙酯中加入少量硫酸钠脱水过夜,经减压蒸馏,浓缩至干;将所得固体溶于相当于浸提初期沸水体积的 1/200~1/100 的丙酮中,再以 4~5 倍丙酮体积的氯仿处理以去除咖啡因等杂质,在 0℃下静置,减压过滤即可得 TFs 粗品。之后,还对该方法进行了改进,即将浸提茶汤经浓硫酸处理后获得的沉淀以乙酸乙酯溶解,过滤去除不溶物,酯相浓缩后,以 5% NaHCO₃ 洗涤去除 TRs,并以 1%硫酸中和,然后再以相同方式进行丙酮溶解和氯仿脱咖啡因杂质。研究还发现,除了 NaHCO₃ 外,用 pH 8~10 的 Tris-HCl 缓冲液进行洗涤,也具有脱除 TRs 效果。

李大祥等(2004)建立了 TFs 超声辅助浸提技术,其做法是:按 1∶20 料液比将物料和沸蒸馏水混合,超声提取 30 min(3 次),合并水提液,以 4 层纱布粗滤除去物料后,再行抽滤净化;将滤液在 50~60℃下减压浓缩至一定体积,浓缩液用等体积氯仿萃取 3 次以除去脂溶性色素和大部分咖啡因;将脱除咖啡因等杂质后的水相再以等体积乙酸乙酯萃取 3 次,合并乙酸乙酯相,40~50℃下减压浓缩至黏稠状;加适量 95%乙醇转溶、过滤,滤液 70℃真空干燥,得 TFs 粗品。当起始物料为斯里兰卡红碎茶时,应用该技术所得产物中 TFs 含量达 24.72%,但是由于该工艺中没有脱 TRs 工序,因此提取物中还含 40.93% TRs;此外,虽然经过氯仿处理,但产物中仍有 1.77%咖啡因,说明仅通过氯仿处理很难将所有咖啡因全部去除。

溶剂提取 TFs 技术的最大瓶颈有二:其一是由于 TFs 在物料中含量低,在未经除杂的产品中纯度一般低于 10%,即使经过除杂工序,总体纯度仍较低,产品中一般仍有 45%以上的非酚性成分(如可溶性糖类、氨基酸、水溶性蛋白质、有机酸和咖啡因等杂质);其二是整个过程中氯仿等有机溶剂使用非常频繁,产品安全性得不到保障。

二、TRs 溶剂萃取技术

TRs 是一类由 TFs 进一步聚合或者由多酚类直接氧化缩聚形成的不均一的复杂酚性物质,异质性强,相对分子质量约为 700~40000,是红茶茶汤色泽的主体物质。到目前为止,TRs 的结构仍不明确,但其核心为茶叶多酚类物质氧化聚合体,还含有少量核酸、多糖、蛋白质、氨基酸等物质。TRs 粉末色泽棕红,极性较 TFs 强,收敛性较 TFs 弱,易溶于水和正丁醇,水溶液呈酸性(1%质量分数的溶液 pH 为 4.0～5.5)、深红色,部分 TRs 能溶于乙酸乙酯或含水乙醚。

　　Brown 等(1969)根据 TRs 溶解特性差异建立了一种分离 5 类 TRs 组分的方法(图 12.1)。该技术的要点是:将水浸提后的红茶茶汤,先以氯仿处理脱咖啡因,再以乙酸乙酯、正丁醇、酸性正丁醇等有机溶剂依次进行萃取以及用相应的有机溶剂沉淀,获得了 5 类 TRs,即 TR-1～TR-5,其中 TR-1 可溶于乙酸乙酯,但不溶于丙酮/乙醚;TR-2 可溶于正丁醇,但不溶于甲醇/乙醚;TR-3 可溶于正丁醇,但不溶于丙酮/乙醚;TR-4 可溶于酸性正丁醇,但不溶于甲醇/乙醚;TR-5 可溶于酸性正丁醇,但不溶于丙酮/乙醚(Brown *et al*.,1969)。之后国内外多位学者也开展了类似研究,并证实该法可以获得多种性质不同的 TRs 组分。但也有研究发现,应用该技术提取时,5 类 TRs 总产率约 5.4%,而原料中 TRs 含量约 11.5%,即产率不足 50%,多步骤分级沉淀过程的损失是产率低的主要原因(王华,2007)。

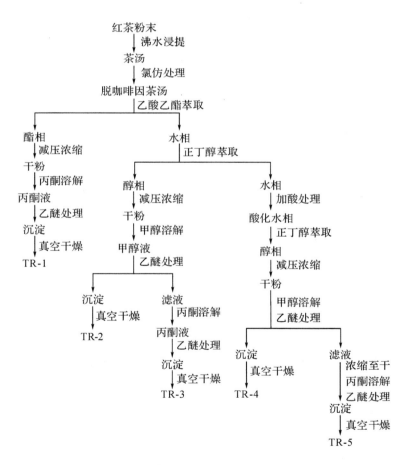

图 12.1　TRs 提取纯化工艺流程(Brown *et al*.,1969)

Krishnan 和 Maru（2006）采用固-液分离提取技术开展了 TRs 的制备研究，并取得较好效果。其具体操作为：将红茶粉末置于索氏连续提取装置中，先以约 1∶5 料液比的氯仿进行连续蒸馏去除咖啡因和脂溶性色素，直至蒸馏液无颜色为止（约 24 h）；然后将脱咖啡因的物料在空气中自然干燥除去氯仿，重新置于索氏提取装置中，以约 1∶5 料液比的乙酸乙酯进行连续蒸馏 24 h，溶于乙酸乙酯的馏分经真空干燥，获得粉末，乙酸乙酯提取后的物料在空气中干燥挥去乙酸乙酯，并重新置于索氏装置中，以相似料液比的正丁醇连续蒸馏 24 h，溶于正丁醇的馏分经真空干燥，获得粉末，正丁醇提取后的物料在空气中干燥。乙酸乙酯馏分干燥物溶于丙酮，并以 8 倍体积的乙醚分别沉淀 3 次，过滤，获得的沉淀物合并后干燥，为 TR-1；将正丁醇馏分干燥物溶于甲醇，并以 10 倍体积的乙醚分别沉淀 3 次，过滤分离沉淀，合并 3 次沉淀物干燥，为 TR-2；将乙醚沉淀后的正丁醇滤液干燥，并重新溶于丙酮中，以 10 倍体积的乙醚分别沉淀 3 次，过滤后得到的沉淀进行干燥，为 TR-3；将空气干燥的正丁醇提取后的物料置于料液比 1∶3 左右的沸蒸馏水中提取 20 min，过滤，滤液以相当于蒸馏水 1/20 体积的 1.75 mol/L 硫酸进行酸化，酸化后的浸提液以等体积的正丁醇萃取 7 次，直至萃取醇相无色为止，合并醇相并真空干燥，将获得的干燥物进行索氏正丁醇馏分相似的步骤：依次进行甲醇溶解和乙醚沉淀、丙酮溶解和乙醚沉淀，获得 TR-4 和 TR-5。采用该技术获得的 TRs 总产率可以达到茶叶原料的 10.3%，5 类 TRs 组分产率依次为 2.68%（TR-1）、3.79%（TR-2）、1.34%（TR-3）、2.20%（TR-4）和 0.32%（TR-5），高于采用 Brown 法制备的 5 类 TRs 产率（依次为 1.07%、2.93%、0.75%、2.00% 和 0.30%）；分析还显示，5 类 TRs 中均不含游离的儿茶素类、TFs 以及咖啡因。该法提取率高，可获得纯度较高且不同性质的 TRs 组分，但制备工序复杂、耗时，不适合规模化生产。

除了上述专门提取 TRs 的方法外，在 TFs 制备纯化过程中，将乙酸乙酯萃取后水相以及乙酸乙酯经过 NaHCO₃ 或者 Tris-HCl 缓冲液洗涤后的水相浓缩也可以得到副产品 TRs。

三、TBs 溶剂萃取技术

TBs 是由 TRs 和 TFs 进一步氧化缩聚，并与蛋白质、糖类、氨基酸、咖啡因等物质结合形成的具有类似腐殖质酸（黄腐酸）官能团和化学结构的酚性物质（李宝才等，2007）。TBs 粉末为深褐色，能溶于水，不溶于乙醇、乙酸乙酯和正丁醇。高聚合度的 TBs 具有非透析性。

秦谊等（2009）研究了料液比、提取次数、提取温度、提取时间对 TBs 提取效率的影响，建立了"物料→粉碎→10 倍无水乙醇浸泡 12 h→过滤→茶渣→83℃热蒸馏水浸泡 3 次→离心抽滤→合并滤液→减压浓缩至原体积的 1/5→二氯甲烷萃取 2 次→水相乙酸乙酯萃取 3 次→水相正丁醇萃取 4 次→水相减压浓缩至原体积的 1/4→加无水乙醇至终浓度为 85% 并静置 12 h→沉淀→抽滤→收集沉淀→干燥→茶褐素"的分离纯化工艺。采用该工艺制备 TBs 的产率可达投入物料的 16.86%，产品中总酸性基团（羧基＋酚羟基）为 4.91 mmol/g，其中酚羟基 4.33 mmol/g，占总酸性基的 88%，羧基 0.58 mmol/g，占总酸性基的 12%；此外，产品中蛋白质、多糖、灰分含量分别为 16.38%、23.17% 和 23.54%。

易恋（2010）研究显示，对 TBs 提取率影响最大的因素是温度，其次是提取时间以及料液比，并认为温度 100℃、时间 60 min、液料比 1∶25，可获得最佳 TBs 提取效果，此时茶褐素的产量为投入原料的 10.65%,提取率为 93.15%。徐甜(2010)研究了超声辅助浸提条件下水提温度、萃取温度、料液比对四川边茶 TBs 提取率的影响,结果显示,对 TBs 提取率影响作用的大小依次为水提温度＞料液比＞萃取温度,TBs 提取率预测方程为 $y=8.55743-0.49772x_1+0.89578x_3-0.31554x_1^2-0.26958x_2^2-0.80750x_1x_2$(其中 x_1、x_2、x_3 为水提温度、萃取温度、料液比),并根据方程优化,建立了 TBs 提取工艺:物料按 1:(50.8~43.6)加入 65.7~77.9℃蒸馏水,超声辅助提取 30 min(3 次),合并水提液,4 层纱布粗滤,滤液抽滤澄清,滤液 50~60℃下减压浓缩,浓缩液冷却;用等体积正丁醇于 13.7~17.5℃萃取 3 次,每次 3 min;之后水相依次用等体积氯仿、乙酸乙酯分别萃取 3 次,余下水相 50~60℃下减压浓缩至黏稠状,70℃真空干燥得 TBs 制品。采用该工艺获得的 TBs 中多酚含量28.4%,TBs 16.6%,此外还含有糖类 16.4%、氨基酸 4.6%、咖啡因 0.2%。之后杨新河等(2011)开展了类似研究,认为在料液比 1:45、提取温度 100℃、时间 150 min 条件下可获得最高的提取效率。房贤坤等(2012)采用分离纯化的 fxk-01 真菌发酵后的普洱茶为原料,按料液比 1:30 加入沸水浸提(2 次,每次 30 min),经过滤澄清,以等体积乙酸乙酯萃取 2 次(每次 5 min),水相以等体积氯仿(3 次,每次 5 min)、正丁醇(2 次,每次萃取 3 min)萃取去杂质,水相减压浓缩、干燥,获得的 TBs 质量分数高达 826.4 mg/g(得率约为 10%),高质量分数的 TBs 产品可能与起始物料中高浓度 TBs(24.2%)含量有关。张钦等(2012)在 TBs 制备中增加了脱蛋白工序,其整个工艺为:普洱茶→90%乙醇水溶液浸泡→茶渣→85℃热水浸泡→过滤→滤液减压浓缩→氯仿脱咖啡因→水层→乙酸乙酯萃取脱儿茶素类及 TFs→水层→正丁醇萃取去 TRs→水层→80%乙醇沉淀→沉淀物冷冻干燥→茶褐素粗品→茶褐素粗品水溶液→与氯仿、正丁醇混合溶液(氯仿:正丁醇＝5:1)混合脱蛋白→振荡、离心→水层(反复处理,直到离液面交界处无白色混悬)→80%乙醇沉淀→沉淀物冷冻干燥→脱蛋白TBs,该工艺条件下可获得较高纯度的 TBs。此外,有研究显示,微波辅助(640 W)提取可使提取时间缩短至 10 min(龚文琼和刘睿,2010)。

现有的 TBs 的制备技术都是基于该色素与 TFs、TRs 等的溶解特性差异展开的。提取所用的材料主要有黑茶(包括普洱茶)和红茶,制备一般以水萃取,氯仿、乙酸乙酯和正丁醇依次处理除去咖啡因、儿茶素类、TFs 和 TRs,并经干燥获得粗品。由于上述技术中没有专门的脱多糖等工艺,因此,TBs 纯度不高,产品中含有相当数量的游离多糖和蛋白,以及其他水溶性物质。今后,TBs 提取技术的开发,应尽量少使用有机溶剂,尤其应避免使用氯仿、二氯甲烷等有毒溶剂。

第二节　茶色素类体外氧化制备技术

溶剂提取是从物料中分离茶色素类的基本技术,但是该技术存在 2 个关键问题:其一是整个提取过程操作复杂、有机溶剂使用频繁且量大,严重影响产品质量安全性;其二是目标成分在物料中的富集度低,制备效率差。如何提高茶色素类目标成分在物料中的富集度一直是茶产业界的重要研究课题。到目前为止,三种茶色素中,TFs 分子特性、形成机制以及生理功效最明确,同时该色素在物料中富集度最低,一般在中国红茶中仅为 0.3%~1.5%,因此,提高物料中色素的大部分研究都是围绕 TFs 展开的。

TFs 是由茶叶中的多酚类(主要为儿茶素类)氧化聚合而成的。在合适的条件下,该反应可脱离茶叶,在人工基质中完成。根据体外反应机制的不同,可分为化学氧化和酶促氧化两种方式,其中,化学氧化制备可在纯化学条件下经强氧化剂快速氧化完成,而酶促氧化一般在比较温和的条件下缓慢进行。国内外许多学者对儿茶素类体外酶促氧化和化学氧化制备 TFs 的工艺技术进行了广泛和深入的研究,证明两种体外氧化制备法在 TFs 形成机制上虽然存在差异,但只要条件控制适合,均能得到与茶叶发酵相同的 TFs 产物。由于体外氧化制备技术可控性强、产物富集度高,因此是目前最有发展前途的 TFs 制备技术之一。

一、化学氧化制备

19 世纪 50 年代,Roberts 在研究红茶色素时,首次进行了 TFs 分离和结构鉴定,提出了可能的形成途径,并采用铁氰化钾/碳酸氢钠[K_3Fe(CN)_6/NaHCO_3]开展了儿茶素类体外模拟氧化,得到了与红茶中结构一致的 TFs(Roberts *et al.*,1957;1958a;1958b;1959)。之后该法在研究 TFs 形成机制及其影响因素,以及 TFs 等茶色素制备中得到了广泛应用。化学氧化制备茶色素的机制是:儿茶素类物质分子中苯并吡喃的 B 环具有邻位羟基,其氧化还原电位较低,容易被多种氧化剂氧化成邻醌,邻醌非常不稳定,进而发生分子间缩聚反应形成具有苯并䓬酚酮结构的聚合物,苯并䓬酚酮结构延长了生色团电子共轭体系,因此,聚合物颜色较儿茶素类单体深,而且随着聚合度增加,颜色由橙黄向红色直至灰褐色发展,形成一系列具有不同颜色的茶色素。原则上说,只要氧化还原电位比儿茶素类物质高的化合物均可使儿茶素类氧化聚合,但是茶色素制备过程中的氧化,必须是可控的氧化,即氧化剂的氧化还原电位不能过高或过低,否则很难获得理想的目标产物。除了铁氰化钾外,常见的用于 TFs 等茶色素制备的氧化剂还有氯化铁(FeCl_3)、硫酸铁[Fe_2(SO_4)_3]、硝酸铁[Fe(NO_3)_3]、高锰酸钾(KMnO_4)、过氧化氢(H_2O_2)等。依氧化时要求酸度的不同,可把化学氧化制备茶色素类的方法分成碱性氧化和酸性氧化两种技术。

1. 碱性氧化技术

铁氰化钾,又名赤血盐,其标准氧化还原电位 E° 为 +0.36 V,是一种温和氧化剂。自 Roberts 使用铁氰化钾/碳酸氢钠氧化制备茶色素以来,一直是研究茶色素形成机制的重要手段之一。在铁氰化钾/碳酸氢钠氧化体系中,碳酸氢钠的主要作用是提高体系的 pH 值,增强儿茶素类物质邻位羟基的活性,使反应更容易进行。利用铁氰化钾/碳酸氢钠氧化体系,科研人员先后发现了 TF、TF-3G、TF-3'-G、TFDG、茶黄酸、表茶黄酸、表茶黄酸-3-没食子酸酯、红紫精、红紫精酸、茶黄灵、表茶黄灵和表茶黄灵-3-没食子酸酯等儿茶素类氧化产物;更重要的是,还发现了儿茶素类单体配对氧化形成 TFs 的规律,即当 B 环具有邻位羟基的儿茶素与 B 环具有连位(3 个)羟基的没食子儿茶素配对氧化时,易形成 TFs;当体系中缺乏合适的配对时,TFs 形成受阻,但仍可氧化形成 TRs 等其他色素。该规律的发现对体外氧化制备 TFs 等色素具有重要的指导意义。

萧伟祥等(1999)以提纯的绿茶多酚(儿茶素总量为 780.0 mg/g)为原料,应用铁氰化钾/碳酸氢钠氧化体系开展了茶色素类制备研究。具体的操作是:在多酚浓度为 10 mg/mL 溶液中,滴入化学氧化剂 K_3Fe(CN)_6/NaHCO_3,于 30℃条件下反应,并通过加入柠檬酸调至 pH 2~3 终止反应,反应产物经乙酸乙酯萃取,无水硫酸钠脱水处理,浓缩并低温真空干燥得到茶色素粉末,分析显示,色素中 TFs 和 TRs 含量分别占茶色素类总量的 26.2%~

30.4%和24.6%~26.4%。之后李大祥等(2000)研究了pH、反应温度、反应时间等因素对$K_3Fe(CN)_6$/$NaHCO_3$(质量比3∶1)氧化儿茶素类形成TFs的影响,结果表明,在pH 7.7、温度20℃、反应时间15 min条件下可获得最佳TFs制备效果;当采用纯度68%以上的儿茶素类(其中EGC、EC、C、EGCg、ECg分别为38 mg/g、119 mg/g、37 mg/g、208 mg/g、281 mg/g)为原料时,制取茶色素的得率为50.7%,HPLC测得的TFs含量达481 mg/g。宛晓春和王勇(1991)的研究也得到了类似结果。

王坤波等(2004)采用类似反应条件研究了不同来源儿茶素类对制备TFs效果的影响,结果显示,当原料儿茶素类物质来自大叶茶树品种时,色素中的TFs总量最高,为10.14%,而其他4种小叶品种的儿茶素类原料形成的产物中,TFs总量最高的也仅为7.58%;从TFs组成看,大叶品种儿茶素类原料氧化产物中,TF-3-G、TFDG、TF均较高,而小叶品种儿茶素类氧化产物中以TF-3′-G含量最高;从儿茶素类残留分析看,化学氧化的主体是EGC和EGCg,大部分EC和DL-C也被氧化,说明原料中儿茶素类的组成对TFs产量以及组成都有明显影响。张建勇等(2011b)利用$K_3Fe(CN)_6$(37.5 mg/mL)/$NaHCO_3$(12.5 mg/mL)氧化剂更为详细地研究了不同儿茶素类单体组配对氧化产物的影响,结果显示,当EC(2.5 mg/mL)与EGC(5.0 mg/mL)组配时,氧化产物主要为TF;当ECg(2.5 mg/mL)与EGCg(5.0 mg/mL)组配时,氧化产物以TFDg为主,还有少量TF-3′-G和其他3种未知物质;当EC(1.67 mg/mL)、ECg(1.67 mg/mL)、EGCg(3.33 mg/mL)组配时,产物较复杂,其中以TFDg为主,还有少量TF和TF-3′-G以及3种以上的未知产物;当EGC(3.33 mg/mL)、ECg(1.67 mg/mL)、EGCg(3.33 mg/mL)组配时,产物以TF-3′-G为主,其次是TFDG,以及其他3种未知物;当EC(1.25 mg/mL)、EGC(2.5 mg/mL)、ECg(1.25 mg/mL)和EGCg(2.5 mg/mL)4种底物组配时,氧化产物非常复杂,除了TF-3′-G、TFDG这两种主要酯型TFs外,还有一个含量较高的未知物质以及多个含量较低的氧化产物,说明碱性化学氧化条件下,各儿茶素类组配(除EC和EGC外)更倾向于形成酯型TFs。该研究结果为碱性氧化制备TFs过程中原料选择提供了依据,但是该研究也说明采用碱性氧化原理开发TFs定向制备技术仍存在很多困难,因为即便是由儿茶素类单体组配的氧化产物已经比较复杂,而来自不同茶叶原料的儿茶素类复合物的成分复杂、各组分之间的比例也千差万别,产物的预见性会更低。

研究还显示,碱性氧化制备TFs过程中,通氧和自然空气条件下TFs产量是接近真空状态下的4.1倍和3.5倍,而通氧和自然空气条件下TFDG产量则为接近真空状态下的6.5倍和4.7倍(张建勇等,2008)。该研究说明,虽然从反应原理上说,化学氧化无需氧气参与,但是氧气对茶多酚碱性氧化形成TFs仍有重要贡献,尤其可以显著提高反应体系中的TFDG产量。该结果也暗示,碱性化学氧化远比酶促氧化复杂,除了氧化剂本身对茶多酚的氧化外,可能还存在氧-氧化剂-茶多酚之间的偶联氧化以及茶多酚在碱性条件下的自动氧化。

此外,在碱性条件下,即使不添加氧化剂,多酚类溶液也能被氧气自动氧化,并形成有色物质。杨德同(1985)研究显示,在绿茶或新鲜茶叶的浸提液中加入能产生OH^-的化合物(如NaOH溶液),使浸提液呈碱性并自动氧化,反应完成后经干燥、萃取,可获得20%左右的茶色素。孙刘根(1993)在"茶色素及其生产方法"发明专利中公开了一种碱性条件下自动氧化制取茶色素的方法,即茶叶经煎煮取汁、碱化、浓缩、酸化、加入乙醇回流、再碱化、结晶、真空干燥,得到含有 TFs(1%～4%)、TRs(4%～7%)以及 TBs(13%～16%)的茶色素复合物。但萧伟祥等(1999)研究显示,在茶多酚水溶液中加入 Na_2CO_3,使其 pH 值提高至 8～10,并在通氧、80℃下反应 1.5 h,经乙酸乙酯萃取、浓缩、真空干燥获得的茶色素中未检出 TFs,说明碱性自动氧化可控性较差,产物中 TFs 积累少,不适于 TFs 制备。

2. 酸性氧化技术

除了常见的铁氰化钾/氢氧化钠碱性氧化剂外,研究者还尝试以 $FeCl_3$、$Fe(NO_3)_3$、$Fe_2(SO_4)_3$ 以及 $KMnO_4$ 等物质作为氧化剂,在酸性条件下制备 TFs 等茶色素。

李立祥和萧伟祥(2002)研究了茶多酚双液相酸性氧化参数对制取茶色素的影响,发现茶多酚浓度、温度、酯相与水相比例及 pH 值对 TFs 和 TRs 形成与积累均有明显影响,反应时间对 TFs 形成作用显著,而氧化剂浓度则对 TRs 有显著影响;较低的茶多酚和氧化剂浓度、适当的低温和较短的时间、低酯相比例和低 pH 有利于 TFs 形成与积累;而有利于 TRs 形成与积累的参数则与之相反。根据模型获得的最优 TFs 制取方案为:茶多酚浓度 26.8 mg/mL、温度 44.3℃、氧化剂浓度 53.9 mg/mL、双液相中酯相比例为 15.1%、反应时间 14.1 min、搅拌速度 3.3 档、反应体系 pH 值 3.9,按此条件 TFs 制备得率可达298.2 mg/g;而制取 TRs 最优条件为:茶多酚浓度 26.9 mg/mL、温度 42.7℃、氧化剂浓度68.8 mg/mL、双液相中酯相比例为 72.4 %、反应时间 35.8 min,搅拌速度 3.3 档、体系 pH 值3.9,此时 TRs 得率为 158.24 mg/g。之后,他们还利用获得的优化条件开发了不同茶色素制备和纯化工艺(图 12.2),并进行了放大验证实验(李立祥和萧伟祥,2004),结果显示,1000.0 mg 茶多酚(810.4 mg 儿茶素类)经双液相酸性氧化、乙酸乙酯萃取后,酯相可得到 553.2 mg 色素 TP-1(TFs 和部分脂溶性 TRs)、水相可得 678.4 mg 色素 TP-4 (水溶性 TRs 以及氧化剂产物和缓冲剂等);TP-1 乙酸乙酯溶液经 Tris-HCl(pH 8.0)洗涤,可以获得 235.4 mg TP-2 (主要是 TFs)和 284.2 mg TP-3(主要是脂溶性 TRs);HPLC 分析还表明,酸性氧化产生的 TFs 主要以 TF-3-G 和 TFDG 为主,TF 和 TF-3'-G 含量较低;同时研究也发现,在 TP-1 和 TP-2 中均含有 30%以上未氧化的儿茶素类物质(主要是 ECg)。上述研究证明,多酚类经酸性氧化剂氧化可形成 TFs 和 TRs 等茶色素,但是,论文作者没有指明所使用的酸性氧化剂究竟为何种物质。

张建勇等(2008)研究表明,茶多酚在 $FeCl_3$、$Fe_2(SO_4)_3$、$Fe(NO_3)_3$ 三种酸性氧化剂条件下均可形成 TFs,且当酸性氧化剂浓度为 40 mg/mL 时,TFs 生成量最高;此外,以 $Fe(NO_3)_3$ 为氧化剂时,产物中有较高含量的 TFDG。之后,他们还研究氧气对酸性氧化制备 TFs 的影响,结果显示,在 $Fe(NO_3)_3$ 浓度为 16.7 mg/mL、茶多酚浓度为 41.7 mg/mL、温度 25℃、时间为 15 min 条件下,接近真空、普通空气、通氧 3 种环境均可得 TF、TF-3-G、TF-3'-G、TF-DG,且 4 种 TFs 的形成量随氧气浓度提高而增加,通氧情况下 TFs 总量比接近真空时提高 4.1 倍,说明氧气对酸性化学氧化形成 TFs 也有显著作用。

有研究表明,与碱性氧化技术相同,不同儿茶素类单体组配对酸性氧化产物组成也有显著影响。当 EC(2.5 mg/mL)与 EGC(5.0 mg/mL)组配时,酸性氧化产物中有一个含量很高的未知成分,而 TF 含量很少,另外还有一个含量很低的未知成分,显然其产物与碱性氧化差异很大;当 ECg(2.5 mg/mL)与 EGCg(5.0 mg/mL)组配时,酸性氧化产物组成比较复杂,有一个高含量的未知物质,此外还有少量 TF-3'-G、TFDg 以及其他 7 种成分;当 EC(1.67 mg/mL)、ECg(1.67 mg/mL)、EGCg(3.33 mg/mL)组配时,无明显的 TFs 形成,并

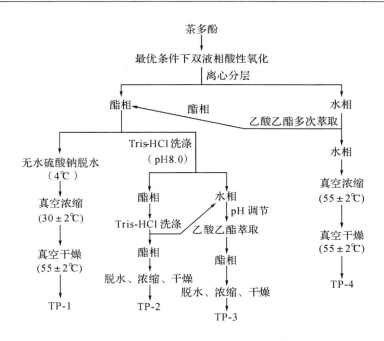

图 12.2　茶多酚酸性氧化及其产物纯化示意图(李立祥和萧伟祥,2004)

有大量 ECg 残留;当 EGC(3.33 mg/mL)、ECg(1.67 mg/mL)、EGCg(3.33 mg/mL)组配时,只有 1 个未知物质形成,且 ECg 基本未被氧化;当 EC(1.25 mg/mL)、EGC(2.5 mg/mL)、ECg(1.25 mg/mL)和 EGCg(2.5 mg/mL)4 种底物组配时,儿茶素类残留和产物生成情况与 EGC、ECg 和 EGCg 组配类似(张建勇等,2011a)。该研究结果说明,虽然酸性氧化能形成 TFs,但是其效率远低于碱性氧化,形成的 TFs 组成也与碱性氧化明显不同;而且由于 ECg 氧化还原电位高,常常在体系中残留下来。

此外,酸性氧化剂高锰酸钾/H_2SO_4(浓度分别为 2 mg/mL 和 4.5 mol/L)也可用于制备茶色素,当茶多酚浓度为 16 mg/mL、氧化剂用量为 1‰(高锰酸钾与茶多酚质量百分含量)、反应温度为 20℃、时间为 30 min 条件下,可获得最优 TFs 产率(范泳,2007)。当 EGCg 先后用氯化铜和抗坏血酸处理后,也可被氧化成 Theasinensin A(Shii $et~al.$,2011)。

已有的研究显示,酸性氧化反应速度较碱性氧化快,而且产物颜色更深(李立祥,2003),但酸性氧化形成 TFs 较碱性氧化少(张建勇等,2008)。一方面说明在化学氧化过程中,氧化剂的氧化能力不是越高越好,过高的氧化能力可能使茶多酚快速形成深颜色的高聚物,而得不到低聚合度的 TFs,因为 Fe^{3+} 和 $[MnO_4]^-$ 的标准氧化还原电位 E° 分别为 +0.77 V 和 +0.59~+1.70 V(因所处环境不同,其电位存在差异),均高于铁氰化钾中的 $[Fe(CN)_6]^{3-}$ 根;另一方面也说明,除了氧化剂本身的氧化能力外,儿茶素类物质 B 环邻位羟基的活性可能也是影响反应进程的重要因素,因为在碱性条件下这些羟基具有更高的反应活性。

上述研究为利用酸性氧化策略进行茶色素类生产技术开发创造了条件,但要将酸性氧化制备茶色素类技术应用于生产,还需更多的理论突破和参数优化。

二、酶促氧化制备

在红茶生产和茶色素类分离制备过程中,人们逐渐认识到茶多酚酶促氧化是红茶色素形成的主要机制。与化学氧化不同,在酶促茶多酚氧化过程中,酶本身氧化能力在反应前后没有发生变化,只扮演了催化剂的角色,主要负责活化分子氧和多酚化合物,并把氢和电子从多酚传递给分子氧。因此,酶促茶多酚氧化时,除了酶和多酚类外,必须有氧气参与。酶促反应的主要特点是特异性强、反应条件温和,但进程相对较慢、酶难纯化并易失活。

(一)酶的种类和制备方法

氧化多酚并形成茶色素类的主要酶类有:多酚氧化酶(polyphenol oxidase,PPO)和过氧化物酶(peroxidase,POD)。这两类酶在所有生物中均广泛分布,主要与生物的抗逆性反应有关(Constabel and Barbehenn,2008)。

1. 多酚氧化酶(PPO)

PPO 属于含铜氧化酶家族成员,可分为儿茶酚氧化酶(EC 1.10.3.1)、漆酶(EC 1.10.3.2)和单酚氧化酶或酪氨酸氧化酶(EC 1.14.18.1)。PPO 可催化芳香环羟基化以及芳香环邻位羟基氧化形成邻醌,是酶性褐变的关键催化因子,酶分子中含有芳香环物质结合位点以及由铜离子和相关氨基酸残基组成的氧气结合域;而且该酶的 N-端有质体定位信号肽,C-端具蛋白酶作用位点。植物(如葡萄)中 PPO(儿茶酚氧化酶)分子中一般含有 2 个铜离子(每个铜离子与 3 个组氨酸残基相连)、2 个分子内二硫键和 1 个分子内半胱氨酸/组氨酸桥,以形成合适的催化空间结构(Virador et al.,2010);真菌(如 Melanocarpus Albomyces)PPO(漆酶)分子中含有 4 个铜离子(其中 1 个铜离子与 2 个组氨酸残基相连、其余 3 个铜离子每个均与 3 个组氨酸残基相连)、1 个氯离子、3 个分子内二硫键,以及 11 个糖基化位点(Hakulinen et al.,2002),如图 12.3 所示。植物儿茶酚氧化酶的氧化还原电位约+0.20～+0.30 V,较真菌漆酶(+0.45～+0.80 V)低。可见,从电位和铜离子数目看,漆酶氧化多酚类的效率应比植物儿茶酚氧化酶高。

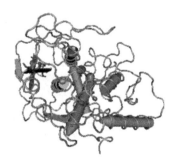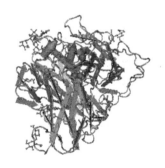

图 12.3　多酚氧化酶空间结构

左图为葡萄儿茶酚氧化酶(Virador et al.,2010),右图为真菌 Melanocarpus Albomyces 漆酶(Hakulinen et al.,2002),灰色小球示铜离子

研究显示,植物中的 PPO(儿茶酚氧化酶)由核基因编码,在核糖体中合成后,通过蛋白的信号肽指引进入质体,并定位于质体的类囊体膜,通常情况下以非活跃的结合型酶源状态存在,当细胞衰老或受到损伤时,PPO 通过蛋白酶水解或者分子伴侣解聚作用从膜上游离出来并被激活,与液泡中释放出来的酚类物质作用(Yoruk and Marshall,2003);与植物不同,真菌中的 PPO(漆酶)为分泌型蛋白,即漆酶经核糖体合成、内质网加工成熟和高尔基体分泌等多个步骤被运送到细胞间隙或细胞外(Mayer,2006)。大量研究还表明,生物中具有

多种由同工基因编码的 PPO 同工酶,不同的生物同工酶的数量不同(表 12.1);即使是同一种生物,在不同发育阶段以及不同的生态环境中,同工酶组成也存在差异(Yoruk and Marshall,2003)。此外,蛋白酶、低浓度去污剂十六烷基磺酸钠(SDS)、超声、变温等处理,可活化植物的 PPO 酶源。这些性质对于酶促氧化茶色素过程中,酶源的选择以及酶的制备均至关重要。

一般认为,PPO 的催化过程为:活性状态的酶分子 PPO^{met} 中两个 2 价铜离子分别与氢氧根结合,当体系中存在邻羟基酚(ortho-Diphenolics)时,铜离子与酚上邻位羟基结合形成 PPO^{met}-酚复合物,并使酚类物质邻位羟基失去两个 H$^+$;接着复合物释放出邻醌,同时与铜离子结合的 OH$^-$ 与 H$^+$ 结合形成水,2 价铜离子被还原成 1 价铜,形成还原状态的酶分子 PPO^{deoxy};随后氧分子渗入催化中心,氧化铜离子成 2 价铜,形成氧化状态的酶分子 PPO^{oxy};之后 PPO^{oxy} 氧化 1 分子酚成邻醌,并使酶分子恢复到活性状态 PPO^{met},如图 12.4 所示。一个反应循环可以氧化 2 分子的酚成邻醌,消耗 1 分子氧,并释放 2 分子水;邻醌非常活跃,可以相互聚合,也可以与邻近蛋白、氨基酸等进一步反应,生成有色物质。当环境中供氧不足时,酶分子处于还原态(1 价铜离子),催化循环便无法完成,酶被钝化;当环境中酚浓度过大时,酚的邻位羟基未能充分氧化,而形成半醌自由基,该中间物质非常不稳定,易与酶分子中的氨基酸残基结合而使酶发生不可逆失活。可见,在 PPO 酶促制备茶色素时,氧气和底物浓度必须进行有效控制,才能获得高的产率。

研究还表明,植物 PPO 催化酚类氧化形成邻醌的过程受到底物种类(表 12.2)、酸度(表 12.3)和温度(表 12.4)等多种因素的影响。一般认为 PPO 的底物特异性与物种有关,但对邻位羟基均表现出强的催化能力(Yoruk and Marshall,2003)。酸度可影响 PPO 的空间构象,进而影响酶活力,最适酸度因酶源和底物不同而异,一般在 pH 4～8 之间,如茶叶 PPO 以连苯三酚为底物时,最适酸度为 pH 5.7,而以 4-甲基儿茶酚为底物时,最适酸度为 5.0;此外,不同的同工酶也有不同的最适酸度。温度可通过改变酶的空间结构、溶液中分子的运动速度以及溶氧量,进而影响酶活力,高温条件下酶催化速度加快,但也容易失活,一般 30～40℃ 比较合适。另外,真菌漆酶的最适酸度一般为 pH 3.5～7.5,最适温度为 60～70℃。

表 12.1　不同来源 PPO 同工酶数[*]

来源	同工酶数量	来源	同工酶数量
苹果	1～5	菠萝	3
香蕉	1～5	马铃薯	1～11
犬蔷薇	2	菠菜	2～10
葡萄	1～8	草莓	1～2
猕猴桃	8	番薯	1～2
莴苣	2	梨	4～11
蘑菇	4～15	桑叶	7
桃	3～4	茶叶	2～7

[*] 本表数据由 Yoruk 和 Marshall(2003)、王坤波等(2007a;2007b)、吴红梅(2004)等文献综合而成。

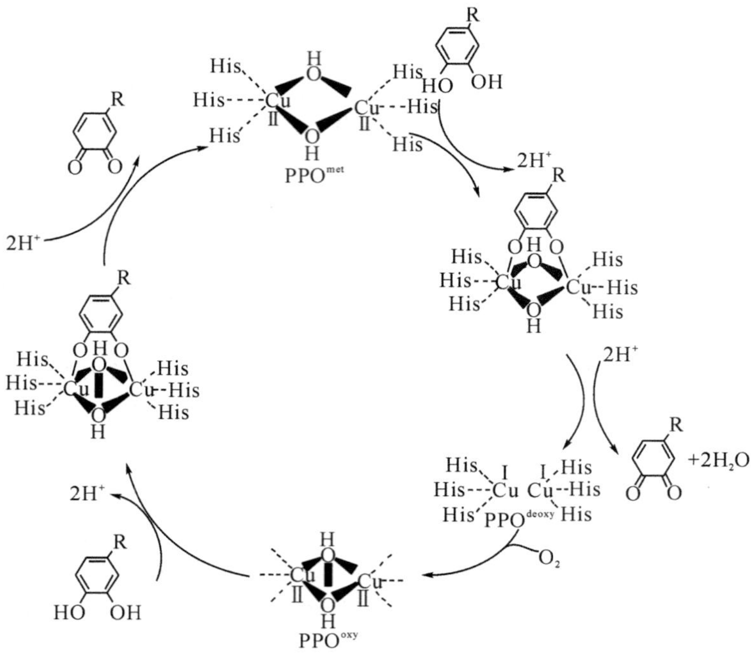

图 12.4   PPO 酶促氧化多酚反应示意图(Yoruk and Marshall，2003)

表 12.2   不同来源 PPO 底物特异性

底物	相对活性(%)									
	苹果[a]	桃[a]	向日葵[a]	草莓[a]	蚕豆[a]	葡萄[a]	蘑菇[b]	桑叶[b]	梨[b]	茶[b]
儿茶酚	100	100	/	9	100	5.9	100	100	100	100
4-甲基儿茶酚	181	103	/	80	140	74	/	/	/	/
绿原酸	102	/	32.3	11	0	51	/	/	/	/
L-多巴	/	23	/	/	22.6	5.4	/	/	/	/
D,L-多巴	12	/	8	/	/	4.1	/	/	/	/
儿茶素	54	539	/	100	0	21	/	/	/	/
原儿茶酸	/	15	/	4	/	/	/	/	/	/
咖啡酸	/	7	87.3	13	0	100	/	/	/	/
没食子酸	/	5	100	/	0	0	/	/	/	/
连苯三酚	38	182	100	62	24	0	/	/	/	/
茶多酚	60	/	/	/	/	/	28	33	49	90

a. 引自 Yoruk 和 Marshall(2003)；b. 引自吴红梅(2004)。

表 12.3   不同酶源最适 pH 值(Yoruk and Marshall, 2003)

酶源	底物	最适 pH	酶源	底物	最适 pH
杏	4-甲基儿茶酚	5.0	可可	儿茶酚	6.8
樱桃	4-甲基儿茶酚	4.5	葡萄	4-甲基儿茶酚	3.5~4.5
蚕豆	4-甲基儿茶酚	4.0	莴苣	绿原酸	5.0~8.0
	L-多巴	5.0	芒果	4-甲基儿茶酚	5.8
犬蔷薇	儿茶酚	8.5	桃	4-甲基儿茶酚	5.0

续表

酶源	底物	最适 pH	酶源	底物	最适 pH
	连苯三酚	7.0	马铃薯	绿原酸	4.5～6.5
	L-酪氨酸	7.0	黄瓜	儿茶酚	7.0
	对甲酚	5.0	橄榄	4-甲基儿茶酚	5.5～7.5
茄子	4-甲基儿茶酚	5.0～6.5	梅	4-甲基儿茶酚	4.0～5.5
	叔丁基儿茶酚	5.0～6.5	菠菜	多巴胺	8.0
	对甲酚	7.5	向日葵	没食子酸	4.5
苹果	4-甲基儿茶酚	3.5～4.5	桂圆	4-甲基儿茶酚	6.5
	儿茶酚	6.0	猕猴桃	儿茶酚	7.3
草莓	儿茶酚	5.5		（＋）-儿茶素	8.0
	4-甲基儿茶酚	4.5	桑叶[a]	儿茶酚	7.0
蘑菇[a]	儿茶酚	7.0		茶多酚	7.0
	茶多酚	6.8	茶	4-甲基儿茶酚	5.0
梨[a]	儿茶酚	5.0～6.0		连苯三酚	5.7
	茶多酚	7.2		茶多酚[a]	5.6

a. 引自吴红梅(2004)。

表 12.4　不同酶源 PPO 最适反应温度(Yoruk and Marshall, 2003)

酶源	底物	最适温度(℃)	酶源	底物	最适温度(℃)
莴苣	绿原酸	25～35	葡萄	4-甲基儿茶酚	25～45
香蕉	多巴胺	30	芒果	儿茶酚	30
可可豆	儿茶酚	45	桃	儿茶酚	55～76
桂圆	4-甲基儿茶酚	35	马铃薯	儿茶酚	40
犬蔷薇	儿茶酚	25	草莓	儿茶酚	50
	连苯三酚	15	向日葵	没食子酸	45
	酪氨酸	65	苹果	儿茶酚	30
	对甲酚	60	茶	儿茶酚	30～35

2. 过氧化物酶(POD)

POD(EC 1.11.1.x)是一类可催化过氧化氢氧化酚类和胺类化合物,消除过氧化氢和酚类、胺类毒性双重作用的超家族酶类。该类酶成员众多,除了动物 POD 自成一族外,根据催化特性和结构可将除了动物以外的 POD 分为三类:第一类包括植物抗坏血酸盐依赖型-POD(存在于叶绿体、细胞质,负责植物叶绿体和细胞质过氧化氢清除)、酵母和细菌细胞色素 c-POD(存在于线粒体,负责线粒体内电子传递,防止过氧化物毒害)以及微生物过氧化氢酶-POD(存在于过氧化物酶体,负责解除细胞氧化胁迫),该类酶分子主要特点是无糖基化、无钙离子、无二硫键;第二类包括分泌型真菌 Mn-POD 和木质酶,主要与木质素的氧化降解有关,该类酶分子含有 4 个二硫键和 2 个钙结合位点;第三类为植物分泌型 POD,该类 POD 为相对分子质量 30000～45000 的糖蛋白,定位于叶绿体、液泡和细胞壁等亚细胞结构,主要负责叶绿体和细胞质过氧化氢的清除、细胞毒素的氧化解毒、细胞壁的合成、损伤防御、激素代谢等,催化反应不依赖于过氧化氢,可作用于广泛的底物(特异性不明显),具有很高的热稳定性,含有血红素 b(铁离子)、钙离子(其中每个钙离子与 3～5 个氨基酸残基结合)、1 个质子受体、一个底物结合位点以及一个过渡态稳定位点,分子中有 10～12 个 α 螺旋、2 个

β折叠、4 个二硫键、多个糖基化氨基酸残基(图 12.5),在水稻和拟南芥中均有 100 种以上的同工编码基因(Almagro *et al*.,2009)。POD 氧化还原电位一般在+1.0V 左右,远高于PPO 酶,其氧化能力也超过 PPO。POD 可在 H_2O_2(+1.776V)或者 O_2(+1.229V)或者其他反应形成的氧自由基和羟自由基存在下启动催化反应,通过铁离子的价态变化实现 2 次单电子转移,催化 2 个酚类分子形成酚类自由基(图 12.6),这些自由基可进一步形成二聚体、三聚体或多聚体,甚至是复杂的网状结构。铜等重金属离子(非竞争性)和氰化物(竞争性)是两类重要的 POD 抑制剂,亚硫酸钠和抗坏血酸、柠檬酸以及 EDTA 等也可抑制该酶活力。

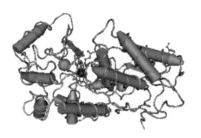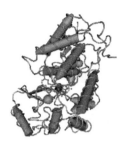

左图:豌豆 POD(Henriksen *et al*.,2001);右图:辣根 POD(Berglund *et al*.,2002)。棕色小球为铁离子,环状分子为血红素 b,灰色小球为钙离子,圆柱状结构示 α 螺旋,扁平箭头示 β 折叠。

图 12.5　POD 空间结构

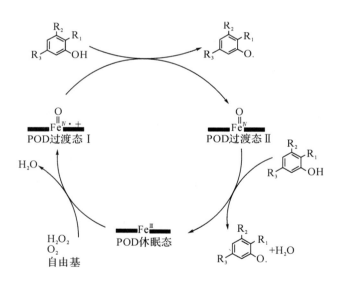

图中 R_1、R_2 和 R_3 为取代基。

图 12.6　POD 催化机制(Veitch,2004)

从前面酶特性分析可知,在茶色素制备过程中,若要获得高产 TFs,应选取具有高 PPO活力和低 POD 或无 POD 活力的酶源,或者在酶制备过程中尽可能保护 PPO 而去除 POD;若要获得高产 TRs 或 TBs,可以选用普通混合酶液或商品化的 POD(如辣根 POD 等)。

3. 酶的制备技术

酶的制备是茶色素酶促生产技术开发的基础。目前用于氧化儿茶素类的 PPO 和 POD 主要从茶鲜叶、果蔬和微生物中获取,制备方法常有丙酮粉法和匀浆法等。由于现在尚缺乏批量制备纯化 PPO 的技术,所以在实验和生产中一般仍只能采用混合酶。

茶叶 PPO 丙酮粉制备法:茶鲜叶经−20℃冷冻,用组织捣碎机捣碎,按照 1 份鲜叶 9 份丙酮的比例加入−20℃预冷丙酮,再搅拌 5 min,然后快速抽滤,滤渣用 80% 的预冷丙酮洗至滤液无色为止,所得滤渣在空气中摊凉以挥发丙酮,即可得茶叶 PPO 丙酮粉。PPO 可置于冰箱中低温保存备用。在制备茶色素前,需用缓冲液将丙酮粉中的 PPO 浸提出来,具体做法是:称取一定的丙酮粉于搅拌器中,按照 1:10 左右的料液比加入 0.1 mol/L 柠檬酸-磷酸氢二钠缓冲液(pH 5.6),并加入适量(一般不超过丙酮粉的 20%)不溶性聚乙烯吡咯烷酮(PVPP),于低温(冰浴)条件下搅拌浸提 20 min 后,于 12000 r/min、4℃离心 15 min,取上清液,即为粗酶液,可用于儿茶素类氧化。

茶叶 PPO 匀浆制备法:将−20℃冷冻茶鲜叶置于组织捣碎机内,加适量(一般不超过鲜叶的 25%)PVPP,按 1:10 左右的料液比加入冷藏的 0.1 mol/L 柠檬酸-磷酸氢二钠缓冲液(pH 5.6)或柠檬酸盐缓冲液(pH 5.6)或磷酸盐缓冲液(pH 5.8),捣碎 5 min,四层纱布抽滤,滤渣以少量缓冲液再浸提一次,合并两次滤液,于 12000 r/min、4℃离心 15 min,取上清液,即为粗酶液。由于鲜叶中 PPO 主要与类囊体膜结合,为了获得更高的酶提取率,可以把纱布粗滤的滤液于 4℃条件下浸提 12 h,中间搅拌几次,浸提结束,采用相同方法离心,获得粗酶液。此外,采摘的鲜叶经过适当萎凋后再行浸提,也可以提高 PPO 氧化制备效率。

果蔬 PPO 制备:对于含水量特别高的果蔬材料,可将样品按照 1:1 左右的料液比加入预冷的 0.1 mol/L 柠檬酸-磷酸氢二钠缓冲液[含 1% 可溶性聚乙烯吡咯烷酮(PVP)、0.2% 抗坏血酸、1 mmol/L EDTA,pH 5.5],充分匀浆 5~10 min,4℃下浸提 12 h,抽滤后于 8000 r/min、4℃离心 30 min,上清液即为 PPO 粗酶液。

真菌胞外 PPO 制备:产酶菌接种于合适的真菌培养基中,于 25~32℃的温度下振荡(110~150 r/min)培养 5~9 d,脱脂棉粗滤,滤液于 12000 r/min、4℃离心 15 min,即得真菌 PPO 粗酶液。

(二)酶促氧化影响因素

1. 酶源和酶量

酶源是影响酶促氧化制备茶色素的关键因素之一。优良的酶源应该具备活力高而稳定、催化产物特异性好、原料容易获得、制备简单等特点。众多学者开展了酶源筛选工作,取得了令人鼓舞的成效。Tanaka 等(2002)分析了 62 种不同植物材料匀浆液氧化 EC 和 EGC 形成 TFs 的能力,结果表明,46 种植物匀浆 PPO 粗酶均可氧化 EC 和 EGC 形成 TFs,其中枇杷、日本梨和蓝莓合成 TFs 的能力比茶叶强,之后该小组还开展了利用枇杷 PPO 进行新 TFs 合成鉴定等工作(Kusano *et al.*,2007;Tanaka *et al.*,2008)。吴红梅(2004)比较了 20 多种植物和果品材料 PPO 酶促氧化能力,结果发现,来自苹果、梨、桑叶、蘑菇和皋茶等材料的 PPO 对邻苯二酚和茶多酚均具有较高活力;当以茶多酚为底物时,苹果、梨、蘑菇、桑叶和皋茶 PPO 最适 pH 分别为 5.6、7.2、6.8、7.0 和 5.2,以邻苯二酚为底物时,最适 pH 分别为 6.0、6.0、7.0、7.0 和 5.2;但是这些酶源制备的乙酸乙酯可萃取茶色素类得率均低于茶叶 PPO。王坤波等(2007a)更为详细地研究了不同品种梨、苹果、蘑菇等的 PPO 酶促 TFs

形成能力,结果显示,5 种梨源 PPO 合成 TFs 能力大小顺序为:丰水梨(同工酶带 11 条)>贡梨(7 条)>雪梨(5 条)>香梨(4 条)>水晶梨(6 条),该顺序与同工酶谱带数基本一致,而且各种梨 PPO 制备 TFs 的效率均高于茶鲜叶;苹果和蘑菇 PPO 以及商品化的漆酶氧化制备 TFs 的效率比茶 PPO 低。谷纪平等(2007)研究也认为,梨 PPO 酶促合成 TFs 的效果优于茶叶 PPO。李适(2008)开展了微生物源 PPO 制备研究,结果表明,毛栓菌胞外 PPO 较适的反应温度范围在 28~36℃之间,最适 pH 值为 5.2,恒温反应 30 min 内均表现出较高的活性和稳定性,并且可用 50% 的硫酸铵沉淀获得纯化的 PPO,该微生物源 PPO 制备的色素中 TF-3-G 比例很高,但 TFs 总量低于茶叶 PPO。从 TFs 制备效率看,梨源、枇杷以及茶叶 PPO 应该是较好的选择,但从酶源的可获得性和制备成本来看,微生物源 PPO 最有发展前景。

Sang 等(2004)采用商品化的辣根 POD/H_2O_2 氧化组配的茶儿茶素类物质,获得了 18 种 TFs 及其衍生物。但是大量研究也指出,POD 不利于 TFs 积累,在复合体系中,POD 更倾向于将 PPO 氧化形成的 TFs 降解或者进一步氧化形成 TRs 等物质(萧伟祥等,1992;Finger,1994),但是 POD 也可将 PPO 氧化形成 TFs 过程中形成的副产物 H_2O_2 降解掉,进而保护 PPO 活性(Subramanian,1999)。由于 POD 在环境中的稳定性优于 PPO,而且很多微生物均能分泌 POD,酶源很容易获得,如果通过基因工程改造手段获得能有效催化儿茶素类形成 TFs 的 POD,那将对 TFs 的生产产生积极影响。当然如将 POD 用于制备 TRs 和 TBs 还是非常合适的。

在文献报道中,对 PPO 酶量研究比较多,但是对酶量的使用单位也很多,有"U"、"U/(min/mL)"、"U/(mg)"、"U/g"、"g/L"、"mL/1000 mg 底物",或者直接用"g 鲜叶/100 mL 反应液"等,这些单位往往缺乏可比性,给相关技术的描述和应用带来不便。有研究显示,以 309.5 U/(min/mL)的梨源 PPO 酶作为催化剂,反应体系 100 mL(其中茶多酚浓度为 10 mg/mL),酶量在 25~75 mL 之间,TFs 生成量随酶添加量增加而增加,在 75~100 mL 时,TFs 含量达到最大值(王坤波等,2007a)。依此推算,反应体系中酶的最佳使用量应该为 23.2~31.0U/(min/mg 多酚)。也有研究表明,采用 57.28~655.5U/(min/mL)的不同梨源 PPO 氧化 100 mL 反应体系中 1000 mg 多酚[即酶使用量为 5.7~65.5U/(min/mg 多酚)],可获得 TFs 浓度为 329.6~673.6 mg/g 的茶色素产物,超过茶叶 PPO[12.9U/(min/mg 多酚)]催化效果(王坤波等,2007a)。但是该研究也证实,酶使用量不是影响产物的唯一因素,不同来源的 PPO 催化效率也不同,即使是相同的使用量。

2. 温度

温度是影响 TFs 合成速率的因素之一。适当的高温有利于化学反应的进行,缩短化学平衡所需时间,但是高温可能会引起酶稳定性降低、副产物增加。研究显示,茶叶 PPO 在 20~35℃范围内,活性随温度升高而增加,到 40℃时开始下降(竹尾忠一,1973)。在非纯化 PPO 条件下,温度对酶促 TFs 和 TRs 形成有不同的效果,在 20~40℃范围内,随温度升高 TRs 积累增加,即高温更有利于 TRs 的形成;在高温时虽能形成较高 TFs,但 TFs/TRs 比值低;而在 15℃条件下,由于非酶促 TFs 降解减少而使 TFs 积累出现高峰,相对较低的温度更有利于获得较高的 TFs/TRs;但从茶色素整体得率看,高温可以获得更高产量。温度不仅影响酶的活性,也影响反应系统的供氧状态,温度升高使溶液中的氧气溶解度下降,因此在较高的反应温度下需要更多氧气供应(Robertson,1983)。一般而言,TFs 制备时,PPO 酶促温度可控制在的 20~35℃范围内。

3. 儿茶素类组成和浓度

早期的研究认为,不同的儿茶素类组合在酶促条件下可获得不同的茶色素,其中 TFs 主要是由 EGC 和 EC、EGC 和 ECg、EGCg 和 EC、EGCg 和 ECg 组配催发形成(表 12.5)。Robertson(1983)利用儿茶素单体和半纯化的 PPO 开展底物对酶促氧化产物影响研究,结果显示,儿茶素类单体经 PPO 酶促氧化不形成 TFs,而是形成 TRs,儿茶素类混合物经酶促氧化可生成 TFs 或 TRs,简单儿茶素类与酯型儿茶素类比值高,则产物中 TFs/TRs 的比值亦高,当底物中 EGC 82 mmol/L、EC 19 mmol/L、EGCg 65 mmol/L、ECg 44 mmol/L 时可达到 TFs 的高值。当体系中单一或组合的酯型儿茶素(EGCg 和 ECg)浓度超过 110 mmol/L 时,PPO 活性即受抑制,而相同浓度的非酯型儿茶素(EC 与 EGC)不影响 PPO 活性;将 EC、EGC、EGCg 和 ECg(每种各 55 mmol/L)组成混合物,即使儿茶素类总量达到 220 mmol/L,也不会抑制 PPO 活性,反而有利于茶色素类积累(Robertson,1984)。研究还表明,体系中高 EGC 有利于 TFs 的积累,高 EC 不利于 TFs 积累,并使 TFs 转化为 TRs。王坤波等(2007c)利用梨果实 PPO 粗酶研究了不同儿茶素类复合物对 TFs 合成的影响,结果表明,EGC 以及(EGC+EC)/(ECg+EGCg)比值对酶促 TFs 产量和组成均有重要影响,两者均高的原料可形成更多的 TFs 产物,而且其中 TF 和 TF-3-G 含量也高,底物中儿茶素类也获得最充分的利用;当底物中 EGCg 和 ECg 高含量时,可形成更多的 TFDg(表 12.6);当以高 EGC 和高(EGC+EC)/(ECg+EGCg)比值的儿茶素类(EGC 227.57 mg/g,EC 98.72 mg/g,EGCg 133.17 mg/g,ECg 17.25 mg/g,儿茶素类总量为 508.38 mg/g)为原料时,产物中 TFs 含量高达 661.07 mg/g,说明具有不同氧化还原电位的儿茶素类物质组配更有利于酶促反应过程中的电子传递和苯并䓬酚酮结构形成。

表 12.5　儿茶素类组配对 PPO 氧化产物种类的影响[*](Opie *et al*.,1989)

	HPLC 峰号																																											
---	1	2	3	4	5	6	7	8	9	10	11	12	13	14	15	16	17	18	19	20	21	22	23	24	25	26	27	28	29	30	31	32	33	34	35	36	37	38	39	40	41	42	43	44
完整茶汤	+	+	+	+	+	+	+	+	+	+	+	+	+	+	+	+	+	+	+	+	+	+	+	+	+	+	+	+	+	+	+	+	+	+	+	+	+	+	+	+	+	+	+	+
儿茶素类	−	+	+	+	−	+	+	+	−	+	−	+	−	+	−	+	−	+	−	+	+	+	+	+	+	+	+	+	+	+	+	+	−	+	−	+	+	−	−	+	+	+	+	+
EC+EGCg	−	−	−	−	−	−	−	+	−	−	−	−	+	−	−	+	−	−	−	−	−	−	−	−	−	−	−	−	−	−	−	−	−	−	−	−	−	−	−	−	−	−	−	−
EGC+ECg	−	−	−	−	−	−	−	−	−	−	−	−	−	−	−	−	−	−	−	−	−	−	−	−	−	−	−	−	−	−	+	+	−	+	−	−	−	+	−	−	+	−	−	+
EGCg+ECg	−	−	−	+	−	−	−	+	−	−	−	−	−	−	−	−	−	−	−	−	−	−	−	−	−	−	−	−	−	−	−	−	−	−	−	−	−	−	−	−	−	−	−	−
EGC+EC	−	−	−	−	−	−	−	−	−	−	−	−	−	−	−	−	−	−	−	−	−	−	−	−	−	−	−	+	+	+	−	+	−	+	+	−	−	+	−	−	−	−	−	−
GC+C	−	−	−	−	−	−	−	−	−	−	−	−	−	−	−	−	−	−	−	−	−	−	−	−	−	−	−	−	−	−	−	−	−	−	−	−	−	−	−	−	−	−	−	−
EC	−	−	−	−	+	−	−	−	+	−	−	−	+	−	−	+	−	+	−	+	−	−	−	−	−	+	−	−	−	+	−	−	−	−	−	−	−	+	−	−	−	−	−	−
C	−	−	−	−	−	−	−	−	−	−	−	−	−	−	−	−	−	−	−	−	−	−	−	−	−	−	−	−	−	−	−	−	−	−	−	−	−	−	−	−	−	−	−	−
EGC/GC	−	−	−	−	−	−	−	−	−	+	−	−	−	−	−	−	−	−	−	−	−	−	−	−	−	−	−	−	−	−	−	−	−	+	−	−	−	−	−	−	−	−	−	−
EGCg	−	−	−	+	+	+	+	+	−	−	−	+	−	−	+	−	−	−	−	+	−	−	+	−	−	−	−	+	−	−	−	+	−	−	−	−	−	−	−	−	−	−	−	−
ECg	−	−	−	−	−	−	−	−	−	−	−	−	−	−	−	−	−	−	−	−	−	−	−	−	−	−	+	−	−	−	−	−	−	+	+	−	−	−	−	−	−	−	−	−

[*] "+"为有反应产物;"−"为无反应产物;峰 39,TF;峰 42,TF-3-G;峰 43,TF-3′-G;峰 44,TFDG。

另有研究显示,当茶多酚浓度在 2.5~7.5 mg/mL 之间,TFs 酶促形成量缓慢增加,当反应底物达 10 mg/mL 时,茶黄素含量达最大值;茶多酚超过 10 mg/mL,TFs 单体及总量又下降(王坤波等,2007c)。通常情况下,体外酶促氧化时,底物浓度应控制在 10 mg/mL 左右,具体还要根据底物中儿茶素类具体含量进行适当调整。

表 12.6　不同儿茶素类复合物酶促 TFs 产量(mg/g)(王坤波等,2007c)

	A	B	C	D	E
儿茶素类组成					
EGC	42.28	151.33	227.57	22.94	71.74
DL-C	78.88	8.99	31.68	7.40	26.35
EC	111.55	60.68	98.72	26.80	42.06
EGCg	226.99	423.15	133.17	593.8	219.10
ECg	268.34	98.19	17.25	212.45	69.40
TC	728.03	742.34	508.39	863.39	428.65
(EGC+EC)/(ECg+EGCg)	0.31	0.41	2.17	0.06	0.39
TFs 产物					
TF	32.14	88.14	426.83	16.05	104.18
TF-3-G	76.19	110.73	140.82	46.13	106.54
TF-3′-G	45.30	121.42	86.95	34.23	126.68
TFDG	116.03	190.35	6.47	371.93	161.34
TFs	269.65	510.64	661.07	468.34	498.74
儿茶素类残留					
EGC	0	1.46	7.47	1.12	3.82
DL-C	77.28	14.96	25.18	7.78	33.06
EC	79.12	33.53	7.34	16.23	22.41
EGCg	15.39	34.12	20.04	106.84	51.63
ECg	209.51	20.35	3.21	93.56	32.21
TC	381.30	104.42	63.24	225.53	143.13

4. 氧气

与化学氧化不同,氧气也是 PPO 酶促反应的底物,在整个酶促反应循环中,氧并不直接氧化儿茶素类物质,而是将酶上铜离子从 1 价氧化成 2 价,以恢复 PPO 氧化还原电位,保持酶活力。由于 PPO 对氧有较大的米氏常数,氧浓度低时,低氧化还原电位的 EGC 和 EGCg 仍可被 PPO 氧化成邻醌,但无法顺利完成对氧化还原电位较高的 EC 与 ECg 的氧化,使之不能与 EGC 和 EGCg 邻醌有效配对缩合,致使 TFs 形成受阻,而只能聚合成 TRs 等物质。因此,对于 PPO 酶促 TFs 等制备过程来说,必须要有充足的氧气。对于 POD 来说,O_2 和 H_2O_2 均可作为底物,将酶中的铁离子从 3 价氧化为 4 价,因此 POD 酶促氧化可通过补充 H_2O_2 或通氧实现。有资料显示,20℃、1 个大气压下,液体酶促氧化儿茶素类过程中体系溶氧量很低,仅为 3%(V/V),不足以完成正常的氧化反应,而只有当体系中供氧量达到 20%(V/V)时才能达到最佳的反应效果。酶促体系中可通过搅拌、通入空气或纯氧的方式达到增氧目的。萧伟祥等(2001)研究认为,在 PPO 酶促反应体系中,引入另一种与发酵液不相溶的脂溶性溶剂,组成所谓的"双液相"酶促系统,可以解决酶促体系中的溶氧不足问题,实验证明,双液相酶促体系中溶氧量比单液相增大 2.2 倍,PPO 活性也提高了 2.1 倍。虽然从目前已发表的文献中可以获得最佳氧气流量等的数据,但是这些数据对于实际的发酵体系来说,仍很难应用,因为不同大小的反应体系,总的需氧量不同,不能仅从氧气流量来考察,也就是说,以单位时间通过的氧气量占反应体系的体积百分比来衡量才比较合适。当然反应体系形状不同、供氧方式不同,需氧量可能也不同。

5. pH

pH 对酶促反应体系来说至关重要,因为 pH 不仅影响体系中底物和产物的稳定性,更重要的是还会影响酶活性。Robertson（1983）研究发现,当反应液 pH>4.0 时,TFs 合成增加,至 pH 5.0 时达到最大值,进一步提高至 pH 6.0 时,则 TFs 积累减少;并认为 pH 对TFs 积累的影响主要和没食子儿茶素类与简单儿茶素类氧化程度的匹配关系有关。但也有研究显示,pH 4.0 时酶促反应可得到最多的 TFs,并推测这种 TFs 高积累与其低 pH 下非酶促氧化损失的降低有关（夏涛,1999）。另有研究表明,自然条件下 PPO 酶促反应初期pH 约 5.6,PPO 活力高,TFs 积累快,随着反应进行,体系 pH 下降,低 pH 值会抑制 PPO 而促进 POD 活性,从而使发酵后期 TFs 积累减少而 TRs 合成增加,即低 pH 不利于 TFs 积累。Subramanian（1999）用儿茶素类进行 PPO 和 POD 酶促模拟氧化实验,发现在 pH 4.5 条件下PPO 粗酶氧化形成 TFs 比 pH 5.5 多,但应用纯化 PPO 则得到相反结果,即在较高 pH 值条件下形成较多 TFs,并认为这种差异是由于体系中的混杂 POD 造成的。可见,酸度对TFs 积累的影响是复杂的,一方面由于不同来源的 PPO 对不同的底物有不同的最适反应pH（表 12.3）,而且反应体系往往采用的是未经纯化的粗酶液,反应产物是多种相关酶共同作用的结果。因此,实际反应体系的最适 pH 可根据具体的条件在 4～6 之间进行调整。

6. 反应时间

反应时间对茶色素的积累也有较大影响。酶促反应需要经过适应期、线性期以及平台期等几个时间段,不同来源的酶、不同的反应温度、不同底物浓度以及氧气供应都对最佳的反应时间有影响;而且对于未纯化的 PPO 酶源,还要考虑其中 POD 对酶促产物 TFs 的降解作用。一般认为,TFs 酶促反应时间可根据体系的不同,控制在 40～60 min,有的甚至可以延长至 90 min。

（三）游离酶氧化制备茶色素技术

游离酶氧化制备茶色素方法主要有茶叶悬浮发酵法、儿茶素类单液相发酵法和双液相发酵法 3 种。

1. 茶叶悬浮发酵

茶叶液态悬浮发酵是一种最为简单的游离酶氧化制备茶色素技术,其工艺流程一般为:茶鲜叶破碎（匀浆）→发酵→过滤→浓缩→乙酸乙酯萃取→回收溶剂→干燥→TFs,其主要特点就是把原来先制备红茶、再行萃取的方式改为直接在液体条件下发酵和萃取,省去了茶叶生产中的干燥等高能耗工序。夏涛等（1998）研究了鲜叶破碎程度、萎凋及冷冻处理对茶鲜叶匀浆悬浮发酵产品中茶色素影响,结果表明,随鲜叶破碎程度的增大,产品中 TFs 含量明显增加,适度萎凋或冷冻处理也可明显提高 TFs 等含量;研究还发现,当体系中添加不同蒸青叶后,TFs 和 TRs 产量并没有明显影响,说明底物浓度不是发酵的限制因子,铜酶抑制剂二乙基二硫代氨基甲酸钠处理可使 TFs 形成量减少,而对 TRs 的形成无明显影响;降低pH 值可使 PPO 和 POD 稳定性下降,但可减缓 TFs 的非酶性氧化消耗,从而使 TFs 含量显著增加;增氧也有利于提高 TFs 的含量,当体系温度为 28.5～29.2℃,pH 值 4.6～4.8,供氧 13.0～15.0 mL/min,发酵时间 55.5～59.9 min 可获得最高的 TFs 产量。谷记平等 (2006)研究也发现,pH 值对鲜叶匀浆发酵 TFs 产量最大,其次是温度,再次是酶源物浓度,最后为底物浓度,最佳 TFs 制备参数为:pH 值为 4.8,反应温度为 30℃,酶源物浓度为 28 g/100 mL(以鲜叶重量计),底物浓度为 9 mg/mL,通氧量为 0.4 L/min,反应时间为 40 min,此时产品中 TFs 含量可达 43.33%。

此外,茶色素也可以通过微生物液体发酵途径直接获得,其具体工艺为:茶叶粉碎→加入蒸馏水→121℃灭菌→按 1 g/L 蒸馏水接种微生物→发酵→乙酸乙酯萃取→干燥→茶色素(彭春秀,2006)。

2. 单液相发酵

外源酶单液相发酵制备 TFs 的方法与茶鲜叶匀浆悬浮发酵类似,其流程为:将制备的外源酶液与溶解在缓冲液中的多酚类物质按照一定比例混合(或者直接将多酚类溶解到缓冲液制提的酶液中),然后在合适的条件下(温度、氧气、时间)发酵,发酵结束后钝化酶,并加入乙酸乙酯萃取,柠檬酸或 Tris-HCl 水洗,硫酸钠脱水,旋转蒸发回收溶剂,并干燥获得茶色素。该技术中使用的一般是脱咖啡因多酚类,反应获得的色素无需用三氯甲烷等有机溶剂处理,因此,TFs 产物安全性比溶剂萃取技术高。但该色素中除了反应形成的 TFs 和 TRs 外,还有相当数量未反应的儿茶素类物质,而且由于使用的酶源、发酵条件等差异,获得的终产物中 TFs 含量和组成相差较大。

萧伟祥等(1999)将纯度 96%的茶多酚(儿茶素类总量为 780.0 mg/g)溶于 1/15 mol/L 柠檬酸-Na$_2$HPO$_4$ 缓冲液(pH 5.6)中,配制成 10 mg/mL 溶液,在 1000 mL 反应体系中加入 25 g 丙酮粉粗酶,通入氧气(流量 20 mL/min)并搅拌,于 27～30℃酶促氧化 60 min,产物经乙酸乙酯萃取、浓缩和干燥,获得的 TFs 组成与红茶类似。之后该作者利用类似方法进行酶促茶色素制备,并对获得的茶色素进行了含量分析,发现其中 TFs 为 48.1%,TRs 为 21.0%(萧伟祥等,2003)。汪东风和程玉祥(2001)采用"绿茶→浸提→冷却→加入氧化酶→调节反应液 pH 值并通氧反应 1～3 h→迅速通蒸汽加热至 85℃左右片刻、冷却→有机溶剂萃取→脱咖啡因→转溶→喷雾干燥→茶色素"的工艺开展了酶法茶色素的制备研究,结果显示,酶法工业化生产的茶色素得率为 10%～12%,色素中 TFs 和 TRs 含量分别达 20%和 30%,其中 TFs 比传统的萃取法产品高约 30 倍,而 TR 和 TB 含量则分别比萃取法低约 2 倍和 4 倍,成本仅为工业化生产茶多酚 1.3 倍左右。

王坤波等(2007a,2007b)以不同酶活力和同工酶谱带数的梨、苹果、蘑菇和茶叶源 PPO 作为酶源,开展了酶促制备 TFs 实验,结果显示,在反应体系为 100 mL、底物浓度为 10 mg/mL(儿茶素类组成为 EGC 227.57 mg/g,C 31.68 mg/g,EC 98.72 mg/g,EGCg 133.17 mg/g,ECg 17.25 mg/g)、温度 30℃、通氧反应 40 min 条件下,活力最高的丰水梨 655.5 U/(min·mL)酶源,茶色素中 TFs 浓度最高,为 673.57 mg/g,其次为贡梨[195.53 U/(min·mL)],酶促产物 TFs 为 542.59 mg/g,酶活力较低的雪梨[83.9 U/(min·mL)],也有较高 TFs 产量,而活力较高的水晶梨[373.83 U/(min·mL)]TFs 产量相对较低(表 12.7),说明不同来源 PPO 发酵 TFs 产量高低与酶源关系密切,但与酶源中 PPO 活力高低没有必然的联系。之后该研究小组以活力为 309.50 U/(min·mL)的丰水梨 PPO 为酶源,采用正交试验设计,对酶促反应条件进行了比较,发现最佳的反应参数为:pH 值 5.5、温度 30℃、底物浓度 5 mg/mL,酶添加量 75 mL/1000 mg 底物(100 mL 反应体系)、时间 40 min,在该条件下茶色素中 TFs 含量达 729.57 mg/g(王坤波等,2007c)。这是迄今为止酶促茶色素制备中最高 TFs 含量的报道。Itoh 等(2007)也开展了漆酶催化氧化绿茶提取物与没食子酸混合物的研究,但仅获得了 Epitheaflagallin 和 Epitheaflagallin-3-O-gallate 等化合物,并没有得到常见的 TFs 组分。

表 12.7 不同酶源 PPO 活力及氧化产物中 TFs 含量(王坤波等,2007a;2007b)

PPO 来源	同工酶 条带	PPO 酶活 [U/(mL/min)]	TF	TF-3-G	TF-3'-G	TFDG	TFs (mg/g)
丰水梨	11	655.50	451.31	132.06	82.89	7.32	673.57
贡梨	7	195.53	396.32	94.64	40.85	10.78	542.59
雪梨	5	83.88	334.70	120.75	35.25	11.93	502.63
香梨	4	57.28	257.52	98.74	26.4	11.51	394.16
水晶梨	6	373.83	232.81	44.03	45.18	7.55	329.56
茶叶	2	128.97	94.50	50.30	38.60	8.20	191.60
苹果	4	28.28	77.72	11.93	13.92	2.18	105.75
漆酶	1	275.60	53.12	5.33	3.39	0.44	62.28
蘑菇	5	69.71	30.05	11.63	2.60	0.69	44.96

岳鹍等(2008)开展了 Denilite Ⅱ S 漆酶酶促氧化合成 TFs 参数研究,结果显示,各因素对 TFs 产量的作用顺序为:pH 值>反应温度>时间>酶浓度,最佳制备参数为:pH 值 2.3、温度 50℃、酶质量浓度 1.8 mg/mL、反应时间 1.5 h,该条件下茶多酚转化率在 30% 以上。张泽生等(2010)采用 20 mg/mL 茶多酚(纯度 80%)、50 mL 反应体系比较了单酶发酵与双酶联合发酵的效果,结果表明,单独的梨 PPO 酶促 TFs 制备的最佳条件为:梨 PPO 添加量 10 mL[酶活 493.00 U/(min/mL)]、温度 30℃、pH 值 3.5(柠檬酸-磷酸氢二钠缓冲液)、反应时间 1.5h,此时产品 TFs 含量 361.85 mg/g、儿茶素类残留量和转化率分别为 434.95 mg/g 和 42.5%;单独的 Denilite Ⅱ S 真菌漆酶最适发酵条件为:酶添加量 1.5 mg/mL[酶活 194.13 U/(min/mg)]、温度 50℃、pH 值 3.5(柠檬酸-磷酸氢二钠缓冲液)、反应时间 1.5 h,此时产品 TFs 含量 408.80 mg/g、儿茶素类残留量和转化率分别为 393.02 mg/g 和 48.0%;当采用双酶发酵时,即第一阶段先以梨酶反应,第二阶段再以漆酶反应,最终反应液中儿茶素类残留量明显减少,为 296.74 mg/g,所获产品中 TFs 含量可达 502.52 mg/g,说明两种酶联合使用可提高 TFs 产率。

3. 双液相系统酶促茶色素制备技术

体外酶促氧化制取 TFs 一般在水相中进行,但水中的溶氧量较少,只有 1.2~5.2 mg/L,而氧气是茶多酚酶促氧化的底物之一,也是保持酶活性的关键因子;同时酶促反应一般具有反馈机制,即随体系中底物浓度下降、产物浓度提高,酶促反应的速度也逐渐降低。解决体系溶氧问题,可以采用以下三个途径:一是增加搅拌速度,二是直接将氧气或空气鼓入反应体系,三是采用双液相发酵,即在原来水溶性反应体系的基础上,加入一种水不相混溶的亲脂性溶剂,由于氧在亲脂性溶剂中溶解度显著高于水溶液,因此通过搅拌可使亲脂性溶剂中溶解氧向水相转移,从而提高酶反应体系中氧浓度;同时由于 TFs 等色素在亲脂性溶剂中的溶解度也显著高于水相,因此反应产物 TFs 可以及时从催化的水相转移入亲脂性溶剂,体系中产物浓度的降低可使酶促反应反馈抑制作用解除,进而提高了催化效率。萧伟祥等

(2001)研究表明,双液相(等体积含底物和酶、pH 5.6、柠檬酸-磷酸氢二钠缓冲液与 OV-4 脂相)茶多酚酶促氧化条件下,茶色素制品中 TFs 含量可达 48%~52%,显著高于单液相发酵的产品(15%~20%)。

谷记平等(2007)采用儿茶素类总量为 74.8%(EGC 30.1%,C 6.4%,EC 17.5%,EGCg 17.2%,GCg 1.2%,ECg 2.4%)的茶多酚为原料,在底物浓度为 9 mg/mL、酶量 28 g/100 mL(以鲜叶重量计)、pH 4.8、温度 30℃、时间 40 min、氧气 400 mL/min 条件下,比较了单、双液相条件下不同来源(梨、苹果、茶)PPO 对 TFs 合成效率的影响,结果表明,在单液相系统中,茶鲜叶酶源催化获得的乙酸乙酯层物质中 TFs 含量为 33.7%,合成率为 14.2%,在双液相(水相∶脂相=7∶3)系统中,TFs 总量达 39.7%,合成率为 31.8%,说明茶鲜叶酶源双液相发酵效果明显优于单液相;而对梨酶源而言,单液相系统中乙酸乙酯层 TFs 总量(45.7%)高于双液相系统(40.2%);对苹果酶源而言,单液相 TFs 产量(18.22%)也比双液相(11.6%)高,见表 12.8。由此可见,不同来源的酶在单、双液相发酵条件下表现不一致。从儿茶素类转化率分析显示,无论是单相还是双相体系,儿茶素类转化均以茶鲜叶酶最高,梨源其次,苹果源最低。说明单相条件下茶鲜叶酶催化形成的 TFs 可能进一步转化为 TRs 而使乙酸乙酯层中 TFs 减少,而在双相体系中,PPO 催化形成的 TFs 被及时转移至脂相,从而避免了被 POD 等酶氧化成 TRs。李适等(2008)将毛栓菌中分离到的 PPO 用于双液相 TFs 酶促制备,他们在 100 mL 反应液(水相+油相,$V_{水相}$∶$V_{油相}$=1∶4)中加入 PPO 酶 30000 U、水相儿茶素类浓度为 10 mg/mL、恒温 28℃、通氧 800 mL/min 条件下,酶促反应 1 h,所得茶色素产品中 TFs 含量为 10.19%,较茶叶源 PPO(20.01%)双液相发酵低,但 TFs 中 TF-3-G 含量比较高,占 TFs 总量的 68.10%,该结果与谷记平等(2007)发现类似。

孔俊豪等(2011)采用正交设计开展了动态双液相发酵参数优化研究,结果显示,在茶叶酶源浓度 1600 U/g、pH 4.8、水脂两相比 1∶0.5、通氧(12 MPa,0.5 L/min)、液体循环恒流泵速度 40 r/min、反应器搅拌转速 360 r/min、反应时间 60 min 时,可获得最佳反应效果,茶色素产物中 TFs 含量为 47%。

表 12.8   不同酶源单、双液相酶促效果比较(谷记平等,2007)

处理	酶源	乙酸乙酯层色素(g)	TFs(g)	TFs(%)	TFs 合成率[a](%)	儿茶素类残留(%)	儿茶素转化率
单	茶叶	0.760	0.256	33.737	14.245	1.592	99.328
液	苹果	1.318	0.241	18.218	13.340	44.738	67.241
相	梨	0.740	0.338	45.727	18.799	14.542	94.022
双	茶叶	1.440	0.572	39.740	31.792	1.260	94.04
液	苹果	1.080	0.125	11.559	6.935	25.618	84.630
相	梨	0.990	0.398	40.201	22.111	13.114	92.789

a. 合成率=(粗制品中 TFs 总重量/所加儿茶素重量)×100%;转化率=(粗制品中儿茶素总重量/所加儿茶素重量)×100%。

(四)固定化酶氧化技术

游离酶酶促氧化过程中,由于酶与大量儿茶素类直接接触,而茶多酚能使多种蛋白发生不可逆的变性,因此,随着催化时间的延长,酶活力一般逐渐降低,尤其当儿茶素类浓度很高或者酯型儿茶素类比例很高的时候,这种酶活力衰减可在短时间内出现,不利于 TFs 等产物的积累。虽然双液相发酵可在一定程度上克服这一问题,但是酶的重复利用仍无法实现。

固定化酶(Immobilized enzyme)是在 20 世纪初至 60 年代发展起来的一种将酶用物理的或者化学的方法束缚或限制在固体材料中的方法。经过固定化后,不仅仍能发挥酶原有的催化效应,而且还可以提高酶的稳定性(温度、酸度和底物浓度)和重复利用效能。目前制备固定化酶的方法有物理法和化学法两大类。其中物理方法又包括吸附法、包埋法等,吸附法就是将酶或含酶菌体吸附在硅藻土、活性炭、氧化铝和多孔陶瓷等吸附剂表面而固定酶的方法;包埋法就是把酶包埋在微胶囊等包埋剂中而固定酶的方法。物理法固定酶的特点是没有对酶做任何修饰,酶只是依附在某些载体上,酶活性得以很好保留,但是这种方法可能存在区隔作用而使酶与底物接触效率下降,同时酶也容易从载体上流失。化学法主要通过交联剂将酶与载体之间建立新的化学键而使酶被载体固定的方法,该法需要对酶的部分基团进行化学修饰,因此可能造成部分酶活性的损失,但该法的优点是酶和载体结合比较牢固、不容易流失。酶经过固定化后,催化反应主要发生在载体与液体界面上(外表面和内表面),因此界面的大小以及底物达到界面的难易程度是影响催化效率的重要因素。

在 20 世纪 90 年代中后期,浙江农业大学李荣林和方辉遂(1998)开展了固定化 PPO 酶促茶多酚氧化实验,主要方法是将从茶鲜叶丙酮粉中提取的 PPO 粗酶与海藻酸钠载体混合,并以小液滴方式与 Ca^{2+} 离子溶液接触,使之形成固体小颗粒,之后用戊二醛将 PPO 交联在载体上,当固定化 PPO 与绿茶茶汤混合后,可形成 TFs 等茶色素物质,而且酶的贮存稳定性明显增强,最适 pH 提高至 7.0,最适温度也上升至 40℃,同时对抑制剂的敏感性下降。屠幼英等(2004)采用茶叶丙酮粉 PPO 粗酶,以多孔金属铝板为支撑物,经戊二醛交联壳聚糖包埋法制得 PPO 金属酶膜,在此基础上应用响应面设计开展了固定化 PPO 酶膜催化儿茶素类生产 TFs 研究,建立了通过 pH 值、通气量、茶多酚浓度、反应时间和固定化酶与底物之比[酶膜质量(除去铝板重)与 40 mL 反应液中的茶多酚质量比]各因素预测反应产物中 TFs 浓度(Y)的数学模型:

$$Y = -2.25 + 7.01 \times 10^{-3} \times X_e + 2.52 \times 10^{-2} \times X_a + 2.79 \times X_c + 0.51 \times X_p - 3.49 \times 10^{-4} \times X_t^2 - 2.03 \times 10^{-5} \times X_e^2 - 8.19 \times 10^{-4} \times X_a^2 + 1.50 \times 10^{-2} \times X_c \times X_t - 1.63 \times X_c^2 - 0.26 \times X_p \times X_c - 6.04 \times 10^{-2} \times X_p^2$$

其中 X_t 为反应时间(min), X_e 为固定化酶与底物的质量比(AU/mL), X_a 为通气量(L/min), X_c 为茶多酚浓度(mg/mL), X_p 为 pH 值。

由该模型求极限获得了酶与底物之比为 1:128.7、茶多酚浓度 5.95 mg/mL、pH 值 4.3、通气量为 23.81 L/min 和反应时间 49 min 的最佳催化参数,经过验证,在该条件下产物中 TFs 浓度为 0.754±0.017 mg/mL,与理论值基本一致。黄海涛和张伟(2005)也开展了类似研究,获得了 30% 以上 TFs 得率。丁兆堂等(2005)采用纳米 $CaCO_3$ 吸附法制备了固定化茶叶 PPO,并于 37℃、pH 5.6 下酶促反应,TFs 在乙酸乙酯萃取物中的浓度达 64.5%,而且以 TF-3-G 为主,并认为纳米 $CaCO_3$ 是良好的固定化载体。Bonnely 等(2003)采用室温多次蒸馏水(鲜叶按料液比 1:200 加蒸馏水,洗 3 次,每次 2 h)洗涤的方式去除茶叶叶片中多酚类物质来制备原位固定化酶,并将该固定化酶用于儿茶素类模拟发酵,获得了与红茶发酵类似的酶促产物。

袁新跃等(2009)开展了固定化 PPO 制备参数及其树脂载体优选研究,结果显示,最佳的固定化 PPO 制备程序为:将 10 g 预处理后的树脂载体加入含有 50 mg 漆酶的柠檬酸-磷酸二氢钠缓冲液(pH 5.6)中,于 8℃、120 r/min 吸附 2 h,经过滤和清洗去除未吸附的多余酶液,将吸附有漆酶的树脂置于浓度 0.04％的戊二醛溶液中,于 8℃、120 r/min 交联固定 1 h;应用该固定化程序比较了 11 种候选树脂,发现 D152 制备的固定化 PPO 活力最高且机械强度也较强。之后王斌等(2011)对该方法进行了改进,具体的操作方法为:将预处理的 D152 树脂(200.0 g)与含有霉菌 Trametes spp 漆酶的磷酸缓冲液(pH 5.6)混合,并置于旋转蒸发仪蒸发瓶中,于 4℃、120 r/min 条件下旋转吸附固定化 2 h,之后向瓶中加入 25％戊二醛旋转(120 r/min)交联 1 h;在此基础上,该研究小组还设计了填充床连续化制备 TFs 生物反应器(图 12.7),并对填充床反应器连续氧化茶多酚制备 TFs 参数进行了研究,结果表明,在固定化漆酶柱床体积为 100 mL、温度 28℃、底物(10.0 mg/mL 纯度 98％茶多酚)流速 2.0 mL/min、氧气流量 55 mL/min、pH 5.6 条件下可获得最佳 TFs 制备效率,此时 TFs 合成率(茶黄素合成量/儿茶素类底物总量)可达 20.99％。岳鹍等(2011)也以 D152 为载体开展了固定化 Denilite ⅡS 漆酶及其催化反应条件研究,并认为固定化 Denilite ⅡS 漆酶的最佳酶促条件为:60℃、pH 5、底物浓度 20 mg/mL、通氧量 20 L/min 和时间 1.5 h,漆酶固定化后最适温度、pH 均有所提高,而且重复使用 10 次后,仍可保留 48％左右原始活性,显示出良好的重复使用效能。但不难看出,该文报道的酶促温度与王斌等(2011)的研究结果有较大出入,其原因可能与酶的来源不同有关。

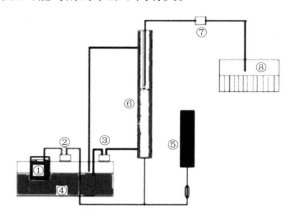

①储液罐,②③⑦蠕动泵,④恒温水浴锅,⑤氧气罐,⑥夹套柱填充床反应器,⑧部分收集器

图 12.7　固定化 PPO 填充床反应器连续制备 TFs 装置(王斌等,2011)

　　虽然众多研究者对固定化酶酶促 TFs 生产技术进行了研究,获得了令人鼓舞的阶段成果,显示出良好的工业化前景,但不容否认的是,该技术尚不完善,一些问题,如载体优选问题、酶固定化制备经济和时间成本问题、酶的反复利用问题、底物如何在载体中快速高效扩散问题等尚有待解决。

第三节　茶色素类制备新技术

　　无论是采用溶剂浸提法从红茶中提取 TFs,还是通过体外氧化制备法制取 TFs,所得的 TFs 纯度仍然不高,限制了 TFs 终端产品的开发和应用。色谱和膜分离技术是获得高纯 TFs 的重要手段。

早在 20 世纪 50 年代红茶色素研究伊始,纸层析、硅胶柱和葡聚糖柱层析等色谱技术即被用于色素的微量制备和定性研究。Roberts 等(1957)用双向纸层析法分离获得了多种 TFs 和 TRs,开创了茶色素研究先河。随后,Berkowltz 等(1971)应用乙酸乙酯提取、5%碳酸氢钠水洗、丙酮溶解、氯仿沉淀、硅胶层析初步分离、纤维素柱层析精制的方法成功制备了 TFDG 等 TFs 组分。Lea 和 Crispin (1971)首先将 Sephadex LH-20 应用于 TFs 物质的分离,Collier 等(1973)采用葡聚糖凝胶层析和硅胶层析相结合的方法分离到 TF、TF-3-G 和 TF-3′-G 混合物、TFDG,但整个分离过程非常复杂;同年,竹尾忠一(1973)也采用 Sephadex LH-20,结合 30%、40%、50%的丙酮梯度洗脱,从红茶水浸出物中分离到了 TF、TF-3-G 和 TF-3′-G 混合物、TFDG。之后国内外大量学者应用该方法进行了 TFs 组分的分离和纯化研究,并取得了良好效果。虽然葡聚糖 Sephadex LH-20 层析较纸层析、硅胶层析、纤维素层析具有明显的优势,在合适洗脱条件下可以获得主要 TFs 组分,但是,该法上样量少、分离时间长、成本高、柱再生困难,只适合实验室微量或极少量制备,不能应用于大规模工业化制备。

TFs 的规模化生产需要一些适合大量制备的新材料及其相应的新技术。

一、大孔树脂柱色谱分离技术

大孔吸附树脂是以苯乙烯和丙酸酯等为合成单体、以二乙烯苯为交联剂、甲苯等为致孔剂,经聚合形成的具有 100～1000 nm 孔径的多孔性物质。该类树脂一般为白色的球状颗粒(粒度为 20～60 目),理化性质稳定,不溶于酸、碱及有机溶剂,主要通过其巨大的空隙表面以范德华力和氢键与吸附物质相互作用,进而实现目标物与杂质分离。大孔树脂主要按照其极性强弱分成极性、中极性和非极性三类。常见的大孔树脂有 Amberlite XAD 系列、Diaion HP 系列、D 系列、H 系列、AB 系列等。

贾振宝等(2010)比较了 HPD-300、HPD-100、AB-8、NKA-2 和 NKA 等几种大孔吸附树脂对 TFs 的吸附和解吸能力差异,并以优选树脂为柱床填料开展了 TFs 纯化研究,结果显示,HPD-300 在实验的几种树脂中吸附量最高,而且也有 90%以上的解吸率,经过 HPD-300 吸附和 60%乙醇洗脱,TFs 纯度可由原来 18.4%提高到 67.2%,回收率为 73.7%。郁军等(2011)以 NKA-9、AB-8 和 ADS-7 大孔吸附树脂为材料,研究了 pH 值、上样速度、除杂液质量分数、样品洗脱液质量分数和体积对制备 TFs 纯度的影响,结果表明,NKA-9 的纯化效果明显优于 AB-8 和 ADS-7,当以 NKA-9 为柱床填料时,其纯化 TFs 的最佳工艺条件为:pH 3、上样速度 2 BV/h、先用 1 BV 15%的乙醇除杂,再用 3 BV 90%的乙醇洗脱,过柱纯化后 TFs 纯度由原料的 16.6%提高到 44.1%。虽然大孔树脂处理后,可显著提高样品中 TFs 的纯度,但是上述技术尚无法实现对 TFs 单体的分离。

Xu 等(2010)采用 Mitsubishi SP-207 大孔树脂吸附、结合乙醇梯度分步(20%～70%)洗脱技术,将固定化酶制备的 TFs 粗品纯度提高至 80%,并进一步以制备型 C18 柱进行 TFs 单体分离,获得了较高纯度的 TF-3-G(92.48%)、TF-3′-G(90.05%)、TFDG(92.40%)和 TF(73.02%)。

此外,易恋(2010)比较 D101、S-8、AB-8、HP-20、NKA-9、LSA-7、XAD-7HP 和 D201 等多种树脂对 TBs 的吸附和解吸率,发现 D101 对茶褐素的吸附(吸附率 85.27%)和解吸附(解吸率 88.23%)均较优。在此基础上,初步建立以 D101 大孔树脂为填料的茶褐素纯化工艺。

二、聚酰胺柱色谱分离技术

聚酰胺是由己二酸和乙二胺或者己内酰胺缩聚而成的大分子聚合物,并经酸蚀获得的一种多孔性的、具有多种活性基团的吸附剂。

丁阳平等(2007)首次采用聚酰胺进行了 TFs 纯化制备研究,结果显示,在上样量 250 mg/50 mL聚酰胺、上样浓度 20%、甲醇:氯仿:丙酮:冰醋酸(3:5:8:0.5,V/V)等梯度洗脱、洗脱流速 0.6 BV/h 条件下,可获得 TF、TF-3′-G 两种单体,纯度可达 93% 和 85%,回收率分别为 69.85% 和 80.2%。Wang 等(2009)也以聚酰胺薄板层析技术开展了儿茶素类和茶色素物质的分离研究,发现采用氯仿:甲醇(2:3,V/V)为展层剂,可实现 TF、TF-3-G、TF-3′-G和 TF-D-G 与其他儿茶素类物质的有效分离,说明聚酰胺可用于 TFs 纯化以及单体制备。

江和源等(2006)开展了聚酰胺树脂柱层析分离制备 TFs 单体的研究,采用以乙酸乙酯或丙酮:乙醇:乙酸[(4~10):(1~3):(1~6)]混合液作为洗脱剂实现了 TF、TF-3-G、TF-3′-G、TFDG 4 种单体的有效分离,单体纯度在 96% 以上,回收率 84% 以上,并于 2010 年获得发明专利授权(CN200610154852.1)。该法制备 TFs 单体纯度和回收率均高,能适应大规模工业化生产。

三、高速逆流色谱分离技术

高速逆流色谱(High speed counte current chromatography,HSCCC)是 20 世纪 80 年代发展起来的一种连续高效的液-液分配色谱分离技术,其原理是:当流动相流经高速旋转的固定相时,通过连续高频率的液-液萃取使溶质在两相中重新分配,在流动相的推动下各种溶质根据其在两相中分配系数之间的差异渐次被洗脱出来,进而实现分离。因此,从原理上,HSCCC 与多级连续萃取较为类似,但是它整合了液滴逆流色谱和离心分配色谱的优点,不使用固态支撑体或载体,可避免分离样品与固体载体表面产生近化学反应和不可逆吸附等情况的发生,不仅使样品能够全部回收,回收的样品更能反映其本来的特性,而且由于被分离物质与液态固定相之间能够充分接触,使得样品的制备量大大提高,是一种理想的制备分离手段。与传统的固-液柱色谱相比,具有适用范围广、操作灵活、高效、制备量大、费用低等优点,但是 HSCCC 也有其自身的局限性,一种溶剂系统往往很难实现所有溶质的有效分离,分配系数相近的物质往往会相互混杂。

江和源等(2000a)和 Du 等(2001)较早采用 HSCCC 技术开展 TFs 分离纯化研究。其具体操作为:配制乙酸乙酯:正己烷:甲醇:水(3:1:1:6)溶剂系统,待分相后,将上相(主要为乙酸乙酯和正己烷)作为固定相,用泵以 10 mL/min 的流速灌注色谱分离柱;然后将柱的首端与六通进样阀相接,开启速度控制器,使高速逆流色谱仪按顺时针方向旋转;当转速达到 800 r/min 时开始以一定的流速泵入流动相(下相,主要为甲醇和水),并通过六通进样阀进样;待流动相开始流出色谱柱时,调节自动部分收集器收集流出液;根据流出液 380 nm 吸光度情况,将不同的成分分别收集、浓缩、冷冻干燥。当以 250 mg TFs 复合物粗品为起始物,在 6 h 内可把四种主要 TFs 分成三个部分;当以 Sephadex LH-20 柱色谱初分的 TF 或 TFDG 为起始物时,可实现单体的有效纯化。之后,该研究小组还开展了酸度对 HSCCC 分离效果的影响研究,发现调节 pH 值可实现 TFs 与其他杂质的有效分离,但不能实现 TFs 单体分离(江和源等,2000b)。李大祥等(2004)结合 HSCCC、Sephadex LH-20 和半制备 HPLC 三种技术实现了 TF 与 TFDG 的有效分离,但不能分离 TF-3-G 和 TF-3′-G。Cao 等(2004)研究也发现 HSCCC 可使 TF 与 TFDG 获得有效分离,但要将 2 种茶黄素单没食子酸酯分开需要将 HSCCC 与制备 HPLC 两种技术联合使用。

杨子银等(2005)比较了不同溶剂系统和 NaHCO₃ 前处理对 HSCCC 分离 TFs 效果,结果证实,溶剂系统乙酸乙酯∶正己烷∶甲醇∶水(3∶1∶1∶6,V/V)具有较理想的分离效果,NaHCO₃ 前处理有助于 TFs 单体的分离,当进样量为 200 mg、流动相速度 1.2 mL/min、仪器转速 880 r/min 时,能将 TFs 复合物分成没食子酸、咖啡因、TF-3′-G、TFDG、TF-3′-G/TFDG 混合物以及 1 种未知成分 6 个部分,效果较为理想。Yanagida 等(2006)还采用叔丁基甲基醚∶乙腈∶0.1% 三氯乙酸(2∶2∶3, $V/V/V$)为溶剂系统开展了儿茶素类、儿茶素类氧化物以及食品多酚的 HSCCC 分离研究,取得了较好效果,并认为 HSCCC 分离效果与溶质的疏水特性差异密切相关。

Yang 等(2008)以高速逆流色谱法(HSCCC)和 Sephadex LH-20 柱层析结合的分离法对红茶中的主要 TFs 单体进行了分离。当采用乙酸乙酯∶正己烷∶甲醇∶水(3∶1∶1∶6)溶剂体系时,仅 HSCCC 即可将 TF、TF-3-G、TF-3′-G 和 TFDG 分离,但是 TF 中仍含有 ECg 等杂质;采用 Sephadex LH-20 凝胶柱时可将 TFs 分成 TF、TF-3-G/TF-3′-G、TFDG 3 部分,不能有效分离 2 种茶黄素单没食子酸酯,且 TF 也混有 EGCg;当将这 2 种方法结合时可获得纯度更高的 TF、TF-3-G、TF-3′-G、TFDG 4 种单体。王坤波等也开展了 HSCCC 分离 TFs 单体参数优化研究,在溶剂系统为乙酸乙酯∶正己烷∶甲醇∶水∶冰醋酸(5∶1∶1∶5∶0.25,V/V)、流动相流速为 2 mL/min、仪器转速 700 r/min、进样量 30 mg、分离时间 450 min 条件下,可实现 TFs 复合物或红茶水浸出物中 4 种单体分离(Wang et $al.$,2008;王坤波等,2009)。

此外,Degenhardr 等(2000)还将 HSCCC 技术应用于 TRs 的分离和纯化,当以乙酸乙酯∶正丁醇∶水(2∶3∶5)为溶剂系统时,可获得纯度较高的 TRs。

综上所述,HSCCC 是一种可应用于 TFs 分离和单体纯化的有效手段,但仅以 HSCCC 技术分离所有 TFs 主要单体还存在一定困难,一方面是可供选用的溶剂系统比较有限,另一方面起始物组成不同可能对分离效果也有影响。此外,要将该技术应用于生产,还必须解决成本高、制备量小、有机溶剂残留等实际问题。

四、膜分离技术

膜分离是 20 世纪 60 年代后发展起来的一种分离新技术,其基本原理就是过滤,即料液流经膜表面时,大于膜截留相对分子质量的物质不能透过,而小于膜截留相对分子质量的物质可以透过膜,从而达到分离目的。膜技术主要通过不同大小孔径膜的配置来分离目标物,其类型有微滤膜(MF)、超滤膜(UF)、纳滤膜(NF)、反渗透膜(RO)等。由于膜分离是一种物理过程,具有无相变、节能、体积小、可拆分等特点,已广泛应用于制药、化工、水处理和植物有效成分提取等领域。

吕虎等(2000)利用膜分离技术研究显示,婺源绿茶茶色素中,61.5% 的组分相对分子质量小于 3000,69.4% 的组分小于 5000,76.9% 的组分小于 20000,88.9% 的组分小于 30000,但也存在少量大于 100000 的高聚物。肖文军等(2005)将云南红碎茶经 90℃ 热水浸提,并以膜面积为 1 m^2 和孔径为 0.2 μm 陶瓷膜、膜面积为 4 m^2 和截留相对分子质量为 3500 或 10000 的卷式超滤膜以及膜面积为 4 m^2 和截留相对分子质量为 300 的卷式纳滤膜依次进行微滤澄清、超滤分离与纳滤浓缩，系统研究了各膜滤过程的性能表征及其效应。结果表明，微滤对料液具有很好的澄清效果，而且 TFs 损失很少（得率为 91.85%），相对分子质量为 3500 膜超滤能有效去除蛋白质（截留率为 91.23%）、碳水化合物（截留率为 92.50%），溶液中 TFs 纯度可提高至 1.72%，但得率仅 27.35%；相对分子质量为 10000 膜超滤对蛋白质、碳水化合物的截留率分别为 50.19% 和 47.93%，TFs 的得率和纯度分别为 85.79% 和 1.00%；经过相对分子质量为 300 膜纳滤处理可使 10000 膜超滤液浓缩 13.16 倍，TFs 截留率达 93.39%，且 TFs 纯度提高至 1.14%。可见，在红茶色素制备过程中，膜分离无法实现 TFs 与其他物质的有效分离，但微滤具有良好的澄清作用，反渗透膜则可有效实现料液的浓缩。

张钦等（2012）将脱蛋白后的 TBs 溶液依次过截留量为相对分子质量 3500、10000、25000、100000 膜的方式进行 TBs 分级品制备，发现脱蛋白后的 TBs 以相对分子质量 100000 非透析大分子量物质为主，该部分占 TBs 总量的 76.87%，其次是相对分子质量 3500 可透析性物质，占 17.03%，而其他 3 个样品（相对分子质量 3500～10000、10000～25000、25000～100000）所占比重较少，分别为 2.92%、2.08%、1.10%，并据此推测'紫娟'普洱茶 TBs 大部分为相对分子质量大于 100000 和小于 3500 的组分。

总之，膜分离技术可应用于茶色素的澄清和浓缩工序，同时对聚合度较高的 TBs 也具有较好的分离效果。

参考文献

Almagro L, Gómez Ros LV, Belchi-Navarro S, Bru R, Ros BarcelóA, Pedreño MA. 2009. Class III peroxidases in plant defence reactions [J]. Journal of Experimental Botany, 60: 377-390.

Berglund GI, Carlsson GH, Smith AT, Szoke H, Henriksen A, Hajdu J. 2002. The catalytic pathway of horseradish peroxidase at high resolution [J]. Nature, 417: 463-468.

Berkowltz JE, Coggon P and Sanderson GW. 1971. Formation of epitheaflavic acid and its transformation to thearubigins during tea fermentation [J]. Phytochemistry, 10: 2271-2278.

Bonnely S, Davis A L, Lewis J R and Astill C. 2003. A model oxidation system to study oxidised phenolic compounds present in black tea [J]. Food Chemistry, 83: 485-492.

Brown AG, Eyton WB, Holmes A and Ollis WD. 1969. Identification of the thearubigins as polymeric proanthocyanidins [J]. Nature, 221: 742-744.

Cao XL, Lewis JR and Ito Y. 2004. Application of high-speed countercurrent chromatography to the separation of black tea theaflavins [J]. Journal of Liquid Chromatography and Related Technologies, 27: 1893-1902.

Collier PD, Mallows R, Korver O and Thomas PE. 1973. The theaflavins of black tea [J]. Tetrahedon, 29: 125-142.

Constabel CP and Barbehenn R. 2008. Chapter 12-Defensive Roles of Polyphenol Oxidase in Plants [M]. In: Schaller A (ed.). Induced Plant Resistance to Herbivory. Berlin: Springer Science and Business Media. pp 253-270

Degenhardt A, Engelhardt UH, Wendt AS and Winterhalter P. 2000. Isolation of black tea pigments using high-speed countercurrent chromatography and studies on properties of black tea polymers [J]. Journal of Agricultural and Food Chemistry, 48: 5200-5205.

Du QZ, Jiang HY and Ito Y. 2001. Separation of theaflavins of black tea: High-speed countercurrent chromatography vs. sephadex LH-20 gel column chromate-graphy [J]. Journal of Liquid Chromatography and Related Technologies, 24: 2363-2369.

Hakulinen N, Kiiskinen LL, Kruus K, Saloheimo M, Paananen A, Koivula A and Rouvinen J. 2002. Crystal structure of a laccase from Melanocarpus albomyces with an intact trinuclear copper site [J]. Nature Structural Biology, 9: 601-605.

Henriksen A, Mirza O, Indiani C, Teilum K, Smulevich G, Welinder KG and Gajhede M. 2001. Structure of soybean seed coat peroxidase: a plant peroxidase with unusual stability and haem-apoprotein interactions [J]. Protein Science, 10: 108-115.

Itoh N, Katsube Y, Yamamoto K, Nakajima N and Yoshida K. 2007. Laccase-catalyzed conversion of green tea catechins in the presence o f gallic acid to epitheaflagallin and epitheaflagallin 3-O-gallate [J]. Tetrahedron, 63: 9488-9492.

Krishnan R and Maru GB. 2006. Isolation and analyses of polymeric polyphenol fractions from black tea [J]. Food Chemistry, 94: 331-340.

Kusano R, Tanaka T, Matsuo Y and Kouno I. 2007. Structures of epicatechin gallate trimer and tetramer produced by enzymatic oxidation [J]. Chemical and Pharmaceutical Bulletin, 55: 1768-1772.

Lea AGH and Crispin DJ. 1971. The separation of theaflavins on sephadex LH-20[J]. Journal of Chromatography A, 54: 133-135.

Mayer AM. 2006. Polyphenol oxidases in plants and fungi: Going places? A review [J]. Phytochemistry, 67: 2318-2331.

Opie SC, Robertson A, Clifford MN. 梁月荣译. 1989. 红茶茶红素的高效液相色谱分离和体外氧化法制备[J]. 茶叶科学简报, (4): 41-48.

Roberts EAH. 1957. The phenolic substances of manufactured tea(I) [J]. Journal of the Science of Food and Agriculture, 8: 72-80.

Roberts EAH, Cartwright RA and Oldschool M. 1958a. The phenolic substance of manufactured tea(Ⅱ) [J]. Journal of the Science of Food and Agriculture, 9: 212-216.

Roberts EAH, Cartwright R. A and Oldschool M. 1958b. The phenolic substance of manufactured tea(Ⅲ) [J]. Journal of the Science of Food and Agriculture, 9: 217-223.

Roberts EAH, Cartwright RA, Oldschool M. 1959. The phenolic substance of manufactured tea(Ⅳ)[J]. Journal of the Science of Food and Agriculture, 10: 176-179.

Sang S, Lambert JD, Tian S, Honga J, Hou Z, Ryu JH, Stark RE, Rosen RT, Huang MT, Yang CS and Ho CT. 2004. Enzymatic synthesis of tea theaflavin derivatives and theiranti-inflammatory and cytotoxic activities [J]. Bioorganicand Medicinal Chemistry, 12: 459-467.

Shii T, Miyamoto M, Matsuo Y, Tanaka T and Kouno I. 2011. Biomimetic one-pot preparation of a black tea polyphenol theasinensin A from epigallocatechin gallate by treatment with copper (ii) chloride and ascorbic acid [J]. Phytochemistry, 72: 2006-2014.

Tanaka T, Chie Mine, Inoue K, Matsuda M and Kouno I. 2002. Synthesis of theaflavin from epicatechin and epigallocatechin by plant homogenates and role of epicatechin quinone in the synthesis and degradation of theaflavin [J]. Journal of Agricultural and Food Chemistry, 50: 2142-2148.

Tanaka T, Miyata Y, Tamaya K, Kusano R, Matsuo Y, Tamaru S, Tanaka K, Matsui T, Maeda M and Kouno I. 2008. Increase of theaflavin gallates and thearubigins by acceleration of catechin oxidation in a new fermented tea product obtained by the tea-rolling processing of loquat (eriobotrya japonica) and green tea leaves [J]. Chemical and Pharmaceutical Bulletin, 56: 266-272.

Veitch NC. 2004. Molecules of interest Horseradish peroxidase: a modern view of a classic enzyme [J]. Phytochemistry, 65: 249-259.

Virador VM, Reyes Grajeda JP, Blanco-Labra A, Mendiola-Olaya E, Smith GM, Moreno A and Whitaker JR. 2010. Cloning, sequencing, purification, and crystal structure of Grenache (vitis vinifera) polyphenol oxidase [J]. Journal of Agricultural and Food Chemistry, 58: 1189-1201.

Wang K, Liu Z, Huang JA, Dong X, Song L, Pan Y and liu F. 2008. Preparative isolation and purification of theaflavins and catechins by high-speed countercurrent chromatography [J]. Journal of Chromatography B, 867: 282-286.

Wang KB, Liu ZH, Huang JA, Fu DH, Liu F, Gong YS and Wu XS. 2009. TLC Separation of catechins and theaflavins on polyamide plates [J]. Journal of Planar Chromatography Modern TLC, 22: 97-100.

Xu Y, Jin YX, Wu YY and Tu YY. 2010. Isolation and purification of four individual theaflavins using semi-preparative high performance liquid chromatography [J]. Journal of Liquid Chromatography and Related Technologies, 33: 1791-1801.

Yanagida A, Shoji A, Shibusawa Y, Shindo H, Tagashira M, Ikeda M and Ito Y. 2006. Analytical separation of tea catechins and food-related polyphenols by high-speed counter-current chromatography [J]. Journal of Chromatography A, 1112: 195-201.

Yang C, Li D and Wan X. 2008. Combination of HSCCC and Sephadex LH-20 methods: An approach to isolation and purification of the main individual theaflavins from black tea [J]. Journal of Chromatography B, 861: 140-144.

Yoruk R and Marshall MR. 2003. Physicochemical properties and function of plant polyphenol oxidase: a review [J]. Journal of Food Biochemistry, 27: 361-422.

丁阳平, 刘仲华, 黄建安. 2007. 聚酰胺分离纯化茶黄素类物质研究[J]. 食品科学, 28 (12): 55-57.

丁兆堂, 王秀峰, 于海宁, 沈生荣. 2005. 茶多酚固定化酶体外氧化产物茶黄素组成及其化学发光分析[J]. 茶叶科学, 25(1): 49-55.

范泳. 2007. 茶多酚制备工艺优化及化学氧化生产茶色素工艺研究[D]. 硕士学位论文. 西南农业大学.

房贤坤, 陈杰, 姜吉, 张春枝. 2012. 普洱生茶快速发酵法制备茶褐素[J]. 大连工业大学学报, 31(2): 103-106.

龚文琼, 刘睿. 2010. 响应面法优化微波辅助提取普洱茶中茶色素工艺研究[J]. 食品科学, 31(8): 137-142.

谷记平, 刘仲华, 黄建安, 施兆鹏, 王桂雪. 2007. 单双液相下不同多酚氧化酶源对酶性合成茶黄素的影响[J]. 茶叶科学, 27(1): 76-82.

谷记平, 刘仲华, 黄建安, 施兆鹏. 2006. 酶性氧化合成茶黄素条件优化的研究[J]. 茶叶科学, 26(4): 285-290.

黄海涛, 张伟. 2005. 固定化酶法制取茶黄素的工艺条件初探[J]. 杭州农业科技, (5): 9-10.

贾振宝, 陈文伟, 关荣发, 黄光荣, 蒋家新. 2010. 大孔吸附树脂纯化红茶中茶黄素的研究 [J]. 中草药, 41(7): 1106-1109.

江和源, 程启坤, 杜琪珍. 2000b. 高速逆流色谱法分离纯化茶黄素[J]. 天然产物研究与开发, 12(4): 30-35.

江和源, 程启坤, 杜琪珍. 2000a. 高速逆流色谱在茶黄素分离上的应用[J]. 茶叶科学, 20(1): 40-44.

江和源, 王川丕, 高晴晴. 2010. 一种制备四种茶黄素单体的方法. 中国专利. 专利号 CN200610154852.1.

孔俊豪, 杨秀芳, 涂云飞, 孙庆磊, 陈小强. 2011. 基于 SPSS 空列正交设计的茶黄素动态提制工艺快速优化[J]. 中国茶叶加工, (3): 10-14.

李宝才, 龚加顺, 张惠芬, 李忠, 戴伟锋, 曾宪成. 2007. 腐植酸与普洱茶茶色素[J]. 腐植酸, (1): 19-26.

李大祥, 宛晓春, 夏涛. 2004. 茶色素的制备和化学成分分析[J]. 卫生研究, 33(6): 698-699.

李大祥, 宛晓春, 萧伟祥. 2000. 儿茶素化学氧化条件的研究(简报)[J]. 茶叶通报, 22(2): 17-18.

李立祥, 萧伟祥. 2002. 茶多酚双液相氧化制取茶色素参数优化[J]. 茶叶科学, 22(2): 119-124.

李立祥, 萧伟祥. 2004. 茶多酚双液相氧化制取茶色素工艺研究[J]. 南京农业大学学报, 27(2): 99-104.

李立祥. 2003. 酸性氧化条件对茶多酚酸性氧化影响[J]. 中国茶叶加工, (2): 28-301.

李荣林, 方辉遂. 1998. 固定化多酚氧化酶的化学性质研究[J]. 茶叶, 24(1): 18-21.

李适，刘仲华，黄建安，王坤波，施玲. 2008. 毛栓菌多酚氧化酶酶学性质及茶黄素的酶促合成研究[J]. 茶叶科学，28(5):326-330.

吕虎，孔庆友，冷和平，洪德臣. 2000. 茶色素制取及其化学组成[J]. 林产化学与工业，20(4)：63-68.

彭春秀. 2006. 一种微生物液态发酵生产茶色素的方法. 中国专利. 专利号 CN200610010788.

秦谊，龚加顺，张惠芬，何静，张水花，周红杰，李宝才. 2009. 普洱茶茶褐素提取工艺及理化性质的初步研究[J]. 林产化学与工业，29(5):95-98.

孙刘根. 1997. 茶色素及其生产方法. 中国专利. 专利号 CN 93110413.0.

屠幼英，方青，梁惠玲，黄海涛. 2004. 固定化酶膜催化茶多酚形成茶黄素反应条件优选[J]. 茶叶科学，24(2)：129-134.

宛晓春，王勇. 1991. 食用天然色素-茶黄色素的初步研究[J]. 食品与发酵工业，(5)：55-571.

汪东风，程玉祥. 2001. 茶色素酶法工业化生产(简报)[J]. 茶叶，27(4):25-26.

王斌，江和源，张建勇，王伟伟，王岩，黄永东. 2011. 固定化多酚氧化酶填充床反应器连续制备茶黄素[J]. 食品与发酵工业，37(5):40-44.

王华. 2007. 茶红素分离制备及清除自由基活性的初步研究[D]. 硕士学位论文. 安徽农业大学.

王坤波，刘仲华，黄建安，刘芳，龚雨顺，潘宇，黄浩. 2009. 高速逆流色谱法分离茶黄素条件的优化[J]. 食品科学，30(6)：191-195.

王坤波，刘仲华，黄建安. 2004. 儿茶素体外氧化制备茶黄素的研究[J]. 茶叶科学，24(1)：53-59.

王坤波，刘仲华，赵淑娟，傅冬和，黄建安. 2007a. 梨多酚氧化酶同工酶组成及其对茶黄素合成的影响[J]. 湖南农业大学学报(自然科学版)，33(4):459-462.

王坤波，刘仲华，赵淑娟，傅冬和，黄建安. 2007c. 儿茶素组成和理化条件对茶黄素酶催化合成的影响[J]. 茶叶科学，27(3)：192-200.

王坤波，刘仲华，赵淑娟，黄建安，傅冬和，刘芳. 2007b. 多酚氧化酶同工酶组成对茶黄素合成的影响. 农业现代化研究[J]，28(5):618-621.

吴红梅. 2004. 多酚氧化酶酶源筛选及酶法制取茶色素研究[D]. 硕士学位论文. 安徽农业大学.

夏涛. 1998. 茶鲜叶匀浆悬浮发酵工艺学及品质形成机制的研究[D]. 博士学位论文. 浙江农业大学.

夏涛. 1999. 红茶色素形成机制的研究[J]. 茶叶科学，19(2)：139-144.

肖文军，刘仲华，邓欣. 1999. 膜过程集成提纯茶黄素的研究[J]. 膜科学与技术，25(4)：79-84.

萧伟祥，李纯，萧慧. 1992. 红茶色素的形成与降解作用的初步研究[J]. 茶叶科学，12(1)：49-54.

萧伟祥，宛晓春，胡耀武. 1999. 茶儿茶素体外氧化产物分析[J]. 茶叶科学，19(2)：145-149.

萧伟祥，李立祥，萧慧. 2003. 茶色素制取的生物化学[J]. 蚕桑茶叶通讯，(1):5-7.

萧伟祥，钟瑾，胡耀武，萧慧. 2001. 双液相系统酶化学技术制取茶色素[J]. 天然产物研究与开发，13(5)：49-52.

徐甜. 2010. 四川边茶茶褐素优化提取及降血脂活性研究[D]. 硕士学位论文. 四川农业大学.

杨德同. 1992. 红茶色素的制取方法. 中国专利. 专利号 CN85103794 A.

杨新河，李勤，黄建安，陆英，沈智，刘仲华. 2011. 普洱茶茶色素提取工艺条件的响应面分析及其抗氧化性活性研究[J]. 食品科学，32(6)：1-6.

杨子银，屠幼英，赵勤，何普明. 2005. 高速逆流色谱分离茶黄素单体的初步研究[J]. 食品科学，26(10)87-90.

易恋. 2010. 普洱茶多酚与茶褐素的分离及功能研究[D]. 硕士学位论文. 湖南农业大学.

郁军，王丽璞，岳鹏翔，房婉萍，陈暄，黎星辉. 2011. 三种大孔吸附树脂纯化茶黄素的研究[J]. 茶叶科学，31(5)：447-452.

袁新跃，江和源，张建勇，刘晓辉，崔宏春，江用文，鲁成银. 2009. 不同树脂载体固定化多酚氧化酶的研究[J]. 安徽农业科学，37(7)：2832-2834.

岳鹏，揣玉多，孙勇民. 2011. 固定化漆酶酶促合成茶黄素工艺的研究[J]. 安徽农业科学，39(35)：21755-21756，21759.

岳鹏. 2008. 真菌漆酶酶促合成茶黄素工艺的研究[J]. 农产品加工·学刊，(6)：57-59.

张建勇，江和源，崔宏春，江用文. 2011a. 氧气对茶多酚化学氧化合成茶黄素的影响[J]. 食品与发酵工业，37(4):58-63.

张建勇，江和源，崔宏春，江用文. 2011b. 儿茶素组成对化学氧化形成茶黄素的影响机制[J]. 食品工业科技，32(12)：85-92.

张建勇，江和源，江用文. 2008. 茶黄素的酸性氧化形成研究[J]. 食品科学，29(1):50-54.

张钦，董立星，李改青，龚加顺. 2012. "紫娟"普洱茶茶褐素的膜分离及其理化性质的初步研究[J]. 茶叶科学，32(3)：189-196.

张泽生，张颖，朱洁，高薇薇. 2010. 双酶合成茶黄素工艺的研究[J]. 食品工业，(3)：75-78

竹尾忠一. 1973. 茶黄素的分离与定量[J]. 茶叶技术研究，45：46.

第十三章

茶饮料加工

饮料业是我国发展最快的食品行业之一,年均增速 20%以上。据统计,2010 年我国饮料产量达 9983.8 万吨,饮料制造业资产总计约为 2300 亿元,规模以上企业数量超过 1800 个,从业人员年均人数达 36 万人,我国已跃居世界第二大饮料生产国。最新统计显示,2012 年我国饮料总产量 13024.1 万吨,实现销售收入 4811.3 亿元。经过多年发展,我国饮料市场已逐步形成了茶饮料、果汁及果汁饮料、咖啡饮料、蔬菜汁饮料、植物蛋白饮料、谷物饮料、桶装饮用水、矿泉水等多品种、多元化的良好发展态势。

茶饮料,又称即饮茶(Ready-to-drink tea,简称 RTD 茶),是一种适应快节奏生活的含茶软饮料,是对传统饮茶方式的拓展。早在 18 世纪,欧洲茶商从中国进口一种茶叶抽提物制作成深色的茶饼,溶化以后作为早餐用茶,这就是速溶茶的雏形。1950 年,美国有人在速溶咖啡的技术和设备上改进研制了速溶茶。1969 年,印度尼西亚 Sosro 集团以玻璃瓶为容器开发即饮茶灌装技术,并以"The Botol Sosro"品牌推向市场,1974 年开始工业化生产和灌装。在欧洲,即饮茶概念样品(Concept Samples)于 1972 年在英国联合利华 Colworth 研究所研制成功,1973 年开始消费者市场测试,1975 年在德国正式销售。在日本,1975 年出现了即饮红茶,1981 年伊藤园以福建乌龙茶为原料开发了乌龙茶饮料,1982 年正式推向市场。20 世纪 80 年代以乌龙茶为代表的茶饮料风靡日本市场,20 世纪 90 年代绿茶饮料在日本市场占上风,而且玄米茶和带有功能性的草本茶等产品也快速增长。目前,日本茶饮料年产量基本稳定在 570 万吨左右,销售额约 130 亿美元,成为全球最主要的茶饮料产销大国之一。此外,中国、美国、印度尼西亚等也是茶饮料主要的产销大国。

我国于 20 世纪 80 年代初开始茶饮料产品开发。1982 年,浙江农业大学从茶树鲜叶直接榨取茶鲜汁,用于含茶饮料和糕点生产;之后又开发了茶汽水和茶汽酒等饮料。1985 年,由中国农业科学院茶叶研究所开发出茶可乐产品。由于市场接受程度和其他原因,这些产品没有形成规模化生产。20 世纪 80 年代后期,开始从日本等地进口奶茶等含茶饮料,但本土茶饮料发展缓慢;1994 年,河北旭日集团投入 3000 万元推出"旭日升冰茶",第二年即实现销售收入 5000 万元,至 1998 年达到 30 亿元(代微,2012)。"旭日升冰茶"的成功,不仅使含气茶饮料产品风靡一时,而且极大地刺激了我国饮料产业。顶新国际、统一和娃哈哈等众多企业开始涉足茶饮料,康师傅和统一的冰红茶产品相继面世,至此我国茶饮料开始进入高速发展期,产量从 1998 年的 45 万吨增至 2001 年的 310 万吨,年均增速 47%以上;之后,茶饮料增速放缓,并形成稳步增长态势,至 2010 年我国茶饮料产量已达 800 万吨(图 13.1),实现销售收入 756.3 亿元,仅次于瓶装水和碳酸饮料,居第三位;当年茶饮料广告投入 106.9 亿元,占饮料市场广告投入总额的 31.1%;茶饮料产品的平均市场渗透率达到 57.3%,超过其他所有饮料品类。有数据显示,2012 年全国茶饮料销售收入已达880.4亿元,占同期饮料销售总收入的 18.3%,超过瓶装水(859.7 亿元,17.9%)和碳酸饮料(755.6 亿元,15.7%)。茶饮料已成为我国饮料业的三巨头之一,也是茶产业中发展速度最快、最具活力的领域。

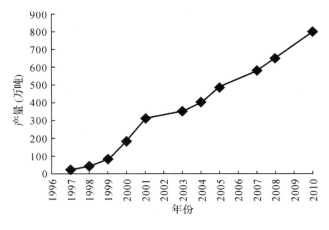

图 13.1 我国茶饮料产量变化

目前我国茶饮料虽然已经不再具有 1997—2001 年快速膨胀期的发展速度,但每年的增长仍很稳定;而且茶饮料具备"抗衰老、抗氧化、良好风味、感官刺激、回归自然"等多种卖点,未来仍有巨大的发展潜力。江用文等(2011)根据茶饮料人均消费增长规律对我国 2015—2020 年的发展规模进行预测,认为至 2015 年我国茶饮料产量将达到 1350~1750 万吨,至 2020 年可达 2100~2800 万吨;也有人根据日本茶饮料的成功经验和发展规律,认为我国茶饮料产能至少还有 500% 的发展空间(屠幼英等,2012)。茶饮料已成为我国茶产业的重要支柱,其健康发展对整个茶产业繁荣将起到积极的推动作用。

第一节 茶饮料关键技术问题和解决方法

浑浊沉淀、色泽和风味劣变是茶饮料生产和开发的三大技术难题。经过各国科学家和技术人员的多年努力,引起三大问题的原因已逐步明晰,相应的技术也在不断开发,问题已经得到了控制,但到目前为止尚没有完全解决。

一、茶饮料浑浊沉淀原因及其控制技术

饮料浑浊从成因上可分成两大类:其一是生物性浑浊,其二是非生物性浑浊。所谓生物性浑浊是指由于微生物滋生引起的饮料浑浊现象,微生物污染通常是由于灌装条件不符合卫生要求以及贮运不当所致,如容器不清洁、料液管道泄漏、在制品灭菌不彻底以及运输不

当引起的饮料容器密封性下降等。这种类型的浑浊,可以通过强化生产和贮运管理加以控制。非生物性浑浊是除生物性浑浊之外的所有类型的浑浊,主要包括蛋白和多酚互相作用引起的沉淀浑浊、多酚与咖啡因互相作用引起的沉淀、蛋白变性引起的沉淀、多酚等氧化引起的沉淀、饮料溶质形成低溶解度引起的浑浊、金属离子螯合引起的浑浊、胶体失去电荷引起的浑浊和大分子量多糖引起的浑浊等。

1. 浑浊的成因

早期的研究指出,红茶茶汤浑浊主要成分为 TRs、TFs 和咖啡因,三者比例为 63∶20∶17,并认为只有红茶茶汤才能形成"冷后浑",其形成机制是儿茶素类氧化物与咖啡因互作(Smith,1968)。之后的研究表明,红茶饮料浑浊中除了 TRs、TFs 和咖啡因外,还存在蛋白、多糖、金属离子和一些疏水性物质(Penders et al.,1998a;Penders et al.,1998b;Liang and Xu,2003;Liang et al.,2002;李欢等,2002;Jöbstl et al.,2005;Chandini et al.,2011)。Liang 等(2002)的研究认为,虽然绿茶饮料中不存在 TRs 和 TFs,但是也能形成冷后浑,并进一步指出酯型儿茶素类物质是绿茶饮料浑浊形成的重要诱导因子。此外,研究还发现,蛋白、金属离子(赵良,1998;Yin et al.,2009;Xu et al.,2012)、果胶等多糖(李欢等,2002;Yin et al.,2009)也是引起浑浊的因素之一。除了 TRs 和 TFs 外,绿茶饮料浑浊组成与红茶类似(易国斌等,2001;宁井铭等,2005;尹军峰,2006;Yin et al.,2009;Xu et al.,2012)。Chao 和 Chiang(1999)研究指出,乌龙茶水浑浊主要包括 30% 的儿茶素类、20% 的咖啡因和 16% 的蛋白质,并认为儿茶素类物质是浑浊和沉淀形成的关键物质。

虽然已有的研究显示,咖啡因、金属离子、多糖和脂溶性色素、核酸等也参与饮料浑浊和沉淀的形成,但是多酚与蛋白互作是多种饮料体系浑浊的最为关键的因素之一,而且不同的蛋白和多酚的起浑能力存在显著差异,其中浑浊活性蛋白(Haze-active proteins,HAPs)和浑浊活性多酚(Haze-active polyphenols,HAPPs)互作的起浑能力最强,而且非浑浊活性蛋白和多酚在一定条件下可转化为浑浊活性蛋白和多酚(Siebert,Troukhanova et al.,1996;Siebert,1999)。

(1)浑浊活性蛋白

研究显示,不同蛋白的起浑能力差异显著,而且起浑能力主要与蛋白结构的松散程度有关,蛋白结构越松散,起浑能力越强。Hagerman 和 Butler(1981)通过竞争性结合试验比较了不同蛋白及蛋白类似物与原花色素之间的相互作用,结果显示,在 pH 4.9 条件下,各种蛋白及蛋白类似物与原花色素的相对亲和力相差 4 个数量级(表 13.1),如对原花色素与牛血清白蛋白互作的竞争性抑制达到 50% 时,所使用的聚乙烯吡咯烷酮浓度为 0.11 nmol/L,而达到 50% 抑制率所需的溶菌酶蛋白的浓度为 2700 nmol/L,两者相差 24545 倍,说明蛋白或者蛋白类似物与原花青素之间的作用具有高度选择性。已有的研究资料显示,容易与多酚互作形成浑浊的 HAPs 主要有两类:一类是脯氨酸(Proline,Pro)或羟脯氨酸(Hydroxyproline,Hyp)残基摩尔比例高的蛋白或多肽,如由多个脯氨酸—谷氨酸—甘氨酸重复序列组成的富脯氨酸唾液蛋白(Proline-rich protein,PRP)、明胶、麦醇溶蛋白和葡萄病程相关蛋白等(Siebert and Troukhanova et al.,1996;Siebert and Carrasco et al.,1996;Siebert and Lynn,1998;Baxter et al.,1997;Charlton et al.,2002);另一类是富组氨酸、甘氨酸和精氨酸残基的蛋白,如由唾液腺和颌下腺分泌的 histatins 5 等蛋白(Wroblewski et al.,2001;Wu and Lu,2004)。由于与 Pro 或 Hyp 相连的肽键存在空间障碍,无法自由旋转并形成有序螺旋,氨基酸链中高比例的 Pro 或 Hyp 使蛋白高级结构变得无序和松散,并呈现出最大的疏水性结合表面,因此富含 Pro 或 Hyp 的蛋白与多酚作用强烈,并形成大量浑浊和沉淀(Asano and Shibasaki,1982;Siebert and Lynn,1998;Charlton *et al.*,2002)。蛋白中组氨酸、甘氨酸、精氨酸等碱性氨基酸比例高,也易使蛋白变疏松,大量碱性氨基酸暴露在外,可与多酚的芳香环发生作用而产生浑浊(Wroblewski *et al.*,2001)。虽然上述两类 HAPs 与多酚作用的活性位点数目和作用强度存在一定差异,但在高级结构上表现出类似的形态特征,即结构松散、无序度高。而普通的球蛋白,如牛血清白蛋白、溶菌酶等,结构紧凑有序,在溶液中疏水的氨基酸侧链位于球蛋白内部,暴露在外的、可与多酚的结合位点少,因此起浑能力弱。

表 13.1　各种蛋白对原花色素沉淀同位素标记蛋白的竞争性抑制作用(Hagerman and Butler,1981)

	相对分子质量	等电点	50%抑制时添加量(nmol)	
			pH 4.9	pH 7.8
聚乙烯吡咯烷酮*	360000	/	0.11	0.17
小牛皮明胶	65000	4.7	0.93	1.5
鼠腮腺富脯氨酸蛋白	16000	>10	1.9	2.6
多聚脯氨酸*	13000	/	1.9	3.1
猪胃蛋白酶	35000	<1	12	/
牛血清白蛋白	65000	4.9	13	40
牛胸腺组蛋白	21500	>10	14	10
猪胰腺脂肪酶	48000	5.2	100	/
鲸精肌红蛋白	17000	7	140	/
牛血红蛋白	32500	7	190	/
牛奶 α-乳清蛋白	14400	5.2	400	/
马细胞色素	50000	10	450	/
刀豆蛋白	12400	7.1	>400	/
牛胰凝乳蛋白酶原	25000	9.1	>700	/
鸡卵清蛋白	45000	4.6	800	>800
氧化型牛胰核酸酶	13700	6	~800	/
牛胰核酸酶	13700	9.5	>1400	/
牛奶 β-乳清蛋白	36000	5	1500	/
鸡蛋白溶菌酶	14400	11	2700	250

＊ 人工合成的蛋白类似物。

(2)浑浊活性多酚

分析表明,多酚类的起浑能力主要与其相对分子质量(聚合度)大小、没食子酰基的数目和空间自由度、没食子酰基上的羟基数目及位置排列等因素密切相关。Tang 等(2003)分析了 7 种葡萄糖基没食子酰单宁、5 种聚醇基没食子酰单宁和 12 种鞣花单宁与胶原蛋白的互作效应,结果显示,多酚处理后胶原发生变性反应,皮革热稳定性(收缩温度,Shrinkage temperature,TS)增加,多酚的鞣革性能与其相对分子质量和没食子酰基数以及疏水性呈正相关,即多酚相对分子质量越大、没食子酰基和羟基数目越多,越容易与胶原蛋白发生相互作用并使蛋白变性,如 6-没食子酰基-葡萄糖(相对分子质量 332,没食子酰基数 1,羟基数 7)、1,6-双没食子酰基-葡萄糖(相对分子质量 484,没食子酰基数 2,羟基数 9)、1,2,6-三没食子酰基-葡萄糖(相对分子质量636,没食子酰基数3,羟基数11)、1,2,3,6-四没食子酰基-葡萄糖(相对分子质量788,没食子酰基数4,羟基数13)和1,2,3,6,6-五没食子酰基-葡萄糖(相对分子质量940,没食子酰基数5,羟基数15)的相对分子质量和没食子酰基及羟基数目逐渐增加,其疏水性也由−1.89增加至2.20,鞣革后皮革的收缩温度(TS)也由60.8℃上升至77.1℃(表13.2)。在相对分子质量和没食子酰基数以及酚性羟基数相近的条件下,如1,2,6-三没食子酰基-葡萄糖(没食子酰单宁,相对分子质量636,没食子酰基数3,羟基数11)与栎木素(鞣花单宁,相对分子质量632,没食子酰基数3,羟基数11)、1,2,3,4,6-五没食子酰基-葡萄糖(没食子酰单宁,相对分子质量940,没食子酰基数5,羟基数15)与栎木鞣花素(鞣花单宁,相对分子质量934,没食子酰基数5,羟基数15),没食子酰基单宁与胶原的互作强于鞣花单宁,说明没食子酰基是重要的与蛋白发生互作的基团,其自由度对多酚与蛋白的互作有显著影响,即多酚的末端没食子酰基自由度越高,其与蛋白互作的能力越强(McMurrough and Baert,1994;Tang *et al*.,2003)。

表13.2 相对分子质量、没食子酰基数目对多酚与胶原蛋白互作强度的影响 [*] (**Tang *et al*.,2003**)

多 酚	相对分子质量	没食子酰基数	Rf_A	Rf_B	疏水性	TS
葡萄糖基没食子酰单宁						
6-没食子酰基-葡萄糖	332	1	0.72	0.22	−1.89	60.8
1,6-双没食子酰基-葡萄糖	484	2	0.45	0.42	−0.33	66.2
1,2,6-三没食子酰基葡萄糖	636	3	0.30	0.35	0.61	69.6
1,2,3,6-四没食子酰基葡萄糖	788	4	0.10	0.48	1.56	71.5
1,2,4,6-四没食子酰基葡萄糖	788	4	0.11	0.45	1.00	71.5
2,3,4,6-四没食子酰基葡萄糖	788	4	0.21	0.60	1.30	71.4
1,2,3,6,6-五没食子酰基葡萄糖	940	5	0.06	0.56	2.20	77.1
鞣花单宁						
栎木素	632	3	0.65	0.05	/	62.5
Castalin	632	3	0.60	0.08	/	63.6
栎木鞣花素	934	5	0.50	0.05	−1.77	62.9
栗木鞣花酸	934	5	0.42	0.05	/	65.0
栎木鞣花素-栗木鞣花酸	1850	10	0.35	0.03	/	68.1

[*] Rf_A:在溶剂A(含6%乙酸的水溶液)中的迁移率;Rf_B:在溶剂B(异丁醇∶乙酸∶水=70∶5∶25)中的迁移率;TS:收缩温度。

Kroll和Rawel(2001)采用电泳、色谱和质谱以及体外消化等方法更加详细地研究了肌球蛋白与间苯二酚、邻苯二酚、对苯二酚、邻醌、阿魏酸和没食子酸等多种具有不同位置和数目羟基的酚类物质的相互作用,结果显示,邻醌与蛋白互作后自由氨基酸比例最低,其次是没食子酸衍生物、邻位羟基酚和对羟基酚衍生物,而阿槐酸(单羟基)和间位羟基酚衍生物自由氨基酸比例最高(表13.3),说明酚类氧化物(如邻醌)与蛋白作用很强,连三羟基酚和邻二羟基酚与蛋白作用也较强,而间位羟基酚和单羟基酚则作用很弱。该结果与McManus等(1985)的研究一致。研究还显示,苯并吡喃B环邻二羟基与蛋白的作用也弱于连三羟基(Siebert,1999)。

表 13.3　不同位置酚羟基对蛋白与多酚互作的影响(Kroll and Rawel, 2001)

处理	自由氨基酸侧链数 (nmol/mg 蛋白)	自由氨基酸比例(%)	t 检验* p 值
肌球蛋白(对照)	651±3	100±0.5	
阿魏酸衍生物+肌球蛋白	635±9	97.5±1.5	0.077
间苯二酚衍生物+肌球蛋白	614±3	94.3±0.5	0.051
对苯二酚衍生物+肌球蛋白	253±7	38.8±2.7	0.006
邻苯二酚衍生物+肌球蛋白	189±3	29.0±1.4	0.000
没食子酸衍生物+肌球蛋白	180±4	27.6±2.0	0.000
邻醌衍生物+肌球蛋白	146±2	22.4±1.6	0.000

＊与对照比。

联合利华研究所 Williamson 领导的研究小组采用 NMR、动态激光散射等技术分析了多酚与 PRP(19mers)互作,结果显示,各种多酚与 PRP 的绑定亲和力顺序依次为:原花青素二聚体(Procyanidin dimmer B-2)＞五没食子酰基-葡萄糖(Pentagalloylglucose, PGG)＞三没食子酰基-葡萄糖(Trigalloylglucose, TGG)≫原花色素单体(Proanthocyanidin monomer)(如儿茶素类)≈没食子酸丙酯(Baxter et al., 1997;Charlton et al., 2002),说明多酚相对分子质量越大、游离的没食子酰基数量越多、结构越复杂,其与 PRP 的作用越强烈。McMurrough 和 Baert(1994)研究也指出,随儿茶素(或没食子儿茶素)衍生物聚合度增加,与蛋白作用显著增强。Siebert 和 Lynn(1998)以 PVP 和 PRP 与单宁酸为模型研究了多酚/HAPs 互作,结果显示,具有单没食子基末端的没食子酸(Gallic acid, GA)、没食子酸甲酯(Methyl gallate, MG)和没食子酸乙酯(Ethyl gallate, Eg)均可结合到 HAPs 上,但不能使多酚/蛋白复合物相互桥接起来,因而不能形成沉淀,即单没食子酰基末端多酚可竞争性地与 HAPs 结合而干扰浑浊活性多酚与 HAPs 的互作,从而减少浑浊形成。说明易与 HAPs 蛋白互作并起浑的浑浊活性多酚应具有 2 个或 2 个以上的游离没食子酰基(蛋白结合位点),而且每个没食子酰基团上至少含有 2 个羟基,如此可将蛋白相互连接起来形成不溶性的粒子,并引起光散射增加(Siebert, 2006)。分析还表明,具有不同空间构象的同分异构多酚物质与 HAP 互作引起溶液浑浊的能力相差也很大(Siebert and Troukhanova et al., 1996)。

此外,已有显示,溶液中 ECg 和 EGCg 的解离常数为 0.048 和 0.049,说明其多酚自身也存在疏水交互作用(Charlton et al., 2002),而且多酚芳香环越多,越容易发生酚/酚自身堆叠,但一般情况下,多酚自身堆叠形成的浑浊程度较轻(Baxter et al., 1997)。Jöbstl 等(2005)研究指出,随着茶汤中 TFs 浓度增加,TFs 自身堆叠作用显著增强,形成典型粒子直径为 3 nm 的微簇,从而使相变温度提高、沉淀增加。

(3)多酚/蛋白互作机制

多酚/蛋白互作主要发生在蛋白的脯氨酸、羟脯氨酸、碱性氨基酸以及芳香族氨基酸与多酚的没食子酰基之间。Murray 等(1994)以代表性的五没食子酰基-葡萄糖以及合成的具有老鼠唾液 Pro 重复序列的两个富脯氨酸多肽 PRP(19 mers 和 22 mers)为材料,采用双纬 NMR 研究了蛋白与多酚的相互作用。化学位移和衰减效应结果显示,多肽与多酚的结合位点主要是 Pro 残基以及之前的酰胺键和氨基酸侧链(如甘氨酸、精氨酸)。Baxter 等(1997)的研究也表明,Pro 不仅是多酚的结合位点,也使多肽更加伸展和松弛,当一个 Pro

与多酚没食子酰基结合后,对多酚另外的没食子酰基与其他 Pro 的结合有促进作用。因此,长链蛋白除了与多酚的结合位点多外,还存在协同变构包被多酚的作用。Jöbstl 等(2004)研究指出,多酚/蛋白互作强度与蛋白结构松散程度、脯氨酸结合位点多少以及相邻氨基酸侧链类型有关,还与两者的空间位阻效应大小密切相关。具有 Pro-Pro 结构或者间隔排列的 Pro 重复序列的蛋白或多肽结构疏松、空间位阻小,与多酚互作强度高(Wu and Lu,2004)。Wroblewski 等(2001)以 EGCg 为材料研究了多酚与富组氨酸蛋白 histatins 的互作。NMR 结果显示,histatins 5 主要通过其碱性和芳香氨基酸残基侧链与 EGCg 结合。将 histatins 中碱性和芳香氨基酸以丙氨酸替换后,结合作用明显减弱;同时将 histatins 氨基酸序列随机会化后形成的重组 histatins 与 EGCg 或 PGG 的结合能力也下降,说明 histatins 与 EGCg 结合依赖于蛋白的一级结构,即蛋白/多酚互作依赖于碱性氨基酸和芳香族氨基酸数量多少以及排列顺序。

多酚/蛋白互作的主要驱动力是疏水作用和氢键。多酚中没食子酰基和蛋白中含有 α-碳原子的 Pro 吡咯烷环之间可通过面对面的疏水作用而相互堆叠,之后氢键进一步强化两者之间的相互作用。Baxter 等(1997)在多酚/PRP 体系中增加 DMSO,溶液的化学偏移显著减少,证明多酚/多肽作用主要是非共价的疏水堆叠;同时体系中存在非特异性化学偏移,证明多酚/多肽之间还存在氢键,但其作用是次要的。Charlton 等(2002)等研究也得到类似结果。Siebert 的研究也认为,多酚/蛋白互作是非共价的,至少在复合物形成初期是可逆的(Siebert et al.,2006),因为新形成的复合物在加热条件下可重新溶解(Baxter et al.,1997),而且也可以转溶于二甲基甲酰胺或者环氧六烷(Siebert and Troukhanova et al.,1996)。Tang 等(2003)研究发现,虽然多酚与胶原蛋白互作以疏水堆叠和氢键为主,但疏水作用和氢键存在与否及强弱主要还与溶剂特性有关。在水溶液中,两者之间易发生疏水作用;而在非水溶液中,则更易形成氢键。

多酚/蛋白互作的第一阶段主要通过芳香环的堆叠产生的疏水作用形成可溶性的(1 分子)多酚/(1 分子)多肽复合物;第二阶段,多个多酚分子与多肽结合,并通过分子间的协同弱作用力形成多酚包被多肽状态,同时复合物大小倍增,并出现相变;第三阶段,少数多肽二聚体克服分子间的电荷排斥作用而相互聚合;最终,咖啡因、金属离子和多糖等物质通过疏水或螯合作用进入多酚/蛋白复合体,复合体变成更大团聚物,并从液相分离出来(图13.2)。

(4)影响多酚/蛋白体系浑浊的主要因素

饮料或模型溶液中的浑浊程度主要取决于多酚和蛋白浓度以及两者的比例。Jöbstl 等(2004)采用小角度 X 光散射和激光散射技术研究了 EGCg/β-酪蛋白比例对两者互作的影响,结果显示,在不同比例的 EGCg/β-酪蛋白模型体系中主要存在两种非连续分布的不同沉降系数的粒子(2s 和 5s),当 EGCg/酪蛋白比例低(0.125)时,大粒子所占的比重较少(小粒子:大粒子=4:1),随着 EGCg 增加,小粒子/大粒子比例减少,当 EGCg/酪蛋白=0.25时,两种粒子的比例为 1:1;当 EGCg/酪蛋白=4 时,粒子的沉降系数几乎增加了 2 倍,说明蛋白二聚体开始形成,此时溶液中几乎所有的粒子都是大粒子;当 EGCg/酪蛋白=6,复合物聚合反应倾向更加明显,此时蛋白可作为沉淀的核,进而形成更大的聚合物;当 EGCg 和蛋白结合位点接近一致时,即 EGCg/酪蛋白=10,溶液中形成大量不溶性的复合物,说明小粒子通过 EGCg 桥接团聚形成大粒子,大粒子进一步通过 EGCg 桥接形成更大的网状结构,并最终形成沉淀颗粒。Wroblewski 等(2001)研究指出,每 histatins 5 可结合 7 mol 的

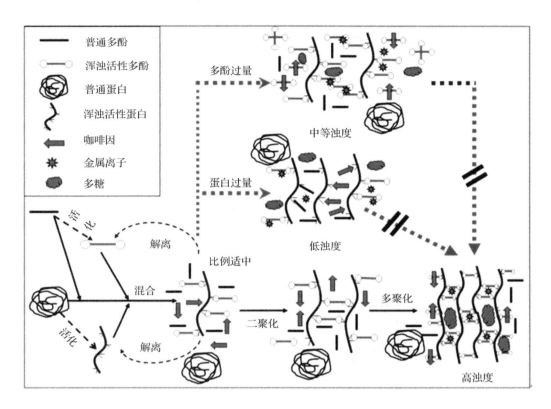

图 13.2　多酚/蛋白互作诱发饮料沉淀的作用机制

EGCg，当多酚比例增大时复合物即可从溶液中沉淀出来。Charlton 等（2002）研究显示，当溶液中 EGCg 与 19 mers 的 PRP 分子数达到 1∶1 时，体系最浑浊；而五没食子基葡萄糖与 PRP 比例达到 4∶1 时，体系浑浊度最高。在单宁酸/麦醇溶蛋白模型体系中，当两者比例达到 1∶2 时，两者结合位点比例接近，此时体系浑浊度显著强于其他处理；当两者比例很大或很小时，则形成小粒子（Siebert and Lynn，2000）。陆建良等（2006）采用响应面设计分析了模拟茶汤中儿茶素类与蛋白、咖啡因和核酸等成分对茶汤冷后浑形成的影响，结果显示，茶汤透光率主要取决于儿茶素类和蛋白及其比例，当儿茶素类浓度为 450～1100 $\mu g/mL$、蛋白质浓度为 22.5～60.0 $\mu g/mL$，且两者质量浓度比在 7.5～50 范围内时，茶汤模拟体系透光率收敛于 5%。此外，还有研究显示，单宁酸/明胶或酪蛋白比例为 1∶2，两者结合最强烈（Velez *et al.*，1985）。可见，多酚/蛋白比例对浑浊形成影响显著，其主要原因是一个蛋白分子具有固定的多酚结合位点，即多酚/蛋白的结合具有饱和性，随着多酚浓度增加，多肽被多酚的包被程度增加，当包被程度增加到足以形成多酚-多酚桥时，即当蛋白与多酚结合位点相当时，两者作用最强烈，并形成二聚体多肽和沉淀；因而浑浊粒子粒径的增大主要与多酚对蛋白的桥接作用有关（Siebert and Carrasco，1996；Charlton *et al.*，2002；Siebert *et al.*，2006）。

　　咖啡因是茶饮料沉淀的主要组分之一，对饮料浑浊有重要影响。茶汤中的咖啡因易与多酚、蛋白以及多糖等成分产生互作而形成浑浊和沉淀（Chao and Chiang，1999；Liang and

Xu, 2003; Liang *et al.*, 2002),脱咖啡因的茶汤澄清度明显好于脱儿茶素没食子酸酯以及完整的茶汤(Penders *et al.*, 1998b)。Dong 等(2011)在利用 PVPP 吸附进行儿茶素类纯化研究中发现,在茶提取物配制的溶液中,PVPP 对咖啡因的饱和吸附量为 44.0 mg/g,而在相似浓度的纯咖啡因溶液中,PVPP 几乎不吸附咖啡因(饱和吸附量仅为 2.5 mg/g),认为咖啡因可能通过与儿茶素类结合而被 PVPP 吸附,间接证实了在溶液中儿茶素类与咖啡因确实存在较强的互作。研究还显示,儿茶素类与咖啡因互作并不会直接导致浑浊,尤其是在两者浓度较低的时候,但是当体系中存在儿茶素类和蛋白时,咖啡因的加入可显著促进浑浊形成(陆建良等,2006)。

温度是影响多酚/蛋白体系浑浊形成的重要因素之一。一方面,加热引起蛋白变性、松散化并暴露出多酚结合位点,还会加速多酚的氧化缩聚和差向异构(Epimerization),提升多酚的蛋白结合能力,进而引发浑浊;另一方面,温度骤变过程中溶质产生溶解度差异,从而导致高温溶解和低温沉淀或析出。虽然在高温条件下多酚与蛋白亲和力下降,形成的多酚/蛋白复合物倾向于溶解或解离,但是高温处理后的多酚/蛋白体系在冷却过程中形成的浑浊更多、粒子更大(Charlton *et al.*, 2002)。Penders 等以静态/动态光散射(Time-resolved light scattering)技术研究了红茶茶汤冷后浑的形成,结果显示,高温时可溶性的简单混合物,在溶液温度下降至一个临界温度以下时,即分成互不相溶的两相;而且随茶汤固形物浓度提高,体系出现冷后浑的温度临界点提高、冷后浑数量以及粒子大小均增加(Penders *et al.*, 1998b)。因此,他们认为在高浓度(>2%)溶液中,分层或者溶解度降低是茶汤冷却过程中出现浑浊的主要机制(Penders *et al.*, 1998a)。研究还显示,在浓度较稀的 EGCg/牛血清白蛋白和 EGCg/明胶体系中,热处理引起的蛋白变构是体系浑浊的最主要的原因之一,同时热处理引起的 EGCg 氧化和异构化对浑浊有显著促进作用。Siebert 和 Troukhanova (1996)研究指出,不同温度条件下(一)-EC 和(+)-C 与 PRP 互作形成沉淀的数量相差悬殊,0~25℃时,(+)-C 与 PRP 形成浑浊的能力比(一)-EC 强 16~20 倍,80℃时两种儿茶素异构体与蛋白互作形成浑浊的程度差别不明显。该结果暗示,在高温下(一)-EC 可能通过差向异构转化为(+)-C,而使两种儿茶素与蛋白的互作差异变小。Liang 等研究了不同萃取温度对绿茶(Liang *et al.*, 2002)和红茶(Liang and Xu, 2003)冷后浑形成的影响,结果表明,茶汤冷后浑形成随提取温度提高而增加,50~60℃时那些可形成浑浊的成分即开始大量进入茶汤;50℃或 50℃以下提取的茶汤形成的冷后浑粒子体积浓度低,而 60℃以上提取时形成的粒子更大且不均一。在半发酵茶浑浊形成的研究中也得到类似结果(Chao and Chiang, 1999)。上述结果暗示,温度对茶饮料冷后浑形成的影响,除了茶汤内含成分溶解度的差异外,很显然,茶汤中一些热敏感成分在高温条件下发生了结构变化,从而当体系温度下降时更容易产生浑浊,这些敏感成分可能是茶汤蛋白或儿茶素类物质。

pH 对蛋白/多酚互作浑浊也有重要影响。Siebert 和 Lynn(2003)研究了不同 pH (4.0,4.5,5.0,5.5,6.0,6.5)对单宁酸/麦醇溶蛋白体系浑浊形成的影响,结果显示,酸度在 pH 5.0~5.5 附近,体系浊度最大;在 pH 为 5.5 时,体系中主要存在 0.25~1 μm 小粒子和 5~70 μm 的中粒子,当 pH 为 4.5 时,小于 1 μm 的小粒子明显增加。他们还将单宁酸添加到唾液中,并将 pH 调至 2.5~7.2 之间 12 个不同水平,然后进行光散射分析,结果显示,pH 4.4 时光散射最强,在高的或低的 pH 条件下散射明显减少;没有添加单宁酸的唾液也在 pH 4.4 时光散射最强(Siebert and Chassy, 2003)。有研究发现,在 EGCg/牛血清白蛋白和 EGCg/明胶体系中,pH 接近蛋白等电点时,浑浊度最高,在低 pH 条件下因 EGCg 降解增加,浊度下降(陆建良,2008);在 EGCg/碱性 PRP 体系中,当 pH 为 3.8~6.0 时,体系形成较小粒径的粒子,而在高 pH 条件下,因蛋白等电点和 EGCg 缩聚增加,体系形成大粒子(Charlton et al.,2002)。说明 pH 对多酚/蛋白体系浊度的影响,主要通过改变蛋白表面电荷的携带量而影响其溶解度;在等电点附近蛋白净电荷为零,蛋白容易凝聚并与多酚互作出现沉淀;同时 pH 还可通过影响多酚降解或缩聚,进而改变体系的浑浊程度。

多价金属离子对多酚/蛋白互作浑浊也有显著的促进作用。Jöbstl 等(2005)研究显示,添加 Ca^{2+} 可诱发红茶饮料形成浑浊,并使沉淀出现的相变温度提高,其主要作用机制是 Ca^{2+} 可加速咖啡因、儿茶素类及其氧化物相互螯合。此外,水中矿质离子越多,冲泡的茶汤越浑浊,茶乳酪中多酚类含量越高(赵良,1998;李小满,2001),引起乌龙茶饮料浑浊和沉淀的主要金属离子是 Ca^{2+} 和 Mg^{2+},而 Mn 和 Ca 对绿茶浑浊形成也有重要影响(Xu et al.,2012)。

2. 饮料浑浊控制

根据饮料浑浊形成机制及其影响因素,生产上通常采用低温加工(梁月荣和罗德尼·毕,1992b;梁月荣和罗德尼·毕,1995a;张凌云等,2003a;2004;宁井铭等,2004;Charlton et al.,2002;Liang and Xu,2003;陈日春,2010)、超滤(李华生,1998;Todisco et al.,2002;尹军峰等,2003;刘建力等,2004)、水解酶处理(李欢等,2002;张国栋等,2002;宁井铭等,2005;谭平和廖晓科,2005)、添加稳定剂等理化途径减少或消除冷后浑。

(1)低温萃取

低温萃取、热萃取后低温诱导沉淀并结合离心或过滤除去沉淀,以及冷罐装等加工措施均可有效减少货架期内茶饮料产品的冷后浑。研究显示,低温(40~50℃)萃取的绿茶和红茶茶汤中冷后浑形成量显著少于高温萃取的茶汤(梁月荣和罗德尼·毕,1992b;梁月荣和罗德尼·毕,1995a),并认为浸提液中酯型儿茶素类及酯型茶黄素类含量低是低温萃取冷后浑形成量少的根本原因(Liang et al.,2002;Liang and Xu,2003)。张凌云等分析了不同温度浸提对绿茶鲜汁理化特性的影响,结果也显示,50℃以下萃取的绿茶鲜汁稳定性强、冷后浑形成量少,随着浸提温度提高,鲜汁冷后浑显著增加,并认为浸提液中多酚、蛋白和咖啡因含量低是冷后浑形成少的重要原因(张凌云等,2003a;2004)。之后的大量研究也得到类似结果(宁井铭等,2004)。孙庆磊等(2005)研究指出,超声辅助低温萃取,不仅可获得澄清度较高的茶汤,而且浸提得率也较高。可见,低温萃取可有效减少饮料冷后浑。研究显示,冷骤变可诱发浸提液中溶质发生相变、形成大量沉淀(梁月荣和罗德尼·毕,1995a;Charlton et al.,2002),因此,将高温浸提的茶汤于 4℃ 左右的温度下静置一段时间,诱导沉淀(又称低温转沉),然后由过滤等工序除去沉淀,可获得澄清的茶饮料(陈日春,2010);但低温转沉会增加能耗并延长批次生产时间。此外,冷罐装也可减少饮料浑浊形成,但该法要求整个罐装工序在无菌状态下进行,操作要求高。

(2)超滤

过滤是获得澄清饮料最基本的技术。研究表明,冷后浑沉淀是茶汤成分冷却后相互聚集形成的疏水性胶体颗粒,多数粒子直径在 $0.10~1.03\ \mu m$ 之间(梁月荣和罗德尼·毕,1992a),其中绿茶茶汤粒子分布范围为 $0.02~80\ \mu m$,90% 以上的粒子粒径大于 $0.4\ \mu m$,而红茶中平均粒径较小,为 $0.2\ \mu m$,因此可根据该粒径范围选择多级过滤方式,实现茶饮料的净化和澄清。对于粒径大于 10 μm 的粒子或样品残渣,一般采用滤纸或硅藻土过滤,即所谓的粗滤,对于较小的粒子可采用孔径为 0.01~10 μm 的微孔膜过滤,而对于更小的粒子,可用孔径为 0.001~0.01 μm 的超滤膜过滤(表 13.4),微孔膜和超滤膜过滤,统称为超滤。有研究表明,以截留相对分子质量为 70000(相当于滤膜孔径 0.004~0.005 μm)的聚醚酮材料进行超滤效果最好,不仅去除茶汁中 76.1%的蛋白质、85.1%的果胶、37.4%的可溶性淀粉,使澄清度得到较大提高,而且茶多酚、咖啡因等有效成分保留率在 90%以上。尹军峰等(2003)以平板超滤装置比较了相对分子质量 30000(相当于膜孔径 0.002 μm)、50000(膜孔径 0.003 μm)、100000(膜孔径 0.005 μm)醋酸纤维素膜对乌龙茶汤澄清效果及内含物质的截留情况,结果显示,50000 膜对茶汤果胶质的截留率在 70%以上,对可溶性蛋白质的截留率在 57%以上,对可溶糖、多酚、氨基酸、咖啡因的截留率分别为 42%、33%、24%和6%,而超滤后主要香气成分的保留率都在 90%以上。Li 等(2005)发现醋酸纤维素-钛超滤膜对茶汤酚类的截留率为 60%左右;10000 纤维素膜过滤后的绿茶茶汤中酚类、氨基酸和蛋白分别较 100000 的低 11%、22%和 49%(Rao *et al.*,2011)。Todisco 等(2002)研究了无机膜超滤对红茶饮料品质的影响,结果表明,超滤后茶汤的澄清程度明显提高,2 个月内,滤液多酚类浓度和色差都是稳定的,也没有发现浑浊。刘建力等(2004)研究也认为,用截留相对分子质量为 50000~80000 的空纤维聚偏氟乙烯(PVDF)超滤膜可有效去除茶汁浑浊,但对茶汁中的有效成分如茶多酚截留也不可避免。为了防止或减少膜的堵塞,过滤时应以不同孔径的滤膜进行多层次配置(Gan *et al.*,2001)。上述研究说明,不同类型的膜,对茶汤均有较好的澄清作用,但即使截留相对分子质量一样,不同材料的膜对茶汤内含物的截留情况也存在差异,因此,在选择膜配置时,需要先做一些预实验。此外,过滤只能除去粒径大于膜孔径的已经形成的浑浊粒子,但过滤之后的热罐装等工序仍可能再次引发浑浊。

表 13.4　超滤膜截留相对分子质量和实际孔径

截留相对分子质量	10000	30000	50000	60000	100000	200000	300000	500000	1000000
孔径(μm)	0.001	0.002	0.003	0.004	0.005	0.006	0.007	0.008	0.010

（3）酶处理

蛋白酶和单宁酶等处理也是减少饮料浑浊的重要措施。蛋白酶可将蛋白水解成氨基酸或多肽,单宁酶可水解多酚分子中的没食子酰基,单独使用或组合使用均能消除多酚/蛋白互作引发的饮料浑浊。研究显示,单宁酶可有效提高红茶茶汤澄清度和色泽(Chandini *et al.*,2011),还可提高滋味和香气(Raghuwanshi *et al.*,2012),其最适处理温度为 45℃(Nagalakshmi *et al.*,1985),最佳作用时间为 2 h(宁井铭等,2005)。单宁酶经固定化后效果更好、可重复使用。研究还表明,蛋白酶添加量为 0.5 g/L 茶汁时消除浑浊效果较好(张国栋等,2002),蛋白酶与果胶酶同时使用效果更好(谭平和廖晓科,2005)。此外,李欢等研究显示,浸提后的茶汤以 Biopectinase CT(4 mg/g 茶叶)、Biopectinase OKL(1 mg/g 茶叶)、Biocellulase W(1 mg/g 茶叶)组合酶处理,对茶饮料浊度的改善效果优于浸提前酶制剂处理(李欢等,2002)。单独或组合酶可改善饮料澄清度,但该技术的主要问题是成本较高,而且酶处理通常需要在 40~60℃保温 1~2 h,会导致引起饮料色泽变深,同时一些水解产物可能影响饮料口感,比如果胶酶处理常导致饮料变酸(谭平和廖晓科,2005)。

（4）添加稳定剂

聚乙烯吡咯烷酮（PVP）具有类似于多聚脯氨酸的含氮五元环结构，因此 PVP 与 PRP 类似，可选择性吸附浑浊活性多酚（Siebert and Lynn，1997，1998；Wu and Lu，2004）。研究显示，适量的 PVP 处理可有效去除浑浊活性多酚（Siebert and Lynn，1997；Rehmanji et al.，2002），可用于绿茶饮料澄清工序（易国斌等，2001），但是大量使用将使茶饮料滋味淡薄。硅胶具有类似于多酚芳香环的空间结构，因此，能选择性与 HAPs 的 Pro 残基结合（Siebert，1999；Rao et al.，2011）。硅胶处理可吸附茶汤蛋白，提高茶饮料透光率，但是硅胶宜采用较大的颗粒，而且使用前需筛分和清洗等前处理。研究还表明，包埋剂 β-环糊精（β-CD）处理，可阻止儿茶素类与蛋白、咖啡因及金属离子的络合反应，有效抑制茶汤中冷后浑的形成。添加适量的抗坏血酸盐和亚硫酸钠等抗氧剂（徐月荣等 1997；梁月荣等，1999；Ye et al.，2009）、复合磷酸盐等分散剂、EDTA 等金属离子络合剂（李小满，2001）、蔗糖等小分子糖（梁月荣和罗德尼·毕，1995a）、壳聚糖（Rao et al.，2011）以及柠檬酸（Zimmermann and Gleichenhagen，2011）等酸度调节剂均对浑浊有一定的抑制作用。

二、茶饮料色泽褐变机制及其控制技术

色泽褐变是除红茶和普洱茶饮料外多数饮料面临的重要技术障碍之一，尤其在绿茶饮料上该问题最为突出。优质绿茶饮料汤色应为黄绿、清澈、明亮，而在生产过程中很多热处理工序都可能导致非酶性色泽褐变。下面就以绿茶饮料为例介绍饮料褐变机制及控制技术。

1. 饮料汤色褐变机制

研究显示，绿茶饮料汤色主要受到酚类和叶绿素类等呈色物质的影响（赵良，1998；方元超和梅丛笑，1999；梁月荣等，1999；梁月荣，2001；Kim et al.，2007；Liang et al.，2007），其褐变主要缘于浸提、杀菌、罐装等高温处理工序中茶汤多酚类等水溶性色素氧化、异构化，以及叶绿素等脂溶性色素降解。

（1）饮料中的水溶性色素

酚类物质是最主要的茶叶水溶性色素物质，其含量约占鲜叶干重的 20%～35%，其中含量最高为儿茶素类，其次为黄酮醇、花色素和酚酸等。鲜叶中的儿茶素类物质本身无色，但一定条件下经氧化聚合以及异构化后，可形成有色物质，而且随着氧化程度的提高，其颜色也由黄色（TFs）向红色（TRs）发展，直至形成灰褐色（TBs）物质。同时，儿茶素类可与 Fe^{2+} 和 Al^{3+} 金属离子发生络合反应，生成带有特定颜色的物质，进而影响茶汤色泽。与儿茶素类不同，黄酮醇、花青素物质虽然在茶叶中含量较低，但其结构中存在交叉共轭体系，而使多数黄酮醇具黄色色泽；同时花青素的 1 位氧可形成𬭊离子，在不同酸度下，可表现出不同的色泽；而且这两类物质的呈色阈值均较低，即在较低的浓度即可表现出明显的色泽。

（2）饮料中的脂溶性色素

虽然茶鲜叶中含有大量叶绿素类和类胡萝卜素物质，但是这些物质都为脂溶性色素，在茶汤中溶解度较小，因此有学者认为，叶绿素类和类胡萝卜素对干茶色泽和叶底有重要影响，但对茶汤颜色作用不显著。但是，也有学者根据添加抗氧化剂不能完全阻止高温灭菌或加温老化过程中绿茶饮料的褐变（方元超和梅丛笑，1999），以及少量添加 Zn^{2+} 和 Cu^{2+} 可以稳定茶汤的绿色色泽（赵良，1998；高新蕾，2002）等试验结果，推测在浸提时叶绿素类物质可

能以微细的胶质状或油状悬浮于茶汤之中,并影响茶汤色泽。在绿茶制造过程中,脂溶性的叶绿素类物质能转化为可溶性的水解产物,脱植基叶绿素 a、叶绿素 b,以及脱镁脱植基叶绿素 a、叶绿素 b,这些色素能溶于水,进而影响汤色。Lu 等(2009)研究也显示,叶绿素 a 和叶绿素 b、脱镁叶绿素 a 和叶绿素 b、β-胡萝卜素、叶黄素和紫黄质在水中的呈色阈值分别约为 50 nmol/L、200 nmol/L、200 nmol/L 和 300 nmol/L,而且绿茶茶汤中的叶绿素 a 和叶绿素 b、脱镁叶绿素 a,以及叶黄素含量高于其呈色阈值,β-胡萝卜素含量接近其阈值,同时叶绿素及其衍生物与类胡萝卜素之比以及叶绿素与脱镁叶绿素之比与茶汤的 a 值(红绿色度,a 为负值时,为绿色程度,值越小绿色程度越深;a 为正值时,为红色程度,值越大红色程度越高)呈显著负相关关系,而 b 值(黄蓝色度,b 为负值时,为蓝色程度,值越小蓝色程度越深;b 为正值时,为黄色程度,值越大黄色程度越高)与脱镁叶绿素呈显著正相关。说明叶绿素及其衍生物,以及类胡萝卜素对绿茶茶汤色泽也有明显贡献。

(3)饮料加工过程色泽变化及其内在机制

儿茶素类物质还原性强,在溶液状态下对热不稳定,易发生氧化、降解和异构化等反应,是茶饮料色泽劣变的重要原因之一。研究显示,随着浸提温度提高,茶汤色差指标中 a 和 b 值均增加(张凌云等,2003a),尤其是当浸提超过 80℃后,a 和 b 值增加最为显著(张凌云等,2004);化学成分检测显示,杀青叶在 90℃浸提时茶多酚总量显著低于 80℃(张凌云等,2004);绿茶干茶在 100℃浸提时,EGCg 等表型儿茶素类含量较 80℃时显著下降(Perva-Uzunali et al.,2006),而非表型儿茶素和没食子酸均显著增加(Liang et al.,2007)。红茶在高温浸提过程中,当时间从 40 min 延长至 120 min 时,茶汤色泽 a 值和 b 值也增加,而 EGCg 等表型儿茶素类降低(Chandini et al.,2011)。研究还表明,绿茶鲜汁高温灭菌后,绿茶茶汤绿度显著降低、黄度显著增加(张凌云等,2003b;2003c),而且随着灭菌温度的提高,绿茶饮料绿度逐渐降低甚至转变为红色,黄度逐渐增加(Kim et al.,2007);表型儿茶素类下降,而非表型儿茶素类急剧升高(Wang et al.,2000;Kim et al.,2007),同时儿茶素类(Wang et al.,2000)和多酚总量下降。随着饮料老化和贮藏时间延长,绿茶鲜汁 a 值和 b 值显著增加(张凌云等,2003b;2003c),而且随着贮藏温度提高和光照加强,绿茶饮料色泽变化的这种趋势更加显著(Ye et al.,2009);HPLC 分析显示,随着老化时间延长、温度提高,EGCg 等表型儿茶素和儿茶素类总量均下降,而 GCg 等非表型儿茶素类在老化初期增加,之后也降低;相关性分析显示,色泽的变化与饮料中残留的表型儿茶素类单体浓度和儿茶素类总量呈显著负相关关系(Ye et al.,2009),说明在高温浸提、灭菌以及老化或贮藏过程中,茶汤色泽变化(a 和 b 值增加)与儿茶素类的氧化、异构化和降解有密切关系,而儿茶素类的降解可能与茶汤中自动产生的极少量 H_2O_2 有关(Aoshima and Ayabe,2007)。

由于叶绿素等色素在茶汤中的含量高于其呈色阈值,而且这些化合物对热非常不稳定,因此在热处理过程中也极易发生变化,进而引起茶汤汤色劣变。研究显示,在 55℃条件下,随着处理时间从 15 min 延长至 120 min,鲜汁茶汤红绿色度 a 值显著增加,但始终是负值,而明度 L 和黄蓝色度 b 变化较小;在 95℃条件下,即使处理 15 min,a 值即显著增加,时间延长至 30 min 时,a 值转变成正值,即开始红变,同时 b 值呈显著增加趋势(Lu et al.,2009)。HPLC 分析表明,在 55℃条件下,随着时间延长,叶绿素、叶黄素和紫黄质均下降,但脱镁叶绿素和 β-胡萝卜素增加;在 95℃条件下,随处理时间延长,叶绿素及其衍生物均下降,至 30 min 后,已检测不到叶绿素,而叶黄素和 β-胡萝卜素虽总体也呈下降趋势,但至处理 120 min,其含量仍超过呈色阈值。该研究说明,叶绿素及其衍生物对热的敏感性高于类胡萝卜素,热处理后绿茶鲜汁汤色劣变与这些脂溶性色素含量的消长有密切的相关关系。有研究表明,高温处理对干茶儿茶素类物质影响较小(Liang et al.,2007),但是也可引起叶绿素等脂溶性色素的降解,说明原料复火对后期的饮料色泽也可能产生影响。

此外,在热处理过程中,还有 3 类反应易导致食品发生非酶性褐变:其一为维生素 C 氧化降解,其二为美拉德反应(Maillard reaction),其三为焦糖化反应。根据 3 个反应条件(表13.5)可知,焦糖化反应对饮料褐变影响较小,因为焦糖化反应只有在物料含水量低的情况下才会发生;而饮料加工过程中均存在维生素 C 降解和美拉德反应的条件,因此这 2 类反应也可能对饮料色泽劣变起作用。

表 13.5　美拉德等非酶性褐变反应条件

	对氧依赖	对氨基依赖	酸度	温度	水活度
维生素 C 氧化降解	有氧无氧均可	否	微酸	中等	中、高
美拉德反应	否	是	酸碱均可	中等	中、高
焦糖化	否	否	酸碱均可	高温	低

维生素 C 具有较强的还原能力,可作为饮料抗氧化剂和护色剂使用,但是其氧化降解也会导致饮料色泽褐变。研究显示,在葡萄酒模型或白葡萄酒加温老化(45℃)过程中,添加维生素 C 不仅不能起到护色作用,反而使样品随着时间延长(3 个月~5 年)色泽褐变不断加剧(Peng et al.,1998);进一步的研究证实,添加维生素 C 对老化后期儿茶素氧化褐变有明显的促进效果,其作用与维生素 C 氧化降解和过氧化氢的形成有关(Bradshaw et al.,2001)。在高温灭菌(88~121℃)过程中,果汁中维生素 C 随处理时间延长、温度升高而下降,5-羟甲基糠醛含量增加,色泽(OD_{420})褐变加剧(Morris et al.,2004;Damasceno et al.,2008a),而且维生素 C 的减少与色泽加深存在显著的相关关系(Damasceno et al.,2008b)。有研究也显示,在绿茶鲜汁饮料老化处理(45℃,0~57 d)过程中,添加 100 mg/L 的抗坏血酸钠不仅没有护色作用,反而使茶汤红变、黄变程度加深。

美拉德反应是还原糖和氨基酸或蛋白在热作用下形成深色物质以及各种芳香化合物的过程,对食品加工品质有非常重要的影响。其反应过程为:首先氨基化合物中的氨基氮对糖羰基碳进行亲核性进攻,可逆地形成羟基胺(N-糖基胺);接着,N-糖基胺在酸催化下发生Amadori 重排,形成 1-氨基-1-脱氧-2-酮糖(该反应可在 25℃时自发进行),之后该化合物在不同 pH 条件下,可形成不同的中间产物:当 pH≤7 时,可经 1,2-烯醇化,形成 1,2-烯胺醇、3-脱氧-1,2-二羰基化合物,并生成 5-羟甲基糠醛;pH>7 且温度较低时,可经 2,3-烯醇化,形成 2,3-烯二醇、1-甲基-2,3-二羰基化合物(脱氢还原酮)、乙酰基烯二醇(还原酮),脱氢还原酮易使氨基酸发生 Strecker 降解(脱羧、脱氨反应)形成醛和 α-氨基酮类;当 pH>7 且温度较高时,发生裂解,产生丙酮醇、丙酮醛和丁二酮等中间体。最后,醛酮在胺催化下发生羟醛缩合反应生成不含氮的聚合物,而醛类-胺类在低温下很快聚合或共聚为棕色的含不饱和键、含氮的高分子类黑素(Melanoidin);同时不含氮聚合物也可以与胺类发生缩合、脱氢、重排、异构化等一系列反应生成类黑素(Bastos et al.,2012)。此外,N-糖基胺在温热时可经自由基途径直接形成带荧光的含氮化合物中间体,并很快与甘氨酸等反应形成类黑素。美拉德反应可在较低的温度下缓慢进行,但在 100~250℃时反应发生快速。美拉德反应在茶叶干燥过程中对茶叶香气和色泽的形成有重要的贡献,但是否对茶饮料生产和贮藏过程中色泽褐变有无影响尚缺乏相关研究。由于茶饮料中含有相当数量的还原糖和氨基酸等物质,并有高温灭菌和贮藏等过程,存在美拉德反应的可能性较大。

2. 饮料色泽褐变控制技术

饮料色泽控制技术主要有降低热处理温度、缩短热处理时间、添加抗氧化剂和包埋剂、调节酸度等。

高温萃取时虽然浸提效率较高,但易引起儿茶素类氧化、异构化以及叶绿素等被破坏,因此采用低温(≤50℃)萃取可在一定程度上减少汤色褐变(张凌云等,2003a),饮料的稳定性也增加。通过低温超声辅助萃取(夏涛等,2004;孙庆磊等,2005;Xia et al.,2006)、微波辅助浸提(宁井铭等,2004),不仅可以缩短萃取时间(5~10 min),而且还能提高萃取效率以及茶汤色泽等品质。超高温瞬时杀菌(ultra-high-temperature sterilization,UHT)处理时间短(135~140℃,时间5~13 s),不仅灭菌彻底,而且比一般的热力杀菌保色效果更好(谭平等,2005)。此外,膜过滤冷罐装(尹军峰,2006)、微波灭菌(宁井铭等,2005)、高压脉冲电场处理(Vega-Mercado et al.,1997)等在达到灭菌效果的同时,对茶汤色泽影响也较小。

研究显示,在饮料中添加维生素C(Chen et al.,1998;梁月荣等,1999)、抗坏血酸钠(Ye et al.,2009)、半胱氨酸或还原型谷胱甘肽(Aoshima and Ayabe,2007)可显著提高儿茶素类的稳定性,进而起到防氧化和护色作用,若将维生素C与半胱氨酸和亚硫酸钠共同使用,效果更好(梁月荣等,1999),但是维生素C用量必须与儿茶素类物质的含量相匹配,以防止维生素C不足导致促氧化发生(Bradshaw et al.,2003)。采用β-CD对儿茶素类物质进行包埋不仅可以防止冷后浑形成,而且也可起到护色作用(方元超,1999)。添加葡萄糖氧化酶(方元超和梅丛笑,1999)、D-葡萄糖酸-δ-内酯(梅丛笑等,2000)、ZnCl$_2$(彭丽伟,2002;Lu et al.,2009)、焦磷酸盐(陈玉琼等,2000)均有一定的护色效果。此外,采用去离子水、通过调节茶汤酸度使之处于较低的pH值(Chen et al.,1998;赵良,1998)、满瓶罐装(Bradshaw et al.,2001)、金属或有色PET瓶包装等措施,均可提高茶汤的色泽稳定性。

单一的护色技术往往难以解决饮料汤色褐变问题,因此,在生产上,往往采用多种技术联合使用。

三、茶饮料风味劣变原因及其控制技术

风味是指味觉和嗅觉的综合感觉,即滋味和香气。茶汤滋味是其中氨基酸(鲜、略酸)、多酚类(涩味、苦味)、咖啡因(爽口、苦味)、蛋白和多糖(茶汤"身骨"、厚味等)等多种内含成分味觉的综合表现;而香气是由含量极低、种类繁多的挥发性成分相互作用的结果。各种茶类由于其原料和工艺不同,具有各自不同的滋味和香气特点,其中绿茶的一般风味特点是鲜爽甘醇、清香自然;乌龙茶的特点是甘醇浓厚、花香或焦糖香;红茶的特点是醇和、甜香;普洱茶的特点是平和、陈香。由于即饮型饮料中茶汤浓度均显著低于平时冲泡茶水的浓度,因此往往达不到这样的风味要求。

1. 茶饮料风味劣变机制

在茶饮料中风味劣变主要存在两个方面:一是苦涩味显现,二是香气劣变。在普通茶汤中多酚类物质常与蛋白、果胶等物质混合或结合在一起,使滋味总体表现出"醇厚"的综合特点,但是在饮料加工过程中,为了使之保持澄清透明、无浑浊,往往需要多次过滤。正如前面

浑浊控制技术中所述,经过超滤等过程,茶汤中的蛋白和果胶等被大量除去(尹军峰等,2003;Rao et al.,2011),多酚类物质的滋味特点凸显出来,使茶汤表现出明显的"苦涩味"。可见,茶汤澄清和滋味醇和很难同时兼顾,尤其是在酚类含量较高的饮料中,这是由其内含成分本身的滋味特点所决定的。

饮料加工过程中的灭菌等热处理,可以使茶汤苦涩味减轻,使滋味变醇和(张凌云等,2003b;2004),因为热处理使儿茶素类氧化和异构化增加(Wang et al.,2000;Liang et al.,2007;Kim et al.,2007;Ye et al.,2009;Chandini et al.,2011)。研究显示,随儿茶素类聚合度增加,苦味降低(Peleg et al.,1999),同时差向异构形成非表型儿茶素类物质的苦涩味也低于对应表型儿茶素类(Kallithraka et al.,1997)。此外,热处理也可能引起饮料中微量蛋白和多糖的水解,从而使茶汤甜味增加(张凌云等,2003b;Wang et al.,2000)。

虽然灭菌处理对降低苦涩味有利,但是热处理常引起香气劣变,表现出"水闷气"以及"熟汤味"的不愉快气味。研究显示,绿茶饮料经高温杀菌后,挥发性物质萜烯醇及氧化物、苯甲醇、β-紫罗酮、吲哚、4-乙烯基苯酚等明显增加,其中,4-乙烯基苯酚有异味(Kinugasa and Takeo,1989)。Kim等研究了萃取后茶汤在高温处理过程中的品质变化,结果显示,随着处理温度提高(80~121℃),戊醇、顺-3-己烯醇、芳樟醇氧化物Ⅰ和Ⅱ等降低,而苯甲醛、苯乙醛、吲哚、α-萜品醇等提高,同时挥发性成分总量有增加趋势,但总体香气品质下降(Kim et al.,2007)。此外,研究还表明,乌龙茶和红茶饮料的不良香气来自热处理后不稳定的香味化合物,如酯类、醇类经高温杀菌后产生的裂解和氧化;而绿茶饮料除了产生4-乙烯基苯酚不良气味外,一些非挥发性物质前驱物发生水解,造成饮料香气成分不平衡,从而引起香气的劣变(Kinugasa and Takeo,1990)。

2. 茶饮料风味劣变控制

研究显示,单宁酶处理不仅有助于保持茶汤的澄清(宁井铭等,2005),同时也可显著改善滋味(Chandini et al.,2011;Raghuwanshi et al.,2012),因为酚类及其氧化物中的没食子酰基对收敛性影响很大,化合物中没食子酰基越多,收敛性越强(Baxter et al.,1997;Charlton et al.,2002)。研究表明,添加β-CD包埋酚类物质,可有效降低茶汤苦涩味,但添加量应根据茶汤中酚类物质的含量进行增减,一般不宜超过0.6%。添加甜味剂掩盖苦涩味也是常用的滋味劣变控制方法。在饮料采用酸度调节进行保色和防沉淀过程中,pH值不宜过低,因为酸本身具有一定涩味,而且可以显著增强酚类物质的涩味(Peleg et al.,1998)。此外,覆盖和增施氮肥等栽培措施、原料复火和低温萃取等饮料制备技术也可以在一定程度上改善饮料苦涩味。

研究显示,50℃浸提(茶水比为1/60、浸提时间10 min)时,茶汤中醇类、醛类、酯类、其他类挥发性化合物组分和总含量分别为原料的81.90%、43.74%、70.55%、35.35%和55.11%,而且随着浸提温度的提高挥发性化合物得率降低,当浸提温度为80℃时,茶汤中醇类、醛类、酯类、其他类等挥发性化合物组分含量分别为原料的48.96%、15.99%、16.43%和15.61%;挥发性成分随浸提时间延长呈先升后降趋势,在10 min时总量最高;同时料液比增加,挥发性成分总量提高(孙其福,2004)。说明低温不仅有利于提高滋味、汤色品质,同时也有助于保持挥发性成分;同时较短的时间和较高的料液比也有助于挥发性成分的萃取。Xia等(2006)研究认为,超声辅助萃取不仅增加酚类、氨基酸、咖啡因等物质得率,而且可以显著提高挥发性成分及其糖苷类前体物质的萃取效率。有研究显示,当采用

β-葡萄糖苷酶处理茶汤时,以50℃水解可获得最好的酶解效果,而且随着酶解时间延长苯甲醇、苯乙醇、芳樟醇氧化物Ⅰ、芳樟醇氧化物Ⅲ、水杨酸甲酯呈先升后降趋势,而青叶醇、芳樟醇氧化物Ⅱ、香叶醇不断增加;酶解60 min时,茶汤中青叶醇、芳香族醇、萜烯醇和水杨酸甲酯分别为对照的12.91倍、2.08倍、1.42倍、54.80倍,酶解100 min时这些成分进一步提高,分别为对照的13.83倍、3.00倍、1.66倍、79.60倍,进一步延长时间,这些成分增加较少。Su等(2010)研究也显示,固定化β-葡萄糖苷酶处理后,绿茶、乌龙茶和红茶挥发性物质总量分别增加了20.69%、10.30%和6.79%,说明浸提的茶汤中含有相当数量的挥发性物质前驱体,酶解处理可显著提高茶汤的挥发性物质含量。但酶解产生的挥发性物质很可能又在高温灭菌过程中损失掉或者发生转化,因此该技术需要与β-CD包埋进行组合处理才能收到良好的效果。此外,在生产中,往往还需要添加一定剂量的与茶类产品相适应的食用香精,以补充原有物料的香气不足。

第二节　各类茶饮料加工

随着生产技术进步和消费方式的改变,茶饮料的产品结构、口味、原料使用、工艺和包装等在不断变化。从茶饮料产品结构看,20世纪70年代出现的是红茶饮料,80年代以乌龙茶为主,之后绿茶饮料逐渐成为主导产品,目前虽然我国和日本等国的茶饮料中仍以绿茶为主,但已出现了明显的口味多样化、产品多元化趋势。从茶饮料的口味看,早期以高糖、含气茶饮料为主,之后逐渐过渡到带酸甜口味的含糖产品,最后将回归到具有天然茶叶风味的低糖、无糖茶饮料,目前我国无糖茶饮料尚不是主流产品。从茶饮料包装看,最早出现的是玻璃瓶,之后是金属易拉罐,随后是纸质包装,耐热PET瓶是现在的主流包装;基于成本和风味的保持等考虑,今后将向普通PET瓶包装发展。与包装相适应的,在工艺上,最早采取的是速溶茶粉调配和巴氏灭菌工艺,随后是干茶浸提和PET瓶热灌装工艺,今后浓缩茶汁调配或者茶鲜叶直接提取与无菌冷灌装将成为主要工艺。这些产品、口味和工艺等的改变,最终的目标就是适应消费需求。

一、茶饮料的基本要求和原料

根据我国2008年开始执行的《饮料通则》(GB 10789-2007)和《茶饮料》(GB/T 21733-2008)标准规定,茶饮料是指以茶叶的水提取液或其浓缩液、茶粉等为主要原料加工制成的液体饮料,视情况可以加入水、糖、甜味剂、酸味剂、食用香精、果汁、乳制品、植(谷)物的提取物等物质。根据添加物的不同,将茶饮料分成茶饮料(茶汤)、调味茶饮料、复(混)合茶饮料、茶浓缩液等品类,其中调味茶饮料又可分为果汁茶饮料、果味茶饮料、奶茶茶饮料、奶味茶饮料、碳酸茶饮料和其他调味茶饮料等。上述标准还对各类别样品中多酚类、咖啡因以及其他标称添加物的含量进行了规定(表13.7)。按照目前市场上的茶饮料配料情况,国产的茶饮料绝大部分属于调味茶饮料系列,因为在这些产品中除了水、茶叶或茶粉或浓缩汁、糖或甜味剂外,或多或少添加了一些其他成分,如维生素C等。

表 13.7　我国茶饮料类主要产品分类及要求

项　目		茶多酚(mg/g)	咖啡因(mg/g)	其他要求
茶汤	红茶	≥300	≥40	茶叶水提取液、茶粉、茶浓缩液,允许少量食糖和(或)甜味剂
	绿茶	≥500	≥60	
	乌龙茶	≥400	≥50	
	花茶	≥300	≥40	
	其他茶	≥300	≥40	
调味茶饮料	果汁茶饮料	≥200	≥35	除"茶汤"要求外,果汁≥5.0%,允许加入食用果味香精等
	果味茶饮料	≥200	≥35	除"茶汤"要求外,允许加入果汁、食用果味香精等
	奶茶茶饮料	≥200	≥35	除"茶汤"要求外,蛋白质≥0.5%,允许加入乳或乳制品、食用奶味香精等
	奶味茶饮料	≥200	≥35	除"茶汤"要求外,允许加入乳或乳制品、食用奶味香精等
	碳酸茶饮料	≥100	≥20	除"茶汤"要求外,CO_2≥1.5 倍容积(20℃),允许加入食用香精等
	其他茶饮料	≥150	≥25	除"茶汤"要求外,允许加入食用配料、食用酸味剂、食用香精等
复(混)合茶饮料		≥150	≥25	除"茶汤"要求外,允许加入植(谷)物水提取液、浓缩液、干燥粉

1. 茶饮料主要成分

茶饮料的主要成分包括水、茶叶(茶粉或茶浓缩汁)、碳水化合物(糖)等核心组分,部分饮料还含有果汁、奶制品和 CO_2 等特色成分。

水是茶饮料的主体部分,一般占茶饮料质量的 90%以上。茶叶成分是茶饮料区别于其他软饮料的核心组分,主要以各类茶叶萃取液、茶粉和茶浓缩汁等进行调制。目前用于饮料加工的茶叶主要有绿茶、红茶、乌龙茶、茉莉花茶等,对茶叶品质的基本要求是:中档原料,滋味醇和、香气纯正。原料生产单位、批次等不同常导致品质不一致,虽然在生产前进行拼配,但每次萃取的提取液在品质上还会存在一定差异,因此饮料生产时需要对稀释比例等参数进行微调。利用茶粉和浓缩汁进行饮料生产,产品的稳定性控制相对较为简单,因此可简化生产工艺,同时还可以减少厂房和设备投资。但是一般茶粉和浓缩汁原料成本高于茶叶,同时生产企业为了提高茶粉和浓缩汁的品质和稳定性,可能有某些添加成分,因此茶饮料企业在采购和调配时,除了主要的多酚类、咖啡因等指标外,还应密切关注这些添加成分。

碳水化合物(糖)是重要的茶饮料组分,也是饮料甜味和能量的主要来源。目前茶饮料用糖以白砂糖为主,还有添加果葡糖浆、蜂蜜等。

2. 茶饮料添加成分

茶饮料中主要添加成分包括抗氧化剂、调味剂、酸度调节剂、稳定剂、香精等,其允许成分和剂量应符合 GB2760 要求。

为了防止冰茶饮料的色泽褐变、提高产品的货架期品质,一般都需要添加一定剂量的抗氧化剂。维生素 C 是茶饮料最常见的抗氧化剂,由于其在溶液中先于酚类氧化,因此可以起到护色和抗氧化效果,但添加维生素 C 会影响饮料酸度和口感,尤其添加量较多的时候;D-异抗坏血酸钠,弱碱性,其抗氧化能力远超维生素 C。因此,两者常配合使用。

调味剂也是茶饮料产品的重要组分,尤其是冰茶饮料。调味剂包括甜味剂和咸味成分等。除了食糖、糖浆外,生产上还常以甜味剂代替部分食糖,这样不仅能降低生产成本和能量,同时又能满足消费者对甜味口感的要求,表13.8列出了常见甜味剂的相对甜度和特点。如安赛蜜除了甜度高外,还具有无能量、不吸收等特点;甜菊糖苷除了提供甜味外,还可产生某些清凉的感觉;而阿斯巴甜等甜味剂甜度远超蔗糖,只要极少量即可达到很高的甜度,但长时间热处理容易分解;索马甜甜度高,口感非常接近蔗糖,但其不耐热和酸,一般很少在热灌装的茶饮料中使用;蔗糖素口感较好,但价格较高。虽然阿斯巴甜等多种甜味剂相对甜度均高于蔗糖,但单独使用时往往很难达到纯蔗糖的口感,因此常作为蔗糖的辅助成分,并进复配,以达到合适的口感(表13.9)。茶饮料咸味添加成分主要是食盐,一般用量很少;酸度调节时添加的柠檬酸钠盐等也有一定咸味。

表 13.8 常见甜味剂特点

甜味剂	相对甜度*	其他特点
乳糖	25	
麦芽糖	40	
半乳糖	50	
山梨醇	55	耐酸耐热,兼有杀菌效果,带清凉感
甘露糖	53	
葡萄糖	56	
转化糖	85	
蔗糖	100	高热量、消化吸收,非还原性二糖,性质较稳定,但溶液状态108℃以上加热可分解,甜味感慢,消失也慢
木糖醇	120	热量较低、消化吸收,性质较稳定,有较强清凉感
果糖	132	消化吸收,最甜的单糖,甜味感快,消失也快,有清凉感
阿斯巴甜(aspartame)、甜味素、蛋白糖	18000	低热量,可代谢吸收,高温或高 pH 值水解,稳定条件下半衰期约 300 d,甜味延缓及持续长
甘草酸铵	20000	天然甘草经氨水浸提制得
甜菊糖苷	20000	低热量,耐热耐光,在 pH 值 3~10 内十分稳定,口味清凉绵长,接近蔗糖
安赛蜜、乙酰磺胺酸钾、A-K 糖	25000	无营养、无热量,人体内不代谢、不吸收,对光、热、酸稳定,口感好、甜味纯正而强烈,优于蔗糖甜味,持续时间长
蔗糖素、三氯蔗糖	60000	无热量、不吸收、耐酸碱、高温,甜度高,甜味纯正,甜感与蔗糖相似,高度安全
阿力甜(alitame)	200000	可消化,耐热耐酸耐碱,贮存半衰期为 5 年,甜味清爽、稍带硫味
索马甜、祝马丁、奇异果甜蛋白(thaumatin)	200000	蛋白质甜味剂,可消化吸收,加热变性失去甜味,遇丹宁结合失去甜味,甜味爽口、无异味,持续时间长

* 与白糖相比较的相对甜度。

表 13.9　甜味剂甜度和配方（林露等，2010）

配方	蔗糖 2%	蔗糖 4%	蔗糖 6%	蔗糖 8%	蔗糖 10%	蔗糖 4%＋蔗糖素 0.007%	蔗糖 4%＋安赛蜜 0.011%＋蔗糖素 0.003%	蔗糖 2%＋安赛蜜 0.005%＋蔗糖素 0.006%
甜度	很低	略低	适中	适中	偏甜	适中	适中	适中

　　酸度调节剂不仅影响茶饮料稳定性，而且对口味也有重要影响。常用的酸度调节剂有柠檬酸、苹果酸、酒石酸、柠檬酸钠、柠檬酸钾、果汁、延胡索酸（富马酸）、琥珀酸和葡萄糖酸-δ-内酯、磷酸、碳酸氢钠等。其中柠檬酸除了酸的口味外，尚有清凉、爽口感觉，而且还能络合金属离子，提高饮料澄清度，但是单独使用柠檬酸易使饮料酸度过低，通常与柠檬酸钠一起使用，不仅有助于控制酸度，而且可以减少柠檬酸的涩味；而磷酸等无机酸由于口感和回味较差，现在已经很少使用。

　　稳定剂也是茶饮料常见的添加剂，其中又以六偏磷酸钠、三聚磷酸钠、焦磷酸二氢二钠较为常见。六偏磷酸钠等物质具有很强的金属离子络合作用，同时还有抑制维生素 C 分解和护色作用，兼有调节酸度效果。

　　由于茶饮料中茶叶成分含量较低，而且加工环节较多，依靠本身的香气，往往达不到消费者对饮料的期望值，因此茶饮料中也经常添加食用香精。但是目前，茶叶香精的匹配度都较低，用一种香精往往达不到预期目的，需要用多种香精一起配合使用。

二、各类茶饮料的特点

1. 冰红茶和冰绿茶

　　冰红茶和冰绿茶是较早开发成功的茶饮料产品，因其具有酸甜、爽口、刺激性强、适宜冰镇后饮用等特点而深受广大消费者喜爱，故目前仍是我国茶饮料市场的重点产品，其市场青睐度是所有茶饮料品类中最高的。冰茶的口味主要与其成分有直接的关系，冰红茶和冰绿茶中有很高含量的糖，一般在 9 g/100 mL 左右，而酸度也高于其他品类饮料，一般为 pH 3.5左右。目前我国冰红茶和冰绿茶多数采用速溶茶粉或浓缩汁调配而成，只有少数采用茶叶萃取，同时冰茶还具有最为复杂的添加成分。表 13.10 列出了目前市场上主要冰茶产品的配料情况，从中可以看出，除了水、糖、茶粉或浓缩汁或茶叶外，还含有维生素 C 等抗氧化剂、柠檬酸等调味剂、食用香精等多种添加成分。表 13.11 列出了冰茶饮料各种成分的配比情况，除了糖以外，其他成分都在 0.5% 以下。

表 13.10　目前市场上冰红茶和冰绿茶的主要配料

公司	产品和规格	主料	添加成分	含碳水化合物 (g/100 mL)
康师傅	劲凉冰红茶 500 mL	纯净水、红茶粉、白砂糖	维生素C、食盐、天然薄荷粉、柠檬酸、柠檬酸钠、焦糖色、食用香精	9.7
	劲凉冰绿茶 500 mL	纯净水、绿茶粉、白砂糖	维生素C、天然薄荷粉、柠檬酸、柠檬酸钠、焦糖色、食用香精	9.2
	冰红茶 500 mL	纯净水、红茶粉、白砂糖	维生素C、食盐、柠檬酸、柠檬酸钠、焦糖色、食用香精	9.2
	冰绿茶 500 mL	纯净水、绿茶、绿茶浓缩液、白砂糖	维生素C、D-异抗坏血酸钠、食盐、柠檬酸、柠檬酸钠、焦糖色、六偏磷酸钠、碳酸氢钠、食用香精	9.0

续表

公司	产品和规格	主料	添加成分	含碳水化合物 (g/100 mL)
统一	冰红茶 500 mL	纯净水、速溶红茶、白砂糖、果葡糖浆	D-异抗坏血酸钠、甜菊糖苷、柠檬酸、柠檬酸钠、苹果酸、六偏磷酸钠、食用香精	9.7
	冰绿茶 500 mL	纯净水、绿茶浓缩液、白砂糖、果葡糖浆	维生素C、D-异抗坏血酸钠、甘草酸铵、食盐、柠檬酸、柠檬酸钠、六偏磷酸钠、焦磷酸二氢二钠、三聚磷酸钠、食用香精	9.0
娃哈哈	冰红茶 500 mL	水、红茶粉浓缩液、白砂糖、果葡糖浆	维生素C、D-异抗坏血酸钠、阿斯巴甜、安赛蜜、白葡萄汁、卡曼橘原汁(10 mg/L)、柠檬酸、柠檬酸钠、苹果酸、六偏磷酸钠、食用香精	7.2
可口可乐	原叶冰红茶 480 mL	水、红茶茶叶、白砂糖、果葡糖浆	维生素C、食盐、柠檬酸、柠檬酸钠、食用香料	9.0

表 13.11   冰茶各成分配比和要求

成分	比例	备注
茶粉	0.1%～0.3%	多酚类和咖啡因含量符合《茶饮料》相关产品要求
糖或甜味剂	相当于9%左右的蔗糖甜度	使最终产品具有甜感和谐、风味饱满口感
抗氧化剂	～0.02% 维生素C 或（和）～0.02% D-异抗坏血酸钠	具体用量要与饮料中的酚类相匹配
酸味剂	～0.2% 柠檬酸和（或）～0.1% 柠檬酸钠等	使最终 pH 控制在 3.5 左右
稳定剂	≤0.06% 复合磷酸盐等	
食用香精	多种、适量香精复配	茶叶香精、柠檬香精、蜂蜜香精等

2. 低糖茶饮料

根据 2011 年 10 月 12 日发布、2013 年 1 月 1 日实施的《食品安全国家标准 预包装食品营养标签通则》(GB 28050-2011)规定，声称"低糖"的食品，其含糖应低于 5 g/100 mL(液体)或 5 g/100 g(固体)，也就是说，今后低糖茶饮料的含糖量必须低于该限值。

与冰茶不同，低糖茶饮料一般采用茶叶浸提的较多，添加成分中柠檬酸基本不用，而采用柠檬酸钠和碳酸氢钠较为普遍，因此其 pH 值较冰茶高，一般在 pH 5～6 之间(表 13.12)。

表 13.12   低糖茶饮料配料情况

公司	产品和规格	主料	食品添加剂	碳水化合物 (g/100 mL)
康师傅	低糖绿茶 500 mL	水、绿茶、白砂糖、蜂蜜(0.3 g/L)	维生素C、D-异抗坏血酸钠、柠檬酸钠、碳酸氢钠、六偏磷酸钠	3.9
	茉莉清茶 500 mL	水、精选茉莉花茶叶(绿茶茶坯)、绿茶、茉莉花茶浓缩液、绿茶浓缩液、白砂糖	维生素C、D-异抗坏血酸钠、柠檬酸钠、碳酸氢钠、六偏磷酸钠、食用香精	4
统一	绿茶 500 mL	水、绿茶、乌龙茶、白砂糖	维生素C、D-异抗坏血酸钠、碳酸氢钠、六偏磷酸钠、焦磷酸二氢二钠、三聚磷酸钠、食用香精	4
可口可乐	原叶翠缕绿茶 480 mL	水、绿茶茶叶、抹茶粉、白砂糖	维生素C、柠檬酸钠、碳酸氢钠、六偏磷酸钠、食用香料	2.3

3. 无糖茶饮料

按照国家标准《茶饮料》(GB/T 21733-2008)和《食品安全国家标准 预包装食品营养标签通则》(GB 28050-2011)规定,声称"无糖"食品的含糖量应低于 0.5 g/100 mL(同时可在碳水化合物这一项中标注为 0)。目前我国市场上的茶饮料大部分属于低糖或含糖茶饮料。虽然无糖茶饮料是未来的发展趋势,而且在日本等国已经比较普遍,但我国市场上仍较少,主要原因是消费者对无糖茶饮料的风味尚不习惯以及优质无糖茶饮料的加工关键技术仍然没有完全解决。

无糖茶饮料以茶叶原料萃取居多,配料中除了抗氧化剂和酸度调节剂和香精外,不添加其他成分(表 13.13)。

表 13.13　无糖茶饮料配料情况

公司	产品和规格	主料	添加成分	碳水化合物 (g/100 mL)
康师傅	茉莉花茶 500 mL	水、精选茉莉花茶叶(绿茶茶坯)、绿茶、茉莉花茶浓缩液、绿茶浓缩液	维生素 C、D-异抗坏血酸钠、柠檬酸钠、碳酸氢钠、六偏磷酸钠、食用香精	0
农夫山泉	东方树叶绿茶 480 mL	水、绿茶	维生素 C、碳酸氢钠、食用香精	0
	东方树叶茉莉花茶 480 mL	水、茉莉花茶	维生素 C、碳酸氢钠、食用香精	0
	东方树叶红茶 480 mL	水、红茶	维生素 C、碳酸氢钠、食用香精	0
	东方树叶乌龙茶 480 mL	水、乌龙茶	维生素 C、碳酸氢钠、食用香精	0
三得利	黑乌龙茶 350 mL	水、乌龙茶、乌龙茶粉	维生素 C、碳酸氢钠	0
伊藤园	乌龙茶 350 mL	水、乌龙茶	维生素 C、碳酸氢钠	0

4. 其他茶饮料

目前国内市场上,除了上述三类产品外,尚有很多含糖量在 5~9 g/100 mL 之间且又不同于冰茶的酸爽口感的茶饮料,以及含乳制品的奶茶产品。

三、茶饮料一般生产工艺

茶饮料生产工艺主要包括:水处理、溶糖、调配、过滤、灭菌、罐装、贴标等工序,如果采用茶叶为原料,还需要萃取和净化等工序(图 13.3)。

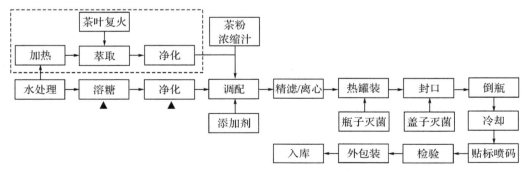

图 13.3　茶饮料一般生产流程

虚线框为以茶叶为原料的萃取步骤;▲为含糖饮料工序,无糖饮料无该过程。

　　水对茶饮料的品质有很大的影响,特别是水的离子强度和酸度,生产上通常采用活性炭、离子交换和反渗透联用的水处理设备进行制备,水质应该达到纯净水要求。

　　浸提是以茶叶为原料进行茶饮料的首道工序。一般需先对拼配的茶叶以不高于120℃的温度进行复火提香,冷却后适当粉碎(约20目)。从防沉淀、护色和风味保持等方面考虑,宜采用低温浸提(≤50℃)进行萃取,时间可控制在30 min以内;若以80℃左右萃取时,时间可缩短至10 min左右。萃取液经除渣、粗滤或离心(7000 r/min左右),获得提取液。必要时可以进行超滤,以保证产品的澄清度。

　　在茶叶萃取同时可进行溶糖工序。将白砂糖置于化糖罐中,于75~80℃下进行搅拌,并加入白砂糖用量约1%的活性炭,适当冷却后进硅藻土过滤机过滤,使糖浆浓度在45 Brix左右(王长军等,2006)。将茶叶萃取液或者茶粉或浓缩汁(使用量应使最终产品中多酚类符合《茶饮料》中相关产品要求)、糖浆和纯净水按照一定比例加入调配罐,同时根据各类产品对口味等的要求按比例加入抗氧化剂、酸味剂、甜味辅剂、稳定剂以及食用香精(香精也可以在罐装前加入)等辅料。充分混匀后,经精滤(板式压滤或者膜滤)或离心(约6000~7000 r/min),澄清料液进行135~138℃、时间5~12 s UHT处理,并将料液贮存于缓冲罐中;同时对耐热PET瓶和瓶盖进行洗涤,并以二氧化氯(ClO_2)或双氧水(H_2O_2)或NLC紫外线+臭氧进行杀菌处理;待料液温度降至90℃左右时进行热充填和封盖;并通过倒瓶系统倒瓶,利用余温进一步对瓶子和瓶盖进行灭菌;之后采用喷淋系统对瓶子进行冷却并去除瓶外的残留料液,接着套上热缩标签用蒸汽或电热固定,并由打码机对产品进行喷码,检验合格后进行外包装和贮藏。

参考文献

Aoshima H and Ayabe S. 2007. Prevention of the deterioration of polyphenol-rich beverages [J]. Food Chemistry, 100, 350-355.

Asano M, Shibasaki K. 1982. Effect of preparation methods of yeast protein isolate on emulsifying capacity [J]. Journal of the Japanese Society for Food Science and Technology-nippon, 29: 31-36.

Bastos DM, MonaroÉ, SiguemotoÉ and Séfora M. 2012. Maillard Reaction Products in Processed Food: Pros and Cons [M]. In: Valdez B (ed.). Food Industrial Processes-Methods and Equipment. Rijeka: INTech. pp281-300.

Baxter NJ, Lilley TH, Haslam E and Williamson MP. 1997. Multiple interactions between polyphenols and a salivary proline-rich protein repeat result in complexation and precipitation [J]. Biochemistry, 36: 5566-5577.

Bradshaw MP, Cheynier V, Scollary GR and Prenzler PD. 2003. Defining the ascorbic acid crossover from anti-oxidant to pro-oxidant in a model wine matrix containing (+)-catechin [J]. Journal of Agricultural and Food Chemistry, 51: 4126-4132.

Bradshaw MP, Prenzler PD and Scollary GR. 2001. Ascorbic acid-induced browning of (+)-catechin in a model wine system [J]. Journal of Agricultural and Food Chemistry,

49: 934-939.

Chandini SK, Rao LJ, Subramanian R. 2011. Influence of extraction conditions on polyphenols content and cream constituents in black tea extracts [J]. International Journal of Food Science and Technology, 46: 879-886.

Chao YC, Chiang BH. 1999. The roles of catechins and caffeine in cream formation in a semi-fermented tea [J]. Journal of the Science of Food and Agriculture, 79: 1687-1690.

Charlton AJ, Baxter NJ and Khan ML. 2002. Polyphenol/peptide binding and precipitation [J]. Journal of Agricultural and Food Chemistry, 50: 1593-1601.

Chen ZY, Zhu QY, Wong YFa, Zhang Z and Chung HY. 1998. Stabilizing effect of ascorbic acid on green tea catechins [J]. Journal of Agricultural and Food Chemistry, 46: 2512-2516.

Damasceno LF, Fernandes FAN, Magalhães MMA and Brito ES. 2008a. Evaluation and optimization of non-enzymatic browning of "cajuina" during thermal treatment [J]. Brazilian Journal of Chemical Engineering, 25: 313-320.

Damasceno LF, Fernandes FAN, Magalhães MMA, Brito ES. 2008b. Non-enzymatic browning in clarified cashew apple juice during thermal treatment: Kinetics and process control [J]. Food Chemistry, 106: 172-179.

Dong ZB, Liang YR, Fan FY, Ye JH, Zheng XQ and Lu JL. 2011. Adsorption behavior of the catechins and caffeine onto polyvinylpolypyrrolidone [J]. Journal of Agricultural and Food Chemistry, 59: 4238-4247.

Gan Q, Howell JA, Field RW, England R, Bird MR, O'Shaughnessy CL and MeKechinie MT. 2001. Beer clarification by microfiltration-product quality control and fractionation of particles and macromolecules [J]. Journal of Membrane Science, 194: 185-196.

Hagerman AE and Butler LG. 1981. The specificity of proanthocyanidin-protein interactions [J]. Journal of Biological Chemistry, 256: 4494-4497.

Jöbstl E, Fairclough JPA, Davies AP and Williamson MP. 2005. Creaming in black tea [J]. Journal of Agricultural and Food Chemistry, 53: 7997-8002.

Kallithraka S, Bakker J and Clifford MN. 1997. Evaluation of bitterness and astringency of (+)-catechin and (-)-epicatechin in red wine and in model solutions [J]. Journal of Sensory Studies, 12: 25-37.

Kim ES, Liang YR, Jin J, Sun QF, Lu JL, Du YY and Lin C. 2007. Impact of heating on chemical compositions of green tea liquor [J]. Food Chemistry, 103: 1263-1267.

Kinugasa H and Takeo T. 1989. Mechanism of retort smell development during sterilization of canned tea drink and its deodorization measure [J]. Journal of the Japan Society for Bioscience Biotechnology and Agrochemistry, 63: 29-35.

Kinugasa H and Takeo T. 1990. Deterioration mechanism for tea infusion aroma by retort pasteurization [J]. Agricultural and Biological Chemistry, 54: 2537-2542.

Kroll J and Rawel HM. 2001. Reactions of plant phenols with myoglobin: Influence of chemical structure of the phenolic compounds [J]. Journal of Food Science, 66: 48-58.

Li P, Wang Y, Ma R and Zhang X. 2005. Separation of tea polyphenol from green tea leaves by a combined CATUFM-adsorption resin process [J]. Journal of Food Engineering, 67: 253-260.

Liang HL, Liang YR, Dong JJ and Lu JL. 2007. Tea extraction methods in relation to control of epimerization of tea catechins [J]. Journal of the Science of Food and Agriculture, 87: 1748-1752.

Liang YR, Lu JL and Zhang LY. 2002. Comparative study of cream in infusions of black tea and green tea (*Camellia sinensis* L. O. Kuntze) [J]. International Journal of Food Science and Technology, 37: 627-634.

Liang YR and Xu YR. 2003. Effect of extraction temperature on cream and extractability of black tea (*Camellia sinensis* L. O. Kuntze) [J]. International Journal of Food Science and Technology, 38, 3-45.

Lu JL, Dong ZB, Pan SS, Lin C, Zheng XQ, Borthakur D and Liang YR. 2009. Effect of heat treatment on the lipophillic pigments of fresh green tea liquor [J]. Food Science and Biotechnology, 18: 682-688.

McMurrough I and Baert T. 1994. Identification of proanthocyanidins in beer and their direct measurement with a dual electrode electrochemical detector [J]. Journal of the Institute of Brewing, 100: 409-416.

Morris A, Barnett A and Burrows OJ. 2004. Effect of processing on nutrient content of foods [J]. Cajarticles, 37: 160-164.

Murray NJ, Williamson MP, Lilley TH and Haslam E. 1994. Study of the interaction between salivary proline-rich proteins and a polyphenol by 1h-nmr spectroscopy [J]. European Journal of Biochemistry, 219: 923-935.

Nagalakshmi S, Jayalakshmi R and Seshadri R. 1985. Approaches to decreaming of black tea infusions by solvent decaffeination and tannase treatment [J]. Journal of Food Science and Technology, 22: 198-201.

Peleg H, Bodine K K and Noble AC. 1998. The influence of acid on astringency of alum and phenolic compounds [J]. Chemical Senses, 23: 371-378.

Peleg H, Gacon K, Schlich P and Noble AC. 1999. Bitterness and astringency of flavan-3-ol monomers, dimers and trimers [J]. Journal of the Science of Food and Agriculture, 79: 1123-1128.

Penders MHGM, Jones DP, Needham D, Pelan EG. 1998a. Mechanistic study of equilibrium and kinetic behaviour of tea cream formation [J]. Food Hydrocolloids, 12: 9-15.

Penders MHGM, Scollard DJP, Needham D, Pelan EG and Davies AP. 1998b. Some molecular and colloidal aspects of tea cream formation [J]. Food Hydrocolloids, 12: 443-450.

Peng Z, Duncan B, Pocock KF and Sefton MA. 1998. The effect of ascorbic acid on oxidative browning of white wines and model wines [J]. Australian Journal of Grape and Wine Research, 4: 127-135.

Perva-Uzunali C A, Škerget M, Knez Ž, Weinreich B, Otto F and Grüner S. 2006. Extraction of active ingredients from green tea (*Camellia sinensis*): Extraction efficiency of major catechins and caffeine [J]. Food Chemistry, 96: 597-605.

Raghuwanshi S, Misra S, Saxena RK. 2012. Enzymatic treatment of black tea (ctc and kangra orthodox) using penicillium charles II tannase to improve the quality of tea [J]. Journal of Food Processing and Preservation, 1745-4549.

Rao L, Hayat K, Lv Y, Karangwa E, Xia SQ, Jia CS, Zhong F and Zhang XM. 2011. Effect of ultrafiltration and fining adsorbents on the clarification of green tea [J]. Journal of Food Engineering, 102: 321-326.

Rehmanji M, Gopal C and Mola A. 2002. A Novel stabilization of beer with polyclar(r) brewbrite(TM) [J]. MBAA Technical Quarterly, 39: 24-28.

Siebert KJ, Carrasco A and Lynn PY. 1996. Formation of protein-polyphenol haze in beverages [J]. Journal of Agricultural and Food Chemistry, 44: 1997-2005.

Siebert KJ and Chassy AW. 2003. An alternate mechanism for the astringent sensation of acids [J]. Food Quality and Preference, 15: 13-18.

Siebert KJ and Lynn PY. 1997. Mechanisms of adsorbent action in beverage stabilization [J]. Journal of Agricultural and Food Chemistry, 45: 4275-4280.

Siebert KJ and Lynn PY. 1998. Comparison of polyphenol interactions with polyvinylpolypyrrolidone and haze-active protein [J]. Journal of the American Society of Brewing Chemists, 56: 24-31.

Siebert KJ and Lynn PY. 2000. Effect of protein-polyphenol ratio on the size of haze particles [J]. Journal of the American Society of Brewing Chemists, 58: 117-123.

Siebert KJ and Lynn PY. 2003. Effects of alcohol and pH on protein-polyphenol haze intensity and particle size [J]. Journal of the American Society of Brewing Chemists, 61: 88-98.

Siebert KJ, Troukhanova NV and Lynn PY. 1996. Nature of polyphenol-protein interactions [J]. Journal of Agricultural and Food Chemistry, 44: 80-85.

Siebert KJ. 1999. Effects of protein-polyphenol interactions on beverage haze, Stabilization and analysis [J]. Journal of Agricultural and Food Chemistry, 47: 353-362.

Siebert KJ. 2006. Haze formation in beverages [J]. Lwt-food Science and Technology, 39: 987-994.

Smith RF. 1968. Studies on the formation and composition of cream in tea infusions [J]. Journal of the Science of Food and Agriculture, 19: 530-534.

Su E, Xia T, Gao L, Dai Q and Zhang Z. 2010. Immobilization of beta-glucosidase and its aroma-increasing effect on tea beverage [J]. Food and Bioproducts Processing, 88: 83-89.

Tang HR，Covington AD，Hancock RA. 2003. Structure-activity relationships in the hydrophobic interactions of polyphenols with cellulose and collagen [J]. Biopolymers，70：403-413.

Todisco S，Tallarico P and Gupta BB. 2002. Mass transfer and polyphenols retention in the clarification of black tea with ceramic membranes [J]. Innovative Food Science and Emerging Technologies，3：255-262.

Vega-Mercado H，Martin-Belloso O and Qin B L. 1997. Nonthermal food preservation：pulsed electric fields [J]. Trends in Food Science and Technology，5(8)：151-157.

Velez AJ，Garcia LA and De Rozo MP. 1985. *In vitro* interaction of polyphenols of coffee pulp and some proteins [J]. Archivos Latinoamericanos de Nutrición，35：297-305.

Wang L F，Kim D M and Lee C Y. 2000. Effects of heat processing and storage on flavanols and sensory qualities of green tea beverage [J]. Journal of Agricultural and Food Chemistry，48：4227-4232.

Wroblewski K，Muhandiram R，Chakrabartty A，Bennick A. 2001. The molecular interaction of human salivary histatins with polyphenolic compounds [J]. European Journal of Biochemistry，268：4384-4397.

Wu LC and Lu YW. 2004. Electrophoretic method for the identification of a haze-active protein in grape seeds [J]. Journal of Agricultural and Food Chemistry，52：3130-3135.

Xia T，Shi S and Wan X. 2006. Impact of ultrasonic-assisted extraction on the chemical and sensory quality of tea infusion [J]. Journal of Food Engineering，74：557-560.

Xu YQ，Chen GS，Wang QS，Yuan HB，Feng CH and Yin JF. 2012a. Irreversible sediment formation in green tea infusions [J]. Journal of Food Science，77：C298-C302.

Xu YQ，Chen SQ，Yuan HB，Tang P and Yin JF. 2012b. Analysis of cream formation in green tea concentrates with different solid concentrations [J]. Journal of Food Science and Technology，49：362-367.

Ye Q，Chen H，Zhang LB，Ye JH，Lu JL and Liang YR. 2009. Effects of temperature，illumination，and sodium ascorbate on browning of green tea infusion [J]. Food Science and Biotechnology,18：932-938.

Yin JF，Xu YQ，Yuan HB，Luo LX and Qin XJ. 2009. Cream formation and main chemical components of green tea infusions processed from different parts of new shoots [J]. Food Chemistry，114：665-70.

Zimmermann BF and Gleichenhagen M. 2011. The effect of ascorbic acid，citric acid and low pH on the extraction of green tea：How to get most out of it [J]. Food Chemistry，124：1543-1548.

陈日春. 2010. 低咖啡因绿茶饮料的研制[J]. 农产品加工，(12)：52-55，58.

陈玉琼，倪德江，张家年. 2000. 添加剂对罐装绿茶水品质的影响[J]. 食品科学，21(9)：31-34.

代微. 2012. 康统大战：产品力与品牌力的较量[J]. 现代商业，(21)：8-11.

方元超，梅丛笑. 1999. 绿茶饮料的护色技术[J]. 茶叶机械杂志,(4)：1-3.

方元超. 1999. 微胶囊技术及其在茶饮料生产中的应用[J]. 冷饮与速冻食品工业, 5(2)：14-17.

高新蕾. 2002. 绿茶饮料防褐变的研究[J]. 饮料工业, 5(2)：22-26.

江用文, 陈霄雄, 朱建森, 杨双旭. 2011. 中国茶产业2020年发展规模[J]. 茶叶科学, 31(3)：273-282.

李华生. 1998. 超滤法与吸附法对茶饮料澄清作用的比较[J]. 饮料工业, 1(2)：17-18.

李欢, 周新明, 严永刚, 邱海平. 2002. 酶制剂对改善茶饮料浊度的研究[J]. 食品与发酵工业, 28(4)：44-47.

李小满. 2001. 不同水质对绿茶饮料品质影响的研究[J]. 中国茶叶加工, (2)：28-30.

梁月荣, 陆建良, 马辉. 1999. 罐装茶饮料防褐变研究[J]. 浙江农业大学学报, 25(3)：260-262.

梁月荣, 罗德尼·毕. 1992a. 绿茶冷后浑粒子形态研究[J]. 浙江农业大学学报, 18(1)：3-5.

梁月荣, 罗德尼·毕. 1992b. 提取温度对茶汤冷后浑和雾浊度的影响[J]. 浙江农业大学学报, 18(s)：125-132.

梁月荣, 罗德尼·毕. 1995a. 糖类和骤冷对红茶冷后浑形成的影响[J]. 浙江农业大学学报, 21(5)：519-524.

梁月荣, 罗德尼·毕. 1995b. pH对红茶茶汤冷后浑形成和固型物产量的影响[J]. 浙江农业大学学报, 21(5)：525-532.

刘建力, 王龙兴, 戴海平, 王静娟. 2004. 微滤膜技术在茶饮料澄清中的应用[J]. 食品与发酵工业, 30(2)：97-99.

陆建良, 梁月荣, 孙庆磊, 王会. 2006. 蛋白质与儿茶素和咖啡因互作对模拟茶汤透光率的影响[J]. 中国食品学报, 6(4)：34-40.

陆建良. 2008. 茶汤蛋白对茶饮料冷后浑形成的影响[D]. 博士学位论文. 浙江大学.

梅丛笑, 方元超, 赵晋府. 2000. 提高绿茶饮料风味的途径[J]. 饮料工业, 3(3)：4-8.

宁井铭, 方世辉, 夏涛, 周天山. 2005. 酶澄清绿茶饮料研究[J]. 食品发酵工业, 31(9)：122-124.

宁井铭, 周天山, 方世辉, 夏涛. 2004. 绿茶饮料不同浸提方式研究[J]. 中国茶叶, 31(3)：288-291.

孙庆磊, 梁月荣, 陆建良, 叶倩. 2005. 不同浸提方法对茶汤品质的影响[J]. 茶叶, 31(2)：91-94.

谭平, 廖晓科. 2005. 复合酶对绿茶饮料质量影响的研究[J]. 食品与机械, 21(2)：63-65.

谭平, 薛波, 熊卫东. 2005. UHT杀菌对绿茶饮料风味的影响研究[J]. 饮科工业, 8(3)：27-30.

屠幼英, 汤雯, 张维, 杨子银, 东方. 2012. 日本茶饮料近十年市场分析报告[J]. 食品工业科技, (4)：462-464.

吴雅红, 黎碧娜, 彭进平. 2004. 红茶饮料的提取工艺及其稳定性研究[J]. 华南农业大学学报, 25(2)：109-110.

夏涛, 时思全, 宛晓春. 2004. 微波超声波对茶叶主要化学成分浸提效果的研究[J]. 农业工程学报，20(6)：170-174.

徐月荣，梁月荣，陆建良. 1997. 抗坏血酸和亚硫酸钠对茶叶贮藏后化学成分的影响[J].
　　茶叶科学，17：157-158.

易国斌，崔英德，廖列文，黎新明. 2001. PVPP吸附绿茶饮料中茶多酚的研究[J]. 食品科
　　学，22(5)：14-16.

尹军峰，权启爱，罗龙新，钱晓军. 2003. 超滤膜澄清乌龙茶饮料技术的研究[J]. 茶叶科
　　学，23：58-62.

尹军峰. 2006. 茶饮料加工中的灭菌技术[J]. 中国茶叶，(3)：17-18.

张国栋，马力，刘洪，李文涛，田伟. 2002. 绿茶饮料的制备及品质控制[J]. 食品与机械，
　　(1)：22-23，29.

张凌云，梁月荣，陆建良，吴姗，吴颖，孙其富，2004. 绿茶杀青叶浸提物理化特性研究
　　[J]. 中国食品学报，4(1)：19-23.

张凌云，梁月荣，孙其富，孙庆磊，陆建良，2003a. 绿茶鲜汁浸提条件研究[J]. 茶叶科学，
　　23(1)：46-50.

张凌云，梁月荣，孙其富，孙庆磊，陆建良，Mamati EG，2003c. 灭菌与老化处理对绿茶鲜
　　汁饮料品质的影响[J]. 茶叶科学，23(2)：171-176.

赵良. 1998. 绿茶饮料的护色和稳定性研究[J]. 食品研究与开发，19（1）：29-31.

第十四章

超微茶粉加工

茶叶中含有各种对人体有保健效果的有效成分,如儿茶素类、咖啡因、多糖、黄烷酮类、粗纤维、叶绿素、类胡萝卜素、维生素 B、维生素 C、维生素 E、维生素 P 等。因此,常喝茶可以降血糖、降血脂、降血压、抗衰老、防辐射、防龋齿、抗过敏、消炎灭菌、抗癌抗突变。长期以来,冲泡饮用是获取茶叶有效成分的主要方式,但冲泡一般只能将茶叶中的水溶性成分浸提出来,而一些不溶性或难溶的成分,诸如维生素 A、K、E 等和绝大部分蛋白质、碳水化合物、胡萝卜素以及部分矿物质经冲泡仍大量存留于茶渣中;同时有些人因没有饮茶习惯,而不能享受到茶的保健功能。因此,开发超微茶粉产品并利用其生产各种含茶食品,对充分发挥茶叶的保健功能、拓展茶叶新用途具有重要意义。

超微茶粉是指茶叶经超微粉碎所得的粉末。普通粉碎技术处理的产品,大多数粒径为 200 目(约 74 μm),部分茶粉粒径可达到 600 目(约 23 μm)。而超微粉碎将茶叶粉碎至 1 600 目以下,即中心粒径为 1~10 μm 的颗粒,物料的细胞破壁率可达 95％以上(李跃伟和孙慕芳,2005)。超微茶粉具有比表面积、表面能以及孔隙率大等诸多新特点,使其具有高溶解性、高活性、强吸附性和流动性等新特性,对光、电、磁、热等反应也产生了新变化(李琳等,2011)。

利用超微茶粉开发系列含茶食品,不但可以充分利用茶叶的营养成分,而且还可以增加食品的纤维素含量。茶粉配以不同主料以及风味物质,可以加工成各种形状、不同制剂以及不同口感的食品。含茶食品不仅可以拓展茶叶消费方式,还能吸引更广泛的消费人群,而且生产过程无茶渣、无污水等排放。

第一节　原料加工

超微茶粉是新兴的特色产品,已成为茶叶深加工利用的新方向之一。超微茶粉的一般特点是:外观翠匀、香气清高、滋味浓醇、汤色翠绿。超微茶粉在加工过程中需要长时间的粉碎,而该过程会引起物料温度升高并导致在制品品质变化,因此其原料与一般茶叶加工要求有所不同。本节以超微绿茶粉原料加工(高章林和耿协义,1996)为例介绍原料生产过程。

一、材料选择

加工超微绿茶粉的原料茶通常选择叶绿素含量高、色泽深绿的茶鲜叶,一般鲜叶叶绿素含量要求达到 0.4% 以上。

二、鲜叶摊放

鲜叶摊放的主要目的是使鲜叶部分失水,促进内含物转化,促进良好品质形成。一般的,鲜叶可均匀摊放于室内干净的摊放间或专用的摊放装置,厚度为 8~15 cm,摊放时间因品种和气候条件有所差异,大叶种为 4.5~6.5 h,中小叶种 3.5~4.5 h;视气温和湿度情况约每 1 h 翻动一次(高飞虎等,2005)。鲜叶失水率一般控制在 8%~12% 之间。如果是雨水叶,须先通风吹干表面水分,再行摊放。

三、杀青

杀青的方法有多种,可以根据原料的特点和要求选择使用。微波杀青(刘殿宇和陈丽,2012)不仅能充分钝化鲜叶中的酶活性,同时能较好地保持鲜叶色泽,但该技术较难应用大规模生产。由于蒸汽杀青(官泽贵,2009)速度快、标准化程度高,而且产品质量稳定、品质较优,因此,规模化绿茶粉原料茶通常采用蒸汽杀青加工。一般的,杀青蒸汽温度为 110~140℃,杀青时间为 40~100 s。

四、热风脱水或叶打解块

蒸汽杀青后的在制品表面水分含量高,须进行脱水处理才能进入后续工序。脱水作业可以使用热风脱水或叶打(张承祥和汪保根,2009):热风脱水的温度可控制在 100℃ 左右,进料厚度为 10~15 mm,处理时间约 30 s;如果使用叶打,可以将杀青叶上叶打机进行叶打解块、散热,叶打时间约 1~3 min。完成脱水作业后,在制品含水量一般为 58%~62%。

五、摊晾

为了保持在制品茶叶色泽,揉捻之前应进行摊晾处理,降低叶片温度。将叶打解块后的在制品摊于蔑垫上,厚度以不互相重叠为宜,并用电扇鼓风,加速热量散失,快速降温。

六、揉捻和解块

揉捻对茶粉色泽有一定影响,加工超微绿茶粉的原料,一般采用短时轻揉方式。揉捻转速可控制在 45~55 r/min 之间,一次性加至中压,揉捻时间为 6~8 min。完成揉捻后,在制品细胞破损率约为 10%~15%。在揉捻过程中若出现团块,需使用解块机进行解块。

七、干燥

将解块后的在制品及时进行干燥,常用的方法有烘干机烘干或微波干燥处理。烘干机烘干可分两次进行:第一次烘干时温度为 105~110℃,时间为 13~18 min,摊凉 30~60 min 后,进行第二次烘干;第二次烘干温度为 90~105℃,时间为 10~15 min。微波干燥同样分两次进行:第一次微波时间为 1~3 min,中间摊凉 20~45 min;再进行第二次微波干燥,时间为 1～2 min。干燥后,产品含水量应低于 5%。

八、去梗、初步粉碎和贮藏

茶梗是影响粉碎粒度和均匀度的关键因素,用于超微茶粉生产的茶叶原料必须进行彻底去梗处理。有条件的,可以使用光电拣梗机去除茶梗,也可以使用阶梯式拣梗机或者静电拣梗机。检梗后的茶叶在进行超微粉碎之前,还应以切碎机或者普通粉碎机将茶叶原料粉碎成 3 mm 左右的茶片,以利于超微粉碎时均匀进料。

为了保持良好色泽,超微绿茶粉原料需以铝箔复合膜袋封装并进行 4℃冷藏(高飞虎等,2010)。如果贮藏时间久,还应该进行真空包装后冷藏。

第二节　超微粉碎

超微粉碎一般是指将 3 mm 左右粒度的物料粉碎至 10 μm 以下的过程(高彦祥和杨文雄,2005)。茶叶在超微粉碎过程中,一方面由于冲击、摩擦及粒径的减小,在新生的超微细粒的表面积累了大量的正电荷或负电荷,使得微粒极不稳定,相互间吸引产生团聚;另一方面,在粉碎过程中,超微颗粒吸收了热能和机械能,使在制品快速升温。控制粉碎过程的在制品温度是保持绿茶粉色泽的关键(裴重华等,2003)。因此,良好的粉碎设备,应该配备相应的冷却设施。

虽然早在 1927 年首台气流粉碎机即在美国问世,之后又有多种新型粉碎机问世,但我国从 20 世纪 90 年代才开始研究超微粉碎技术和相关设备(祁国栋和张炳文,2008),因此对我国食品加工业来说,超微粉碎技术目前还是一项新技术。而超微粉碎技术的关键是粉碎机,目前用于超微茶粉生产的常见粉碎机有以下几种:

一、球磨机粉碎

球磨机(张承祥和汪宝根,2009)是由水平的筒体、进出料空心轴及磨头等部分组成,筒体为钢制的长形圆筒,由钢制衬板与筒体固定;筒内装有研磨体,一般为钢制圆球,并按不同直径和一定比例装入筒中,研磨体也可用钢段。工作时,物料通过进料端空心轴装入筒体内,筒体转动产生离心力将钢球带到一定高度后落下,对物料产生重击和研磨作用。物料在第一仓粗磨后,经单层隔仓板进入第二仓,将物料进一步研磨。粉状物通过卸料算板排出,完成粉磨作业。

球磨机的特点是:①主轴承采用了大直径双列调心棍子轴承,摩擦小、耗能低、启动容易;②大口径进出料口,处理量大;③没有惯性冲击,设备运行平稳。

二、气流粉碎机粉碎

气流粉碎机是由旋风分离器、除尘器、引风机组成的一整套粉碎系统。压缩空气经过滤干燥后,通过拉瓦尔喷嘴高速喷射入粉碎腔,在多股高压气流的交汇点物料颗粒相互冲击、碰撞及摩擦,粉碎过程中压缩空气绝热膨胀产生焦耳-汤姆逊降温效应(郝征红等,2008),从而适用于茶叶等热敏性植物的超细粉碎。粉碎后的物料在风机抽力作用下随上升气流运动至分级区,在高速旋转的分级涡轮产生的强大离心力作用下,使粗细物料分离,符合粒度要求的细颗粒通过分级轮经旋风分离器和除尘器收集,粗颗粒下降至粉碎区继续粉碎。

茶叶在气流粉碎加工中须控制气源的气压、温度、湿度与洁净度,把握投料、进气、粉碎、收料的方式,并及时调控气流粉碎系统的工作站操作模式(陶齐雄,2006)。高压气体经过空气干燥器处理,达到低温、低湿,并且高速气流在喷嘴处绝热膨胀会使系统温度降低,无需增加任何冷却设备,茶叶超细粉碎作业在低温低湿下瞬间完成,从而避免了粉碎过程中因温度、湿度对品质产生的负面影响。应用气流粉碎技术加工的超微茶粉细度高、粉体润泽、粒度分布窄、分散性好,冷溶、热溶速度快,可广泛应用于食品饮料(王镇,2007;王丽滨,2008)、医药保健(周静,2006)、日用化工(李荣林,2000)等行业。

气流粉碎机可分为流化床对撞式气流粉碎机和气旋式气流粉碎机两种。

1. 流化床对撞式气流粉碎机

流化床对撞式气流磨碎机比较常见。作业过程(陶齐雄,2004)为:经初步粉碎后的茶叶物料被送入流化床对撞式气流磨设备内进行超微粉碎、分级,对撞式气流磨设备中高压气流通过三个超音速喷嘴加速成 2 倍超音速气流,加速后的气流带动物料运动和碰撞,进而达到粉碎目的;在分级区内将涡轮式超微细分级器转速调到 12000 r/min,选出粉碎细度 D97≥1250 目的超微茶粉,经出料筒被高效旋风收集器收集。

流化床气流粉碎机对茶叶的粉碎粒度受到工艺参数的影响。有研究认为(高彦祥,2005),以 CBF-250 型流化床气流粉碎机进行粉碎,欲获得 300 目的超微茶粉,其加工条件为:气压 0.16 MPa,供料电机 200 r/min,分级电机 2750～2810 r/min;欲获得 800 目的超微茶粉,其加工条件为:气压 0.32 MPa,供料电机 200 r/min,分级电机 4500～4560 r/min;欲获得 1200 目的超微茶粉,其加工条件为:气压 0.60 MPa,供料电机 200 r/min,分级电机 6500～6560 r/min。

2. 气旋式气流粉碎机

气旋式气流粉碎机由粉碎机、旋风收集器、脉冲除尘器、空气压缩机及储气罐、进料系统、分级机、引风机和冷干机等部分组成。压缩空气经过冷却、过滤、干燥后,经喷嘴形成超音速气流射入旋转粉碎室,使物料呈流态化,在旋转粉碎室内,被加速的物料在数个喷嘴的喷射气流交汇点汇合,产生剧烈的碰撞、摩擦、剪切而达到颗粒的超细粉碎。粉碎后的物料被上升的气流输送至叶轮分级区内,在分级轮离心力和风机抽力的作用下,实现粗细粉的分离,粗粉根据自身的重力返回粉碎室继续粉碎,达到细度要求的细粉随气流进入旋风收集器,微细粉尘由袋式除尘器收集,净化的气体由引风机排出。

气旋式气流粉碎机的特点是:能耗相对较低;所使用的自分流分级系统寿命较长;进料粒度范围大,最大进料粒度达 5 mm;低温、无介质粉碎,适合于低熔点、热敏性物料的超微粉碎;负压生产,无粉尘污染,环境优良。

三、纳米粉碎机粉碎

纳米科技是 20 世纪 80 年代末 90 年代初诞生并迅速发展和渗透到各学科领域的一门崭新科技。纳米粉体泛指粒径在 1～100 nm 范围内的粉末。由于纳米粉体粒径小、表面积大、扩散性强,因此应用前景诱人。

国外有研究者研制了"风动旋转靶式茶叶超微粉碎机"(黄振宇,2012),其工作原理是:

应用转子高速旋转所产生的巨大风速,使物料在旋转的气流中产生极大动能,带动物料飞速旋转时碰撞到转子壁,使物料裂解为无数粉状颗粒,再经过很多次的反复碰撞摩擦而裂解成微细粉,经沉降后,得到符合要求的茶叶超细粉。国内研究人员研制的"高速离心剪切粉碎机"也可将茶加工成细度高达 2000 目的接近纳米级粉末。

在茶叶纳米粉碎时,首先对原料进行补火杀菌提香,使含水量降低至 5% 以下;然后用普通机粉碎至 100～120 目的颗粒,再用气流超细粉碎机粉碎至 10～12 μm 的超细粉末,之后将之投入纳米粉碎机粉碎成 100 nm 以下的粉末。

第三节　超微茶粉质量检测

超微茶粉质量检测一般包括超微茶粉感官审评、理化成分分析、微生物指标检验、重金属及稀土含量检验以及农药残留检验(刘玉敏等,2007)。因超微绿茶粉最常见,本节以超微绿茶粉为例说明检验内容和程序。

一、超微茶粉的粒度检验

粒度检验是测定超微茶粉颗粒大小的方法,一般可以采用激光粒度仪进行检测。激光粒度仪的种类很多,不同仪器的操作方法也略有差异,本节以 Rise-2006 激光粒度仪说明检测过程。

1. 工作原理

根据被测颗粒和分散介质的折射率等光学性质,激光粒度仪采用全量程米氏散射原理,按照被测茶粉样品不同大小颗粒在各角度上散射光强的变化反演出颗粒群的粒度分布数据,包括粒度分布范围、平均粒度(Dav)、中值粒径(D50,累计粒度分布百分数达到 50% 的粒径)、D90(累计粒度分布百分数达到 90% 的粒径)、D97(累计粒度分布百分数达到 97% 的粒径)等指标。

2. 测定方法

(1)检测前开机预热 15～20 min;

(2)运行颗粒粒度测量分析系统;

(3)新建数据文件夹,选择合适的目录保存,然后"打开"新建的数据文件夹;

(4)向样品池中倒入分散介质,分散介质液面刚好没过进水口上侧边缘,打开排水阀,当看到排水管有液体流出时关闭排水阀(排出循环系统中的气泡),开启循环泵,使循环系统中充满液体;

(5)点测定按钮,使测试软件进入基准测量状态,随机测定 10 次后,系统自动以该 10 次测量平均结果作为基准,按"下步"测定按钮,系统进入动态测试状态;

(6)关闭循环泵,抬起搅拌器,将适量样品(0.50～1.00 g)放入样品池中;

(7)启动超声 1 min;

(8)启动搅拌器,并调节至适当的搅拌速度,使被测样品在样品池中分散均匀;

(9)启动循环泵,当数据稳定时存储(定时存储或随机存储)测试数据;

(10)数据存储完毕,打开排水阀,被测液排放干净后关闭排水阀,加入清水或其他液体冲洗循环系统,重复冲洗至测试软件窗口粒度分布无显示时说明系统冲洗完毕,可进行后续样品测试；

(11)打印测试报告。

二、超微茶粉的感官品质检验

超微茶粉的等级一般可分为特级、一级两个级别。每个级别设定实物标准样，其品质水平为各级最低界限。超微茶粉感官品质检验的内容包括外形（色泽、颗粒细腻均匀度）和内质（汤色、香气、滋味）。超微绿茶粉的感官要求见表 14.1，检验方法可参照 GB/T 23776《茶叶感官审评方法》的要求进行。

表 14.1　超微绿茶粉感官审评

等级	外　形	内　质
特级	色泽嫩绿鲜活，颗粒细腻均匀	汤色深绿鲜活，嫩香，滋味鲜爽
一级	色泽嫩绿尚鲜活，颗粒细腻均匀	汤色绿鲜活，嫩香，滋味鲜醇

三、超微茶粉的理化检验

超微茶粉理化检验的常规内容和要求包括：水分≤6.0%，总灰分≤7.0%，粗纤维≤16%，水浸出物含量≥34%，茶多酚含量：绿茶≥11%、红茶≥7%。必要时也可以检测氨基酸、咖啡因、叶绿素总量（绿茶）等内容。检测的方法和要求可参照以下相关标准：

GB/T 8302　茶 取样

GB/T 8304　茶 水分测定

GB/T 8305　茶 水浸出物测定

GB/T 8306　茶 总灰分测定

GB/T 8310　茶 粗纤维测定

GB/T 8313　茶 茶叶中茶多酚和儿茶素含量的检测方法

GB/T 8314　茶 游离氨基酸总量测定

GB 8312　茶 咖啡碱的测定

四、超微茶粉的卫生检验

超微茶粉的卫生检验和农药残留检验可分别参照 GB 2762《食品安全国家标准食品中污染物限量》和 NY 5244-2004《无公害食品 茶叶》的要求进行。

五、超微茶粉的包装储运检验

超微茶粉的包装储运检验应按照下列标准检测：

GB/T 191 包装储运图示标志

GB 6388 运输包装收发货标志

GB 7718 食品安全国家标准预包装食品标签通则

GB 9687 食品包装用聚乙烯成型品卫生标准

GB 9688 食品包装用聚丙烯成型品卫生标准

GB 11680 食品包装用原纸卫生标准

JJF1070 定量包装商品净含量计量检验规则

参考文献

高飞虎,李中林,袁林颖,张玲,邓敏. 2005. 超微绿茶粉原料茶加工中的几个技术要点[J]. 茶叶,31(4):245-246.

高飞虎,袁林颖,张玲. 2010. 超微绿茶粉贮藏过程中主要内含成分变化研究. 第五届全国农产品加工科研院所联谊会暨中国农产品加工技术与产业发展研讨会论文集,83-86.

高彦祥,杨文雄. 2005. 红茶汤动力学研究:超微粉碎工艺和温度对茶汤可溶性固形物成分萃取率的影响[J].食品科学,(26):7-9.

官泽贵. 2009. 超微绿茶粉加工技术及其物化特性研究[D].硕士学位论文.华南农业大学.

郝征红,李允祥,岳凤丽,于克学,姜桂传,孙建霞. 2008.超微粉碎技术对绿茶主要功能成分溶出特性的影响研究[J].食品科技,33(8):64-66.

黄亚辉,陈晓阳,郑红发,曾贞. 2003. 超微绿茶粉主要生化成分的变化研究[J].福建茶叶,(4):9-11.

黄振宇. 2012.纳米超微原茶粉产品工艺技术研发与设备技术的应用[J].中国新技术新产品,(5):25.

金寿珍. 2007. 超微茶粉加工技术[J].中国茶叶,(6):12-15.

李琳,刘天一,李小雨,马莺. 2011. 超微茶粉的制备与性能[J].食品研究与开发,(1):53-55.

李荣林. 2000.超微茶粉利用的探讨[J].福建茶叶,(2):10.

李跃伟,孙慕芳. 2005. 不同粉碎度茶粉主要化学成分研究[J].信阳农业高等专科学校学报,(1):30-32.

刘殿宇,陈丽. 2012. 影响速溶茶粉色泽的几个因素[J].饮料工业,(2):20-22.

刘玉敏,路庆华,庄明珠,赖奕坚,马钢,朱新远. 2007. 静态顶空/气相色谱-质谱联用快速测定茶粉中残留溶剂[J].分析测试学报.(1):122-124.

裴重华,刘国民,孙中亮,林强. 2003.一种超细苦丁茶粉及其制备方法[P].中国专利.专利号 CN01122354.5.

祁国栋,张炳文. 2008.超微粉碎技术在中低档茶叶食品开发中的应用[J].农业工程技术·农产品加工,(9):33-35.

陶齐雄. 2006. 超微细茶粉及制备方法[P].中国专利.专利号 ZL20041001324.7

王丽滨. 2008.超微绿茶粉贮藏性能研究及其在蛋糕食品中的应用[D].硕士学位论文.华中农业大学.

王镇. 2007. 超微绿茶粉及在食品工业中的应用[J].食品科技,(12):73-75.

张承祥,汪保根. 2009.超微茶粉生产技术[J].技术与市场,16(1):109.

周静. 2006.超微富硒绿茶粉的抗突变作用研究[D].硕士学位论文.南京农业大学.

第十五章

含茶食品加工

饮茶是我国茶叶消费的传统方式与主要方式。但是仅仅通过传统的泡饮方式，人体只能摄取茶叶中的水溶性功能成分，还有大约65%的水不溶性或水难溶性的功能成分则难以被人体吸收利用。有文献报道，在一般饮茶的浸泡条件下，茶多酚的浸出率约为60%～70%，维生素、游离氨基酸及矿物质的浸出率为70%～80%，茶叶多糖、膳食纤维浸出率不到20%。显然，这些有效成分仅靠喝茶无法被充分地利用，而将茶叶成分添加到食品中制成含茶食品则可以使人体充分利用这些有效成分，更好地发挥茶叶的营养价值，而且对部分食品还能起到改善食品的口感风味、延长货架期和保鲜期等作用。

我国是茶文化的发源地，自元代就有人将茶加工成含茶食品。如"玉蘑茶"，是用紫笋茶和炒米混合后磨成粉，调拌食用；"枸杞茶"则是用枸杞和雀舌茶碾成细末后，拌以酥油，用温酒调食。现代的含茶食品则是指将茶叶先加工成超细微茶粉、茶汁、茶天然活性成分等，然后与其他原料共同制作而成的，如含茶糖果、含茶饼干、含茶冰淇淋、含茶面条、含茶面包等，具有绿色、健康、时尚的特点。

含茶食品的应用与发展，不仅仅是我国茶产业转型升级、可持续发展的需要，也是满足人们健康饮食、养生保健的需要；同时也是将传统消费文化与现代技术结合的一种方式。我国是产茶大国，面对国际市场竞争的日趋激烈以及中低档茶销路堪忧的现状，加强茶叶深加工是推动我国茶产业发展和转型升级的必然趋势，而含茶食品也是茶叶深加工的一个重要方面。近年来，随着茶产业链的延伸，越来越多的茶企已经开始逐渐涉足茶食品领域，以中低档茶为原料提取茶叶有效成分，或将其磨成粉末，或提取浓缩液添加到各种食品中，制成营养丰富、风味独特、品种繁多的茶食品，不仅满足了消费者的健康需求、丰富了市场，也充分利用了茶资源，大大降低了茶食品的原料成本，解决了中低档茶的销路问题，提高了茶产业的效益。而且含茶食品符合人们对于低热量、高营养、保健化、便捷化、多元化的饮食要求，受到了消费者的广泛认可。而且为没有饮茶习惯的消费者提供了接触茶、享受茶的便捷、时尚、健康的新途径，为我国茶文化的传承与发展注入了新的力量。

第一节　含茶糖果加工

目前生产的含茶糖果种类较多,主要有红、绿茶奶糖,红、绿茶硬糖,红、绿茶夹心糖等。此外还有乌龙茶糖、茉莉花茶糖、咖啡茶糖、含茶牛轧糖、含茶无胶基口香糖等,深受消费者的欢迎。

一、原料及加工流程

一般糖果生产的主要原料是糖类、油脂、乳制品、胶体、果料或食品添加剂(包括香料、色素、酸味剂、抗氧化剂、乳化剂、强化剂)等。含茶糖果的制作与常规糖果的制法大致相同,只是在其原料的配料中添加了一定量的茶叶成分。

含茶糖果的一般生产工艺为:原辅料→溶化→过滤→常压熬糖或真空熬糖→冷却→混合(加入茶汁、香料、色素等)→保温→拉条→成型→冷却→包装。

二、茶叶成分添加方式

添加茶叶成分的原料与方式主要有以下三种:一是由茶叶粉(如超微茶粉)制成的;二是由浓缩茶汁(茶叶经蒸煮、过滤、沉淀、浓缩的汁液)加工而成的;三是由速溶茶浓缩液为主要原料制成的。

由于三种添加方式的茶叶原料不同,制得的含茶糖果成品的品质特点也有所差异:由茶叶粉制得的含茶糖果茶味浓厚、色泽略暗、透亮度较差,且所用的茶叶粉须研磨得非常细致,否则成品会带砂质感,口感欠佳;由浓缩茶汁制成的含茶糖果,茶味浓厚香醇、色泽较为透亮,口感较好;由速溶茶汁制成的糖果,在透亮度和口感上都很好,但茶香表现欠佳。由于茶的保健作用,含茶糖果可以起到消除疲劳、防治口臭和龋齿等功效。此外,茶叶经不同的提取方法可以获得绿色、红色、棕色、黄色、褐色等色素,可应用于含茶糖果中作为天然着色剂。

三、品质影响因素

含茶糖果的品质主要取决于茶与糖的比例。以茶提取液加工而成的糖果品质还受到茶提取液的浓度与茶提取液的感官品质(色泽、香气、滋味)的影响。在加工过程中,除了要注意茶提取液或茶粉的用量,还要注意其添加的时间和温度,以避免高温对茶叶香气成分与营养成分的破坏。如茶汁浓缩物等必须在混合时,并且在糖浆冷却到90℃以下时方可加入。含茶糖果中的有效成分尤其是茶多酚的含量对品质有着较大的影响。有资料显示,若含茶糖果中茶多酚的含量过少,则茶味不明显,含茶糖果的保健作用较弱;茶多酚的含量过多,则易产生苦涩味,影响含茶糖果的口感;最适的茶多酚含量可以控制在 $1\sim1.5\ \mathrm{mg/g}$,以保证在不影响糖果本身口感的前提下,又融入茶的风味,使含茶糖果造型美观、表面平整、质地均匀、软硬适中、不粘牙、茶味爽口怡人。

四、研制实例及其加工方法

1. 绿茶糖果

刘志良(2010)在发明专利 CN 101658232 A 中公布了一种绿茶糖果的加工方法。

主要原料为 0.1%～15% 的绿茶粉和 85%～99.9% 的白砂糖。

制作方法是:绿茶粉经干燥、研磨后备用;白砂糖经溶糖、过滤、熬煮、冷却后备用;将绿茶粉以喷雾的形式混合于白砂糖中,边喷雾边搅拌,直至两者均匀混合,然后经制糖机加工后得成品绿茶糖。将上述方法中的绿茶粉换成红茶粉,可制得红茶糖果。

2. 安吉白茶糖果

金杰(2010)在发明专利 CN 101658230 A 中公布了一种安吉白茶糖果的加工方法。

主要原料由 1%～20% 的安吉白茶(干茶粉)、40%～70% 的山梨醇、20%～50% 的木糖醇、0.1%～2.0% 的硬脂酸镁等成分组成。

制作方法是:首先在安吉白茶干燥处理过程中,采用冷凝器收集鲜叶中的水分和茶香油,并用油水分离装置分离出茶香油备用。然后将干燥处理后的安吉白茶超微粉碎至300～1000目的干茶粉。再将干茶粉、山梨醇、木糖醇、硬脂酸镁等投入混合机混合 10～30 min。最后采用压片机将混合后的物料压制成型即得安吉白茶糖果(含片)。

3. 绿茶硬糖(无胶基口香糖)

安徽福康药业有限责任公司在发明专利 CN 1961700 中公布了一种绿茶硬糖的加工方法:首先将绿茶、绿豆的有效成分提炼出来制成绿茶提取物和绿豆提取物,再将 4%～6% 的茶叶提取物、1%～4% 的绿豆提取物、90%～95% 的木糖醇混合熬煮浓缩制成硬糖。相比于传统糖果,它增加了保健功效,尤其适合糖尿病患者和易患龋齿的儿童食用。

4. 无糖保健茶糖

孙鲁等(2010)在发明专利 CN 101822303 A 中公布了一种无糖保健茶糖的加工方法。

原料组分与用量为:水 2000～3000 g、卡拉胶 15～20 g、乌龙茶 22～28 g、山梨醇 500～520 g、麦芽糖醇 750～950 g、茶多酚 0.5～1.5 g、异麦芽低聚糖 330～350 g、果胶 7～10 g、柠檬酸钠 5～8 g、柠檬汁 8～10 g。

制作方法是:采用山梨糖醇、麦芽糖醇、异麦芽低聚糖作为甜味剂,同时加入了乌龙茶、柠檬提取液,经茶汁浸提、果胶糖浆制作、原料加工、混配、加功能糖、加果胶糖、加柠檬汁、冷却、切块、干燥、包装检验获得成品保健茶糖。

制得的保健茶糖具有提神益脑、清心明目、抗龋齿、改善胃肠功能等功效,适合包括糖尿病患者在内的各类人群食用。

第二节　含茶饼干加工

目前我国市场上的含茶饼干主要有红绿茶饼干、红绿茶奶油饼干、红绿茶夹心饼干、抹茶味棒状饼干等。与普通的饼干相比,含茶饼干甜而不腻、松脆爽口、茶香怡人,营养成分也更为丰富。

一、原料及加工流程

含茶饼干加工采用的茶叶原料可以是中低档茶叶或者鲜叶，也有的采用抹茶。

在饼干中添加茶叶成分主要有两种方法：一是茶叶浸提制备成茶汁添加，二是将茶叶研磨成粉末直接添加。另外也可以用鲜叶为原料，研磨制成红茶茶浆或绿茶茶浆。将上述茶制品配以面粉、砂糖、奶粉、鸡蛋、油脂和调味料等，加水搅拌均匀，然后滚轧、成型、烘烤、冷却、包装即可制得含茶饼干。

二、品质影响因素

影响含茶饼干品质的主要因素有配方比例、成型好坏、烘烤温度等。其中糖类添加量对茶叶风味的影响最大，其次是烘烤温度。茶叶中的氨基酸与糖类结合会产生新的香气，在饼干中添加茶叶成分，不仅丰富了营养，同时也增加了吡嗪衍生物等新的风味物质。但若加糖过多，则烘烤时产生的焦糖香会取代茶的清香，茶多酚与咖啡因的苦味不突出。烘烤温度所决定的焦黄反应或变褐反应的程度不同，所产生的风味物质也是不相同的。茶叶饼干加工要求原料配比适当、加糖适量，烘烤温度和时间恰当，这样才能使产品的色、香、味充分体现出来。

三、研制实例及其加工方法

1. 红、绿茶奶油饼干

俞素琴（1998）介绍了一种茶叶奶油饼干的加工方法。

原料配方为：面粉50%、油脂15%、白砂糖18%、鸡蛋12%、奶粉3%，以及调味剂、鲜茶汁和水适量。

加工方法如下：先以茶叶鲜叶为原料，或洗净后研磨成浆、发酵，直至浆汁变红、散发出红茶的馥郁香气，得红茶茶浆；或经杀青、研磨、匀浆制成绿茶茶浆。将鸡蛋和白砂糖充分搅拌，放入油脂、鲜叶茶浆、水后调匀。然后加入面粉拌和揉成面团，再将面团延压成薄片，用特制滚筒滚成花纹状。最后切成相等的块状，放在不锈钢盘中，面上刷上蛋液，置炉中烘烤（炉温180～200℃）。烘至色泽金黄色，出炉冷却进行包装，即得成品。所制得的茶叶奶油饼干与一般饼干相比，具有茶香味突出、色泽鲜艳、松脆可口等特点。

2. 绿茶饼干

霍健聪（2005）介绍了一种绿茶饼干的加工方法。

主要原料配方是：绿茶50 g、精粉1 kg、白糖750 g、食用油0.5 kg、奶油25 g、面起子20 g、芝麻及水适量。

工艺流程是：面起子→冲开（开水）→搅拌（糖＋绿茶粉＋食用油＋奶油）→和面（精粉）→成型（芝麻）→上盘→烘烤→成品。

具体操作如下：

（1）绿茶粉准备

将绿茶放入120℃烘干机10 min，然后放入粉碎机中粉碎成绿茶末备用。

（2）和面

用开水冲开面起子，加入糖和绿茶粉，搅拌均匀；再加入食用油和奶油，搅拌均匀；徐徐加入精粉,同时用手搓擦,使油、糖、面混合均匀。

（3）成型

将和好的面团置于案板上,用模子冲压成形。在面饼表面撒上芝麻并用轧板轧平,再置于案板上。

（4）烘烤

把做好的面饼放入烤盘于180℃烤箱进行烘烤约15 min,烘烤至产品表面金黄时即可出炉。

此法制得的绿茶饼干的品质要求是表面裂纹均匀,不焦煳;形状规则,大小均匀,薄厚一致,无明显变形;色泽金黄,入口香甜、松脆,有明显茶香。

3. 祁红超微茶饼干

周坚等(2007)研究了祁红超微茶在食品等方面的应用开发,介绍了一种祁红超微茶饼干的加工技术。

采用的原料配比是:糕点专用面粉47.5%、糖浆10%、黄油30%、鸡蛋10%、食用碘盐0.5%和祁红超微茶2%。

工艺流程是:所有配料混合→拌和(机械搅拌15 min)→装模→烘烤(200℃、10 min)→脱模→冷却→包装。

4. 绿茶曲奇饼干

张新富(2009)以超微绿茶粉为辅料研制绿茶曲奇饼干,通过对绿茶粉添加量(A)、麦淇淋添加量(B)、糖添加量(C)、色拉油添加量(D)四个因素做正交试验,得到四个因素对产品品质的影响程度为A＞D＞C＞B,得出的最佳配方为:以面粉100%计,超微绿茶粉3%、麦淇淋40%、糖40%、色拉油12.5%、鸡蛋15%、水25%;焙烤温度为150℃/190℃(底火/面火)。

工艺流程为:麦淇淋→预混(加糖)→搅打(加鸡蛋、色拉油、水、绿茶粉)→调粉(加面粉)→成型→焙烤→冷却。

具体操作如下:

（1）称量

按原料配比准确称取各种原料。

（2）搅打

把麦淇淋和糖倒入搅拌机,高速搅打2 min,加入鸡蛋,再搅打12 min。缓缓加入色拉油,中速搅打5 min。绿茶粉过筛后溶于35℃的热水中,缓慢倒入搅拌机,高速搅打10 min。

（3）调粉

把面粉过筛,与上述原料拌匀,要注意控制好调粉温度(控制在20～26℃)和调粉时间,以免影响面团质量。

（4）成型

挤注成型时,要尽量做到大小一致、厚薄一致(1 cm左右)、间距适宜,以保证烘烤均匀,避免成熟时间不一致的情况。

（5）焙烤

将曲奇饼坯放入烤箱中(底火150℃,面火190℃)焙烤25 min。

（6）冷却

将曲奇饼干缓慢冷却，待饼体逐步变硬后及时包装。

5. 抹茶酥性饼干

程华平等（2011）研究了抹茶酥性饼干的加工技术，对抹茶添加量（A）、烘烤温度（B）、烘烤时间（C）三个因素做正交实验，得到三个因素对产品品质的影响程度为 A＞B＞C。得到的最佳配方和焙烤工艺为：面粉 1000 g、白砂糖 330 g、奶油 20 g、起酥油 150 g、鸡蛋 170 g、奶粉 46 g、小苏打 0.7 g、碳酸氢铵 3 g、柠檬酸 0.04 g、食盐 3 g、抹茶 1.5％、水适量，经调粉、辊轧、成型后在烤箱中（面火 185℃，底火 190℃）烘烤 6.0 min，最后冷却、整理、包装。这样制得的饼干成品表面呈较明亮的绿色，略带光泽，口感酥脆，有茶的清香。

第三节　含茶冰淇淋加工

我国市场上在售的含茶冰淇淋主要是绿茶冰淇淋和抹茶冰淇淋，此外还有红茶冰淇淋、普洱茶冰淇淋等。

与普通冰淇淋相比，含茶冰淇淋不仅有茶的独特风味以及清新自然的色泽，还有丰富的茶叶有效成分，如茶叶中的茶多酚、果胶、氨基酸等成分，能与口腔中的唾液发生化学反应，滋润口腔而产生清凉感觉；同时茶叶中的咖啡因成分可控制中枢神经调节体温，又具有利尿作用，能使体内热量大量从尿液排出，从而达到提神、止渴、解热的作用。此外，由于冰淇淋特殊的低温储藏条件，可以大大减缓茶粉被氧化的速度，从而保持稳定的色泽、口味。

因此，将茶叶原料添加于冰淇淋中制成含茶冰淇淋，使茶与奶的风味很好地融合，香甜可口，营养丰富，色泽自然，降温、解渴效果明显，既提高了茶叶的经济效益，又增加了冰淇淋的花色品种，两者相得益彰，深受消费者的喜爱。

一、主要原料

含茶冰淇淋的主要原料为茶叶浸提液或茶粉、乳与乳制品、甜味剂为原料，添加蛋与蛋制品、乳化剂、稳定剂、香料、水等。

主要原料的用量及其作用为：

1. 茶叶

含茶冰淇淋中茶叶成分的添加形式一般是通过茶叶浸提茶汁或者直接使用超微茶粉。

徐家莉（1998）认为，茶叶用量影响冰淇淋的色、香、味。茶叶按投料量的 5％加入，口味适中，呈色较好。若茶叶用量过多，则味浓而苦涩，且有不适口的青草气；若用量过少，冰淇淋的甜味会掩盖茶叶的天然风味。而且茶叶中的多酚类及其氧化产物是天然的呈色物质，若用量过少，则呈色效果不明显。

2. 乳与乳制品

这类原料主要是引进脂肪与非脂乳固体，乳脂肪起增香与润滑作用，而非脂干物质具有胶合作用，它们赋予冰淇淋特有的芳香风味、良好的营养价值、柔润细腻的口感、良好的质构及保型性。常用种类有全脂奶粉、浓缩乳（即炼乳）、奶油等。

冰淇淋中乳脂肪用量一般为 8％～12％，高的可达 16％左右。若脂肪含量少，则成品口感不细腻;但用量过多会阻碍起泡能力,且过高的热量使消费者难以接受。

3. 甜味剂

常用蔗糖、淀粉糖浆、葡萄糖等作为甜味剂,不仅能给冰淇淋以甜味,还能使成品组织细腻,降低凝冻时的冰点。蔗糖一般的用量为 12%～16%,若低于 12%,则甜味不够;过多时,在夏季则会出现不够清凉爽口的感觉,还会使冰淇淋的冰点降低,容易融化。

4. 蛋与蛋制品

添加适量蛋或蛋制品,能提高冷冻制品的营养价值,改善其组织结构与风味。蛋白在凝冻搅拌时形成薄膜,对混入的空气有保护作用。蛋黄中的卵磷脂能起乳化和稳定的作用。蛋黄经搅拌后能产生细小的泡沫,可使冰淇淋组织松软,形体轻盈。鸡蛋与奶油、牛奶、砂糖混合在一起,会产生诱人的奶油蛋糕的风味。

常加入的蛋品有鲜蛋、全蛋粉和冰蛋黄等。一般用量为 0.5%～2.5%,若过量,易出现蛋腥味。

5. 稳定剂

稳定剂也称改良剂,利用稳定剂所具有的强吸水性,可以提高冰淇淋的黏度和膨胀率,防止冰晶的形成,减少粗糙感,使冰淇淋组织细腻、滑润、不易融化,同时提高冰淇淋的保形能力和硬度。一般常用的稳定剂有淀粉、明胶、海藻酸钠、果胶、羧甲基纤维素、琼脂等,用量为0.35%～0.5%。明胶是以上这些稳定剂中较好的,它在温水中膨胀时吸收的水分是本身的 14 倍,但是在 70℃以上的热水中则失去膨胀的能力。目前冰淇淋液中最为常用的稳定剂是亲水性的蛋白质胶体枣明胶(骨胶),同时充当冰淇淋的防腐剂。

6. 香味料

香味料能赋予乳品冷饮产品以醇和的香味,增进其食用价值。冰淇淋中常用的香料有香兰素、可可粉、果仁和各种水果香料等。

7. 水

水是各种原料除脂肪外最好的溶化剂与调和剂。如果没有适当的空气拌入和适量的水分混合,冰淇淋就不可能有一个组织细腻与形状轻盈的结构。

二、主要流程

含茶冰淇淋的主要加工工艺流程如下:原料混合→杀菌→高压均质→冷却→老化(成熟)→凝冻→灌装(成型)→硬化→包装→检验→成品。其中主要的步骤及其目的如下:

1. 灭菌

冰淇淋的原辅料营养丰富,极易繁殖微生物,为了保障食品安全卫生,必须对料液进行处理,以达到杀灭料液中的所有病原菌,如白喉、结核伤寒菌等,杀死料液中的绝大部分非病原菌和钝化部分酶的活力以及提高冰淇淋的风味等目的。

杀菌可采用高温短时灭菌,在 95℃ 下保温 30 s;亦可采用 70～78℃下保温 20～30 min 的方法。

2. 均质

均质是冰淇淋生产工艺中一道不可缺少的工序,是将经灭菌后的混合原料通过均质机施以高压使较大的脂肪球破碎,使产品的组织细腻,同时稳定剂、乳化剂、蛋白质等通过均质处理后,分布均匀。均质能使成品更为细腻、润滑、松软,膨胀率提高,贮藏性能得到改良。

均质温度与压力要控制得当。常用均质温度应根据均质室温度的高低而随时调整,均质压力的大小应由混合原料中干物质与脂肪含量的多少决定。干物质和脂肪含量高时,压力应适当降低些。

3. 冷却

混合原料经均质处理后应迅速冷却到 2~4℃,可以挥发掉一部分不良气体,防止脂肪上浮与酸度增高,防止细菌在中温情况下迅速繁殖,并为老化工作做好准备。但冷却温度不能低于 0℃,否则产生冰晶,影响品质口感。

4. 老化

老化又名物理成熟,主要是使料液的物理性质有所改变,其实质是脂肪、蛋白质和稳定剂的水合作用。通过老化,可以进一步提高料液的黏度和稳定性,防止料液中游离水析出或脂肪上浮,并可缩短凝冻时间,防止在凝冻时形成大的冰晶。

老化过程的主要参数是温度和时间。随着温度降低,老化时间缩短。老化的温度不能过高,否则脂肪容易分离出来;但也不能低于 0℃,否则料液中会产生冰晶。老化时间的长短与料液中干物质的含量有关,干物质愈多,老化所需时间愈短。一般来说,老化温度控制在 2~4℃,时间以 6~12 h 为佳。

5. 凝冻

凝冻过程大体分为以下三个阶段:液态阶段、半固态阶段和固态阶段。凝冻一般是在 −2~−6℃ 的低温下进行的。

凝冻过程的作用是通过搅拌作用,使混合料中各组分进一步混合均匀,液料中结冰的水分形成均匀的小结晶而使冰淇淋的组织细腻、形体优良、口感滑润。同时随着搅拌过程中空气的逐渐混入使冰淇淋得到合适的膨胀率。凝冻后空气气泡均匀地分布于冰淇淋组织之中,能阻止热传导的作用,可使产品抗融化作用增强,稳定性提高。由于搅拌凝冻是在低温下操作,因而能使冰淇淋料液冻结成为具有一定硬度的凝结体,即凝冻状态,可加速硬化成型进程。

6. 灌装(成型)

凝冻后的冰淇淋必须立即灌装(成型),以满足贮藏和销售的需要。冰淇淋的成型有冰砖、纸杯、蛋筒、浇模成型、巧克力涂层冰淇淋、异形冰淇淋切割线等多种成型灌装机。

7. 硬化

硬化是指将经成型灌装机灌装和包装后的冰淇淋迅速置于 −25℃ 以下的温度,经过一定时间的速冻,将产品温度保持在 −18℃ 以下,使其组织状态固定、硬度增加的过程。

硬化的目的是固定冰淇淋的组织状态、完成细微冰晶的形成过程,使其组织保持适当的硬度,以保证冰淇淋的质量,便于销售与贮藏运输。

硬化后的冰淇淋应贮存在冷库内,温度保持在 −22℃ 以下,湿度在 85%~90%。

三、实例

1. 绿茶冰淇淋

朱俊玲(2006)用实验方法研制了绿茶冰淇淋,并优化了配方和生产工艺。

通过对茶汁添加量、白砂糖的添加量及稳定剂的选择、杀菌温度、杀菌时间、老化时间及凝冻的最后温度这 7 个因素为试验因素进行正交实验,得出绿茶冰淇淋产品的最佳配方:奶粉15％、白砂糖15％、奶油4％、绿茶汁60％、明胶＋CMC(0.2％＋0.2％)、蔗糖脂肪酸酯0.2％、绿茶香精适量、食用色素适量。

确定的产品最佳工艺条件为:杀菌温度75℃,30 min,老化温度2～4℃,时间为14h,凝冻后产品最终控制温度为－4～－5℃。绿茶汁的浸提方法是:茶叶用开水煮2 min,浸泡10 min,每100 mL水中加4 g茶叶,然后过滤取茶汁。

该方法制得的绿茶冰淇淋色泽淡绿,清新自然,具有茶和奶的香味,风味纯正,口感清爽,无其他异味,组织细腻,无明显冰晶,形体柔软轻滑。

2. 绿豆绿茶冰淇淋

陈立阁和林松毅(2003)选取脂肪含量、甜味剂含量、总固形物含量这三要素进行正交试验方法,得出绿豆绿茶冰淇淋主要成分的最佳含量是乳脂肪质量分数8％,甜味剂质量分数16％,总固形物质量分数32％。经过物料平衡法计算和验证后,绿豆绿茶冰淇淋的产品配方为:绿豆4％、绿茶汁41.72％、无水奶油10％、白砂糖16％、鲜鸡蛋4％、CMC 0.15％、卡拉胶0.03％、柠檬酸0.05％。

通过茶叶浸提实验得到最佳浸提比为1:10,最佳浸提软水温度以80℃为宜,若在均质后加入茶汁则最佳浸提时间为10～15 min,若在均质前加入茶汁则最佳浸提时间为15～20 min。其他技术参数为:绿茶汁在115℃下杀菌20 min,料液采用高压均质机,在75℃,13～15 MPa条件下进行均质。待料粒细化后,再倒入巴氏灭菌器,在85℃下灭菌15 s,将料液通过板式热交换器,迅速冷却至4～5℃。将料液倒入消毒过的老化缸(缸温2～4℃)内,边加食用香精边搅拌,老化时间为8～12 h。

该方法所制得的绿豆绿茶冰淇淋呈均匀的浅绿色并带有光泽,组织细腻、润滑,质地坚实,无冰晶,口感佳,具有浓郁的绿豆香味和淡淡的绿茶香气。

3. 祁红超微茶冰淇淋

周坚等(2007)研究了祁红超微茶在食品等方面的应用开发,介绍了一种祁红超微茶冰淇淋的加工技术。

主要原料及配比为:10％的白砂糖、10％的饴糖、5％的全脂奶粉、5％的麦芽糊精、5％的棕榈油、2％的祁红超微茶、0.1％的食用香精、2％的鲜鸡蛋、0.5％的复合乳化稳定剂。其中复合乳化稳定剂的配方定为20％的三聚甘油酯、35％的分子蒸馏单甘酯、30％的瓜尔豆胶、5％的卡拉胶、10％的羧甲基纤维素钠。

杀菌方式采用巴氏杀菌方法,在78℃下加热15～30 min。均质过程在60～70℃下进行,一级均质压力为15～17 MPa,二级均质压力为2～4 MPa。

此方法制得的产品特点为茶味明显,口感润滑,有厚实咬劲,有较强实物感、拔丝感,组织结构细腻。

第四节　含茶面条加工

含茶面条是指将茶叶研成超微茶粉或由茶叶浸提得到茶汁后与面粉混合,加入适量调味品制成的面条,既保留了传统的吃面方式,又是一种创新。品种包括茶叶挂面、茶叶方便面、茶叶空心面、茶叶蛋奶面等。根据烹饪方法又可以分为茶叶汤面、茶叶炒面和茶叶凉拌面。

含茶面条不仅具有茶色、茶香、茶味和清新爽滑的口感,又兼有茶与面粉的营养价值,还能帮助人们在饱腹的同时消食化腻,增加膳食纤维量的摄入,于无形之中起到养生保健之功效。同时,添加在面条中的茶叶成分具有防腐、抗氧化等功效,能有效延长面条的保质期和货架期。

一、利用茶粉加工含茶面条

1. 茶叶挂面的加工

高学玲(1998)介绍了一种茶叶挂面的加工方法。

主要原料是在小麦面粉中添加 0.8%～2.0% 的茶粉、1.8% 的食盐、0.4% 的海藻酸钠、0.05% 的 L-抗坏血酸。其中小麦面粉以富强粉(湿面筋含量约为 30%)或上白粉(湿面筋含量约为 27%)为原料。要求面粉的面筋质含量相对较高,避免因茶粉中带入的纤维质而影响面条的面筋数量、弹性及延伸性。

主要的工艺流程为茶粉、面粉、添加剂、水→和面→熟化→轧片→切条→烘干→切断→计量→包装→成品。

具体的操作要点如下:

(1) 和面及熟化

按原料配比将面粉、茶粉、L-抗坏血酸加入和面机内,充分搅拌使其混合均匀,再定量加入充分溶解的海藻酸钠和食盐水,使得最终原料的加水率达到 30%(水温 20～30℃),充分和面 10 min 以上。然后静置熟化,也可采用低速搅拌代替,熟化时间为 10～15 min。

(2) 轧片

将熟化后的面团装入双辊压延机内压制成面片,再轧薄至所需厚度,最后切成一定宽度的面条。

(3) 干燥

与普通挂面相比,茶叶挂面的干燥除了要控制湿挂面的内外水分散失平衡外,还要注意在干燥过程中尽量降低主干燥阶段的温度,以免对茶叶面条的色泽和香味造成不良影响。

(4) 包装

经干燥、切断、计量后的挂面应及时包装,采用避光的纸质材料或效果更好的塑料袋密封包装。

2. 影响茶叶挂面品质的因素

面条中添加的茶粉多为超微茶粉,茶叶原料多为夏秋季的粗老茶叶。据多项研究表明,添加超微茶粉制得的面条的主要品质影响因素主要有以下三点:

(1) 茶粉添加量

由于茶粉无可塑性和延伸性,加入茶粉后会对面筋起稀释作用,从而降低面团强度,因此茶粉添加量越多,面条韧性越差,湿面条越易断;若茶粉添加量过小,对人体的保健作用弱,且茶叶的鲜味太淡。研究表明,茶粉的添加量以 1%～2% 的质量比为宜,1.5% 最适,此时成品不仅有较明显的茶风味与色泽,而且不影响面条的连接强度。

(2) 和面方法

不同和面方法直接影响产品外观质量。在和面时,应先将茶粉加入到约为面粉质量

30％～35％的水中,并加入海藻酸钠及食盐,搅拌均匀后放置 10 min 使茶粉充分吸湿膨胀,形成稳定的茶浆,再加到适量面粉中。这样和面时更均匀,做出的产品外观质量最好,效率也最高。

（3）茶粉细度

有研究用不同细度（100 目、125 目、150 目、200 目）茶粉生产茶面条,结果表明,茶粉越细,则面条连接强度越好,色泽越均匀。综合考虑成本与品质,选用的茶粉最佳细度为 125 目下150 目上,此时生产出的面条质量较好,而且成本适中。

二、利用茶汁加工含茶面条

1. 茶汁面条

迟爱民（2003）介绍了一种热加工茶汁面条的制作方法。

特点是绿茶经特定的方法进行热处理后所得到的茶汁添加到小麦粉中,即使不添加食盐,加工出的面条也不会破损和断条,而且口感良好、防腐性好,是一种具有保健作用的无盐面条,特别适于肾脏病和高血压患者食用。

主要原料为茶叶、热水、小麦粉等。

加工工艺如下：

（1）茶汁制备

首先将绿茶放入茶叶干燥机中,由外部向机内送入 200～300℃的干热风,加热 20～60 min 得到热加工茶。将热加工茶放入热水中浸泡或与水一起煮沸,然后过滤。制得的热加工茶汁呈茶褐色。

（2）面条加工

根据需要将茶汁适当用水稀释后,与小麦粉混合制成面团,按普通方法轧片、切条。热加工茶汁的添加量因面的种类不同而异,硬面中多添加,软面中少添加,一般添加量为 10～200 g/kg。小麦粉最好使用中力粉,还可掺入荞麦粉、米粉等。

2. 普洱茶面条

董文灿（2010）在发明专利 CN 101416698 B 中公布了一种普洱茶养生面条的加工方法。

主要原料为小麦粉和普洱茶,两者的干重配比为 10：（0.5～1）。

加工方法如下：先将小麦磨粉至粒度小于 80 目制成面粉。普洱茶加 3～6 倍重量的水（80～90℃）浸泡 20～25 min,过滤出的浸泡液与面粉混合,搅拌揉匀后,进入压面机挤压成形,自然风干后得到普洱茶养生面条成品。

三、不同茶叶面条的品质特点

目前应用于面条中制成含茶面条的茶主要有绿茶、红茶、乌龙茶、茉莉花茶和普洱茶等。不同茶叶制得的面条各有特色,品质特点如下：

1. 绿茶面条

由绿茶制得的面条具均匀的翠绿色泽以及特有的绿茶香味,煮熟后的面条口感筋道、光滑、软硬弹性适口、不黏牙、不浑汤、清亮、断条率低。

2. 红茶面条

由红茶制得的面条具均匀的浅棕红色色泽以及特有的红茶香,煮熟后的面条呈浅红褐色,口感细腻、滑润。

3. 乌龙茶面条

由乌龙茶制得的含茶面条具均匀的浅黄褐色色泽以及特有的乌龙茶香,煮熟后的面条呈浅棕褐色,口感细腻、滑润。

4. 茉莉花茶面条

由茉莉花茶制得的面条具均匀的浅黄绿色色泽以及特有的茉莉花茶香,煮熟后的面条呈黄绿色,口感细腻、滑润。

5. 普洱茶面条

由普洱茶制得的面条外表光滑、细匀,煮时不成糊、不断裂,口感绵滑爽口。

第五节　含茶面包

茶叶面包是由小麦面粉、茶叶粉或茶汁、酵母和其他辅助材料加水调制成面团,再经过发酵、整形、成型、烘烤等工序而制成的一种方便食品。与普通面包相比,含茶面包一般呈茶褐色,内部组织较为疏松,具有芳香可口、风味独特、保存性好的品质。

一、主要原料

含茶面包的主要原料为高筋面粉、酵母、茶粉或茶提取液、牛奶或奶粉、植物油、白砂糖、食盐、水等。茶叶原料一般为绿茶、乌龙茶或普洱茶。

二、工艺流程

1. 按发酵方式分

常规的含茶面包生产工艺有一次发酵法和二次发酵法。

一次发酵法的流程为:原辅料预处理→搅拌调粉→发酵→搓圆整形→醒发→焙烤→冷却→包装→成品。

二次发酵法的流程为:原辅料预处理→第一次调粉(面粉60%)→第一次发酵→第二次调粉→第二次发酵(加入茶叶)→称量切块→成形→醒发→焙烤→冷却→包装→成品。

若采用二次发酵法,第一次调粉就加入全部酵母,第一次发酵主要提供酵母菌繁殖所需的物质和条件,使其充分生长繁殖,增加面团的发酵潜力;在第一次发酵的基础上,第二次发酵可使发酵更充分、更均匀,增加面团的延伸性,增大空隙,使面筋拉长,高分子化合物水解。因此,二次发酵法的优点是不仅可以节省酵母,还可协调风味,改善组织结构,且不影响面包本身的烘烤香味。

2. 按茶叶添加方式分

(1) 利用茶粉加工含茶面包

侯芮(2012)介绍了一种采用和面机、烘炉、发酵箱等设备制作绿茶小面包的方法,并以成品的感官质量指标为评判标准,确定了绿茶小面包最佳原料配方为:高筋粉1000 g、白砂糖 200 g、绿茶粉 20 g、奶粉 60 g、酵母粉 14 g、改良剂 5 g、全蛋 100 g、盐 10 g、黄油 100 g、水 420 g。最佳醒发时间为 40 min。

具体操作步骤如下：

(a)调制面团：按比例将高筋粉、白砂糖、绿茶粉、奶粉、酵母粉、改良剂过筛后放入和面机，慢速搅拌一定时间后缓慢加入打散的蛋液。干粉混合均匀后，设置和面机参数，使其先慢速搅拌 3 min，后快速搅拌 5 min，搅拌过程中将水分三次加入，使面筋形成。最后加入盐和黄油，慢速搅拌 1 min，快速搅拌 5 min 即可。

(b)发酵：取出搅拌成熟的面团，置于案板上揉匀后，放入 28℃恒温恒湿发酵箱中，85％湿度下发酵 25 min。

(c)分割：取出发酵好的面团，置于洒了少量面粉的案板上。将面团分割为小块，并用电子天平准确称取每小块为 20 g。

(d)搓圆：清理案板，将分割好的小块面团置于案板上，握住面团沿一个方向搓成表面光洁的球形。

(e)醒发：将干净的烤盘刷上一层植物油后，把搓好的面团按一定间距排列于烤盘中，然后放入发酵箱中发酵(温度 38℃，湿度 8％)。

(f)表面装饰：可将焙炒过的花生碎粒均匀地洒在刷过蛋液的面包表皮上。

(g)焙烤：将烤盘放入烘烤炉中烘烤。参数设置为面火 180℃，底火 220℃，时间 13 min。

(2)利用茶汁加工含茶面包

宋欣华(2012)公布的专利中介绍的一种茶叶面包的生产工艺主要分为以下两大步骤：

(a)茶汁提取：首先将茶叶 100～130℃高温干燥 10 min 左右，使香味显露、异味散失。摊凉 60～90 min 后加一定比例(如 1∶10)开水浸泡并反复搅拌，最后经浸渍、抽提、沉淀、过滤、静置等工序制成浓茶汁备用。

(b)面包制作：将面粉、酵母、水置于搅拌罐中搅拌约 3 min，静置 4 h 后加入白糖、食盐、奶油、发酵粉、脱脂乳、茶汁、水等放入搅拌器中再混合搅拌，最后将面包切割、发酵、整形后，38℃下醒发 40 min，并按常规方法加工成茶汁面包。

任廷远和安玉红(2009)以富锌富硒有机茶的浸提液与普通面包用料，经过二次发酵法研制有机茶面包，并在单因素实验的基础上通过正交实验确定了产品的最佳配方为面粉 700 g、茶叶 70 g、白砂糖 70 g、食盐 20 g、水 1050 g、人造奶油 50 g、脱脂乳 40 g、酵母营养液 15 g、酵母 25 g。

三、绿茶粉对面包品质的影响

1. 绿茶粉的添加量对面团特性的影响

面团的搅拌过程是面筋形成的重要阶段。小麦面粉中的醇溶蛋白和麦谷蛋白在面筋中呈干凝胶状，遇水后吸水膨胀彼此连接形成具有延伸性和弹性的湿面筋。搅拌后的面团，筋已充分扩展，柔软且有良好的弹性和延伸性，可将其拉成一张均匀的薄膜。而随着绿茶粉的加入，面团柔软度逐渐下降，拉成的膜不均匀且有空洞。有研究表明绿茶粉能与小麦蛋白发生络合反应，因此推测绿茶粉的添加影响了面筋的吸水性，从而降低了延伸性和弹性。有实验表明，绿茶添加量小于 2％时，对面团特性的影响较小，面团较为柔软。

2. 绿茶粉的添加量对面团醒发的影响

随着绿茶粉添加量的增加,面团的醒发程度明显下降,推测是由于绿茶中含有的茶多酚等天然抑菌物质影响了酵母的繁殖发酵。有实验表明,当绿茶粉添加量大于 5% 时,对面团醒发影响较大。当添加量达到 10% 时,面团几乎不醒发,面包体积增大不明显,内部结构不好,空隙不均匀。而当添加量小于 2% 时,对面团醒发影响很小,成品面包组织内部气孔较为均匀。

发展含茶食品不仅可以充分利用我国的茶资源,还顺应了消费者们对低热量、高营养、保健化、便捷化、多元化的饮食要求,因此有着十分广阔的发展前景,也能为我国茶产业的蓬勃发展与茶文化的广泛传播起推动作用。

参考文献

安徽福康药业有限责任公司. 2007. 绿茶硬糖及其制备方法 [P]. 中国专利. 专利号 CN 1961700.

陈立阁,林松毅. 2003. 绿豆、绿茶冰淇淋的研制[J]. 冷饮与速冻食品工业,9(2):6-8.

程华平,万娅琼,李翠红,董军. 2011. 抹茶酥性饼干加工技术的研究[J]. 食品工业科技,(12):374-376.

迟爱民. 2003. 热加工茶汁面条的制作[J]. 农业知识,(13):49.

董文灿. 2008. 一种普洱茶养生面条的生产方法[P]. 中国专利. 专利号 CN 101416698 B.

高学玲. 1998. 茶叶挂面的研制[J]. 食品工业科技,(6):68.

侯芮. 2012. 绿茶小面包的研制[J]. 青春岁月,(20):410-411.

黄媛媛,王煜,胡秋辉. 2004. 抹茶冰淇淋,抹茶奶茶和抹茶面条的研制 [J]. 食品科学,25(4):122-124.

霍建聪. 2005. 绿茶饼干的制作[J]. 四川农业科技,(1):38.

蒋作明,许英,肖名兴,游国兴. 1985. 红茶奶油饼干研制报告[J]. 食品科学,(9):17-19.

金杰. 2010. 安吉白茶糖果(含片)及其制造方法[P]. 中国专利. 专利号 CN 101658230 A.

梁月荣. 2011. 现代茶业全书[M]. 北京:中国农业出版社.

刘金芳. 2003. 茶提取物在日化领域的应用综述[J]. 蚕桑茶叶通讯,(4):35-36.

刘志良. 2010. 绿茶糖果的制作方法[P]. 中国专利. 专利号 CN 101658232A.

纳新. 2003. 新型茶叶食品的加工[J]. 中小企业科技,(3):5.

任廷远,安玉红. 2009. 富锌富硒有机茶面包研制[J]. 粮油食品科技,17(6):6-8.

宋欣华. 2012. 一种茶叶面包[P]. 中国专利. 专利号 CN 102461588 A.

孙鲁,李毅,周娟,曹玉华. 2010. 无糖保健茶糖及制备工艺[P]. 中国专利. 专利号 CN 101822303 A.

吴燕利,魏美妮,章传政. 2010. 茶食品的发展现状与趋势[J]. 现代农业科技,(3):365-366.

杨永清,曾昭英. 2003. 茶味面包的研制[J]. 粮油食品科技,11(6):14-15.

俞素琴. 1998. 介绍两种茶叶食品的加工技术[J]. 中国茶叶加工,(1):38.

袁地顺. 2003. 超细微茶粉在面条上的应用研究[J]. 福建茶叶,(1):10-11.

张新富,王玉,杨绍兰,丁兆堂. 2009. 绿茶曲奇饼干的研制[J]. 食品工业科技,(5):
　　278-279.

中国茶叶流通协会. 2012. 我国茶食品行业发展综述[J]. 茶世界,(4):52-55.

周坚,廖万有,丁勇,黄建琴. 2007. 茶叶在糖果生产中的应用[J]. 安徽农业科学,35(22):
　　6914-6915.

周坚,廖万有,丁勇,黄建琴. 2007. 超微茶食品加工技术研究[J]. 安徽农业科学,35(22):
　　6914-6915.

朱俊玲. 2006. 绿茶冰淇淋的研制[J]. 食品工业,27(1):16-17.

第十六章

茶叶废渣利用

工业提取茶饮料、速溶茶或者茶叶功能成分以及日常饮茶,均会产生茶渣。茶饮料或速溶茶加工时,浸提出的物质一般占茶叶干重的 25%～30%,约 70% 以上的物料成为废渣。由于茶渣中仍含有较多可利用成分,如果丢弃将造成资源浪费,而且大量茶叶废渣若直接向环境排放也会对生态环境造成严重污染。

制作茶饮料和速溶茶等深加工产品时,茶多酚、咖啡因、糖类、氨基酸和维生素等水溶性成分萃取率较高。茶叶中蛋白质约占干重的 20%～30%,虽然含量较高,但只有少量(约1%～2%)能溶于水,因此在茶渣中仍有较多的蛋白质等营养成分。Krishnapillai(1998)通过研究表明,茶渣中粗蛋白含量约 17%～19%,同时还有 16%～18% 粗纤维、1%～2% 茶多酚和 0.1%～0.3% 咖啡因。如何变废为宝,提高茶渣的综合利用已是目前亟待解决的一大问题。目前我国对茶渣的利用仍处于初级阶段,少量被用作肥料,部分被用于饲料的研发和茶蛋白的提取,仍有大量茶渣资源尚未得到有效利用。

第一节 茶渣在动物饲料中的应用

茶渣中含有较高含量的粗蛋白等营养成分,而且茶渣来源广泛、价格低廉,将其开发成动物饲料或者饲料添加剂潜力巨大。由于茶渣颗粒粗细规格不一,而且还有多酚等残留,直接作为饲料时适口性较差,因此将茶渣开发成饲料前需进行发酵等适当处理。处理的目的是提高茶渣中粗蛋白的有效性,减少苦涩味,改善适口性。一般的处理方法是:将废茶或茶渣烘干至含水量为 6%～8%,随后进行机械粉碎,采用 20% NaOH 溶液于 100℃ 条件下处理 1 h 以除去木质素,再用果胶酶或木霉菌在 40℃ 条件下发酵 3～4 d,并于 70℃ 下烘干至含水量为 4%～5%,适当粉碎即可用作饲料。刘姝和涂国权(2001)研究指出,将茶渣与一定辅料复配,加入木霉、曲霉等有益微生物进行固体发酵,处理后的饲料中可溶性物质在25% 以上,粗蛋白含量可达 26%～29%,达到了仔猪配合饲料中粗蛋白的含量要求。将茶渣作为添加剂与普通日粮进行复配作为饲料,不仅可以克服茶渣的适口性问题,同时可以显著提高饲喂动物的品质和抵抗力。日本鹿儿岛县开闻地区有人将添加茶叶的饲料喂养白猪,屠宰后猪肉腥味大幅度降低,维生素 C 含量较普通猪肉提高 2 倍;而且作为决定猪肉口感重要因素的次黄嘌呤核苷酸(又称肌苷酸)含量也比普通饲料喂养的猪肉高。国内研究方面,高凤仙等(1998)在猪饲料中添加5%的茶渣,可完全替代麦麸,并且产量不受影响,成本至少节约10%。王敏(1999)研究指出,将添加茶渣的饲料喂鸡,可使鸡血脂降低,维生素增多,其中维生素A较对照组增加30%～50%,维生素E也较对照组提高1.2～1.4倍。同时有研究显示,在饲料中添加1%左右的茶渣,可以使鸡蛋壳色泽加深,蛋黄呈现深红色,肉鸡皮肤呈橘红色。韩国顺天大学研究者发现,以添加茶渣的饲料养鸡,6周后鸡的平均重量虽然低于用普通饲料喂养的鸡,但其死亡率(无死亡)远低于普通饲料喂养的鸡(死亡率21.4%)。

第二节　茶渣在肥料生产中的应用

有研究表明,茶渣中约含氮4.2%、五氧化二磷0.4%、氧化钾1.4%和有机碳28.1%。但茶渣中氮主要以粗蛋白形式存在,植物无法直接利用,因此茶渣需经发酵处理后才能用作肥料。将适量的营养元素添加到发酵后的茶渣中形成复合有机肥,可使茶渣肥营养更全面。

多种菌可用于茶渣发酵生产有机肥。胡民强等(2006)将16号菌株用于茶渣发酵,制成有机复混肥和纯有机肥,并用于茄子和葫芦种植,效果与商品复合肥相当,兼具速效性和长效性。陈利燕等(2003)先以假丝酵母、青霉菌两种好氧菌对茶渣进行好氧发酵3 d,然后以黑曲霉、白地霉两种厌氧菌进行厌氧发酵3 d,并与其他速效肥进行复配制成"茶渣有机—无机复合肥";施用该肥后茶树百芽重、产量、儿茶素类、氨基酸以及水浸出物等品质成分含量明显提高。周菁清等(2010)研究表明,影响茶渣发酵的决定因素是发酵时间和其中的营养物质含量。

施用茶渣有机肥可有效改善土壤肥力,提高作物产量。一般认为,将碳氮比小于20的植物残体或肥料施入土壤后,净矿质氮释放增加,有利于提高土壤肥力。而茶渣碳氮比通常在6.5左右,因此施用茶渣肥有助于提升土壤肥力。同时,茶渣纤维素含量丰富,还可改善土壤通透性;此外茶渣中的多酚类能抑制脲酶活性,利于氮肥的逐步释放并减少氮挥发损失。研究显示,施用"茶渣有机—无机复合肥"6个月后,0～15 cm和15～30 cm土层的有机质含量比对照(施用尿素)分别增加了80.7%和51.6%,土壤中脲酶活力下降19.4%～24.7%;且土壤pH缓冲能力以及土层中细菌、放线菌和真菌总数均高于市售有机肥、菜饼和尿素处理。研究还表明,在大棚番茄地中施入茶渣有机—无机复合肥后,番茄第一果穗结果数和初收期产量随施肥用量增加而增加。与常规肥料相比,胡民强等(2006)施用茶渣有机肥可使茄子增产18.9%、番茄增产10.9%、葫芦增产8.6%。

施用茶渣有机肥可有效克服连作障碍。孙志栋等(2008)研究显示,施用茶渣有机—无机复合肥后,连作小菘菜地上部分和地下部分结构得到明显改善,产量提高显著,尤以75 kg/667 m^{2}用量时经济效益最佳。孙志栋等(2010)在连作10年以上的大棚葡萄园中施用茶渣有机无机复合肥后,土壤结构明显改善,葡萄病虫害发生程度有所减轻,果实早熟1～2 d,外观及品质提升明显;而且果穗、果粒重量随着肥料施用量增多而增加,尤以2250 kg/hm^{2}施用效果最佳。

第三节 茶渣在净化环境中的应用

"三废"排放是造成环境污染的重要因素之一,直接威胁到生境中的动植物生长发育。茶渣内部具有网状和多孔结构、比表面积大,能有效吸附水中的重金属离子以及空气中的有害气体;而且吸附速度快、吸附率高、温度影响小。利用茶渣进行三废处理,可有效降低处理成本,达到以废治废的目的。

一、用茶渣去除废水中的金属离子

废水中常含有 Pb^{2+}、Cu^{2+}、Cr^{6+}、Au^{3+} 等重金属离子,直接排放将对生态环境造成严重污染。敖晓奎等(2008)采用正交实验法研究了铅离子原始浓度、茶渣投入量、废水温度、初始 pH 以及处理时间对茶渣吸附铅离子效果的影响,结果发现,废水 pH 对茶渣吸附铅离子影响最大,其次为吸附时间,温度影响最小;最适宜吸附处理条件为温度 60℃、pH 2、时间 3 h。Yoshita 等(2009)研究发现,茶渣粒度大小、NaOH 浓度和前处理时间对茶渣吸附铅能力有显著影响(表 16.1)。卢宏翔(2011)研究也显示,以 NaOH 或者 KOH 对茶渣进行处理,能显著提高茶渣对废水中镉离子的吸附量,适宜的前处理条件为:茶渣粒度 0.90~1.25 mm、NaOH 浓度 0.3~0.5 mol/L,前处理时间 12~24 h。Zuorro 和 Lavecchia (2010)将红茶和绿茶茶渣烘干并粉碎成<500 μm 的颗粒,用于吸附废水中的铅(浓度为 0.01~2 g/L,pH 5.5),结果显示,当红茶和绿茶茶渣用量为废水的 1/200、温度为 25℃ 和 40℃ 的情况下,对铅的最大吸附量可达 80~100 mg/g,清除率达到 98% 以上,其效果与活性炭和硅藻土相当(表16.2)。宋勇和于海涛(2012)在茶渣吸附六价铬离子的实验中,比较了茶渣用量、铬离子原始浓度、温度、初始 pH 及反应时间等对吸附量的影响,结果表明,茶渣用量和时间是影响铬吸附量的最主要因素,茶渣对铬离子的吸附率随着茶渣投入量的增加而增加,当投入量超过 6 g/L 后,吸附效率趋于稳定;同时随着时间延长,茶渣对铬的吸附率也随之增加,至 1.5 h 后趋于稳定;茶渣对铬离子的吸附可用朗缪尔(Langmuir)方程描述。研究还发现,将茶渣用去离子水蒸煮去除其中有机酸,可使茶渣对废水中六价铬离子吸附特性明显获得改善(王子波等,2011)。

表 16.1 茶渣前处理对重金属铅吸附能力的影响(Yoshita *et al.*, 2009)

前处理组合	A:茶渣粒度 (mm)	B:NaOH 浓度 (mol/L)	C:前处理时间 (h)	Pb 吸附量 (mg/g)*
1＝A1B1C1	A1=0.28-0.45	B1=0.1	C1=6	4.2[b]
2＝A2B2C1	A2=0.45-0.90	B2=0.3	C1=6	3.8[b]
3＝A3B3C1	A3=0.90-1.25	B3=0.5	C1=6	1.5[c]
4＝A1B3C2	A1=0.28-0.45	B3=0.5	C2=12	13.4[a]
5＝A2B1C2	A2=0.45-0.90	B1=0.1	C2=12	3.7[b]
6＝A3B2C2	A3=0.90-1.25	B2=0.3	C2=12	2.1[c]
7＝A1B2C3	A1=0.28-0.45	B2=0.3	C3=24	15.7[a]
8＝A2B3C3	A2=0.45-0.90	B3=0.5	C3=24	5.5[b]
9＝A3B1C3	A3=0.90-1.25	B1=0.1	C3=24	2.1[c]

* 标注不同小写字母的吸附量数值之间存在显著差异($P<0.05$)。

表 16.2　茶渣和其他吸附剂对铅的清除率（Zuorro and Lavecchia, 2010）

吸附材料	含水率（%）	铅清除率（%）	
		25℃	40℃
红茶渣	11.6	98.4	99.3
绿茶渣	7.68	98.0	98.0
活性炭	2.18	99.3	97.9
硅藻土	2.94	99.4	99.4

二、用茶渣去除废水中的染料物质

Hameed（2009）研究显示，碳化后的茶渣可用于吸附去除废水中的染料，碳化茶渣对"亚甲蓝"的平衡吸附量可达 300 mg/g 以上，高于咖啡豆种皮、丝瓜纤维、小麦麸炭、活化罗萨犬蔷薇种子、白藤和油棕榈纤维制备的活性炭（表 16.3）。Reaz 等（2008）利用茶渣处理印染厂排放的含有紫 RR 染料（Violet R. R. dye）的废水，每 100 mL 使用 0.5 g 茶渣处理 5 min，可以吸附去除废水中 89% 以上的紫 RR 染料。

表 16.3　不同吸附剂材料对水溶液"亚甲蓝"的平衡吸附量比较

吸附材料	平衡吸附量（mg/g，30℃）	文献来源
茶渣	300.05	Hameed，2009
咖啡豆种皮	90.09	Oliveira *et al*.，2008
丝瓜纤维	47	Demir *et al*.，2008
小麦麸炭	185.2	Özer and Dursun，2007
活化罗萨犬蔷薇种子	47.2	Gürses *et al*.，2006
白藤活性炭	294.12	Hameed *et al*.，2007
油棕榈纤维活性炭	277.78	Tan *et al*.，2007

三、利用茶渣吸附去除有毒有害气体

茶渣具有多孔性构造，可用于吸附环境中的甲醛，达到净化空气的效果。卢绮静等（2011）研究表明，茶渣对甲醛的吸附作用受到温度的影响：随着温度升高，茶渣对甲醛的吸附量不断增加，当温度从 25℃上升到 95℃时，吸附量从 0.07511 mg/g 上升到 0.1507 mg/g，吸附率从 31.99% 上升到 64.19%（表 16.4）。

表 16.4　不同温度下茶渣对甲醛的吸附作用（卢绮静等，2011）

吸附温度（℃）	茶渣质量（g）	甲醛总量（mg）	甲醛吸附量（mg/g）	吸附率（%）
25	0.5	0.1174	0.07511	31.99
35	0.5	0.1174	0.08357	35.59
45	0.5	0.1174	0.08967	38.19
55	0.5	0.1174	0.1047	44.59
65	0.5	0.1174	0.1395	59.39
75	0.5	0.1174	0.1489	63.39
85	0.5	0.1174	0.1469	62.59
95	0.5	0.1174	0.1507	64.19

第四节　利用茶渣制备有用成分

茶叶废渣中仍含有较多的蛋白质、粗纤维以及少量茶多酚和咖啡因等成分,可以作为蛋白和纤维的制备原料。

一、制备蛋白质

茶渣蛋白质是良好的饲用蛋白质资源,开发从茶渣提取茶叶蛋白的技术,有重要的环境效益和经济效益。茶渣蛋白的制备技术有碱处理制备法和酶解制备法。

1. 碱处理制备法

茶渣蛋白的碱处理制备工艺流程为:茶渣→热水浸提除杂(充分去除茶多酚、生物碱、茶多糖等水溶性物质)→滤渣碱液浸提→过滤除渣→离心取上清→酸沉→离心去除清液→浓缩、干燥→粗蛋白。

研究表明,碱处理制备法制备茶渣蛋白主要影响因素有固液比、处理时间、碱液浓度和温度等。蔡志宁等(2008)实验表明,温度对提取率的影响最大,pH 次之,处理时间的影响最小。将茶渣与 1.0 mol/L 的 NaOH 溶液按照 1/8 的比例混合(调节最终 pH 11),在 60℃ 处理 60 min,过滤除渣,经 4000 r/min 离心 20 min,取上清液将酸度调节至 pH 4.0 进行沉淀,然后以 8000 r/min 离心 20 min,收集沉淀并调节至 pH 7.0;冷冻干燥后即可得到茶渣粗蛋白;在该条件下制备率为茶渣的 21.89%。但沈莲清等(2007)研究认为,处理时间对产量的影响最大,NaOH 浓度和处理温度次之,固液比对蛋白质制备率的影响最小。按照固(茶渣)液(0.10mol/L 的 NaOH)比 1:40,在 40℃ 下处理 5 h,蛋白质提取率可达 56.36%。造成两个实验结果差异的主要原因是试验设计条件存在差异,后者的试验碱液用量大(为茶叶的 40 倍),而且最高的设定温度为 55℃;在碱液用量充足和较低的温度情况下,处理时间成为关键的限定因素。而前者的碱液用量较少(为茶叶用量的 8 倍),在较高温度条件下处理时间相对较短。因此,在具体实施茶蛋白制备时,可以根据实验条件,如设备容量和加温条件等,同时结合材料的成本估算,选择适宜的条件。

采用碱处理法制备茶叶蛋白,会改变部分茶叶蛋白质成分的结构和性质,如蛋白质的半胱氨酸和丝氨酸在碱性条件下结合形成赖丙氨酸,导致营养的部分损失。

2. 酶解制备法

相对于碱处理法工艺,酶解制备茶蛋白条件相对温和,有利于提高和改善蛋白质的溶解度、乳化性、起泡性及黏度等,同时可以避免碱处理对蛋白质氨基酸的破坏,蛋白质的活性和质量更有保证。

酶解制备茶蛋白的工艺流程为:茶渣→加水配成一定的液固比(质量体积)→调节适当的 pH 及温度→酶解处理→加热使酶钝化→离心分离含蛋白上清液→浓缩、干燥→茶粗蛋白。

在酶解制备茶蛋白工艺中,酶的种类是影响蛋白质制备率的关键因素。实验表明,当采用碱性蛋白酶时,酶量为茶渣的 4%、pH 7.5、55℃、液固比 35:1(mL/g)、酶解时间 4 h,粗蛋白产量可以达到物料的 34.2%;当采用复合蛋白酶时,酶量为茶渣的 3%、液固比 35:1

(mL/g)、酶解时间 4 h,粗蛋白产量可以达到物料的 18.63%;当先以复合蛋白酶处理(加酶量 3%,液固比 35∶1(mL/g),酶解时间 4 h,温度 55℃),再用碱性蛋白酶处理,最高蛋白产量可达物料的 47.76%(沈莲清等,2006)。

二、制备膳食纤维

除了粗蛋白,粗纤维也是茶渣的主要成分之一。粗纤维不溶性于水,具有良好的吸水性和膨胀性,能促进肠胃蠕动、吸附肠毒素并促其排出体外,可用于含膳食纤维功能性食品和保健品开发。

水不溶性膳食纤维可采用"酶—化学法"和"化学法"制备,前者工艺难度大、成本较高;后者操作相对简便,是常用的制备方法。

"化学法"制备水不溶性膳食纤维的一般工艺流程为:茶渣→酸液处理→水洗→碱液处理→水洗→乙醇处理→水洗→乙醚脱脂→水洗→干燥→成品(安凤平等,2011)。化学法制备过程中的酸处理是为了除去果胶、淀粉等物质,而碱处理是为了去除蛋白质等物质,并采用乙醚处理除去脂溶性物质。在酸处理过程中,pH 1.0 对水不溶性膳食纤维含量的影响显著,因而要严格控制溶液 pH 7.0(张水华,2005)。安凤平等(2011)指出,茶渣在 pH 1.0(盐酸溶液调整)和 90℃条件下水解处理 1.5 h,水洗至 pH 7.0,获得的粗品中水不溶性膳食纤维含量为 31.27%,制率为茶渣干重的 58.30%;然后在 pH 13.5(用 NaOH 溶液调整)和温度 90℃条件下处理 3 h,获得的在制品中水不溶性膳食纤维含量为 85.25%,得率为21.47%;在制品经乙醇处理后,再以乙醚脱脂、水洗和干燥,获得的产品中水不溶性膳食纤维含量为91.32%,制率为 20.11%。

三、制备茶多糖

茶多糖是茶叶中的一种酸性糖蛋白,并结合有矿质元素。茶多糖具有降血糖、降血脂、抗凝血及增强机体免疫力等多种生理活性。提取茶多酚、茶饮料后的茶渣仍含有约 5%的茶多糖,可用于茶多糖制备(焦自明等,2012)。从茶渣中制备茶多糖的技术与茶叶中制取相似,具体可参照第十章相关内容。

四、制备茶黄素

茶饮料和速溶茶提取后的茶渣,仍然有部分多酚类物质,通过化学氧化处理,可以将其氧化转变为茶黄素类化合物。单圣晔等(2010)以绿茶渣和红茶渣为材料,添加 3%的氧化剂 $K_3Fe(CN)_6$/$NaHCO_3$,20℃下反应 20 min,茶黄素生成量最高为 0.23%。利用茶渣氧化制备茶黄素类化合物,成本较低。

第五节　茶渣的其他用途

一、枕芯填充料

茶渣经去杂、清洗,再进行干燥和灭菌,可以作为枕芯填充材料,制成茶枕。有报道显示,茶枕对鼻炎、神经衰弱、头晕目眩及感冒头痛等病症具有一定的疗效。此外,以绿茶渣和乌龙茶渣为主要成分,再添加以桑叶、薄荷叶等制成的枕芯,具有清热解毒、降血压、降血糖、降血脂等功效。目前在市场上已有铁观音茶枕和茉莉花茶枕等产品销售。

二、制备除臭剂

在生活中,茶叶常用于去除鱼腥味及膻味等异味。近来研究显示,茶中的单宁、类黄酮、叶绿素、糖类、皂苷、有机酸等众多成分能与臭味分子中的氨基、巯基、亚氨基发生反应,从而具有除臭、去异味效用;同时茶又具有多孔性特点,能有效吸附和吸收臭味分子。茶或茶渣的除臭效果受用量、处理时间以及臭气浓度等多种因素影响;且对于不同种类的臭气,其关键影响因素有所不同:对硫化氢、甲醛、乙醛、吲哚类臭气而言,除臭处理时间是最重要的因素;对甲胺、三甲胺类臭气而言,用量是决定因素。

除臭剂的制备可采用水和醚等溶剂分别抽提。首先将茶叶用水蒸气蒸馏并收集精油,再将残渣部分用水提取,然后用醚类溶剂萃取。溶剂部分的主要成分是叶绿素和类黄酮物质等;水相部分的主要成分是氨基酸、糖类、无机盐等。通过上述方法获得的各个部分都可以作除臭剂使用。由于原料是茶叶废渣,这种途径获得的除臭剂一般不能用于食品,但可以用于日用品加工,如卫生间的除臭剂或者处理纤维材料,生产除臭纤维。

三、制备沐浴液

茶渣中的茶多酚、维生素、蛋白质等成分,可用作化妆品的功能性添加剂。其中茶多酚作为一种高效的抗氧化剂和人体自由基去除剂,具有良好的抗衰老和护肤效果。现有含茶多酚化妆品的制作,通常为先采用化学方法分离出茶多酚,然后再将其添入化妆品中,工艺较繁琐,且利用率低。为了简化处理过程,可将茶渣中提取得到的提取物直接添入化妆品中,省去了传统工艺中浓缩干燥过程等高温操作,使有效成分得到更好的保护。龚盛昭等(2002)提出了将茶渣提取成分直接添加制备沐浴液的方法,即将茶叶废渣粉碎后,加10倍体积的水,在80℃恒温水浴中搅拌提取60 min,过滤后取滤液用活性炭进行脱色处理30 min,再进行过滤得提取液。该提取液可与不同起泡剂以及辅料进行复配,生产适合于不同人群的多种类型沐浴液。

1. 阴离子表面活性剂沐浴液

参考配方:

EDTA-2Na:0.1%;

AESA(十二醇聚氧乙烯醚硫酸铵):8%~15%;

$K_{12}A$(十二醇硫酸铵):8%~15%;

珠光片(双硬脂酸乙二醇酯):1%~2%;

茶提取物:0~30%;

MAPK(月桂基磷酸酯钾盐):0~10%;

6501(烷基醇酰胺):0~3%;

CAB-35(35%椰油酰胺丙基甜菜碱溶液):2%~8%;

香精、色素和防腐剂:适量;

去离子水:余量。

配制流程:将 EDTA-2Na 和柠檬酸溶解于去离子水中,加热至 80℃;加入 AESA 和 K₁₂A,搅拌溶解;在 75℃时加入珠光片、茶提取物(0～30%),搅拌冷却至 60℃;加入 MAPK、6501 和 CAB-35,搅拌冷却至 50℃以下;加入香精、色素和防腐剂,再继续搅拌至 40℃,出料后即得产品。

上述配料中,AESA 及 K₁₂A 是主要的起泡剂,它们有良好的泡沫性能,与皮肤亲和性强,有滑腻感,但难以冲洗。MAPK 具有减滑剂作用的同时,也具一定的去污性能。该配方适合皮肤干燥的人群使用。

2. 脂肪酸盐表面活性剂沐浴液

参考配方:

EDTA-2Na:0.1%;

氢氧化钾:2%～6%;

十二酸:5%～15%;

十四酸:2%～10%;

珠光片:1%～2%;

茶提取物:0～30%;

6501(烷基醇酰胺):0～3%;

CAB-35(35%椰油酰胺丙基甜菜碱溶液):15%～30%;

香精、防腐剂、色素、氯化钠:适量;

去离子水:余量。

配制流程:将 EDTA-2Na 和 KOH 溶解于去离子水中,加热至 85℃,作为水相;将十二酸、十四酸、珠光片等混合,加热至 85℃,作为油相;将油相加入水相中,搅拌至透明,加入茶提取物、6501、CAB-35 以及食用氯化钠,搅拌冷却至 50℃以下;加入香精、色素、防腐剂,再继续搅拌至 40℃,出料后得到产品。

上述配方中,十二酸、十四酸与 KOH 发生中和反应,生成十二酸钾、十四酸钾,去污性能好,是该类沐浴液的主要起泡剂,且易冲洗,但 pH 相较于前一类沐浴液高,因此刺激性相对也更大。该配方适合油性皮肤人群使用。

四、制备洁面液

利用茶叶废渣制备洁面用品的原理与制备沐浴液类似,首先以茶渣为原料浸提获得茶提取物,再将茶提取物与其他成分混合制备洁面用品。茶提取物的获取可参照上述沐浴液制备中所述的方法。洁面用品可分为泡沫型洁面用品和乳化型洁面用品(龚盛昭等,2002)。

1. 泡沫型洁面液

参考配方:

EDTA-2Na:0.1%;

AES(十二醇聚氧乙烯醚硫酸钠):0～15%;

珠光片:0～2%;

茶叶提取物:0～30%;

MAPK(月桂基磷酸酯钾盐):0～10%;

L-30(月桂酰肌氨酸钠):0%～10%;

6501(烷基醇酰胺):0~6%;

CAB-35(35%椰油酰胺丙基甜菜碱溶液):2%~30%;

去离子水:余量。

配制流程:将 EDTA-2Na 溶解于去离子水中,加热至 80℃;加入 AES,搅拌溶解;在75℃时加入珠光片和茶提取物,搅拌冷却至 60℃;加入 MAPK、L-30、6501 和 CAB-35,搅拌冷却至 50℃以下,加入香精、色素及防腐剂,再搅拌冷却至 40℃,出料可得产品。

以上配方是以阴离子表面活性剂为主要起泡剂和去污剂,配方中起减滑作用的 MAPK以 3%用量为适宜。非离子表面活性剂 6501 等在配方中主要起增稠和稳定泡沫的作用,其用量以 3%为宜。

2. 乳化型洁面液

参考配方:

EDTA-2Na:0.1%;

茶提取物:0~30%;

甘油:4%~10%;

白矿油:5%~15%;

硬脂酸:1%~4%;

十六十八混合醇:2%~6%;

单甘酯:0~3%;

K_{12}(十二醇硫酸钠):0.5%~2%;

尼泊金甲酯、尼泊金乙酯、香精等:适量;

去离子水:余量。

配制流程:将 EDTA-2Na、茶提取物及甘油溶解于去离子水中,加热至 85℃,作为组分 A;将白矿油、硬脂酸、十六十八混合醇、单甘酯、尼泊金甲酯和尼泊金乙酯等混合,加热至85℃,作为组分 B;将 K_{12} 溶于部分去离子水中,加热至 65℃,作为组分 C。将组分 B 加入组分 A 中,高速混合乳化 2~5 min,再减速搅拌冷却至 65℃;加入组分 C,保温搅拌 10 min 后冷却至 50℃以下;加入香精,再搅拌冷却至 40℃,出料得到产品。

上述配方中,矿物油对油污有良好的溶解性,因此用量较大,以 10%为宜。硬脂酸、十六十八混合醇、单甘酯主要起调节产品稠度的作用,用量不宜过大,以 3%为佳。

对于废弃茶渣的利用,除了上述用途以外,还有众多的其他用途,其中不少可以应用到日常生活中。例如用刚冲泡过的茶渣清洁沾了油垢的炊具;利用茶渣替代木材作为食用菌培养的基质;将茶渣进行粉碎处理后,与特定黏合剂混合,压制成为花盆、茶船等器具。总之,茶渣的综合利用还有许多领域需要进一步开发。

参考文献

Hameed BH. 2009. Spent tea leaves: A new non-conventional and low-cost adsorbent for removal of basic dye from aqueous solutions[J]. Journal of Hazardous Materials, 161: 753-759.

Krishnapillai S. 1998. Effect of waste tea（tea fluff）on growth of young tea plants（*Camellia sinensis*）[J]. Tea，50(3)：98-104.

Reaz AW and Charaya MU. 2008. Adsorption of violet dye by spent tea leaves powder from industrial effluents[J]. National Academy Science Letters-India，31：23-26.

Roberto L，Alessio P and Antonio Z. 2010. Removal of lead from aqueous solutions by spent tea leaves[J]. Chemical Engineering Transactions，19：73-78.

Yoshita A，Lu JL，Ye JH and Liang YR. 2009. Sorption of lead from aqueous solutions by spent tea leaf[J]. African Journal of Biotechnology，8(10)：2212-2217.

Zuorro A and Lavecchia R. 2010. Adsorption of Pb (II) on spent leaves of green and black tea [J]. American Journal of Applied Sciences，7(2)：153-159.

安凤平，宋江良，黄彩云，宋洪波. 2011. 利用茶渣提取水不溶性膳食纤维[J]. 福建农林大学学报(自然科学版)，40(2)：198-204.

敖晓奎，罗琳，关欣，向红霞，齐选民. 2008. 废弃茶叶渣对铅离子的吸附研究[J]. 农业环境科学学报，27(1)：372-374.

成春到. 2009. 日本流行以茶养猪[J]. 新农村，50(3)：98-104.

崔宏春，佘继忠，黄海涛，周铁锋，郑旭霞，师大亮，郭敏明，江和源，江用文. 2011. 茶多糖的提取及分离纯化研究进展[J]. 茶叶，37(2)：67-71.

陈利燕. 2003. "茶渣有机—无机复合肥"研制及对茶叶品质和土壤环境的影响[D]. 硕士学位论文.浙江大学.

陈明，熊琳媛，袁城. 2011. 茶叶中多糖提取技术进展及超临界萃取探讨[J]. 安徽农业科学，39(8)：4770-4771.

蔡志宁，王春燕，梁翠金，黎清裕. 2008. 茶渣蛋白提取工艺研究[J]. 茶叶科学，28(4)：309-312.

高凤仙，田科雄，王继成. 1998. 速溶茶渣饲用价值研究Ⅰ.速溶茶渣对育肥猪的饲养效果[J]. 湖南农业大学学报，24(6)：465-467.

龚盛昭，叶孝兆，骆雪萍. 2002. 利用废茶制备沐浴液的研究[J]. 广州化工，30(3)：35-37.

龚盛昭，叶孝兆，骆雪萍，宋建波. 2002. 利用废茶制备洁面用品的研究[J]. 林产化工通讯，36(1)：3-6.

胡民强，王岳飞，徐侠钟，杨贤强. 2006. 茶渣生物洁净有机肥肥效实验研究[J]. 茶叶，32(3)：145-147.

焦自明，高冉，杨建雄，郭琦，戴晶晶，陈蓓，马兆瑞. 2012. 从茶渣中提取茶多糖工艺条件的优化研究[J]. 食品工业科技，33(16)：285-288.

卢宏翔. 2011. 茶渣对模拟废水中镉的吸附动态与机制研究[D]. 硕士学位论文.浙江工商大学.

卢绮静，何志昌，梁奇峰. 2011. 废弃茶叶渣吸附甲醛的研究[J]. 广州化工，39(14)：130-132.

刘妹，涂国权. 2001. 茶渣经微生物固体发酵成饲料的初步研究[J]. 江西农业大学学报，23(1)：130-133.

孙志栋，梁月荣，戴国辉，薛旭初，潘巨忠，杨贤强. 2008. 茶渣有机无机复混肥在克服小葱菜连作障碍上的应用研究[J]. 土壤通报，39(1)：200-202.

孙志栋，张松强，陈惠云，俞静芬. 2010. 茶渣有机无机活性肥改良大棚葡萄土壤初步研究 [J]. 中国农学通报，26(4)：178-181.

沈莲清，黄光荣，王向阳，王忠英. 2007. 茶渣中蛋白质的碱法提取工艺研究[J]. 中国食品学报，7(6)：108-112.

宋勇，于海涛. 2012. 茶叶渣对六价铬离子的吸附研究[J]. 湖南工程学院学报(自然科学版)，22(1)：66-68.

单圣晔，阮美娟，杨立伟，王二利. 2010. 利用茶渣制备茶黄素工艺的研究[J]. 天津科技大学学报，25(1)：13-15，42.

王敏. 1999. 茶叶渣作肉用仔鸡饲料效果好[J]. 饲料研究，(2)：32.

王素霞. 2006. 茶饲料开发前景广阔[J]. 江西饲料，(1)：22-23.

王子波，林业星，孙江，潘顺龙，智文婷. 2011. 改性茶渣对电镀废水中 Cr^{6+} 的吸附特性[J]. 扬州大学学报(自然科学版)，14(3)：74-78.

张水华. 2005. 食品分析[M]. 北京：中国轻工业出版社.

周菁清，郑小龙，周璐萍，李晓燕，高峰. 2010. 茶渣有机肥及其对植物生长的影响[J]. 云南化工，37(5)：17-19.

王薇. 1996. 天然绿茶提取物除臭剂的开发与利用[J]. 农牧产品开发，10：17-18.

罗红玉，黎星辉，郁军. 2010. 茶渣回收利用现状[J]. 福建茶叶，32(7)：8-12.

图书在版编目（CIP）数据

茶资源综合利用 / 梁月荣主编. —杭州：浙江大学
出版社，2013.11（2024.8重印）
ISBN 978-7-308-12308-2

Ⅰ. ①茶… Ⅱ. ①梁… Ⅲ. ①茶叶－综合利用－教材
Ⅳ. ①TS272

中国版本图书馆 CIP 数据核字（2013）第 231286 号

茶资源综合利用

梁月荣　主编

丛书策划	阮海潮（ruanhc@zju.edu.cn）
责任编辑	阮海潮
文字编辑	冯其华
封面设计	开源数码
出版发行	浙江大学出版社
	（杭州市天目山路 148 号　邮政编码 310007）
	（网址：http://www.zjupress.com）
排　　版	杭州好友排版工作室
印　　刷	广东虎彩云印刷有限公司绍兴分公司
开　　本	787mm×1092mm　1/16
印　　张	19.75
字　　数	493 千
版 印 次	2013 年 11 月第 1 版　2024 年 8 月第 6 次印刷
书　　号	ISBN 978-7-308-12308-2
定　　价	55.00 元